高职高专土木与建筑规划教材

混凝土结构与砌体结构
(第2版)

杨晓光　　张颂娟　　主　编

崔岩　段春花　侯献语　副主编

清华大学出版社

北　京

内 容 简 介

本书是按照高等职业教育"建筑工程技术专业"技术应用型专门人才的培养目标以及课程改革对教材建设的需要而组织编写的系列教材之一。全书依据我国最新颁布的国家标准《混凝土结构设计规范》(GB 50010—2010)、《砌体结构设计规范》(GB 50003—2011)等编写而成。

本书在第 1 版的基础上,根据教学和工程实践经验,在章节和内容上进行了重新修订。全书分为建筑结构概论、混凝土结构和砌体结构三大篇,共 14 章,内容包括:建筑结构的基本概念、建筑结构的设计原则、混凝土结构材料及其力学性能、钢筋混凝土受弯构件、钢筋混凝土受扭构件、钢筋混凝土受压构件、预应力混凝土构件、钢筋混凝土梁板结构、多层及高层钢筋混凝土房屋、混凝土结构抗震设计、砌体材料及其力学性能、砌体结构的墙体体系与计算方案、砌体结构构件的承载力计算、砌体结构房屋的构造措施。每章后均附有小结、思考题或训练题,有的章节还附有设计应用实例。

本书主要作为高职高专院校建筑工程技术专业或土建类相关专业的教学用书,也可作为土木工程技术人员的实用参考书。

图书在版编目(CIP)数据

混凝土结构与砌体结构/杨晓光,张颂娟主编;崔岩,段春花,侯献语副主编. —2 版. —北京:清华大学出版社,2013(2023.1重印)

(高职高专土木与建筑规划教材)

ISBN 978-7-302-31380-9

Ⅰ. ①混… Ⅱ. ①杨… ②张… ③崔… ④段… ⑤侯… Ⅲ. ①混凝土结构—高等职业教育—教材 ②砌体结构—高等职业教育—教材 Ⅳ. ①TU37 ②TU36

中国版本图书馆 CIP 数据核字(2013)第 013992 号

责任编辑:桑任松
封面设计:刘孝琼
责任校对:周剑云
责任印制:刘海龙

出版发行:清华大学出版社

   网 址:http://www.tup.com.cn, http://www.wqbook.com
   地 址:北京清华大学学研大厦 A 座   邮 编:100084
   社 总 机:010-83470000   邮 购:010-62786544
   投稿与读者服务:010-62776969, c-service@tup.tsinghua.edu.cn
   质量反馈:010-62772015, zhiliang@tup.tsinghua.edu.cn

印 装 者:北京鑫海金澳胶印有限公司
经 销:全国新华书店
开 本:185mm×260mm   印 张:21.75   字 数:523 千字
版 次:2006 年 9 月第 1 版 2013 年 2 月第 2 版 印 次:2023 年 1 月第 11 次印刷
定 价:49.00 元

产品编号:048820-02

第 2 版前言

本书是按照高等职业教育"建筑工程技术专业"职业能力培养目标的要求，以及课程改革对教材建设的需要而组织编写的系列教材之一。近年来，随着我国建筑业的飞速发展，工程建设的新材料、新技术、新工艺得到了广泛应用。为此，国家对建筑结构设计相关规范和标准进行了全面修订。本教材依据我国最新颁布的国家标准《混凝土结构设计规范》(GB 50010—2010)、《高层建筑混凝土结构技术规程》(JGJ 3—2010)、《砌体结构设计规范》(GB 50003—2011)、《建筑抗震设计规范》(GB 50011—2010) 等进行编写，同时参照了第 1 版的基本体系和内容编排。本书的再版力求适应社会需求和新时期高等职业教育的特点，体现职业岗位所需要的知识和能力要求。以工程应用为主旨，对教材内容的选取突出适用性和实用性，注重学生职业技能的培养。

本书在第 1 版的基础上，根据教学改革和工程实践的需要，在框架体系上重新进行了调整。对原有部分章节和相关内容按最新规范进行了修订和编写，对本书中的印刷错误予以更正，对各章的思考题和训练题进行了再编。全书分建筑结构概论、混凝土结构和砌体结构三大篇，共 14 章，内容包括建筑结构的基本概念、建筑结构的设计原则、混凝土结构材料及其力学性能、钢筋混凝土受弯构件、钢筋混凝土受扭构件、钢筋混凝土受压构件、预应力混凝土构件、钢筋混凝土梁板结构、多层及高层钢筋混凝土房屋、混凝土结构抗震设计、砌体材料及其力学性能、砌体结构的墙体体系与计算方案、砌体结构构件的承载力计算以及砌体结构房屋的构造措施。另外，附录中还给出了各种钢筋的公称直径、公称截面面积及理论重量、建筑结构设计静力计算常用表的相关资料。

本书由杨晓光负责统稿，河北工程大学史三元教授担任主审。参加本书修订工作的人员有：河北工业职业技术学院杨晓光(第 1 章、第 8 章、附录)；辽宁省交通高等专科学校张颂娟(第 4 章、第 5 章)；兰州石化职业技术学院崔岩(第 11 章、第 12 章、第 13 章、第 14 章)；山西建筑职业技术学院段春花(第 2 章、第 9 章、第 10 章)；辽宁省交通高等专科学校侯献语(第 3 章、第 6 章)；河北工业职业技术学院张磊(第 7 章)。

在本书的编写过程中，我们参阅了一些公开出版和发表的文献，并得到了编者所在院校、清华大学出版社等单位的大力支持，谨此一并致谢。

由于编者的水平有限，在修订过程中难免仍有不足之处，恳请广大读者和同行专家批评指正。

编　者

第 1 版前言

随着我国社会主义市场经济体制的建立，作为国民经济支柱产业之一的建筑业得到了迅猛发展，行业和社会对人才培养提出了更高的要求。为加快高职高专教育和教学改革的进程，迫切需要适应高职高专人才培养目标，适合高职高专教学规律，体现职业教育特色的实用性教材。本教材是为了适应社会需求，提高职业教育人才培养的质量，以及满足高职高专"建筑工程技术专业"教学改革对教材建设的需要而组织编写的。

本书根据高职高专"建筑工程技术专业"人才培养目标所体现的知识和能力要求，并结合编者长期教学实践的经验，依据我国现行的最新结构设计规范和标准编写而成。其内容涉及的国家现行规范和标准包括《建筑结构可靠度设计统一标准》(GB 50068—2001)、《混凝土结构设计规范》(GB 50010—2002)、《砌体结构设计规范》(GB 50003—2001)、《建筑结构荷载规范》(GB 50009—2001)和《高层建筑混凝土结构技术规程》(JGJ 3—2002)等。

本教材的编写力求体现高职高专教育的特点，从培养技术应用型人才的总目标出发，对基本理论的讲授以应用为目的，教学内容以必需、够用为度，注重职业能力的培养。本书在编写过程中，尽量做到语言精练、概念清楚、体系完整、突出应用。全书以结构设计的基本概念和构造措施为重点，注重结构构件的受力特点及设计原理的分析，取消或弱化部分理论偏难的公式推导和结构计算等传统内容，侧重于解决常见工程问题、结构施工图以及在实际工程施工中遇到的有关结构知识。每章后均附有小结、思考题或练习题，有的章节还附有设计应用实例，注意了基本知识和基本技能的训练。本书内容兼顾了不同院校的教学需要，部分内容可视各学校情况选学。

参加本书编写工作的人员有：河北工业职业技术学院杨晓光(绪论、第 7 章、附录)，辽宁省交通高等专科学校张颂娟(第 3 章、第 4 章)，广西建设职业技术学院李克彬(第 10 章)，山西建筑职业技术学院段春花(第 1 章、第 9 章)，浙江大学宁波理工学院许瑞萍(第 2 章、第 8 章)，广西建设职业技术学院郑斌(第 5 章)，内蒙古建筑职业技术学院富顺(第 6 章)。

本书由杨晓光、张颂娟担任主编，李克彬、段春花、许瑞萍任副主编。全书由杨晓光最后统稿并定稿。

河北工程学院史三元教授担任本书主审，并提出了许多宝贵意见。在本书的编写过程中，我们参阅了一些公开出版和发表的文献，并得到了编者所在院校、清华大学出版社等单位的大力支持，谨此一并致谢。

限于编者的水平和经验，书中难免有不妥之处，恳请广大读者和同行专家批评指正。

编　者

目　　录

第一篇　建筑结构概论

第二篇　混凝土结构

第三篇 砌 体 结 构

第一篇　建筑结构概论

第 1 章　建筑结构的基本概念

【学习目标】

了解建筑结构的概念和分类；理解配筋在混凝土结构中的作用；熟悉钢筋混凝土结构与砌体结构的主要优缺点及其在工程中的应用；了解混凝土结构与砌体结构的发展概况；明确本课程的主要任务和学习方法。

建筑物是供人们生产、生活和进行其他活动的房屋或场所。建筑物在各种作用影响下是否安全，能否正常发挥所预期的各种功能要求，能否完好地使用到规定的年限，这些问题都是建筑结构学科中要解决的问题。

建筑物中由若干个单元，按照一定组成规则，通过正确的连接方式所组成的能够承受并传递荷载和其他间接作用的空间体系(骨架)称为建筑结构，简称结构。这些单元就是建筑结构的基本构件。

1.1　建筑结构的组成和分类

1.1.1　建筑结构的组成

建筑结构的基本构件主要有板、梁、墙、柱、基础等，这些组成构件由于所处部位不同，承受荷载状况不同，各有不同的作用。

(1) 板：是水平承重构件，承受施加在本层楼板上的全部荷载(含楼板、粉刷层自重和楼面上人群、家具、设备等荷载)。板在长、宽两个方向的尺寸远大于其高度(也称厚度)，是典型的受弯构件。

(2) 梁：是水平承重构件，承受板传来的荷载以及梁的自重。梁的截面宽度和高度尺寸远小于其长度尺寸。梁主要承受竖向荷载，其作用方向与梁轴线垂直，其作用效应主要为受弯和受剪。

(3) 墙：是竖向承重构件，用以支承水平承重构件或承受水平荷载(如风荷载)。其作用效应为受压(当荷载作用于墙的截面形心线上时)，有时还可能受弯(当荷载偏离墙形心线时)。

(4) 柱：是竖向承重构件，承受梁、板传来的竖向荷载以及柱的自重。柱的截面尺寸远小于其高度。当荷载作用于柱截面形心时为轴心受压，当荷载偏离柱截面形心时为偏心受压。

(5) 基础：是埋在地面以下的建筑物底部的承重构件，承受墙、柱传来的上部结构的全部荷载，并将其扩散到地基土层或岩石层中。

1.1.2　建筑结构的分类

建筑结构有多种分类方法，一般按照结构所用材料、承重结构类型、使用功能、外形特点以及施工方法等进行分类。由于各种结构有其一定的适用范围，因此应根据具体情况合理选用。

1. 按所用材料分类

按照承重结构所用的材料不同，建筑结构可分为混凝土结构、砌体结构、钢结构和木结构等。混凝土结构包括素混凝土结构、钢筋混凝土结构、预应力混凝土结构、纤维筋混凝土结构和其他形式的加筋混凝土结构。砌体结构包括砖砌体结构、石砌体结构和砌块砌体结构。由两种及两种以上材料作为主要承重结构的房屋称为混合结构。例如，房屋建筑的屋盖和楼盖等水平承重构件采用混凝土，墙体采用砖砌体，基础采用砖石砌体或钢筋混凝土，就称为砖混结构。

2. 按承重结构类型分类

按组成建筑物承重结构的形式和受力体系分，有砖混结构、排架结构、框架结构、剪力墙结构、框架-剪力墙结构、筒体结构等。

3. 其他分类方法

(1) 按使用功能可以分为建筑结构(如住宅、公共建筑、工业建筑等)、特种结构(如烟囱、水塔、水池、筒仓、挡土墙等)、地下结构(如隧道、涵洞、人防工事、地下建筑等)。

(2) 按外形特点可以分为单层结构、多层结构、大跨度结构和高耸结构(如电视塔等)。

(3) 按施工方法可以分为现浇结构、装配式结构、装配整体式结构和预应力混凝土结构等。

1.2　混凝土结构概述

1.2.1　混凝土结构的概念

混凝土是由粗骨料(石子)、细骨料(砂子)、胶凝材料(水泥)加水拌制而成的复合材料。以混凝土材料为主要承重构件组成的结构称为混凝土结构，包括素混凝土结构、钢筋混凝土结构和预应力混凝土结构。

混凝土是建筑工程中应用非常广泛的一种建筑材料，其抗压强度较高，而抗拉强度却很低。因此，不配置钢筋的素混凝土构件只适用于受压构件，在建筑工程中一般仅用作基础垫层或室外地坪。预应力混凝土结构是在结构或构件中配置了预应力钢筋并施加了预应力的结构。

钢筋混凝土结构是由配置受力的普通钢筋、钢筋网或钢筋骨架的混凝土制成的结构。钢筋的抗拉和抗压强度都很高，而且延性很好。为了充分发挥材料的性能，把钢筋和混凝土这两种材料按照合理的方式结合在一起共同工作，使钢筋主要承受拉力，混凝土主要承受压力，就组成了钢筋混凝土结构。通常所说的混凝土结构是指钢筋混凝土结构。

如图 1.1 所示，两根截面尺寸、跨度和混凝土强度等级(C20)完全相同的简支梁，一根为素混凝土梁，另一根为钢筋混凝土梁。试验结果表明，当加荷至 $F = 8kN$ 时，素混凝土梁便由于受拉区混凝土断裂而破坏，并且破坏是突然发生的，无明显预兆。但如果在梁的受拉区配置适量钢筋，做成钢筋混凝土梁，当荷载增加到一定数值时，受拉区混凝土仍会开裂，但钢筋可以代替开裂的混凝土承受拉力，因而裂缝不会迅速发展，梁可以继续增加荷载。钢筋混凝土梁破坏前的变形和裂缝都发展得很充分，呈现出明显的破坏预兆，且破坏荷载提高到 $F=36kN$。因此，在混凝土内配置受力钢筋，不仅大大提高了构件的承载能力，而且使结构的受力性能得到显著改善。

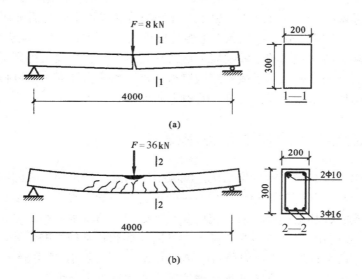

图 1.1　素混凝土梁与钢筋混凝土梁的破坏情况

钢筋和混凝土是两种力学性能截然不同的材料，它们能够有效地结合在一起共同工作的主要原因如下。

(1) 混凝土硬化后，钢筋和混凝土之间存在着黏结力，能牢固结成整体，受力后变形一致，不会产生相对滑移。这是钢筋和混凝土共同工作的前提条件。

(2) 钢筋和混凝土两种材料的温度线膨胀系数接近，钢筋为 1.2×10^{-5}/℃ ，混凝土为 $(1.0 \sim 1.5) \times 10^{-5}$/℃。当温度变化时，两者不会产生过大的相对变形而破坏它们之间的黏结。

(3) 钢筋外边有一定厚度的混凝土保护层，可以防止钢筋锈蚀，从而保证了钢筋混凝土结构的耐久性。

1.2.2　钢筋混凝土结构的主要优缺点

钢筋混凝土结构在工程结构中得以广泛应用，主要是因为与其他结构相比，它具有如下优点。

(1) 就地取材。钢筋混凝土的主要材料中，砂、石所占比例较大，水泥和钢筋所占比例较小。砂和石一般都可由建筑工地附近供应，水泥和钢材的产地在我国分布也较广。

(2) 节约钢材。钢筋混凝土结构的承载力较高，大多数情况下可代替钢结构，因而节约钢材。

(3) 整体性好。钢筋混凝土结构特别是现浇结构的整体性好，刚度大，对抗震、抗爆有利。

(4) 可塑性好。新拌和的混凝土是可塑的，可根据工程需要制成各种形状的构件。

(5) 耐久性好。钢筋混凝土结构中，钢筋被混凝土紧紧包裹而不易生锈，从而保证了结构的耐久性。

(6) 耐火性好。混凝土是不良传热体，钢筋又有足够的保护层，火灾发生时，钢筋混凝土结构不会像木结构那样被燃烧，也不会像钢结构那样很快软化而破坏。

钢筋混凝土结构也存在一些缺点，主要是自重大、抗裂性能差、现浇结构模板用量大、工期长等。但随着科学技术的不断发展，这些缺点已在一定程度上得到了克服和改善。例如，采用轻质高强的混凝土可以减轻结构自重，采用预应力混凝土可以提高构件的抗裂性能，采用预制构件可以减小模板用量、缩短工期等。

1.2.3　混凝土结构的发展及应用概况

与砌体结构、木结构、钢结构相比，混凝土结构是一种出现较晚的结构形式，迄今只有 160 多年的历史。早期的混凝土结构所用的钢筋与混凝土强度都很低，主要用于小型钢筋混凝土梁、板、柱和基础等构件。现代混凝土结构是随着水泥和钢铁工业的发展而发展起来的。进入 20 世纪 30 年代以后，随着生产的需要和科学技术的发展，出现了预应力混凝土结构、装配式钢筋混凝土结构和钢筋混凝土薄壁空间结构，使混凝土结构在材料性能、结构形式、应用范围、施工方法和设计理论等方面都得到了迅速发展。目前，混凝土结构已成为建筑工程中应用最为广泛的一种结构，而且具有很大的发展潜力。

在材料方面，混凝土结构的材料将向高强、轻质、耐久、复合方向发展。目前，国内常用的混凝土强度等级为 C20～C50，个别工程已应用到 C80。我国已制成 C100 的混凝土，美国已制成 C200 的混凝土，这为混凝土在超高层建筑、大跨度桥梁等方面的应用创造了条件。改善混凝土性能的另一个重要方面就是减轻混凝土自重，目前国内外都在发展轻质混凝土，如陶粒混凝土、浮石混凝土、加气混凝土等，其自重为 $14\sim18\text{N/mm}^3$，与普通混凝土相比自重可减小 10%～30%。此外，各种纤维混凝土和聚合物混凝土的研究与应用大大改善了混凝土的抗拉性能。钢筋的强度也有新的提高，现在强度达 $400\sim600\text{N/mm}^2$ 的高强钢筋已开始应用。为了提高钢筋的防腐性能，带有环氧树脂涂层的热轧钢筋已开始在某些有特殊防腐要求的工程中应用。

在结构形式方面，组合结构成为近年来结构发展的方向之一。目前劲性钢筋混凝土、钢管混凝土柱、压型钢板-混凝土组合楼盖、型钢-混凝土组合梁等钢-混凝土组合结构已广泛应用，组合结构具有强度高、截面小、延性好及简化施工等优点。另外，预应力混凝土结构近年来发展也比较迅速，无黏结预应力和体外张拉等预应力技术都有重大发展。

在设计理论方面，从 1955 年我国有了第一批建筑结构设计规范至今，设计规范已修订了 5 次。20 世纪 50 年代以前，结构的安全度和可靠度设计方法基本上处于经验性的允许应力法阶段。70 年代以后，以概率数理统计学为基础的可靠度理论有了很大发展，使结构可靠度的近似概率极限状态设计方法进入了工程设计中。新颁布的《混凝土结构设计规范》(GB 50010—2010)(以下简称《混凝土规范》)反映了近十年来在工程实践中的新经验和最新科研成果，它采用以概率理论为基础的极限状态设计方法，从对结构侧重安全发展到全面侧重结构的性能。新规范还明确了工程设计人员必须遵守的强制性条文。随着计算机的广泛应用和现代测试技术的发展，工程结构的非线性分析和精确计算得以实现，混凝土结构的计算理论和设计方法将向更高阶段发展。

当今，混凝土结构的应用范围在不断扩大，已从工业与民用建筑、桥梁工程、水工及港口工程和特种结构扩大到了近海工程、海洋工程、地下工程、国防工程、核电站等领域。随着轻质高强材料的使用，在大跨度、高层建筑、高耸建筑中钢筋混凝土结构的应用更加广泛。例如，我国台湾地区的台北 101 大厦建成于 2005 年，101 层，高达 508m，属钢-混凝土组合结构，是当时世界第一高度的高层建筑。2008 年建成的上海环球金融中心目前是中国内地第一高楼、世界第三高楼，楼高 492m，地上 101 层，是钢-混凝土组合结构。已经建成的长江三峡水电站拦河大坝为混凝土重力坝，坝高 178m，坝顶高程 185m，总水库容量 $3.93×10^{10}m^3$，是世界上最大的水利枢纽工程之一。

1.3 砌体结构概述

1.3.1 砌体结构的特点

由块体(砖、石材、砌块)和砂浆砌筑而成的墙、柱作为建筑物主要受力构件的结构称为砌体结构，它是砖砌体、石砌体和砌块砌体结构的统称。

砌体结构在建筑工程领域的应用非常广泛，特别是在多层民用建筑中，砌体结构占绝大多数。目前，高层砌体结构也开始应用，最大建筑高度已达 10 余层。一般来说，砌体结构具有以下几方面优点。

(1) 取材方便，造价低廉。砌体结构的原材料——黏土、砂、石为天然材料，分布极广，取材方便。因而比钢筋混凝土结构更经济，并能节约水泥、钢材和木材。

(2) 具有良好的耐火性及耐久性。砖是经烧结而成，本身具有较好的耐高温能力。砖墙的热传导性能较差，在火灾中还能起到防火墙的作用，阻止或延缓火灾的蔓延。砖、石等材料具有良好的化学稳定性及大气稳定性，抗腐蚀性强，这就保证了砌体结构的耐久性。

(3) 具有良好的保温、隔热、隔声性能，节能效果好。

(4) 施工简单。砌体结构不需支模、养护，且施工工具简单，工艺易于掌握。

但是，砌体结构还存在着强度低、自重大、抗震性能差、砌筑工作量大等缺点，这使得砌体结构不能建造层数较高和跨度较大的房屋。

1.3.2　砌体结构的发展及应用概况

砌体结构在我国具有悠久的历史。早在原始社会末期就有石砌结构；在 3000 多年前的西周时期已开始生产和使用烧结砖；在秦、汉时期，砖瓦已广泛应用于房屋建筑；在古代，还用砖砌筑宫殿、穹拱、佛塔等。隋朝建造的赵县安济桥是世界上现存最早、跨度最大的单孔圆弧石拱桥；长城在秦代开始用石头砌筑，明代用大块砖重修，总长达 1 万余里，是砌体结构的伟大杰作。在国外，古希腊的神庙、埃及的金字塔、意大利的比萨斜塔等砌体结构建筑物因气势宏伟而举世闻名。

迄今为止，砌体结构的应用范围很广。砌体结构不但在低层和多层住宅与办公建筑中大量应用，也用于建造桥梁、隧道、挡土墙、涵洞以及坝、堰等水工结构，还用于建造如水池、水塔、料仓、烟囱等特种结构。当然，由于砌体材料强度低，结构整体性和延性差，不利于结构抗震等因素，砌体结构的应用范围也受到一定的限制。

砌体结构作为最传统的建筑材料之一，同样在 20 世纪获得了较大发展。为充分发挥其优势，在砌体结构的材料和构造方式上进行了很多探讨和改进，拓宽了砌体结构的应用范围。如采用配筋砌体、组合砌体和预应力砌体等新的结构构造形式，可改善砌体结构的受力性能；采用空心承重砌块，以降低结构自重；进行墙体材料改革，大力发展轻质高强、节能利废的新型墙体材料，逐步替代实心黏土砖。另外就是具有中国特色的砌体结构设计理论的发展。经过修订后的最新《砌体结构设计规范》(GB 50003—2011)(以下简称《砌体规范》)，根据近年来的研究成果和工程经验，增加了节能减排、墙材革新背景下新型砌体材料的内容，并对原有砌体结构的设计方法作了适当的调整和补充，使砌体结构的计算理论和设计方法更趋完善。

1.4　课程特点及学习方法

本课程是建筑工程技术等相关专业的主干专业课之一，包括混凝土结构和砌体结构两大类结构体系。主要研究建筑结构的设计原则，混凝土和砌体结构材料的基本力学性能，结构基本构件的受力特点、计算原理和构造要求，常见房屋整体结构的特点、结构布置原则、受力体系分析、结构设计方法以及有关构造知识等内容。通过本课程的学习，应了解建筑结构的基本设计原理，熟悉钢筋、混凝土及砌体材料的力学性能，以及由其组成的各种结构构件的受力特点及破坏形态，掌握一般房屋建筑的结构布置、截面选型及基本构件的设计与计算方法，能够正确领会国家建筑结构设计规范的有关规定，理解结构设计的有关构造要求并正确识读结构施工图，同时能处理工程施工中遇到的一般结构问题，逐步培养和提高学生理论联系实际的综合应用能力。

为了学好混凝土结构与砌体结构课程，首先应对本课程的特点有所了解。在课程的学习过程中应注意以下特点。

(1) 研究对象的特殊性。本课程的研究对象与材料力学中的研究对象是不同的。材料力学主要是研究单一的、匀质的弹性材料，从而建立了内力和变形的计算方法。而建筑结构中所用材料可能是由两种或两种以上材料组合而成的，而且组成材料是非匀质的弹塑性材料。如：钢筋混凝土结构是由钢筋和混凝土两种不同材料构成的，砌体结构则由块体和砂浆砌筑而成。因此，在材料力学中讨论过的公式和计算方法在本课程中不再完全适用。

(2) 计算理论的实验性。由于钢筋混凝土和砌体材料的物理力学性能比较复杂，结构构件的计算理论是在大量科学实验的基础上建立起来的。许多计算公式都是在实验的基础上采用统计分析方法得出的半理论半经验公式。因此，在学习过程中要正确理解建立公式所采用的基本假定及实验依据，应用公式时要特别注意其适用范围和限制条件。

(3) 结构设计的综合性。建筑结构设计的任务是确定结构布置方案、构件选型及材料选择，通过承载力计算、变形验算及其配筋构造等，形成最终的结构设计方案，这是一个综合性问题。对同一问题往往有多种可能的解决办法，即使是同一构件，在相同荷载作用下，其截面形式、截面尺寸、配筋方式和数量都可以有多种答案，设计时需要综合考虑技术先进、经济合理、安全适用、施工方便等多方面因素，才能作出合理选择。所以，在学习本课程时，要学会对多种因素进行综合分析的设计方法和应用能力。

(4) 设计规范的有效性。设计规范是国家颁布的关于结构设计计算和构造要求的技术规定与标准，是贯彻国家的技术经济政策，保证设计质量、设计方法和审批工程的具有约束性和立法性的技术文件，设计、施工等工程技术人员必须严格遵守和执行。此外，相关设计规范根据长期工程实践的经验，总结出了一些实用的计算方法和构造措施。在本课程的学习中，有关基本理论的应用最终都要落实到规范的具体规定中。因此，熟悉并学会应用有关规范和标准，是学习本课程的重要任务之一。

(5) 课程内容的实践性。本课程是一门理论相对较深而实践性又很强的课程，这不仅体现在它的计算理论依托于大量的实验结果和工程经验，而且随着新材料、新技术的不断出现，本学科还在实践中不断发展和完善。所以，学习时一定要将理论知识与工程实践的具体应用相结合，以不断扩展知识面和积累工程经验。

一般在学完建筑力学、建筑材料、房屋建筑构造等课程之后，开始进入本课程的学习，学生通常不易适应。他们觉得本门课"概念多、公式多、理论抽象、构造规定繁琐"，学习时不得要领。针对上述问题并结合本课程的特点，建议采取与之相适应的学习方法。

(1) 注意同力学课的联系与区别。本课程所研究的钢筋混凝土和砌体材料，都不符合材料力学中匀质弹性材料的条件，因此力学公式多数不能直接应用。但是，通过几何、物理和平衡关系建立基本方程来解决问题的思路，二者是相同的。所以，在应用力学原理求解问题时，必须考虑材料的性能特点，切不可照搬照抄。同时注意结构课中的习题，往往正确答案不是唯一的，这也是与力学课所不同的。

(2) 重视材料的力学特性。钢筋混凝土是一种复合材料，存在着两种材料的数量比例和强度搭配问题，如果超过一定范围，就会引起构件受力性能的改变；砌体结构中块材和砂浆各自的力学性能，与两者组合在一起形成砌体时的特性也有所不同。只有掌握好组成材料的力学性能，才能更好地理解结构或构件的受力性能及破坏特征。

(3) 正确应用计算公式。由于混凝土和砌体材料的力学特性及强度理论非常复杂，目前结构设计的计算公式是在理论分析和大量实验结果的基础上建立起来的。因此，基本公式都有一定的适用范围和限制条件。学习中不能生搬硬套，要理解公式的基本假定，应根据工程具体情况运用与之相适应的计算公式并验算适用条件。

(4) 理解重要的基本概念，加强课后训练。本课程内容多、符号多、计算公式多、构造要求也多，如果死记硬背是非常困难的。在学习过程中，要注意对重要概念的理解，有时可能不会一步到位，而是随着课程内容的展开和深入逐步加深。除课堂教学外，必须完成一定数量的思考题和练习题等课后作业，才能有助于理解和巩固学习内容。

(5) 重视构造知识的学习。本课程涉及大量的构造措施和有关规定，是对结构计算中未能详细考虑或难以定量计算的因素所采取的技术措施，是长期科学实验和工程经验的总结。在结构设计过程中，计算结果和构造要求同等重要。学习时要充分重视构造规定和构造处理，除常识性构造要求外，不必去死记硬背，而应弄清其中的道理，并通过平时的练习和课程设计逐步掌握一些基本的构造知识。

(6) 努力参加工程实践，做到理论联系实际。本课程所包含的专业知识，在工程实际中运用最广泛，对学生走向工作岗位后的设计、施工、管理诸方面技能的培养具有较高的关联度。因此，学习本课程时，除课堂教学外，还应加强实践性的教学环节，到施工现场进行参观学习，结合教学内容通过现场印证，增加感性认识，积累工程经验。此外，还要加强识读施工图和图纸会审等基本技能的训练，为综合职业能力的培养打下基础。

本 章 小 结

(1) 在建筑物中起承受各种作用的骨架体系称为建筑结构。建筑结构的基本构件主要有板、梁、墙、柱、基础等，这些组成构件由于所处部位不同，承受荷载状况不同，各有不同的作用。建筑结构按构成的材料不同，可分为混凝土结构、砌体结构、钢结构和木结构；按其承重结构的类型，可分为混合结构、排架结构、框架结构、剪力墙结构、框架-剪力墙结构、筒体结构等。

(2) 钢筋和混凝土能够有效地结合在一起共同工作的主要原因是钢筋和混凝土之间存在黏结力，使两者之间能传递力和变形。在混凝土中配置一定形式和数量的钢筋形成钢筋混凝土构件后，可以使构件的承载力得到很大提高，构件的受力性能也得到显著改善。

(3) 混凝土结构的主要优点是强度高、整体性好、可模性好、耐久性好、耐火性好、易于就地取材等。混凝土结构已成为建筑工程中应用最为广泛的一种结构，并将在材料性能、结构形式、应用范围、施工方法和设计理论等方面得到进一步发展。

(4) 砌体结构是砖砌体、石砌体和砌块砌体结构的统称。近年来，为充分发挥其优势，在砌体结构的材料和构造方式上进行了很多探讨和改进，拓宽了砌体结构的应用范围。例如，采用配筋砌体、组合砌体和预应力砌体等新的结构构造形式，大力发展轻质高强、节能利废的新型墙体材料等。

(5)《混凝土结构与砌体结构》是建筑工程技术专业的一门主干专业课，本课程所包含的专业知识在工程实际中运用最广泛，对学生走向工作岗位后的设计、施工、管理诸方面技能的培养具有较高的关联度。为了学好本课程，首先应对课程的特点有所了解，学习时要做到目标明确、方法得当、训练到位，真正做到理论联系实际。

思考与训练

1.1　建筑结构按组成材料分为哪几类？混凝土结构包括哪些种类？

1.2　钢筋和混凝土这两种不同材料能够有效地结合在一起共同工作的原因是什么？

1.3　钢筋混凝土结构有哪些优缺点？

1.4　参观校园内的建筑，然后按混凝土结构、砌体结构、钢结构等形式进行分类比较。

1.5　学习《混凝土结构与砌体结构》课程时应注意哪些问题？

第 2 章　建筑结构的设计原则

【学习目标】

了解结构的功能要求及两种极限状态的基本概念；掌握荷载的分类与取值原则；理解结构抗力的含义，掌握钢筋和混凝土材料强度的设计指标；了解概率极限状态设计法的基本内容，熟悉其实用设计表达式的应用。

建筑结构设计主要解决两类问题：第一类是带有共性的设计原则问题，是设计任何结构构件都必须遵循的；第二类是运用这些基本原则对各种不同的结构构件进行具体的计算和构造设计，使所设计的结构构件能够满足可靠度要求。本章介绍的是第一类问题，第二类问题将在以后的各章中讲述。

我国现行的建筑结构设计方法是：以概率理论为基础的极限状态设计方法，以可靠指标度量结构构件的可靠度，采用以分项系数的实用设计表达式进行设计。

2.1　结构设计的基本要求

2.1.1　结构的功能要求

在工程结构中，结构设计的目的是，在现有技术基础上，用最经济的手段来获得预定条件下满足设计所预期的各种功能的要求。建筑结构应满足的功能要求可概括为安全性、适用性和耐久性。

1. 安全性

安全性是指结构应能承受正常施工和正常使用时可能出现的各种荷载和变形等作用，在偶然事件(如地震、强风)发生时及发生后结构仍能保持必需的整体稳定性，即结构仅产生局部损坏而不致发生倒塌。

2. 适用性

适用性是指结构在正常使用过程中应具有良好的工作性能。例如，不发生影响正常使用的过大变形、振幅及裂缝等。

3. 耐久性

耐久性是指结构在正常使用和正常维护条件下应具有足够的耐久性能，能够正常使用到预定的设计使用期限。例如，不发生由于混凝土保护层碳化或裂缝宽度开展过大而导致的钢筋锈蚀，不发生混凝土的腐蚀、脱落及冻融破坏等而影响结构的使用年限。

结构的功能要求概括起来称为结构的可靠性，即在规定的时间内(设计使用年限)，在规定的条件下(正常设计、正常施工、正常使用和维护)，结构完成预定功能(安全性、适用性、耐久性)的能力。

建筑结构的设计使用年限是指，按规定指标设计的建筑结构或构件，在正常施工、正常使用和维护下，不需进行大修即可达到其预定功能要求的使用年限。对房屋建筑工程，我国《建筑结构可靠度设计统一标准》(GB 50068—2001)将建筑结构的设计使用年限分为四个类别，如表 2.1 所示。一般建筑结构的设计使用年限为 50 年。

表 2.1 结构设计使用年限分类

类　别	设计使用年限/年	示　例	类　别	设计使用年限/年	示　例
1	5	临时性结构	3	50	普通房屋和构筑物
2	25	易于替换的结构构件	4	100	纪念性建筑和特别重要的建筑物

2.1.2 结构功能的极限状态

结构能够满足设计规定的某一功能要求而且能够良好地工作，我们称该功能处于"可靠"或"有效"状态；反之，则称该功能处于"不可靠"或"失效"状态。这种"可靠"与"失效"之间必然存在某一特定状态，是结构可靠与失效状态的分界状态，整个结构或结构的一部分超过某一特定状态时，就不能满足设计规定的某一功能要求，此特定状态称为该功能的极限状态。

结构功能的极限状态可分为两类：承载能力极限状态和正常使用极限状态。

1．承载能力极限状态

结构或结构构件达到最大承载能力、出现疲劳破坏或出现不适于继续承载的变形时的状态，称为承载能力极限状态。超过这一极限状态，整个结构或结构构件便不能满足安全性的功能要求。

当结构或构件出现下列状态之一时，即认为结构超过了承载能力极限状态。

(1) 整个结构或结构的一部分作为刚体失去平衡(如烟囱倾覆)、结构发生滑移或漂浮(如挡土墙滑移等)等不稳定情况。

(2) 结构构件或构件间的连接因超过相应材料的强度而破坏(如轴心受压柱中混凝土压碎而破坏)。

(3) 结构因疲劳强度不足而破坏(如吊车梁产生疲劳破坏)。

(4) 结构产生过大的塑性变形而不适于继续承载。

(5) 结构转变为机动体系(由几何不变体系变为可变体系)而丧失承载能力。

(6) 结构或构件丧失稳定(如柱子受压发生失稳破坏)。

(7) 地基丧失承载力。

承载能力极限状态主要控制结构的安全性，一旦超过这种极限状态，结构整体破坏，会造成人身伤亡和重大经济损失，因此，设计时要严格控制这种状态出现的概率，所有的结构构件均应进行承载能力极限状态的计算。在必要时应进行构件的疲劳强度或结构的倾覆与滑移验算。对处于地震区的结构，应进行构件抗震承载力计算，以保证结构构件具有足够的安全性。

2．正常使用极限状态

结构或构件达到正常使用或耐久性能中某项规定限值的状态，称为正常使用极限状态。超过这一极限状态，结构或结构构件便不能满足适用性或耐久性的功能要求。

当结构或构件出现下列状态之一时，即可认为结构超过了正常使用极限状态。

(1) 影响正常使用或外观的变形(如梁的挠度过大)。

(2) 影响正常使用或耐久性能的局部破坏(包括裂缝)。

(3) 影响正常使用的振动。

(4) 影响正常使用的其他特定状态(如水池渗漏等)。

正常使用极限状态控制结构的适用性和耐久性，若超过这种极限状态，其危险性比出现承载能力极限状态的危险性要小，但也不能忽视，设计时可以比承载能力极限状态的可靠性略低一些。

对于在使用上或外观上需控制变形值的结构构件，应进行变形验算；对于在使用上要求不出现裂缝的构件，应进行混凝土抗裂度验算；对于允许出现裂缝的构件，应进行裂缝宽度的验算；同时还应满足耐久性要求。

2.1.3　结构的安全等级

在进行建筑结构设计时，应根据结构破坏可能产生的后果严重与否，即危及人的生命、造成经济损失和产生社会影响等的严重程度，采用不同的安全等级进行设计。我国《建筑结构可靠度设计统一标准》将建筑结构划分为三个安全等级，设计时应根据具体情况，按照表 2.2 的规定选用适当的安全等级。

表 2.2　建筑结构的安全等级

安全等级	破坏后果	建筑物类型
一级	很严重	重要的房屋
二级	严重	一般的房屋
三级	不严重	次要的房屋

建筑物中各类结构构件使用阶段的安全等级，宜与整个结构的安全等级相同。但允许对其中部分结构构件，根据其重要程度和综合经济效益进行适当调整。如果提高某一结构构件的安全等级所增加费用很少，又能减轻整个结构的破坏程度，则可将该结构构件的安全等级提高一级；相反，若某一结构构件的破坏不会影响结构或其他构件，则可将其安全等级降低一级，但不得低于三级。

2.2　结构上的荷载与荷载效应

2.2.1　结构上的作用

建筑结构在施工和使用期间，要承受其自身和外加的各种作用，这些作用在结构中产生不同的效应(内力和变形)。这些引起结构或构件产生内力(应力)、变形(位移、应变)和裂缝等的各种原因统称为结构上的作用。

结构上的作用就其出现的方式不同，可分为直接作用和间接作用两类。

1．直接作用

直接以力的不同集结形式(集中力或均匀分布力)施加在结构上的作用，称为直接作用，通常也称为结构的荷载。例如结构的自重、楼面上的人群及物品重量、风压力、雪压力、积水、积灰、土压力等。

2．间接作用

能够引起结构外加变形、约束变形或振动的各种原因，称为间接作用。间接作用不是直接以力的某种集结形式施加在结构上，如地震作用、地基的不均匀沉降、材料的收缩和膨胀变形、混凝土的徐变、温度变化等。

2.2.2　荷载的分类

在工程结构中常见的作用多数是直接作用，即通常所说的荷载。结构上的荷载，按其随时间的变异性和出现的可能性不同分为以下三类。

1．永久荷载

永久荷载又称为恒荷载，是指在结构设计使用期间，其作用值不随时间变化，或其变化幅度与平均值相比可以忽略不计的荷载，如结构自重、土压力、预应力等。

2．可变荷载

可变荷载又称为活荷载，是指在结构设计使用期间，其作用值随时间而变化，且其变化幅度与平均值相比不可忽略的荷载，如楼面活荷载、屋面活荷载、积灰荷载、吊车荷载、风荷载、雪荷载等。

3．偶然荷载

偶然荷载是指在结构设计使用期间可能出现，但不一定出现，而一旦出现，其持续时间很短且量值很大的荷载，如地震、爆炸、撞击力等。

2.2.3　荷载的代表值

由于各种荷载都具有一定的变异性，在建筑结构设计时，应根据各种极限状态的设计要求取用不同的荷载量值，即所谓的荷载代表值。永久荷载的代表值采用标准值，可变荷载的代表值有标准值、组合值、频遇值和准永久值，其中荷载标准值为基本代表值。对偶然荷载应按建筑结构使用的特点确定其代表值。

1．荷载标准值

荷载标准值是指结构在正常使用情况下，在其设计基准期内可能出现的具有一定保证率的最大荷载值。它是建筑结构各类极限状态设计时采用的基本代表值。

我国《建筑结构荷载规范》(GB 50009—2001)(以下简称《荷载规范》)对荷载标准值的

取值方法有具体规定。

永久荷载标准值，如结构自重，由于其变异性不大，可按结构构件的设计尺寸与材料单位体积的自重计算确定。对常用材料和构件的自重可参照《荷载规范》附录 A 采用。表 2.3 列出部分常用材料和构件自重，供学习时查用。

结构设计时可计算求得永久荷载标准值。例如，某矩形截面钢筋混凝土梁，计算跨度为 $l_0=4.5m$，截面尺寸 $b \times h = 200mm \times 500mm$，钢筋混凝土的自重根据表 2.3 取 $25kN/m^3$，则该梁沿跨度方向均匀分布的自重标准值 $g_k = 0.2 \times 0.5 \times 25 = 2.5kN/m$。

可变荷载标准值是根据观测资料和试验数据，并考虑工程实践经验而确定，可由《荷载规范》各章中的规定确定。表 2.4 列出部分民用建筑楼面均布活荷载标准值，供学习时查用。

表 2.3　部分常用材料和构件自重

序　号	名　　称	自　重	备　　注
1	素混凝土/(kN/m^3)	22～24	振捣或不振捣
2	钢筋混凝土/(kN/m^3)	24～25	
3	水泥砂浆/(kN/m^3)	20	
4	石灰砂浆、混合砂浆/(kN/m^3)	17	
5	浆砌普通砖/(kN/m^3)	18	
6	浆砌机砖/(kN/m^3)	19	
7	水磨石地面/(kN/m^2)	0.65	10mm 面层，20mm 水泥砂浆打底
8	贴瓷砖墙面/(kN/m^2)	0.5	包括水泥砂浆打底，共厚 25mm
9	木框玻璃窗/(kN/m^2)	0.2～0.3	

表 2.4　部分民用建筑楼面均布活荷载标准值及其组合值、频遇值和准永久值系数

项次	类　别	标准值 /(kN/m^2)	组合值 系数 ψ_c	频遇值 系数 ψ_f	准永久值 系数 ψ_q
1	(1)住宅、宿舍、旅馆、办公楼、医院病房、托儿所、幼儿园	2.0	0.7	0.5	0.4
	(2)教室、试验室、阅览室、会议室、医院门诊室	2.0	0.7	0.6	0.5
2	食堂、餐厅、一般资料档案室	2.5	0.7	0.6	0.5
3	(1)礼堂、剧场、影院、有固定座位的看台	3.0	0.7	0.5	0.3
	(2)公共洗衣房	3.0	0.7	0.6	0.5
4	(1)商店、展览厅、车站、港口、机场大厅及其旅客等候室	3.5	0.7	0.6	0.5
	(2)无固定座位的看台	3.5	0.7	0.5	0.3
5	(1)健身房、演出舞台	4.0	0.7	0.6	0.5
	(2)舞厅	4.0	0.7	0.6	0.3
6	(1)书库、档案库、贮藏室	5.0	0.9	0.9	0.8
	(2)密集柜书库	12.0	0.9	0.9	0.8

续表

项 次	类 别	标准值 /(kN/m²)	组合值 系数 ψ_c	频遇值 系数 ψ_f	准永久值 系数 ψ_q
7	厨房: (1)一般的 (2)餐厅的	2.0 4.0	0.7 0.7	0.6 0.7	0.5 0.7
8	浴室、厕所、盥洗室: (1)第 1 项中的民用建筑 (2)其他民用建筑	2.0 2.5	0.7 0.7	0.5 0.6	0.4 0.5
9	走廊、门厅、楼梯: (1)宿舍、旅馆、医院病房、托儿所、幼儿园、住宅 (2)办公楼、教室、餐厅、医院门诊部 (3)当人流可能密集时	2.0 2.5 3.5	0.7 0.7 0.7	0.5 0.6 0.5	0.4 0.5 0.3

注：1. 本表所列各项活荷载适用于一般使用条件，当使用荷载较大或情况特殊时，应按实际情况采用。

2. 本表中各项荷载不包括隔墙自重和二次装修荷载。

2．可变荷载组合值

可变荷载组合值是指有两种或两种以上可变荷载同时作用于结构上时，由于各可变荷载同时达到其标准值的可能性极小，此时除其中产生最大效应的荷载(主导荷载)仍取其标准值外，其他伴随的可变荷载均采用小于其标准值的组合值为荷载代表值。这种经调整后的可变荷载代表值，称为可变荷载组合值。我国《荷载规范》规定，可变荷载组合值用可变荷载的组合值系数 ψ_c 与相应的可变荷载标准值的乘积来确定。

3．可变荷载频遇值

可变荷载频遇值是针对结构上偶尔出现的较大荷载。它与时间有较密切的关联，即在规定的设计基准期内，具有较短的总持续时间或较少的发生次数的特性，这使结构的破坏性有所减缓。荷载频遇值在桥梁结构设计中使用，在房屋建筑设计中使用较少。可变荷载频遇值用可变荷载的频遇值系数 ψ_f 与相应的可变荷载标准值的乘积来确定。

4．可变荷载准永久值

可变荷载准永久值是针对在结构上经常作用的可变荷载。即在规定的期限内，该部分可变荷载具有较长的总持续时间，对结构的影响类似于永久荷载。可变荷载准永久值用可变荷载的准永久值系数 ψ_q 与相应的可变荷载标准值的乘积来确定。

上述系数 ψ_c、ψ_f、ψ_q 取值详见《荷载规范》有关章节中的规定。表 2.4 列出了部分可变荷载组合值系数、频遇值系数和准永久值系数，可供查用。

2.2.4 荷载的设计值

由于荷载是随机变量，考虑其有超过荷载标准值的可能性，以及不同变异性的荷载可能造成结构计算时可靠度不一致的不利影响，因此，在承载能力极限状态设计中将荷载标准值乘以一个大于 1 的调整系数,此系数称为荷载分项系数。

荷载分项系数是在各种荷载标准值已经给定的前提下,按极限状态设计中得到的各种结构构件所具有的可靠度分析,并考虑工程经验确定的。考虑到永久荷载标准值与可变荷载标准值的保证率不同,故它们采用不同的分项系数。

以 γ_G 和 γ_Q 分别表示永久荷载及可变荷载的分项系数,其取值应按表 2.5 的规定采用。

表 2.5 荷载分项系数

荷载类别	荷载特征	荷载分项系数 γ_G 或 γ_Q
永久荷载	当其效应对结构不利时:	
	对由可变荷载效应控制的组合	1.20
	对由永久荷载效应控制的组合	1.35
	当其效应对结构有利时:	
	一般情况	1.0
	对结构的倾覆、滑移或漂浮验算	0.9
可变荷载	一般情况	1.4
	对标准值大于 4kN/m^2 的工业房屋楼面活荷载	1.3

荷载标准值与荷载分项系数的乘积称为荷载设计值。其数值大体相当于结构在非正常使用情况下荷载的最大值,它比荷载的标准值具有更大的可靠度。一般情况下,在承载能力极限状态设计中,应采用荷载的设计值。

2.2.5 荷载效应

各种作用在结构上产生的内力(弯矩、剪力、扭矩、压力、拉力等)和变形(挠度、扭转、弯曲、拉伸、压缩、裂缝等)统称为"作用效应",以"S"表示。当作用为荷载时,引起的效应称为"荷载效应"。

一般情况下,荷载效应 S 与荷载 Q 之间可近似按线性关系考虑,即

$$S=CQ \tag{2-1}$$

式中 C——荷载效应系数,通常由力学分析确定;

Q——某种荷载代表值;

S——与荷载 Q 相应的荷载效应。

例如,承受均布荷载 q 作用的简支梁,计算跨度为 l,由结构力学方法计算可知,其跨中最大弯矩值 $M=\frac{1}{8}ql^2$,支座处剪力 $V=\frac{1}{2}ql$。那么,弯矩 M 和剪力 V 均相当于荷载效应 S,q 相当于荷载 Q,$\frac{1}{8}l^2$ 和 $\frac{1}{2}l$ 则相当于荷载效应系数 C。

荷载设计值与荷载效应系数的乘积则称为荷载效应设计值。由于结构上的荷载是随着时间、作用位置和各种条件的改变而变化的,是一个不确定的随机变量,所以一般说来荷载效应 S 也是一个随机变量。

2.3 结构抗力与材料强度

2.3.1 结构抗力

结构抗力是指结构或构件承受各种作用效应的能力,即承载能力和抗变形能力,用"R"表示。承载能力包括受弯、受剪、受拉、受压、受扭承载力等各种抵抗外力的能力,抗变形能力包括抗裂性能、刚度等。例如,截面尺寸为 $b \times h = 200\text{mm} \times 500\text{mm}$ 的矩形截面简支梁,采用 C20 混凝土,在截面下部配有 3Φ20 的 HRB335 级钢筋,经计算(计算方法详见第 4 章)该梁能够承担的弯矩 $M = 95.78\text{kN} \cdot \text{m}$,即该梁的抗弯承载力 R(也称抗力)为 95.78kN·m。

在实际工程中,由于受材料性能的变异性(如材质不均匀、加载方法等)、构件几何参数的不定性(如制作尺寸偏差、安装误差、局部缺陷等)、配筋情况和结构计算模式的精确性(采用近似的基本假设、计算公式不精确)等因素的综合影响,结构抗力也是一个随机变量。通常,在结构计算中,结构抗力主要取决于材料强度,而材料强度取值分标准值和设计值。

2.3.2 材料强度取值

1. 材料强度标准值

材料强度的标准值是结构设计时所采用的材料强度的基本代表值,主要用于正常使用极限状态的验算。它是设计表达式中材料性能的设计指标,也是生产中控制材料质量的主要依据。

由于材料强度也是随机变量,其强度大小具有变异性,为了安全起见,材料强度取值必须具有较高的保证率。各类材料强度标准值的取值原则是:根据标准试件用标准试验方法测得的具有 95% 以上保证率的强度值,即材料强度的实际值大于或等于该材料强度值的概率在 95% 以上。

2. 材料强度设计值

由于材料材质的不均匀性,各地区材料的离散性、实验室环境与实际工程的差别,以及施工中不可避免的偏差等因素,导致材料强度不稳定,即有变异性。考虑其变异性可能对结构构件的可靠度产生不利影响,设计时将材料强度标准值除以一个大于 1 的系数,此系数称为材料分项系数。材料强度标准值除以材料分项系数称为材料强度设计值。在承载能力极限状态设计中,应采用材料强度设计值。

混凝土材料分项系数是通过对轴心受压构件试验数据作可靠度分析确定的,其值 γ_c 取为 1.40。钢筋材料分项系数是通过对受拉构件的试验数据作可靠度分析得出的,用 γ_s 表示。对延性较好的 400MPa 级及以下的热轧钢筋, γ_s 取值为 1.10;对 500MPa 级钢筋, γ_s 取值为 1.15;对延性稍差的预应力钢筋, γ_s 取值不小于 1.20。

各种强度等级的混凝土、普通钢筋及预应力钢筋的强度标准值、设计值分别列于第 3 章的表 3.1、表 3.4、表 3.5 中。

2.4 概率极限状态设计法

2.4.1 结构的可靠度

结构和结构构件的工作状态可以用作用效应 S 和结构抗力 R 的关系式来描述

$$Z = g(R, S) = R - S \qquad (2\text{-}2)$$

R 和 S 都是非确定性的随机变量，故 $Z = g(R, S)$ 也是一个随机变量函数。实际工程中，结构所处的工作状态可能出现以下三种情况。

(1) 当 $Z > 0$ 时，即 $R > S$，表示结构能够完成预定功能，结构处于可靠状态。

(2) 当 $Z < 0$ 时，即 $R < S$，表示结构不能完成预定功能，结构处于失效状态。

(3) 当 $Z = 0$ 时，即 $R = S$，表示结构处于极限状态。

可见，结构要满足功能要求，就不应超过极限状态，则结构可靠工作的基本条件为

$$Z \geqslant 0 \qquad (2\text{-}3)$$

或

$$R \geqslant S \qquad (2\text{-}4)$$

结构的可靠度是指结构在规定的时间内，在规定的条件下，完成预定功能(安全性、适用性、耐久性)的可能性，用概率来表示，也称可靠概率，以 P_s 表示。可见，可靠度是对结构可靠性的一种定量描述，即概率度量。

结构的可靠性和结构的经济性常常是相互矛盾的。科学的设计方法是要用最经济的方法，合理地实现所必需的可靠性。结构的可靠度与结构的使用年限长短有关。

应当指出，结构的设计使用年限并不等于建筑结构的使用寿命。当结构的使用年限超过设计使用年限时，并不意味着结构已不能使用，而是指结构的可靠度降低了，结构的可靠概率可能较设计预期值减小，其继续使用年限需经鉴定来确定。

结构能够完成预定功能的概率称为"可靠概率"，相对地，结构不能完成预定功能的概率称为"失效概率"，以 P_f 表示。显然，P_s 和 P_f 两者的关系为

$$P_s + P_f = 1 \qquad (2\text{-}5)$$

或

$$P_s = 1 - P_f \qquad (2\text{-}6)$$

一般采用结构的失效概率 P_f 来度量结构的可靠性，只要失效概率 P_f 足够小，则结构的可靠性必然高。

2.4.2 极限状态设计表达式

用结构的失效概率 P_f 来度量结构的可靠性，其物理意义明确，已为国际上所公认。但是计算 P_f 在数学上比较复杂，计算工程量大且过程繁琐，需要大量的统计数据，若遇到统

计资料不足时，计算会出现困难。考虑到多年来的设计习惯和使用上的简便，目前，我国《建筑结构可靠度设计统一标准》采用以概率理论为基础的极限状态设计方法，采用分项系数的实用设计表达式进行设计。

1. 承载能力极限状态设计表达式

1) 设计表达式

对持久设计状况、短暂设计状况和地震设计状况，当用内力的形式表达时，结构构件应采用下列承载能力极限状态设计表达式：

$$\gamma_0 S \leqslant R \tag{2-7}$$

式中　γ_0——结构重要性系数；

S——承载能力极限状态下作用组合的效应设计值；对持久设计状况和短暂设计状况应按作用的基本组合计算，对地震设计状况应按作用的地震组合计算；

R——结构构件的抗力设计值。

2) 结构重要性系数 γ_0

实用设计表达式中引入结构重要性系数 γ_0，是考虑到结构安全等级差异，其可靠度应作相应的提高或降低，其数值是按结构构件的安全等级、设计使用年限并考虑工程经验确定的。

在持久设计状况和短暂设计状况下，对安全等级为一级的结构构件，γ_0 不应小于 1.1；对安全等级为二级的结构构件，γ_0 不应小于 1.0；对安全等级为三级的结构构件，γ_0 不应小于 0.9；对地震设计状况下，γ_0 应取 1.0。

3) 荷载效应的基本组合设计值 S

当结构上同时作用有多种可变荷载时，要考虑荷载效应的组合问题。荷载效应组合是指在所有可能同时出现的各种荷载组合下，确定结构或构件内产生的总效应。其最不利组合是指所有可能产生的荷载组合中，对结构构件产生总效应最为不利的一组。荷载效应组合分为基本组合与偶然组合两种情况。

按承载能力极限状态设计时，应考虑荷载效应的基本组合，对偶然作用下的结构应按荷载效应的偶然组合进行计算。

《荷载规范》规定，对于基本组合，荷载组合的效应设计值 S 应从由可变荷载效应控制的组合和由永久荷载效应控制的组合中取最不利值确定。

(1) 由可变荷载效应控制的组合

$$S = \gamma_G S_{Gk} + \gamma_{Q1} S_{Q1k} + \sum_{i=2}^{n} \gamma_{Qi} \psi_{ci} S_{Qik} \tag{2-8}$$

(2) 由永久荷载效应控制的组合

$$S = \gamma_G S_{Gk} + \sum_{i=1}^{n} \gamma_{Qi} \psi_{ci} S_{Qik} \tag{2-9}$$

式中　γ_G——永久荷载的分项系数，应按表 2.5 采用；

γ_{Q1}、γ_{Qi}——第 1 个和第 i 个可变荷载分项系数，应按表 2.5 采用；

S_{Gk}——按永久荷载标准值 G_k 计算的荷载效应值；

S_{Q1k}、S_{Qik}——在基本组合中按起控制作用的一个可变荷载标准值 Q_{1k} 计算的荷载效应值及按第 i 个可变荷载标准值 Q_{ik} 计算的荷载效应值;

ψ_{ci}——第 i 个可变荷载的组合值系数,按表 2.4 采用。

(3) 对于一般排架、框架结构,式(2-8)可采用下列简化设计表达式:

$$S = \gamma_G S_{Gk} + \psi \sum_{i=1}^{n} \gamma_{Qi} S_{Qik} \tag{2-10}$$

式中　ψ——简化设计表达式中采用的可变荷载组合系数,一般情况下可取 ψ =0.90,当只有一个可变荷载时,取 ψ=1.0。

在以上各式中,$\gamma_G S_{Gk}$ 和 $\gamma_Q S_{QK}$ 分别称为永久荷载效应设计值和可变荷载效应设计值,相应的 $\gamma_G G_k$ 和 $\gamma_Q Q_k$ 分别称为永久荷载设计值和可变荷载设计值。

当按荷载效应的偶然组合进行设计时,具体的设计表达式及各系数取值应符合有关专门规范的规定。

4) 结构构件的抗力设计值 R

结构构件的抗力设计值(即承载力设计值)的大小,取决于截面的几何尺寸、截面材料的种类、用量与强度等多种因素。它的一般形式为:

$$R = R(f_c,\ f_y,\ \alpha_k,\ \cdots)/\gamma_{Rd} \tag{2-11}$$

式中　$R(\cdot)$——结构构件的抗力函数;

γ_{Rd}——结构构件的抗力模型不定性系数:静力设计取 1.0,对不确定性较大的结构构件根据具体情况取大于 1.0 的数值;抗震设计应用承载力抗震调整系数 γ_{RE} 代替 γ_{Rd}。

f_c、f_y——混凝土、钢筋的强度设计值,见表 3.1、表 3.4、表 3.5;

α_k——几何参数的标准值,当几何参数的变异性对结构性能有明显的不利影响时,应增减一个附加值。

2. 正常使用极限状态设计表达式

正常使用极限状态的设计,主要是验算结构构件的变形、抗裂度或裂缝宽度等,以便满足结构适用性和耐久性的要求。当结构或结构构件达到或超过正常使用极限状态时,其后果是结构不能正常使用,但危害程度不及承载能力极限状态引起的结构破坏造成的损失大,故对其可靠度的要求可适当降低。因此,按正常使用极限状态设计时,材料强度取标准值,对于荷载组合值,不需要乘以荷载分项系数,也不再考虑结构重要性系数 γ_0。

对于正常使用极限状态,钢筋混凝土构件、预应力混凝土构件应分别按荷载的准永久组合并考虑长期作用的影响或标准组合并考虑长期作用的影响,采用下列极限状态设计表达式进行验算:

$$S \leqslant C \tag{2-12}$$

式中　S——正常使用极限状态的荷载组合的效应设计值;

C——结构构件达到正常使用要求所规定的限值(如变形、应力、裂缝宽度和自振频率等),按规范的有关规定采用。

可变荷载的最大值并非长期作用于结构上,而且由于混凝土的徐变等特性,裂缝和变形将随着时间的推移而发展,因此,在计算正常使用极限状态的荷载组合效应值 S 时,应根据不同的设计目的，分别按荷载的标准组合和准永久组合进行设计。

(1) 对于荷载的标准组合，荷载组合的效应设计值 S 应按下式计算：

$$S = S_{Gk} + S_{Q1k} + \sum_{i=2}^{n} \psi_{ci} S_{Qik} \qquad (2\text{-}13)$$

(2) 对于荷载的准永久组合，荷载组合的效应设计值 S 应按下式计算：

$$S = S_{Gk} + \sum_{i=1}^{n} \psi_{qi} S_{Qik} \qquad (2\text{-}14)$$

式中　ψ_{qi}——第 i 个可变荷载的准永久值系数，按表 2.4 采用。

【例 2.1】　某办公楼钢筋混凝土矩形截面简支梁，安全等级为二级，计算跨度 $l_0=6\text{m}$，作用在梁上的永久荷载(含自重)标准值 $g_k=15\text{kN/m}$，可变荷载标准值 $q_k=6\text{kN/m}$，试分别计算按承载能力极限状态和正常使用极限状态设计时梁的跨中弯矩设计值。

【解】(1) 均布荷载标准值 g_k 和 q_k 作用下梁的跨中弯矩标准值

永久荷载作用下

$$M_{Gk} = \frac{1}{8} g_k l_0^2 = \frac{1}{8} \times 15 \times 6^2 = 67.5 \text{ kN} \cdot \text{m}$$

可变荷载作用下

$$M_{Qk} = \frac{1}{8} q_k l_0^2 = \frac{1}{8} \times 6 \times 6^2 = 27 \text{ kN} \cdot \text{m}$$

(2) 按承载能力极限状态设计时梁跨中弯矩设计值

安全等级为二级，取 $\gamma_0 = 1.0$。

按可变荷载效应控制的组合计算：

取 $\gamma_G = 1.2$，$\gamma_Q = 1.4$。

$$M = \gamma_0 (\gamma_G M_{Gk} + \gamma_{Q1} M_{Q1k}) = 1.0 \times (1.2 \times 67.5 + 1.4 \times 27) = 118.8 \text{ kN} \cdot \text{m}$$

按永久荷载效应控制的组合计算：

取 $\gamma_G = 1.35$，$\gamma_Q = 1.4$；查表 2.4 得 $\psi_c = 0.7$。

$$M = \gamma_0 (\gamma_G M_{Gk} + \gamma_{Q1} \psi_c M_{Q1k}) = 1.0 \times (1.35 \times 67.5 + 1.4 \times 0.7 \times 27) = 117.6 \text{ kN} \cdot \text{m}$$

故该梁按承载能力极限状态设计时跨中弯矩设计值取较大值，即 $M = 118.8 \text{ kN} \cdot \text{m}$。

(3) 按正常使用极限状态设计时梁跨中弯矩值

查表 2.4 取 $\psi_q = 0.4$。

按标准组合时

$$M = M_{Gk} + M_{Q1k} = 67.5 + 27 = 94.5 \text{ kN} \cdot \text{m}$$

按准永久组合时

$$M = M_{Gk} + \psi_{q1} M_{Q1k} = 67.5 + 0.4 \times 27 = 78.3 \text{ kN} \cdot \text{m}$$

本 章 小 结

(1) 建筑结构的功能要求是：安全性、适用性和耐久性。结构在规定的时间内，规定的条件下，完成预定功能的概率称为结构的可靠度。

(2) 当整个结构或结构的一部分超过某一特定状态时，结构就不能满足设计规定的某一功能要求，该特定状态称为结构的极限状态。结构功能的极限状态分为承载能力极限状态和正常使用极限状态两类。所有的结构构件均应进行承载能力极限状态的计算，必要时还要求对正常使用极限状态进行验算，以确保结构满足安全性、适用性和耐久性的要求。

(3) 荷载分永久荷载、可变荷载和偶然荷载。结构设计时，对不同的荷载应采用不同的代表值。永久荷载采用标准值作为代表值；可变荷载根据设计要求，采用标准值、组合值、频遇值或准永久值作为代表值。荷载标准值与荷载分项系数的乘积称为荷载设计值。材料强度标准值除以材料分项系数称为材料强度设计值。

(4) 结构上的作用、作用效应 S、结构抗力 R 都是随机变量。当 $S<R$ 时，结构可靠；当 $S>R$ 时，结构失效；当 $S=R$ 时，结构处于极限状态。发生情况 $S \leqslant R$ 的概率称为结构的可靠度。

(5) 以概率理论为基础的极限状态设计法是采用多个分项系数表达的实用设计表达式进行结构设计。承载能力极限状态设计时，采用荷载的基本组合，设计表达式中应考虑结构的重要性系数；正常使用极限状态设计时，采用荷载的标准组合或准永久组合，设计表达式中不考虑结构的重要性系数。

思考与训练

2.1 建筑结构应满足哪些功能要求？结构的可靠性与可靠度的含义分别是什么？

2.2 什么是结构功能的极限状态？极限状态的分类及相应的特征是什么？

2.3 什么是结构上的"作用"？举例说明荷载与作用有何不同。

2.4 什么是荷载代表值？永久荷载和可变荷载的代表值分别是什么？

2.5 试说明荷载标准值与设计值之间的关系，并说明荷载的分项系数如何取值。

2.6 试说明材料强度标准值与设计值之间的关系，并说明材料分项系数如何取值。

2.7 写出按承载能力极限状态和正常使用极限状态各种荷载组合的实用设计表达式，并解释公式中各符号的含义。

2.8 建筑结构的安全等级是根据什么划分的？结构重要性系数如何取值？

2.9 某教室屋面板承受均布荷载，板的自重、抹灰层等永久荷载引起的跨中弯矩标准值 $M_{Gk}=1.6\text{kN} \cdot \text{m}$，楼面可变荷载引起的跨中弯矩标准值 $M_{Qk}=1.2\text{kN} \cdot \text{m}$，结构安全等级为二级。求：

(1) 按承载能力极限状态计算的板跨中最大弯矩设计值。

(2) 按正常使用极限状态的荷载标准组合及准永久组合计算的板跨中弯矩值。

第二篇 混凝土结构

第3章 混凝土结构材料及其力学性能

【学习目标】

掌握混凝土的力学性能及各种强度指标；了解混凝土的变形性能及混凝土材料耐久性的规定；了解钢筋的品种与形式，熟悉钢筋的力学性能，明确钢筋混凝土结构对钢筋性能的要求；理解钢筋与混凝土共同工作的原理及保证黏结强度的构造措施。

钢筋混凝土结构是由钢筋和混凝土两种性质不同的材料组成的，熟悉和掌握两种材料的力学性能，是合理选择结构形式、正确进行结构设计、确定构造措施的基础，也是获得良好经济效果的前提。

3.1 混 凝 土

3.1.1 混凝土的强度

混凝土是用水泥、砂、石和水等原料按一定配合比例拌制，需要时掺入外加剂和矿物混合材料，经过均匀搅拌后入模浇注，并经养护硬化后制成的人工石材。

混凝土强度的大小不仅与组成材料的质量和配合比有关，而且与混凝土试件的形状、尺寸、龄期和试验方法等因素有关。因此，在确定混凝土的强度指标时必须以统一规定的标准试验方法为依据。

1. 混凝土的立方体抗压强度和强度等级

混凝土的立方体抗压强度是衡量混凝土强度大小的基本指标，是评价混凝土强度等级的标准。我国《混凝土规范》(GB 50010—2010)规定：以边长为 150 mm 的立方体试件，按标准方法制作，在标准条件下(温度在 20℃±3℃，相对湿度≥90%)养护 28 天后，按照标准试验方法进行加载试压，测得的具有 95%保证率的抗压强度作为混凝土的立方体抗压强度标准值，用符号 $f_{cu,k}$ 表示，其单位为 N/mm^2。

我国《混凝土规范》规定的混凝土强度等级，是根据混凝土立方体抗压强度标准值确定的，用符号 C 表示，共分为 14 个强度等级，分别以 C15、C20、C25、C30、C35、C40、C45、C50、C55、C60、C65、C70、C75、C80 来表示。符号 C 后面的数字表示以 N/mm^2

为单位的立方体抗压强度标准值。例如，C30 表示混凝土立方体抗压强度的标准值 $f_{cu,k}=30N/mm^2$。

规范规定：钢筋混凝土结构的混凝土强度等级不应低于 C20；当采用强度等级 400MPa 及以上的钢筋时，混凝土强度等级不应低于 C25；预应力混凝土结构的混凝土强度等级不宜低于 C40，且不应低于 C30。

实验表明，混凝土的立方体抗压强度还与试块的尺寸有关，立方体尺寸越小，测得的抗压强度越高。实际工程中如采用边长 200mm 或 100mm 的立方体试块时，需将其立方体抗压强度实测值分别乘以换算系数 1.05 或 0.95，换算成标准试件的立方体抗压强度标准值。

试验方法对立方体抗压强度有较大影响，如试件表面是否涂润滑剂。不涂润滑剂时强度高，其主要原因是垫板通过接触面上的摩擦力约束混凝土试块的横向变形，形成"套箍"作用。而涂润滑剂后试件与压力板之间的摩擦力将大大减小，使抗压强度降低，而且两种情况的破坏形态也不一样(图 3.1)。我国规定的标准试验方法是不涂润滑剂。此外，加载速度对立方体抗压强度也有影响，加载速度越快，测得的强度越高，通常加载速度为每秒 0.3～0.8N/mm²。

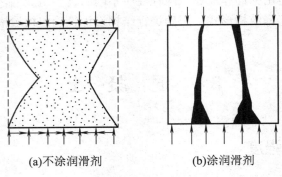

(a)不涂润滑剂　　　　　　　(b)涂润滑剂

图 3.1　混凝土立方体试块的破坏情况

2. 混凝土的轴心抗压强度

在实际工程中，钢筋混凝土构件的长度常比其横截面尺寸大得多。为更好地反映混凝土在实际构件中的受力情况，可采用混凝土的棱柱体试件测定其轴心抗压能力，所对应的抗压强度称为混凝土的轴心抗压强度，也称棱柱体抗压强度，用符号 f_c 表示。对钢筋混凝土结构进行受弯构件、受压构件的承载力计算时，采用混凝土的轴心抗压强度作为设计指标。

混凝土的轴心抗压强度试验采用 150mm×150mm×300mm 的棱柱体作为标准试件，测试的方法与立方体抗压强度的测试方法相同。大量的试验数据表明，混凝土的轴心抗压强度与其立方体抗压强度之间存在一定的关系。根据试验结果分析，混凝土的轴心抗压强度标准值与其立方体抗压强度标准值的关系可按下式确定：

$$f_{ck} = 0.88\alpha_{c1}\alpha_{c2}f_{cu,k} \qquad (3-1)$$

式中　α_{c1}——棱柱体抗压强度与立方体抗压强度之比，对于 C50 及以下强度等级的混凝土取 $\alpha_{c1}=0.76$，对于 C80 混凝土，取 $\alpha_{c1}=0.82$，中间按线性插值；

α_{c2}——考虑 C40 以上混凝土脆性的折减系数,对于 C40 混凝土取 $\alpha_{c2}=1.00$,对于 C80 混凝土取 $\alpha_{c2}=0.87$,中间按线性插值;

0.88——考虑实际结构中混凝土强度与试件混凝土强度之间的差异等因素而确定的修正系数。

3. 混凝土的轴心抗拉强度

混凝土的轴心抗拉强度也是混凝土的一个基本强度指标,用符号 f_t 表示。混凝土的抗拉强度远小于其抗压强度,一般只有抗压强度的 1/18~1/9。混凝土的轴心抗拉强度是计算钢筋混凝土及预应力混凝土构件的抗裂度和裂缝宽度以及构件斜截面承载力时的主要强度指标。

测定混凝土抗拉强度的方法有两种:一种是直接测定法,另一种是间接测定法。如图 3.2(a)所示,直接测定法试件采用 100mm×100mm×500mm 棱柱体,两端对中预埋钢筋(每端长度为 150mm、直径为 16mm 的变形钢筋),试验机夹住两端伸出的钢筋进行拉伸,直到试件中部产生横向裂缝破坏,试件破坏时截面的平均拉应力即为混凝土的轴心抗拉强度。但由于直接测试法的对中比较困难,加之混凝土内部的不均匀性,使得所测结果的离散程度较大。

目前,混凝土的轴心抗拉强度常采用如图 3.2(b)所示的间接测试法——劈裂法测试。劈裂试验对立方体或平放的圆柱体试件通过垫条施加线荷载,在试件中间垂直截面上,除加载点附近很小范围内出现压应力外,截面大部分区域将产生均匀的拉应力。当拉应力达到混凝土的抗拉强度时,试件沿中间垂直截面劈裂成两半。

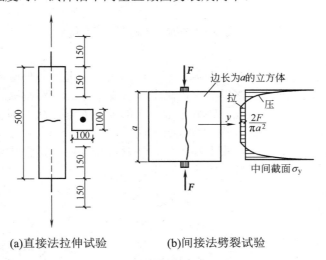

(a)直接法拉伸试验　　　　(b)间接法劈裂试验

图 3.2　混凝土的抗拉强度试验

根据大量的试验数据并考虑实际构件与试件的差异,混凝土轴心抗拉强度标准值与立方体抗压强度标准值的关系按下式计算:

$$f_{tk} = 0.88 \times 0.395 f_{cu,k}^{0.55}(1-1.645\delta)^{0.45} \times \alpha_{c2} \tag{3-2}$$

式中　δ——混凝土强度变异系数。

4. 复合应力状态下混凝土的强度

在实际混凝土结构构件中，混凝土很少处于单向受拉或受压状态，而往往承受弯矩、剪力、轴向力及扭矩的多种组合作用，大多是处于双向或三向的复合应力状态。

1) 双向应力状态下的强度

双向应力状态下，即在两个互相垂直的平面上作用着法向应力 σ_1 和 σ_2，第三个平面上应力为零时，混凝土强度的变化曲线如图3.3所示。从图中可看出，双向受压时(图中第三象限)，混凝土的强度比单向受压时的强度有所提高；双向受拉时(图中第一象限)，混凝土一向的抗拉强度基本与另一向拉应力的大小无关，即双向受拉的强度与单向受拉的强度基本相同；在拉压组合情况下(图中第二、四象限)，混凝土的抗压强度随另一向拉应力的增加而降低，或混凝土的抗拉强度随另一向压应力的增加而降低。

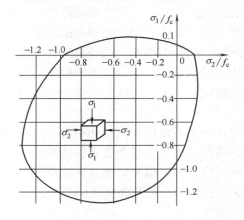

图3.3　混凝土双向应力状态下的强度曲线

2) 三向应力状态下的强度

在三个相互垂直的方向受压时，混凝土任一向的抗压强度随另外两向压应力的增加而提高，同时混凝土的极限应变也得以大大提高。图3.4所示为一组混凝土三向受压的试验曲线。这是由于侧向压应力的存在，约束了混凝土的横向变形，从而抑制了混凝土内部裂缝的产生和发展，同时也使混凝土的延性有明显提高。

在工程中将受压构件做成"约束混凝土"，如螺旋箍筋柱、钢管混凝土柱等，就是利用三向受压可使混凝土强度得以提高的这一特性。

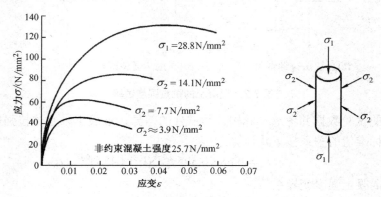

图3.4　混凝土三向受压的试验曲线

3.1.2　混凝土的变形

混凝土的变形可分为两类，一类为由荷载作用引起的受力变形，包括一次短期荷载、长期荷载和重复荷载作用下的变形；另一类为由非外力因素引起的体积变形，主要为混凝土的收缩和温度变化产生的变形等。

1. 混凝土在一次短期荷载作用下的变形性能

1) 混凝土受压时的应力-应变曲线

混凝土在单轴一次短期加载过程中的应力-应变关系是混凝土最基本的力学性能之一，是对钢筋混凝土构件截面应力进行理论分析的基础。通常采用高宽比 $h/b=3\sim4$ 的棱柱体试件来测定混凝土受压时的应力-应变关系曲线，如图 3.5 所示。

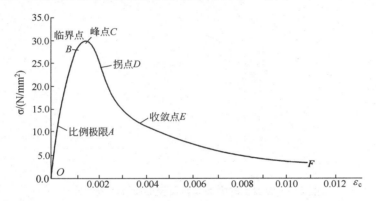

图 3.5　混凝土受压时的应力-应变关系曲线

曲线分为上升段和下降段两部分。上升段 OC 又可分为三段。

在 OA 段($\sigma\leqslant0.3f_c$)，混凝土处于弹性工作阶段，应力、应变为线性关系，A 点为比例极限。此阶段可将混凝土视为理想的弹性体，其内部的微裂缝尚未发展，水泥凝胶体的黏性流动很小，主要是骨料和水泥石受压后的弹性变形。

在 AB 段($0.3f_c<\sigma<0.8f_c$)，混凝土逐渐显现非弹性性质，塑性变形增大，应力-应变曲线弯曲，应变增长速度比应力增长快，内部的微裂缝开始发展，但仍处于稳定状态。

在 BC 段($0.8f_c<\sigma<1.0f_c$)，混凝土塑性变形急剧增大，裂缝发展进入不稳定阶段。C 点的应力达到峰值应力，即轴心抗压强度 f_c，所对应的应变 ε_0 称为峰值应变，其值在 $0.0015\sim0.0025$ 之间波动，常取 $\varepsilon_0=0.002$。

曲线过 C 点以后，进入下降段。试件的承载力随应变的增加而降低，试件表面出现纵向裂缝，超过收敛点 E，试件宏观上已经破坏，但通过骨料间的咬合力及摩擦力与残余承压面还能承受一定荷载。在应变达到 $0.0004\sim0.0006$ 时，应力下降减缓，之后趋向于稳定的残余应力。

由图 3.5 可以看出，混凝土的应力-应变关系不是直线，这说明它不是弹性材料，而是弹塑性材料。试验表明，随着混凝土强度等级的提高，混凝土的极限应压变 ε_{cu} 却明显减小，说明混凝土强度越高，其脆性越明显，延性也就越差。

《混凝土规范》对非均匀受压时的中低强度混凝土的极限压应变 ε_{cu} 取 0.0033。混凝土受拉时的应力-应变曲线的形状与受压时相似，只是其峰值应力及极限拉应变均较受压时小得多，对应于 f_t 的极限拉应变可取 $\varepsilon_{0t}=0.000\,15$。

2) 混凝土的弹性模量和变形模量

(1) 弹性模量。

在验算钢筋混凝土构件的变形和裂缝宽度、计算预应力混凝土构件的截面预压应力时，都需用到混凝土的弹性模量。

如图 3.6 所示，在一次加载的混凝土应力-应变关系曲线上，过原点 O 作切线，该切线的斜率称为原点弹性模量，即混凝土的弹性模量，以 E_c 表示。

$$E_c= \tan\alpha_0 \tag{3-3}$$

式中　α_0——混凝土应力-应变曲线在原点处的切线与横坐标的夹角。

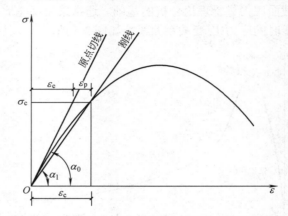

图 3.6　混凝土的弹性模量及变形模量的表示方法

但是，由于采用一次加载的应力-应变曲线不易准确测得混凝土的弹性模量，《混凝土规范》规定，混凝土的弹性模量利用混凝土在重复荷载作用下的性质，以 $\sigma=(0.4\sim0.5)f_c$ 重复加载和卸载 $5\sim10$ 次的方法确定，应力-应变曲线渐趋稳定并基本上接近于直线，且该直线平行于第一次加载时曲线的原点切线。因此，可取该直线的斜率作为混凝土弹性模量 E_c。

根据试验结果分析，混凝土的弹性模量与立方体抗压强度有关，可按下列经验公式计算：

$$E_c=\frac{10^5}{2.2+\dfrac{34.7}{f_{cu,k}}} \tag{3-4}$$

《混凝土规范》给出不同强度等级混凝土的弹性模量，见表 3.1。

混凝土受拉时的应力-应变曲线与受压时相似，在结构计算中，受拉弹性模量与受压弹性模量可取相同值。

(2) 变形模量(或割线模量)。

当混凝土压应力 σ 较大(超过 $0.5f_c$)时，弹性模量 E_c 已不能反映这时的 σ 和 ε 的关系，为此，要用到变形模量的概念。

在图 3.6 中，连接原点 O 与 $\sigma-\varepsilon$ 曲线上任一点 C 的割线的斜率，称为混凝土的变形模量或割线模量，以 E_c' 表示。

$$E'_c = \tan \alpha_1 = \frac{\sigma_c}{\varepsilon_c} \tag{3-5}$$

式中　ε_c——混凝土应力为σ_c时的总应变，即$\varepsilon_c = \varepsilon_e + \varepsilon_p$；

　　　ε_e——混凝土的弹性应变；

　　　ε_p——混凝土的塑性应变。

混凝土的弹性模量与变形模量的关系如下：

$$E'_c = \frac{\varepsilon_e}{\varepsilon_c} E_c = \nu E_c \tag{3-6}$$

式中　ν——混凝土受压时的弹性系数，等于混凝土弹性应变与总应变之比。在应力较小时，处于弹性阶段，可取$\nu=1$；当应力增大时，处于弹塑性阶段，$\nu<1$；当应力接近f_c时，$\nu=0.4\sim0.7$。

2. 混凝土在多次重复荷载作用下的变形性能

将混凝土试件加载到一定数值后，再卸载至零，并多次重复这一循环过程，便可得到混凝土在多次重复荷载作用下的应力-应变曲线，如图3.7所示。从图中可以看出，混凝土在经过一次加载和卸载循环后，其变形中有一部分可以恢复，而还有一部分则不能恢复。这些不能恢复的塑性变形，在多次的循环过程中逐渐积累。

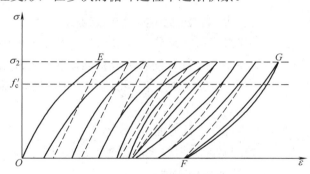

图3.7　混凝土在多次重复荷载作用下的应力-应变曲线

在上述试验中，如果在所加的应力较小时即卸载，则在多次循环后，累积的塑性变形就不再增加。而多次加载、卸载作用下的应力-应变曲线逐渐密合成一条直线(处于弹性工作状态)。如果所加的应力虽低于混凝土的抗压强度，但超过某一限值后，在经过多次重复循环加载、卸载作用以后，混凝土会因严重开裂或变形过大而导致破坏，这种现象称为疲劳破坏。通常将试件在循环200万次时发生破坏的压应力称为混凝土的疲劳强度，以f_c^f表示。在实际工程中，诸如吊车梁、汽锤基础等承受重复荷载的构件是需要进行疲劳强度验算的。

3. 混凝土在长期荷载作用下的变形——徐变

混凝土在不变荷载长期作用下，其应变随时间而继续增长的现象称为混凝土的徐变。图3.8所示为混凝土棱柱体试件加载至$\sigma=0.5f_c$后维持荷载不变测得的徐变与时间的关系曲线。由图可见,徐变的发展规律是先快后慢,在最初六个月内徐变增长很快,可达总徐变量的 70%～80%,第一年内约完成 90% 左右,2～3 年后基本趋于稳定。

混凝土的徐变对钢筋混凝土结构的影响,在大多数情况下是不利的,徐变会使构件的变形大大增加。对于长细比较大的偏心受压构件,徐变会使偏心距增大而降低构件的承载力;在预应力混凝土构件中,徐变会造成预应力损失,尤其是构件长期处于高应力状态下,对结构的安全不利,徐变的急剧增加会导致混凝土的最终破坏。

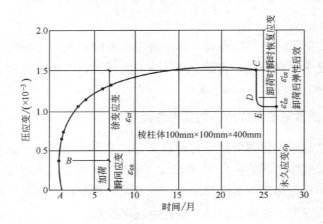

图 3.8　混凝土的徐变-时间关系曲线

产生徐变的原因,目前研究得尚不够充分。一般认为,产生的原因有两方面:一是在应力不太大($\sigma < 0.5 f_c$)时,由混凝土中一部分尚未形成结晶体的水泥凝胶体的黏性流动而产生的塑性变形;二是在应力较大($\sigma \geqslant 0.5 f_c$)时,由混凝土内部微裂缝在荷载作用下不断发展和增加而导致应变的增加。

影响混凝土徐变的因素主要有以下几方面。

① 应力的大小是最主要的因素,应力越大,徐变也越大。

② 水泥用量越多,水灰比越大,徐变越大。

③ 养护温度高、湿度大、时间长,则徐变小。

④ 加载时混凝土的龄期越短,徐变越大。

⑤ 材料质量和级配好,弹性模量高,则徐变小。

⑥ 与水泥的品种有关,普通硅酸盐水泥的混凝土较矿渣水泥、火山灰水泥的混凝土徐变相对要大。

4. 混凝土的体积变形

混凝土的体积变形主要是指混凝土的收缩与膨胀。混凝土在空气中硬结时体积减小的现象称为收缩。当混凝土在水中硬结时,其体积略有膨胀。一般来说,混凝土的收缩值比膨胀值大得多。

混凝土的收缩随时间而增长，第一年可完成一半左右，两年后趋于稳定。对钢筋混凝土构件来说，收缩是不利的。当结构构件受到约束时，收缩会使混凝土中产生拉应力，进而导致构件开裂。在预应力混凝土结构中收缩将导致预应力损失，降低构件的抗裂能力。

试验表明，混凝土的收缩与下列因素有关：①水泥用量越多，水灰比越大，收缩越大；②骨料的弹性模量大，则收缩小；③在结硬过程中，养护条件好，收缩小；④使用环境湿度越大，收缩越小。

3.1.3　混凝土的设计指标

在钢筋混凝土结构中，混凝土的轴心抗压强度是进行受弯构件、受压构件承载力计算时的设计指标；混凝土的轴心抗拉强度是计算钢筋混凝土及预应力混凝土构件的抗裂度和裂缝宽度以及构件斜截面受剪承载力、受扭承载力时的主要强度指标。

在进行钢筋混凝土构件变形验算和预应力混凝土构件设计时，需要用到混凝土的弹性模量。

各种强度等级的混凝土强度标准值、强度设计值以及弹性模量见表 3.1。

表 3.1　混凝土强度标准值、设计值和弹性模量/(N/mm²)

强度种类与弹性模量		混凝土强度等级												
		C15	C20	C25	C30	C35	C40	C45	C50	C55	C60	C65	C70	C75	C80
强度标准值	轴心抗压 f_{ck}	10.0	13.4	16.7	20.1	23.4	26.8	29.6	32.4	35.5	38.5	41.5	44.5	47.4	50.2
	轴心抗拉 f_{tk}	1.27	1.54	1.78	2.01	2.20	2.39	2.51	2.64	2.74	2.85	2.93	2.99	3.05	3.11
强度设计值	轴心抗压 f_c	7.2	9.6	11.9	14.3	16.7	19.1	21.1	23.1	25.3	27.5	29.7	31.8	33.8	35.9
	轴心抗拉 f_t	0.91	1.10	1.27	1.43	1.57	1.71	1.80	1.89	1.96	2.04	2.09	2.14	2.18	2.22
弹性模量 $E_c/(\times 10^4)$		2.20	2.55	2.80	3.00	3.15	3.25	3.35	3.45	3.55	3.60	3.65	3.70	3.75	3.80

3.1.4　混凝土材料的耐久性基本要求

混凝土材料的耐久性是指混凝土在规定使用年限内，在各种环境条件下，抵抗各种破坏因素的作用，长期保持强度和外观完整性的能力。混凝土结构应符合有关耐久性的规定，以保证其在化学的、生物的以及其他使结构材料性能恶化的各种侵蚀的作用下，达到预期的耐久年限。但是由于混凝土表面暴露在大气中，特别是长期受到外界不良气候环境的影响及有害物质的侵蚀，随着时间的增长会出现混凝土开裂、碳化、剥落，以及钢筋锈蚀等现象，使材料的耐久性降低。因此，混凝土结构应根据所处的环境类别、结构的重要性和使用年限满足《混凝土规范》规定的有关耐久性要求。

结构的使用环境是影响混凝土材料耐久性最重要的因素。混凝土结构的环境类别见表 3.2。

表 3.2　混凝土结构的环境类别

环境类别		条　件
一		室内干燥环境；无侵蚀性静水浸没环境
二	a	室内潮湿环境；非严寒和非寒冷地区的露天环境；非严寒和非寒冷地区与无侵蚀性的水或土壤直接接触的环境；严寒和寒冷地区的冰冻线以下与无侵蚀性的水或土壤直接接触的环境
	b	干湿交替环境；水位频繁变动环境；严寒和寒冷地区的露天环境；严寒和寒冷地区冰冻线以上与无侵蚀性的水或土壤直接接触的环境
三	a	严寒和寒冷地区冬季水位变动区环境；受除冰盐影响环境；海风环境
	b	盐渍土环境；受除冰盐作用环境；海岸环境
四		海水环境
五		受人为或自然的侵蚀性物质影响的环境

注：1. 室内潮湿环境是指构件表面经常处于结露或湿润状态的环境；

　　2. 严寒和寒冷地区的划分应符合现行国家标准《民用建筑热工设计规范》(GB 50176—93)的有关规定；

　　3. 海岸环境和海风环境宜根据当地情况，考虑主导风向及结构所处迎风、背风部位等因素的影响，由调查研究和工程经验确定；

　　4. 受除冰盐影响环境是指受到除冰盐盐雾影响的环境；受除冰盐作用环境是指被除冰盐溶液溅射时的环境以及使用除冰盐地区的洗车房、停车楼等建筑；

　　5. 暴露的环境是指混凝土结构表面所处的环境。

　　影响混凝土材料耐久性的另一重要因素是混凝土的质量。控制水灰比，减小渗透性，提高混凝土的强度等级，增加混凝土的密实性，以及控制混凝土中氯离子和碱的含量等，对混凝土的耐久性都有非常重要的作用。

　　对于设计使用年限为 50 年的混凝土结构，其混凝土材料宜符合表 3.3 的规定。其他环境类别和使用年限的混凝土结构，其耐久性要求应符合规范的有关规定。

表 3.3　结构混凝土材料的耐久性基本要求

环境类别		最大水胶比	最低强度等级	最大氯离子含量/%	最大碱含量/(kg/m³)
一		0.60	C20	0.30	不限制
二	a	0.55	C25	0.20	3.0
	b	0.50(0.55)	C30 (C25)	0.15	3.0
三	a	0.45(0.50)	C35(C30)	0.15	3.0
	b	0.40	C40	0.10	3.0

注：1. 氯离子含量系指其占胶凝材料总量的百分比；

　　2. 预应力构件混凝土中的氯离子含量不得超过 0.06%，其最低混凝土强度等级应按表中的规定提高两个等级；

　　3. 素混凝土构件的水胶比及最低强度等级的要求可适当放松；

　　4. 有可靠工程经验时，二类环境中的最低混凝土强度等级可降低一个等级；

　　5. 处于严寒和寒冷地区二 b 类、三 a 类环境中的混凝土应使用引气剂，并可采用括号中的有关参数；

　　6. 当使用非碱活性骨料时，对混凝土中的碱含量可不作限制。

3.2 钢 筋

3.2.1 钢筋的种类

新规范根据国家钢筋产品标准的修改，不再限制钢筋材料的化学成分和制作工艺，而按性能确定钢筋的牌号和强度级别。目前我国钢筋混凝土结构及预应力混凝土结构中采用的钢筋按生产加工工艺的不同，可分为热轧钢筋、中高强钢丝、钢绞线和冷加工钢筋等。

现行《混凝土规范》规定，在钢筋混凝土结构中使用的钢筋为热轧钢筋。热轧钢筋是由低碳钢、普通低合金钢在高温状态下轧制而成，按强度不同可分为以下几种级别：①HPB300 级，为热轧光圆钢筋，用代号Φ表示。②HRB335 级，为热轧带肋钢筋，用代号Φ表示；HRBF335 级，为细晶粒热轧带肋钢筋，用代号Φ^F表示。③HRB400 级，为热轧带肋钢筋，用代号 Φ 表示；HRBF400 级，为细晶粒热轧带肋钢筋，用代号Φ^F表示；RRB400 级，为余热处理带肋钢筋，用代号 Φ^R 表示。④HRB500 级，为热轧带肋钢筋，用代号Φ表示；HRBF 500 级，为细晶粒热轧带肋钢筋，用代号Φ^F表示。

预应力钢筋宜采用预应力钢丝、钢绞线和预应力螺纹钢筋。近年来，我国强度高、性能好的预应力钢筋(钢丝、钢绞线)已可充分供应，故冷加工钢筋不再列入《混凝土规范》中。

在混凝土结构中使用的钢筋，按外形可分为光面钢筋和变形钢筋两类，钢筋的形式如图 3.9 所示。光面钢筋俗称"圆钢"，光面钢筋的截面呈圆形，其表面光滑且无凸起的花纹；变形钢筋也称带肋钢筋，是在钢筋表面轧成肋纹，如月牙纹或人字纹。通常变形钢筋的直径不小于 10mm，光面钢筋的直径不小于 6mm。

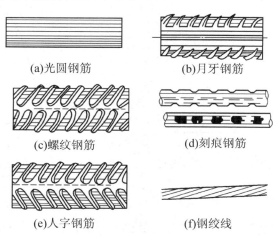

(a)光圆钢筋   (b)月牙钢筋

(c)螺纹钢筋   (d)刻痕钢筋

(e)人字钢筋   (f)钢绞线

图 3.9 钢筋的形式

3.2.2　钢筋的力学性能

1. 钢筋的应力-应变曲线

钢筋按其力学性能的不同，可分为有明显屈服点的钢筋和没有明显屈服点的钢筋两大类。有明显屈服点的钢筋常称作软钢，在工程中常用的热轧钢筋就属于软钢；没有明显屈服点的钢筋则称作硬钢，消除应力钢丝、中强度钢丝、钢绞线就属于硬钢。

图 3.10 所示是有明显屈服点的钢筋通过拉伸试验得到的典型的应力-应变关系曲线。由图可见，在曲线到达 a 点之前，应力 σ 与应变 ε 的比值为常数，其关系符合胡克定律，a 点所对应的应力称为比例极限。曲线到达 b 点后，钢筋开始进入屈服阶段，该点称为屈服上限，c 点称为屈服下限，屈服上限为开始进入屈服阶段时的应力，呈不稳定状态；到达屈服下限时，应变增长，应力基本不变，比较稳定，所对应的钢筋应力则称为"屈服强度"。此后应力基本不增加而应变急剧增长，曲线大致呈水平状态到 d 点，c 点到 d 点的水平距离称为屈服台阶。过 d 点以后，曲线又开始上升，即应力又随应变的增加而增加，直至达到最高点 e，此阶段称为强化阶段，e 点所对应的应力称为钢筋的极限抗拉强度 σ_b。过 e 点后，钢筋的薄弱处断面显著缩小，试件出现颈缩现象，当到达 f 点时，试件被拉断。

对于有明显屈服点的钢筋，由于钢筋达到屈服时将产生很大的塑性变形，钢筋混凝土构件会出现很大的变形及过宽的裂缝，以至于不能满足正常使用要求。所以在计算钢筋混凝土结构构件时，对于有明显屈服点的钢筋，取其屈服强度作为结构设计的强度指标。各种级别钢筋的屈服强度标准值见表 3.4。

无明显屈服点的硬钢的应力-应变曲线如图 3.11 所示。硬钢没有明显的屈服台阶，钢筋的强度很高，但变形很小，脆性也大。对于无明显屈服点的钢筋，设计时一般取经过加载和卸载后永久残余应变为 0.2% 时所对应的应力值作为强度设计指标，称为"条件屈服强度"，以 $\sigma_{0.2}$ 表示，其值相当于极限抗拉强度 σ_p 的 0.85 倍。

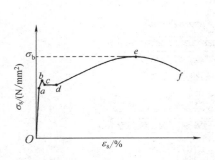

图 3.10　有明显屈服点钢筋的应力-应变曲线

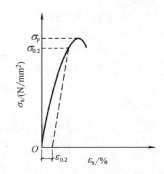

图 3.11　无明显屈服点钢筋的应力-应变曲线

2. 钢筋的塑性性能

混凝土结构中，钢筋除了要有足够的强度外，还应具有一定的塑性变形能力。伸长率和冷弯性能是反映钢筋塑性性能的基本指标。

伸长率是指规定标距(如 $l_1=5d$ 或 $l_1=10d$，其中 d 为钢筋直径)钢筋试件做拉伸试验时，拉断后的伸长值与拉伸前的原长之比，以 δ_5、δ_{10} 表示。

$$\delta=\frac{l_2-l_1}{l_1}\times100\% \tag{3-7}$$

式中　δ——伸长率(%)；

l_1——试件受力前的标距长度；

l_2——试件拉断后的标距长度。

伸长率越大，钢筋的塑性性能越好，拉断前有明显的预兆。伸长率小的钢筋塑性差，其破坏突然发生，呈脆性性质。软钢的伸长率较大，而硬钢的伸长率很小。

冷弯是将钢筋围绕规定直径($D=1d$ 或 $D=3d$，d 为钢筋直径)的辊轴进行弯曲，要求弯到规定的冷弯角度 α (180°或 90°)时，钢筋的表面不出现裂缝、起皮或断裂(图 3.12)。冷弯试验是检验钢筋韧性和材质均匀性的有效手段，可以间接反映钢筋的塑性性能和内在质量。

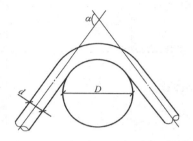

图 3.12　钢筋的冷弯试验

α —冷弯角度；D—辊轴直径；d—钢筋直径

3.2.3　钢筋的设计指标

《混凝土规范》规定，钢筋的强度标准值应具有不小于 95%的保证率。热轧钢筋的强度标准值根据屈服强度确定；预应力钢绞线和钢丝的强度标准值根据极限抗拉强度确定。普通钢筋的强度标准值、强度设计值和钢筋的弹性模量按表 3.4 采用，预应力钢筋的强度标准值、强度设计值和钢筋的弹性模量按表 3.5 采用。

表 3.4　钢筋强度标准值、设计值和弹性模量/(N/mm²)

种　类	符　号	公称直径 d/mm	抗拉强度设计值 f_y	抗压强度设计值 f_y'	屈服强度标准值 f_{yk}	弹性模量 E_s
HPB300	Φ	6～22	270	270	300	2.1×10^5
HRB335 HRBF335	Φ ΦF	6～50	300	300	335	2.0×10^5
HRB400 HRBF400 RRB400	Φ ΦF ΦR	6～50	360	360	400	2.0×10^5
HRB500 HRBF500	Φ ΦF	6～50	435	410	500	2.0×10^5

表 3.5   预应力钢筋强度标准值、设计值和弹性模量/(N/mm²)

种 类		符 号	公称直径 d/mm	极限强度标准值 f_{ptk}	抗拉强度设计值 f_{py}	抗压强度设计值 f'_{py}	弹性模量 E_s
钢绞线	1×3 (三股)	Φ^S	8.6、10.8、12.9	1570	1110	390	1.95×10⁵
				1860	1320		
				1960	1390		
	1×7 (七股)		9.5、12.7、15.2、17.8	1720	1220	390	
				1860	1320		
				1960	1390		
			21.6	1860	1320		
消除应力钢丝	光面	Φ^P	5	1570	1110	410	2.05×10⁵
				1860	1320		
			7	1570	1110		
	螺旋肋	Φ^H	9	1470	1040	410	
				1570	1110		
中强度预应力钢丝	光面	Φ^{PM}	5、7、9	800	510	410	2.05×10⁵
				970	650		
	螺纹肋	Φ^{HM}		1270	810		
预应力螺纹钢筋	螺纹	Φ^T	18、25、32、40、50	980	650	410	2.0×10⁵
				1080	770		
				1230	900		

3.2.4   混凝土结构对钢筋性能的要求

钢筋混凝土结构对钢筋的性能要求主要是：强度高、塑性好、可焊性好、与混凝土的黏结锚固性能好。

1. 强度高

选用强度高的钢筋，则钢筋的用量就少，可以节约钢材，提高经济效益。尤其在预应力混凝土结构中，可以充分发挥高强度钢筋的优势。

2. 塑性好

要求钢筋有一定的塑性是为了使钢筋在断裂前能有足够的变形，给人以破坏的预兆。保证钢筋混凝土构件能表现出良好的延性。钢筋的伸长率和冷弯性能是施工单位验收钢筋是否合格的主要指标。

3. 可焊性好

由于加工运输的要求，除直径较细的钢筋外，一般钢筋都是直条供应的。因长度有限，所以在施工中需要将钢筋接长以满足需要。目前钢筋接长最常用的办法就是焊接。所以要求钢筋具有较好的可焊性，以保证钢筋焊接接头的质量。可焊性好，即要求在一定的工艺条件下钢筋焊接后不产生裂纹及过大的变形。

4．与混凝土的黏结性能好

钢筋与混凝土之间的黏结力是二者共同工作的基础，钢筋的表面形状是影响黏结力的重要因素。为了加强钢筋和混凝土的黏结锚固性能，除了强度较低的 HPB300 级钢筋做成光面钢筋(常作为箍筋、构造钢筋)以外，HRB335 级、HRB400 级、RRB400 级、HRB500 级钢筋的表面都轧成带肋的变形钢筋(多作为钢筋混凝土构件的受力筋)。

3.3　钢筋与混凝土之间的黏结

3.3.1　黏结作用及产生原因

钢筋与混凝土这两种力学性能完全不同的材料之所以能够在一起共同工作，除了二者具有相近的温度线膨胀系数及混凝土对钢筋具有保护作用以外，主要是由于在钢筋与混凝土之间的接触面上存在良好的黏结力。通常把钢筋与混凝土接触面单位截面面积上的剪应力称为黏结应力。如果沿钢筋长度上没有钢筋应力的变化，也就不存在黏结应力。通过黏结应力可以传递钢筋和混凝土两者间的应力，协调变形，使两者共同工作。

试验表明，钢筋与混凝土之间产生黏结作用主要有以下三方面原因。

(1) 化学胶结力。水泥浆凝结时产生化学作用，使钢筋与混凝土之间接触面上产生化学吸附作用力。

(2) 摩擦力。混凝土收缩将钢筋紧紧握裹，当二者出现滑移时，在接触面上将出现摩阻力。接触面越粗糙，摩阻力越大。

(3) 机械咬合力。由于钢筋的表面凹凸不平，与混凝土之间产生机械咬合力，其值占总黏结力的一半以上。

在这三种黏结力中，化学胶结力一般很小，光面钢筋的黏结力以摩擦力为主，变形钢筋则以机械咬合力为主。

3.3.2　影响黏结强度的因素

影响钢筋与混凝土之间黏结强度的主要因素包括以下几个方面。

(1) 混凝土的强度。混凝土的强度等级越高，黏结强度越大，但不成正比。

(2) 钢筋的外观特征。变形钢筋由于表面凸凹不平，其黏结强度高于光面钢筋。

(3) 保护层厚度及钢筋的净距。如果钢筋外围的混凝土保护层厚度太小，会使外围混凝土产生劈裂裂缝，破坏黏结强度，导致钢筋被拔出。所以在构造上必须保证一定的混凝土保护层厚度和钢筋间距。

(4) 浇筑位置。混凝土浇筑深度超过 300mm 时，由于混凝土的泌水下沉，气泡逸出，与顶部的水平钢筋之间产生空隙层，从而削弱了钢筋与混凝土之间的黏结作用。

(5) 横向配筋及横向压力。横向钢筋的配置可延缓裂缝的发展，侧向压力(如在梁的支承区的下部)将进一步提高混凝土对钢筋的握裹作用。

3.3.3 保证黏结强度的措施

为了使钢筋与混凝土之间有足够的黏结作用，我国设计规范是采用规定的混凝土保护层厚度、钢筋的净距、锚固长度和钢筋的搭接长度等构造措施来保证的，在设计和施工时必须严格遵守相应的规定。

1. 钢筋的锚固长度

为了避免纵向钢筋在受力过程中产生滑移，甚至从混凝土中拔出而造成锚固破坏，纵向受力钢筋必须伸过其受力截面一定长度，这个长度称为锚固长度。

受拉钢筋的锚固长度又称为基本锚固长度，以 l_{ab} 表示。当在计算中充分利用钢筋的抗拉强度时，受拉钢筋的基本锚固长度 l_{ab} 按下式计算：

$$l_{ab} = \alpha \frac{f_y}{f_t} d \tag{3-8}$$

式中　l_{ab}——受拉钢筋的基本锚固长度；

f_y——钢筋的抗拉强度设计值；

f_t——混凝土轴心抗拉强度设计值，当混凝土强度等级高于 C60 时，按 C60 取值；

d——锚固钢筋的直径；

α——钢筋的外形系数，按表 3.6 取用。

表 3.6　钢筋的外形系数 α

钢筋类型	光面钢筋	带肋钢筋	螺旋肋钢丝	三股钢绞线	七股钢绞线
α	0.16	0.14	0.13	0.16	0.17

注：光面钢筋系指 HPB300 级钢筋，其末端应做 180° 弯钩，弯后平直段长度不应小于 $3d$，但作为受压钢筋时可不做弯钩。

依据公式(3-8)计算的受拉钢筋的基本锚固长度 l_{ab} 不宜小于表 3.7 的规定。

受拉钢筋的锚固长度应根据锚固条件按下列公式计算，且不应小于 200mm：

$$l_a = \zeta_a l_{ab} \tag{3-9}$$

式中　l_a——受拉钢筋的锚固长度；

ζ_a——锚固长度修正系数，当多于一项时可按连乘计算，但不应小于 0.6。

构件在不同的受力状况下，各种锚固长度是以基本锚固长度 l_{ab} 为依据，按式(3-9)计算时乘以锚固长度修正系数，ζ_a 应按下列规定取用。

(1) 当带肋钢筋的公称直径大于 25mm 时取 1.10。

(2) 环氧树脂涂层带肋钢筋取 1.25。

(3) 施工过程中易受扰动(如滑模施工)时取 1.10。

(4) 当纵向受力钢筋的实际配筋面积大于其设计计算面积时，修正系数取设计计算面积与实际配筋面积的比值，但对有抗震设防要求及直接承受动力荷载的结构构件，不应考虑此项修正。

(5) 锚固钢筋的混凝土保护层厚度为 $3d$ 时修正系数可取 0.8，保护层厚度为 $5d$ 时修正系数可取 0.7，中间按内插取值，此处 d 为锚固钢筋的直径。

表 3.7　基本锚固长度 l_{ab}/mm

钢筋种类		混凝土强度等级								
		C20	C25	C30	C35	C40	C45	C50	C55	C60
HPB300	普通钢筋	39d	34d	30d	28d	25d	24d	23d	22d	21d
HRB335	普通钢筋	38d	33d	29d	27d	25d	23d	22d	21d	21d
HRBF335	环氧树脂涂层钢筋	48d	41d	36d	34d	31d	29d	28d	27d	26d
HRB400	普通钢筋	—	40d	35d	32d	30d	28d	27d	26d	25d
HRBF400 RRB400	环氧树脂涂层钢筋	—	50d	44d	40d	38d	35d	34d	33d	32d
HRB500	普通钢筋	—	48d	43d	39d	36d	34d	32d	31d	30d
HRBF500	环氧树脂涂层钢筋	—	60d	54d	49d	45d	42d	40d	39d	38d

注：1. 表中的 d 代表钢筋的公称直径；

2. 环氧树脂涂层钢筋取值考虑了 1.25 倍的 ζ_a 系数，按式(3-9)计算 l_a 时不需重复考虑；

3. 本表取值适用于带肋钢筋的公称直径不大于 25mm 的情况。

为减小钢筋的锚固长度，可在纵向受拉钢筋的末端采用如图 3.13 所示的弯钩或机械锚固措施，采用弯钩或机械锚固措施后的锚固长度(包括附加锚固端头在内)可取基本锚固长度 l_{ab} 的 0.6 倍。

当计算中充分利用钢筋的抗压强度时，受压钢筋的锚固长度不应小于受拉钢筋锚固长度的 0.7 倍，附加机械锚固措施不得用于受压钢筋。

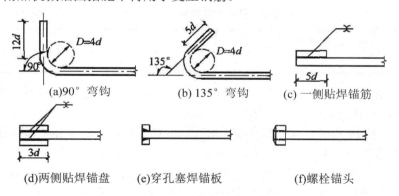

(a)90°弯钩　　(b) 135°弯钩　　(c) 一侧贴焊锚筋

(d)两侧贴焊锚盘　　(e)穿孔塞焊锚板　　(f)螺栓锚头

图 3.13　弯钩和机械锚固形式及构造要求

2. 钢筋的搭接长度

钢筋在构件中往往因长度不够需在受力较小处进行钢筋的连接。当需要采用施工缝或后浇带等构造措施时，也需要连接。钢筋连接接头的形式可采用绑扎搭接、机械连接(锥螺纹套筒、钢套筒挤压连接等)或焊接。《混凝土规范》规定，轴心受拉及小偏心受拉构件的纵向受力钢筋不得采用绑扎搭接接头；其他构件中的钢筋采用绑扎搭接时，受拉钢筋直径不宜大于 25mm，受压钢筋直径不宜大于 28mm。

对于绑扎搭接接头，应满足下列构造要求：同一构件中相邻纵向受力钢筋的绑扎搭接接头宜相互错开。钢筋绑扎搭接接头连接区段的长度为 1.3 倍搭接长度，凡搭接接头中点位于该连接区段长度内的搭接接头均属于同一连接区段(图 3.14)。位于同一连接区段内的受拉钢筋搭接接头面积百分率(即该区段内有搭接接头的纵向受力钢筋截面面积与全部纵向受力钢筋截面面积之比):对于梁类、板类及墙类构件,不宜大于 25%;对于柱类构件,不宜大于 50%。当工程中确有必要增大受拉钢筋搭接接头面积百分率时,梁类构件不应大于 50%;板类、墙类及柱类构件,可根据实际情况放宽。

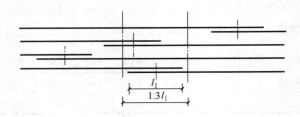

图 3.14   同一连接区段内纵向受拉钢筋的绑扎搭接接头

纵向受拉钢筋绑扎搭接接头的搭接长度 l_l,应根据位于同一连接区段内的钢筋搭接接头面积百分率按下式计算,且在任何情况下均不应小于 300mm:

$$l_l = \zeta_l l_a \tag{3-10}$$

式中 l_l——纵向受拉钢筋的搭接长度;

l_a——受拉钢筋的锚固长度,由公式(3-9)计算;

ζ_l——受拉钢筋搭接长度修正系数,按表 3.8 取用。

表 3.8   受拉钢筋搭接长度修正系数

纵向钢筋搭接接头面积百分率/%	≤25	50	100
ζ_l	1.2	1.4	1.6

构件中的受压钢筋采用搭接连接时,搭接长度不应小于按式(3-10)计算的受拉钢筋搭接长度的 0.7 倍,且在任何情况下不应小于 200mm。

直径大于 25mm 的受拉钢筋和直径大于 28mm 的受压钢筋宜采用机械连接接头,且接头位置宜相互错开,并设在结构受力较小处。当钢筋机械连接接头位于不大于 $35d$(d 为连接钢筋的较小直径)的范围内时,应视为处于同一连接区段内。在受力较大处,位于同一连接区段内的纵向受拉钢筋机械连接接头面积百分率不宜大于 50%。

受力钢筋也可采用焊接接头,纵向受力钢筋的焊接接头应相互错开。当钢筋的焊接接头位于不大于 $35d$ 且不小于 500mm 的长度范围内时,应视为位于同一连接区段内。位于同一连接区段内纵向受拉钢筋的焊接接头面积百分率应符合下列要求:受拉钢筋的接头面积百分率不宜大于 50%,受压钢筋的接头百分率可不受限制。

3. 钢筋的弯钩

光面钢筋的黏结性能较差,故除直径 12mm 以下的受压钢筋及焊接网或焊接骨架中的光面钢筋外,其余光面钢筋的末端均应设置弯钩,如图 3.15 所示。

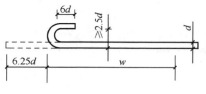
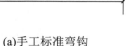
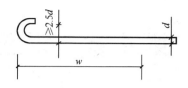

(a)手工标准弯钩　　　　　　　　　(b)机器标准弯钩

图 3.15　光面钢筋端部的弯钩

本 章 小 结

(1) 混凝土的立方体抗压强度是混凝土最基本的强度指标。混凝土的强度等级是按标准试验方法测得的立方体抗压强度标准值来划分的。混凝土的轴心抗压强度和轴心抗拉强度均可由混凝土的立方体抗压强度换算得到。

(2) 混凝土是一种弹塑性材料。混凝土在一次短期荷载作用下的应力-应变曲线包括上升段和下降段两部分。混凝土在长期不变荷载作用下,应变随时间不断增长的现象称为徐变。混凝土的徐变对结构产生不利影响。

(3) 钢筋按其力学性能的不同可分为有明显屈服点的钢筋和无明显屈服点的钢筋,前者钢筋的设计强度取屈服强度,后者钢筋的设计强度取条件屈服强度 $\sigma_{0.2}$。

(4) 在钢筋混凝土结构中,对钢筋性能的要求是:强度高,塑性好,可焊性好,与混凝土的黏结锚固性能好。

(5) 钢筋和混凝土之间的黏结作用是保证二者能共同工作的主要原因。为使钢筋与混凝土之间有足够的黏结作用,我国设计规范是采用规定的钢筋锚固长度和搭接长度等构造措施来保证的,在设计和施工时必须严格遵守相应的规定。

思考与训练

3.1 混凝土的强度等级是如何确定的?混凝土的基本强度指标有哪些?其相互关系如何?

3.2 混凝土受压时的应力-应变曲线有何特点?

3.3 什么是混凝土的弹性模量?如何确定?

3.4 什么是混凝土的徐变?影响徐变的主要因素有哪些?徐变对钢筋混凝土结构有哪些影响?

3.5 我国建筑结构用钢筋有哪些种类?热轧钢筋的级别有哪些?

3.6 有屈服点钢筋和无屈服点钢筋的应力-应变关系曲线有何不同?为什么取屈服强度作为钢筋的设计强度?

3.7 钢筋混凝土结构对钢筋的性能有哪些要求?

3.8 钢筋与混凝土之间的黏结力由哪几部分组成?影响黏结强度的主要因素有哪些?

3.9 纵向受拉钢筋的锚固长度和搭接长度应如何确定?

第4章　钢筋混凝土受弯构件

【学习目标】

> 熟知梁、板的一般构造要求，明确保证受弯构件斜截面受弯承载力的构造要求；理解受弯构件正截面的破坏形式及保证适筋梁的条件；理解有腹筋梁斜截面的受力性能及破坏形态；熟悉受弯构件设计的一般程序，熟练掌握单筋截面梁(板)正截面抗弯、斜截面抗剪承载力的计算方法；了解双筋截面受弯构件的概念；理解钢筋混凝土梁抗弯刚度的特点，熟悉受弯构件变形和裂缝宽度的验算方法。

承受弯矩和剪力作用的构件称为受弯构件。钢筋混凝土梁和板是建筑工程中典型的受弯构件，也是应用最广泛的结构构件。受弯构件的破坏有两种可能：一种是由弯矩作用引起的正截面破坏(破坏截面与构件的纵轴线垂直)；另一种是由弯矩和剪力共同作用而引起的斜截面破坏(破坏截面与构件的纵轴线相倾斜)。受弯构件的设计一般包括正截面受弯承载力计算、斜截面受剪承载力计算、构件的变形和裂缝宽度验算，同时要满足各种构造要求。

4.1　受弯构件的一般构造要求

4.1.1　板的构造要求

1. 板的厚度

板的厚度除满足承载力、刚度和裂缝控制等方面的要求外，还应考虑使用要求、施工要求及经济方面的因素。按刚度要求，现浇板的厚度不应小于表 4.1 规定的数值，板厚一般以 10mm 为模数。

表 4.1　现浇钢筋混凝土板的最小厚度/mm

板的类型		厚　度
单向板	屋面板	60
	民用建筑楼板	60
	工业建筑楼板	70
	行车道下的楼板	80
双向板		80
密肋板	面板	50
	肋高	250
悬臂板(根部)	悬臂长度不大于 500mm	60
	悬臂长度 1200mm	100
无梁楼板		150
现浇空心楼盖		200

2．板的支承长度

现浇板在砖墙上的支承长度一般不小于板厚及 120mm，且应满足受力钢筋在支座内的锚固长度要求。预制板的支承长度在砖墙上不宜小于 100mm，在钢筋混凝土梁上不宜小于 80mm。

3．板的配筋

板中通常布置有两种钢筋，即受力钢筋和分布钢筋，其配筋如图 4.1 所示。

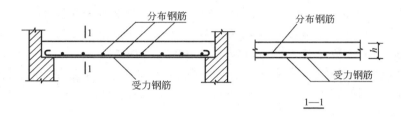

图 4.1　板的配筋

1）受力钢筋

板中受力钢筋沿板的跨度方向布置在板的受拉区，承担由弯矩产生的拉应力。受力钢筋常采用 HPB300 级、HRB335 级和 HRB400 级钢筋，常采用的直径为 6mm、8mm、10mm、12mm。其中，现浇板的受力钢筋直径不宜小于 8mm。板中受力钢筋的间距一般为 70～200mm，当板厚 $h \leqslant 150$mm 时，钢筋间距不宜大于 200mm；当板厚 $h > 150$mm 时，钢筋间距不宜大于 250mm，且不宜大于 $1.5h$。

2）分布钢筋

板中的分布钢筋与受力钢筋垂直，并放置于受力钢筋的内侧，其作用是将板上荷载均匀地传递给受力钢筋，在施工中固定受力钢筋的位置，抵抗因温度变化及混凝土收缩而产生的拉应力。分布钢筋可按构造要求配置。《混凝土规范》规定：板中单位长度上分布钢筋的配筋面积不小于受力钢筋截面面积的 15%，且配筋率不宜小于 0.15%；其直径不宜小于 6mm，间距不宜大于 250mm。当有较大的集中荷载作用于板面时，间距不宜大于 200mm。

4.1.2　梁的构造要求

1．梁的截面形式及尺寸

梁常用的截面形式有矩形截面和 T 形截面，此外还可做成 I 形、L 形、倒 T 形及花篮形等(图 4.2)。

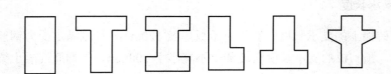

图 4.2　梁的截面形式

梁的截面尺寸应满足强度、刚度及抗裂等方面的要求，同时还应考虑施工上的方便。对于一般荷载作用下的梁，从刚度条件考虑，其截面高度 h 可按照高跨比 h/l_0 来估计，如简支梁可取 $h/l_0=1/8\sim1/14$。设计时可参考已有经验，按第 8 章表 8.2 确定。

为了统一模板尺寸便于施工，常用梁高为 250mm，300mm，350mm，…，750mm，800mm，以 50mm 的模数递增，800mm 以上以 100mm 为模数。

梁的截面宽度可由高宽比来确定：一般矩形截面取 $h/b=2\sim3$；T 形截面取 $h/b=2.5\sim4$(此处 b 为梁肋宽)。常用梁宽为 120mm，150mm，180mm，200mm，250mm，大于 250mm 后以 50mm 为模数递增。

2．梁的支承长度

梁在砖墙或砖柱上的支承长度 a，应满足梁内纵向受力钢筋在支座处的锚固长度要求，并满足支承处砌体局部受压承载力的要求。当梁高 $h\leqslant500$mm 时，$a\geqslant180\sim240$mm；当梁高 $h>500$mm 时，$a\geqslant240$mm。当梁支承在钢筋混凝土梁(柱)上时，其支承长度 $a\geqslant180$mm。

3．梁的配筋

在钢筋混凝土梁中，通常配置有纵向受力钢筋、弯起钢筋、箍筋及架立钢筋，构成钢筋骨架，如图 4.3 所示。当梁的截面高度较大时，还应在梁侧面设置构造钢筋及相应的拉筋。本节主要介绍纵向受力钢筋、架立钢筋、梁侧构造钢筋的有关构造，箍筋及弯起钢筋的构造要求详见 4.3 节。

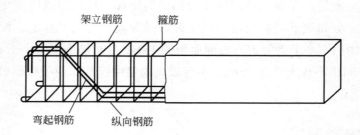

图 4.3　梁的配筋

1) 纵向受力钢筋

在受弯构件中，仅在截面受拉区配置纵向受力钢筋的截面称为单筋截面，同时在截面受拉区和受压区配置纵向受力钢筋的截面称为双筋截面。因此，梁内纵向受力钢筋按其受力不同，有纵向受拉钢筋和纵向受压钢筋两种。其作用分别承受由弯矩在梁内产生的拉应力和压应力，纵向受力钢筋的数量应通过计算来确定。

梁中纵向受力钢筋宜采用HRB400级、HRBF400级、HRB500级、HRBF500级或HRB335级、RRB400级，常用直径为12～25mm，梁底部纵向受力钢筋一般不少于两根，同一构件中钢筋直径的种类宜少，当有两种不同直径时，钢筋直径相差至少为2mm，以便在施工中能够用肉眼识别。

为保证钢筋与混凝土之间的黏结力，以及避免因钢筋过密而妨碍混凝土的捣实，梁、板的纵向受力钢筋之间必须留有足够的净间距，如图4.4所示。

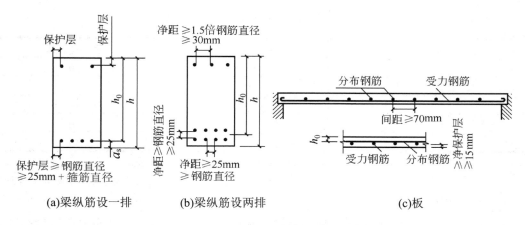

图4.4　梁、板纵向受力钢筋的间距及有效高度

2) 架立钢筋

无受压钢筋的梁在其上部需配置两根架立钢筋，其作用是固定箍筋的正确位置，并与梁底纵向受拉钢筋形成钢筋骨架。当梁的跨度 $l_0<4m$ 时，架立钢筋的直径不宜小于8mm；当 $l_0=4～6m$ 时，其直径不宜小于10mm；当 $l_0>6m$ 时，其直径不宜小于12mm。

3) 梁侧构造钢筋

当梁的腹板高度 $h_w \geqslant 450mm$ 时，在梁的两个侧面设置纵向构造钢筋，用于抵抗由于温度应力及混凝土收缩应力在梁侧面产生的裂缝，同时与箍筋共同构成网格骨架以利应力扩散。每侧纵向构造钢筋的截面面积不应小于腹板截面面积(bh_w)的0.1%，其间距不宜大于200mm。梁两侧的纵向构造钢筋宜用拉筋联系，拉筋直径与箍筋直径相同，间距常取箍筋间距的两倍(图4.5)。腹板高度 h_w，对矩形截面为有效高度，对T形和I形截面取减去上、下翼缘后的腹板净高。

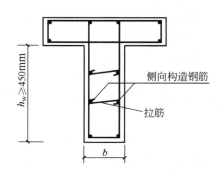

图4.5　梁侧构造钢筋

4.1.3 混凝土保护层厚度及截面有效高度

为了使钢筋不发生锈蚀，保证钢筋与混凝土间有足够的黏结强度，梁、板中的钢筋表面必须有足够的混凝土保护层。结构构件中钢筋外边缘至构件表面混凝土外边缘的距离，称作混凝土保护层厚度 c。

纵向受力钢筋的混凝土保护层最小厚度应不小于受力钢筋的直径。设计使用年限为 50 年的混凝土结构，最外层钢筋的保护层厚度应符合表 4.2 的规定；设计使用年限为 100 年的混凝土结构，最外层钢筋的保护层厚度不应小于表 4.2 中数值的 1.4 倍。

表 4.2 混凝土保护层的最小厚度/mm

环境类别		板、墙、壳	梁、柱、杆
一		15	20
二	a	20	25
	b	25	35
三	a	30	40
	b	40	50

注：1. 混凝土强度等级不大于 C25 时，表中保护层厚度数值应增加 5mm；

2. 钢筋混凝土基础宜设置混凝土垫层，基础中钢筋的保护层厚度应从垫层顶面算起，且不应小于 40mm。

在进行截面受弯配筋计算时，要确定梁、板截面的有效高度 h_0。所谓截面有效高度 h_0 是指受拉钢筋的重心至截面受压边缘的垂直距离，它与受拉钢筋的直径及排数有关(图 4.4)。截面有效高度可表示为

$$h_0 = h - a_s \tag{4-1}$$

式中 h_0——截面高度；

a_s——受拉钢筋重心至截面受拉边缘的垂直距离。

根据钢筋净距、混凝土保护层最小厚度以及梁、板常用钢筋的平均直径，对于室内正常环境下的梁、板，当混凝土强度等级>C25 时，其有效高度 h_0 可按下式近似确定：对于梁，当受拉钢筋按一排布置时，$h_0 = h - 40mm$；当受拉钢筋按两排布置时，$h_0 = h - 65mm$；对于板，$h_0 = h - 20mm$。

4.2 受弯构件正截面承载力计算

4.2.1 受弯构件正截面的受力性能

1. 受弯构件正截面工作的三个阶段

钢筋混凝土梁由于混凝土材料的非匀质性和弹塑性性质，在荷载作用下，正截面的应力-应变的变化规律与匀质弹性受弯构件有明显不同。

图 4.6 所示为一配筋适量的钢筋混凝土矩形截面试验梁。试验的目的是研究梁正截面的受力和变形的变化规律，为避免剪力的影响，采用两点对称加荷的简支梁，在两个对称集中荷载之间的区段由于仅有弯矩作用，被称为"纯弯段"，即为我们所要试验观察的区段。

在"纯弯段"内，沿梁高两侧布置混凝土应变测点，在梁跨中钢筋表面布置钢筋应变测点，同时，在跨中和支座上分别安装百分表以测量跨中的实际挠度。

荷载采用分级施加，每次加荷后即可测出荷载、挠度、应变值，直至梁不能承担荷载而破坏。通过试验，钢筋混凝土试验梁的弯矩与挠度关系曲线实测结果如图 4.7 所示。图中纵坐标为某一荷载作用下的弯矩 M 相对于梁破坏时极限弯矩 M_u 的无量纲比值 M/M_u；横坐标为梁跨中挠度 f 的实测值。

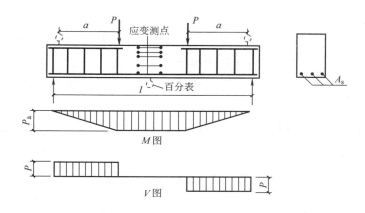

图 4.6　梁正截面受弯承载力的试验梁

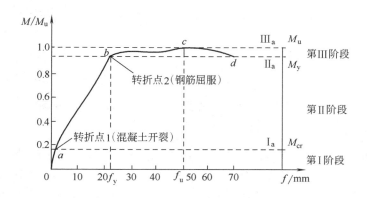

图 4.7　试验梁的 M/M_u-f 关系曲线

从图 4.7 中可以看出，M/M_u-f 曲线有两个明显的转折点，把梁的受力和变形过程划分为三个阶段。第 I 阶段弯矩比较小，梁没有出现裂缝，挠度和弯矩关系接近直线变化，当梁的弯矩达到开裂弯矩 M_{cr} 时，梁的裂缝即将出现，标志着第 I 阶段的结束(用 I$_a$ 表示)；当弯矩超过开裂弯矩 M_{cr} 时，梁出现裂缝，即进入第 II 阶段，这个阶段梁是带裂缝工作的。随着裂缝的出现和不断开展，挠度的增长速度比开裂前快，M/M_u-f 曲线出现了第一个明显转折点。在第Ⅱ阶段过程中，开裂后受拉区混凝土退出工作，拉力全部由钢筋承担。钢筋应力将随着弯矩的增加而增大，当弯矩增加到 M_y 时钢筋屈服，标志着第Ⅱ阶段的结束(用Ⅱₐ表示)；受拉钢筋的屈服使 M/M_u-f 曲线出现了第二个转折点，即标志着进入第Ⅲ阶段。此时弯矩增加不多，裂缝迅速开展，挠度急剧增加，钢筋应力维持屈服强度不变，但其应变却有较大的增长，当弯矩增加到极限弯矩 M_u 时，受压区混凝土边缘达到极限压应变，标志着梁发生破坏(即第Ⅲ阶段末，用Ⅲₐ表示)。

2. 受弯构件正截面各阶段的应力状态

1) 第Ⅰ阶段(弹性工作阶段)

刚开始加荷时，由于弯矩很小，混凝土处于弹性工作阶段，故截面应力分布呈直线形变化(图4.8)，受拉区的拉应力由钢筋与混凝土共同承担。随着荷载的增加，受拉区混凝土出现塑性特征，应变较应力增加速度快，受拉区混凝土的拉应力图形呈现曲线分布。如图4.8 所示，当截面受拉区边缘纤维应变达到混凝土极限拉应变 ε_{tu} 时，截面处在即将开裂的极限状态，即Ⅰₐ状态，相应的弯矩为开裂弯矩 M_{cr}。此时，受压区混凝土的压应力较小，仍处于弹性阶段，应力图形为直线分布。

对于不允许出现裂缝的构件，第Ⅰₐ应力状态将作为其抗裂度验算的依据。

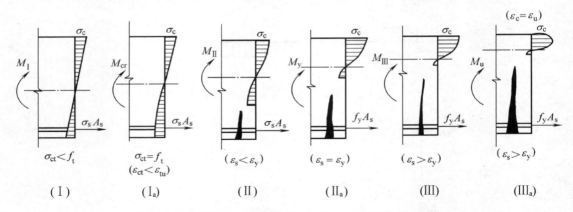

图4.8 钢筋混凝土梁正截面三个工作阶段的应力变化图

2) 第Ⅱ阶段(带裂缝工作阶段)

荷载稍有增加时，在"纯弯段"受拉区最薄弱截面处首先出现第一条裂缝，梁进入带裂缝工作阶段。在裂缝截面处受拉区混凝土退出工作，其所承担的拉力转移给受拉钢筋承担，导致钢筋应力突然增大。随着荷载的增加，裂缝逐渐向上扩展，中和轴位置也随之上升，受压区混凝土高度将逐渐减小。受压区混凝土的应力与应变不断增加，其塑性特征越来越明显，压应力图形呈曲线分布(图4.8)。当荷载增加到使受拉钢筋应力恰好达到屈服强度 f_y，此时即为第Ⅱₐ状态，相应的弯矩为屈服弯矩 M_y。

第Ⅱ阶段的应力状态代表了受弯构件在正常使用时的应力状态，因此使用阶段的裂缝宽度和变形验算以此应力状态为依据。

3) 第Ⅲ阶段(破坏阶段)

对于配筋适量的梁，钢筋应力屈服后，其应力 f_y 不再增加，但钢筋应变 ε_s 迅速增大，裂缝开展显著，中和轴迅速上移，导致受压区高度进一步减小，混凝土的压应力和压应变不断增大，受压区混凝土的塑性特征表现得更加充分，压应力曲线趋于丰满(图 4.8)。当荷载增加到混凝土受压区边缘纤维压应变达到混凝土极限压应变 ε_{cu} 时，混凝土被压碎甚至崩脱，截面宣告破坏，即达到第 III_a 状态，此时对应的弯矩称为极限弯矩 M_u。

第 III_a 状态，构件处于正截面破坏的极限状态，其应力状态将作为构件正截面承载力计算的依据。

3. 受弯构件正截面的破坏形式

根据试验研究，受弯构件正截面的破坏形式与纵向受拉钢筋配筋率 ρ、钢筋和混凝土的强度等级有关。配筋率 $\rho = A_s/bh_0$，其中 A_s 为纵向受拉钢筋截面面积，b 为梁的截面宽度，h_0 为梁的截面有效高度。在钢筋级别和混凝土强度等级确定后，梁的破坏形式主要随纵向钢筋配筋率 ρ 的大小而异，一般可分为适筋梁、超筋梁和少筋梁三种破坏形式，如图 4.9 所示。

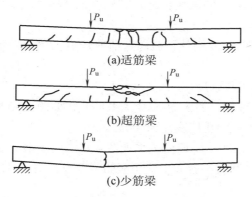

图 4.9　梁的三种破坏形式

1) 适筋梁

指截面受拉钢筋配筋率 ρ 适量的梁称为适筋梁。上述试验梁的破坏过程即为适筋梁破坏。其特点是破坏始于纵向受拉钢筋的屈服，钢筋屈服后经过一段过程的变化，受压区混凝土才被压碎，达到极限弯矩 M_u。在这个变化过程中，表现为梁的裂缝急剧开展和挠度较快增大，出现明显的破坏预兆，这种破坏称为延性破坏。适筋梁受力合理，钢筋与混凝土均能充分发挥作用，因此广泛应用于实际工程中。

2) 超筋梁

指截面受拉钢筋的配筋率 ρ 超过最大配筋率的梁称为筋梁。其特点是梁破坏始于受压区混凝土的压碎，这时受拉钢筋应力小于屈服强度，但受压区边缘混凝土应变因达到极限压应变 ε_{cu} 而产生受压破坏。由于受拉钢筋在梁破坏前仍处于弹性阶段，所以钢筋的伸长量较小，混凝土裂缝开展不宽，挠度不大，破坏前没有明显的预兆，这种破坏称为脆性破坏。工程设计中不允许采用超筋梁。

3) 少筋梁

指截面受拉钢筋配筋率 ρ 小于最小配筋率的梁称为少筋梁。其发生破坏的特点是受拉区混凝土一开裂就破坏。由于受拉区混凝土开裂退出工作,拉力全部转由过少的钢筋承担,导致钢筋应力突增且迅速屈服并进入强化阶段,裂缝往往只有一条,不仅宽度很大而且延伸较高,致使梁的裂缝过宽和挠度过大,受压区混凝土虽未被压碎但已经失效。这种破坏发生时,材料未被充分利用,破坏十分突然,属脆性破坏。工程设计中也不允许采用少筋梁。

为将受弯构件设计成适筋梁,要求梁内纵向钢筋的配筋率ρ既不超过适筋梁的最大配筋率ρ_{max},也不小于最小配筋率ρ_{min}。

4.2.2 单筋矩形截面受弯构件正截面承载力计算

1. 计算原则

1) 基本假定

根据适筋受弯构件正截面的破坏特征,其正截面承载力计算以第III_a的应力状态为依据,并采用以下基本假定。

(1) 截面应变保持平面。即构件正截面弯曲变形后仍保持一平面,其截面上的应变沿截面高度呈线性分布。

(2) 不考虑混凝土的抗拉强度。

(3) 受压混凝土采用理想化的应力-应变关系曲线,如图4.10所示,当混凝土强度等级为C50及以下时,混凝土极限压应变$\varepsilon_{cu}=0.0033$。

(4) 纵向受拉钢筋采用的应力-应变关系如图4.11所示。钢筋的应力σ_s等于其应变ε_s与其弹性模量E_s的乘积,但其值不应大于其相应的强度设计值。纵向受拉钢筋的极限拉应变取为0.01。

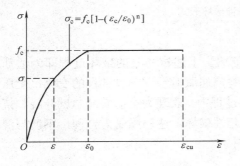

图4.10 混凝土受压的应力-应变关系

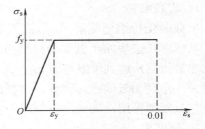

图4.11 钢筋的应力-应变关系

2) 受压区混凝土的等效矩形应力图形

有了以上正截面受力性能试验分析和基本假定,就可以利用平衡条件进行正截面承载力计算,但因达到极限弯矩M_u时,受压区混凝土压应力图形为曲线形,进行计算时仍很复杂,为简化计算,可采用等效矩形应力图形代替曲线应力图形,如图4.12所示。

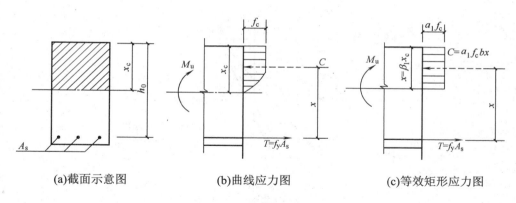

(a)截面示意图　　　　　(b)曲线应力图　　　　　(c)等效矩形应力图

图 4.12　等效矩形应力图形代替曲线应力图形

　　等效代换的原则是:等效矩形应力图形和曲线应力图形两者压应力的合力 C 大小相等,压应力合力 C 的作用点位置不变。简化后等效矩形应力图形的应力取值为 $\alpha_1 f_c$,其受压区高度取为 x,实际受压区高度为 x_c,令 $x = \beta_1 x_c$。根据等效原则,通过计算分析,《混凝土规范》规定:当混凝土强度等级≤C50 时,取 $\alpha_1 = 1.0$, $\beta_1 = 0.8$;当混凝土强度等级为 C80 时,取 $\alpha_1 = 0.94$, $\beta_1 = 0.74$;在 C50 和 C80 之间的混凝土强度等级, α_1、β_1 值按线性内插法确定。

　　3) 适筋梁的界限条件

　　(1) 适筋梁与超筋梁的界限——相对界限受压区高度 ξ_b。

　　适筋梁与超筋梁破坏的区别在于:前者破坏始于受拉钢筋的屈服,后者破坏始于受压区混凝土的压碎。二者之间存在一种界限状态,即当纵向受拉钢筋屈服的同时,受压区混凝土边缘纤维达到极限压应变,这种破坏称为界限破坏。

　　根据平截面假定,可同时画出适筋梁破坏、界限破坏、超筋梁破坏时截面的应变图形,如图 4.13 所示。它们在受压混凝土边缘的极限压应变值 ε_{cu} 相同,但纵向受拉钢筋的应变却各不相同,混凝土受压区的高度也不相同。当受弯构件处于界限破坏时,等效矩形截面的换算受压区高度 x_b 与截面有效受压区高度 h_0 之比,称为相对界限受压区高度 ξ_b。

　　由图 4.13 中界限破坏时应变三角形的几何关系,再把 $x = \beta_1 x_c$ 关系引入,对于有屈服点的钢筋,得出其相对界限受压区高度 ξ_b 的计算式为:

$$\xi_b = \frac{x_b}{h_0} = \frac{\beta_1 x_{cb}}{h_0} = \frac{\beta_1 \varepsilon_{cu}}{\varepsilon_{cu} + \varepsilon_y} = \frac{\beta_1}{1 + \dfrac{\varepsilon_y}{\varepsilon_{cu}}} = \frac{\beta_1}{1 + \dfrac{f_y}{E_s \varepsilon_{cu}}} \tag{4-2}$$

式中　x_{cb}——界限破坏时截面实际受压区高度;

　　　　x_b——界限破坏时截面换算受压区高度;

　　　　ξ_b——相对受压区高度;

　　　　ξ_b——相对界限受压区高度,对于常用钢筋种类所对应的 ξ_b 值参见表 4.3。

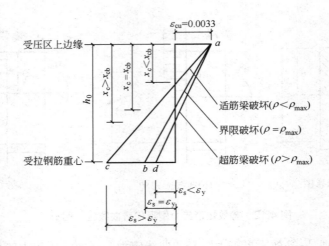

图 4.13　不同配筋率的截面应变图

表 4.3　相对界限受压区高度 ξ_b 和 $\alpha_{s,max}$

钢筋种类	≤C50	C60	C70	C80
HPB300	0.576 (0.410)	—	—	—
HRB335 HRBF335	0.550 (0.399)	0.531 (0.390)	0.512 (0.381)	0.493 (0.371)
HRB400 HRBF400 RRB400	0.518 (0.384)	0.499 (0.374)	0.481 (0.365)	0.463 (0.356)
HRB500 HRBF500	0.482 (0.366)	0.464 (0.356)	0.447 (0.347)	0.429 (0.337)

注：表中括号内数值为系数 $\alpha_{s,max}$，$\alpha_{s,max} = \xi_b(1-0.5\xi_b)$。

由图 4.13 可得出：

当 $x < x_b$（或 $x_c < x_{cb}$），即 $\xi < \xi_b$ 时，$\varepsilon_s > \varepsilon_y$，为适筋梁破坏，属于适筋梁；

当 $x = x_b$（或 $x_c = x_{cb}$），即 $\xi = \xi_b$ 时，$\varepsilon_s = \varepsilon_y$，为界限破坏，属于适筋与超筋的界限梁；

当 $x > x_b$（或 $x_c > x_{cb}$），即 $\xi > \xi_b$ 时，$\varepsilon_s < \varepsilon_y$，为超筋梁破坏，属于超筋梁。

因此，保证不出现超筋梁破坏的条件是：$\xi \leqslant \xi_b$。

(2) 适筋梁的最大配筋率 ρ_{max}。

当 $\xi = \xi_b$ 时，可求出界限破坏时的特定配筋率，即适筋梁的最大配筋率 ρ_{max} 值。

根据截面上力的平衡条件，由图 4.12(c) 则有 $\alpha_1 f_c bx = f_y A_s$，即

$$\xi = \frac{x}{h_0} = \frac{A_s}{bh_0} = \frac{f_y}{\alpha_1 f_c} = \rho \frac{f_y}{\alpha_1 f_c} \tag{4-3a}$$

或

$$\rho = \xi \frac{\alpha_1 f_c}{f_y} \tag{4-3b}$$

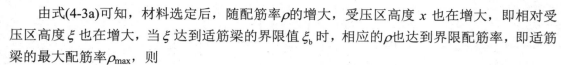

由式(4-3a)可知，材料选定后，随配筋率 ρ 的增大，受压区高度 x 也在增大，即相对受压区高度 ξ 也在增大，当 ξ 达到适筋梁的界限值 ξ_b 时，相应的 ρ 也达到界限配筋率，即适筋梁的最大配筋率 ρ_{max}，则

$$\rho_{max} = \xi_b \frac{\alpha_1 f_c}{f_y} \tag{4-4}$$

(3) 适筋梁的最小配筋率 ρ_{min}

为了避免发生少筋梁的破坏形态，必须确定受弯构件的截面最小配筋率 ρ_{min}。

最小配筋率 ρ_{min} 是适筋梁与少筋梁的界限配筋率。计算时要求配有最小配筋率 ρ_{min} 的钢筋混凝土梁在破坏时所承担的弯矩 M_u 等同于相同截面、同一强度等级的素混凝土梁所承担的开裂弯矩 M_{cr}，即满足 $M_u = M_{cr}$，并考虑到温度和收缩应力的影响与构造要求。《混凝土规范》规定：钢筋混凝土构件纵向受力钢筋的最小配筋百分率不应小于表 4.4 规定的数值。

表 4.4　钢筋混凝土结构构件中纵向受力钢筋的最小配筋百分率 ρ_{min}/%

受力类型			最小配筋百分率
受压构件	全部纵向钢筋	强度等级 500MPa	0.50
		强度等级 400MPa	0.55
		强度等级 300MPa、335MPa	0.60
	一侧纵向钢筋		0.20
受弯构件、偏心受拉、轴心受拉构件一侧的受拉钢筋			0.20 和 $45f_t/f_y$ 中的较大值

注：1．受压构件全部纵向钢筋最小配筋百分率，当采用 C60 以上强度等级的混凝土时，应按表中规定增加 0.10；
　　2．板类受弯构件(不包括悬臂板)的受拉钢筋，当采用强度等级 400MPa、500MPa 的钢筋时，其最小配筋百分率应允许采用 0.15 和 $45f_t/f_y$ 中的较大值；
　　3．偏心受拉构件中的受压钢筋，应按受压构件一侧纵向钢筋考虑；
　　4．受压构件的全部纵向钢筋和一侧纵向钢筋的配筋率以及轴心受拉构件和小偏心受拉构件一侧受拉钢筋的配筋率均应按构件的全截面面积计算；
　　5．受弯构件、大偏心受拉构件一侧受拉钢筋的配筋率应按全截面面积扣除受压翼缘面积 $(b'_f - b)h'_f$ 后的截面面积计算；
　　6．当钢筋沿构件截面周边布置时，"一侧纵向钢筋"系指沿受力方向两个对边中一边布置的纵向钢筋。

2．基本公式及适用条件

1) 基本公式

根据适筋梁在破坏时的应力状态及基本假定，并用等效矩形应力图形代替混凝土实际应力图形，则单筋矩形截面受弯构件正截面承载力计算的应力图形如图 4.14 所示。

根据静力平衡条件，同时从满足承载能力极限状态出发，应满足 $M \leq M_u$。所以单筋矩形截面受弯构件正截面承载力计算公式为

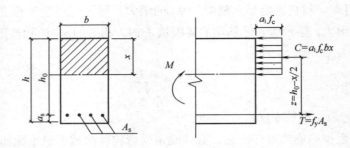

图 4.14 单筋矩形截面受弯构件正截面承载力计算简图

$$\sum N = 0 \qquad \alpha_1 f_c bx = f_y A_s \tag{4-5}$$

$$\sum M = 0 \qquad M \leqslant M_u = \alpha_1 f_c bx \left(h_0 - \frac{x}{2} \right) \tag{4-6a}$$

或

$$M \leqslant M_u = f_y A_s \left(h_0 - \frac{x}{2} \right) \tag{4-6b}$$

式中 M——作用在截面上的弯矩设计值;

M_u——截面破坏时的极限承载力;

α_1——系数,当混凝土强度等级≤C50 时,$\alpha_1=1.0$;当混凝土等级为 C80 时,$\alpha_1=0.94$;其间按线性内插法确定;

f_c——混凝土轴心抗压强度设计值,按表 3.1 采用;

f_y——钢筋抗拉强度设计值,按表 3.4 采用;

b——截面宽度;

x——混凝土受压区高度;

A_s——纵向受拉钢筋截面面积;

h_0——截面有效高度,$h_0 = h - a_s$。

2) 适用条件

(1) 为了防止发生超筋破坏,保证构件破坏时纵向受拉钢筋首先屈服,应满足

$$\xi \leqslant \xi_b, \ 或 \ x \leqslant x_b = \xi_b h_0, \ 或 \ \rho \leqslant \rho_{max} \tag{4-7a}$$

或

$$M \leqslant M_{u,max} = \alpha_1 f_c b h_0^2 \xi_b (1 - 0.5\xi_b) \tag{4-7b}$$

式中 $M_{u,max}$——单筋矩形截面适筋梁所能承担的最大弯矩。

从式(4-7b)中可知,$M_{u,max}$ 是一个定值,只取决于截面尺寸、材料种类等因素,与钢筋的数量无关。

(2) 为了防止发生少筋破坏,应满足

$$\rho \geqslant \rho_{min}, \ 或 \ A_s \geqslant \rho_{min}bh \tag{4-8}$$

应注意的是,此处计算 ρ 时应采用全截面面积,即 $\rho = A_s bh$。

3. 基本公式的应用

钢筋混凝土受弯构件正截面承载力计算,根据已知及未知条件的不同分为两类问题,即截面设计和截面复核。

1) 截面设计

截面设计时，已知弯矩设计值 M，而材料的强度等级、截面尺寸均须设计人员选定，因此，未知数有 f_y、f_c、b、h(或 h_0)、A_s 和 x。由于基本方程只有两个，不可能通过计算解决上述所有未知量。通常的做法是：设计人员根据材料供应、施工条件、使用要求等因素综合分析，增设补充条件，确定一个既经济合理又安全可靠的设计方案。

首先选择材料种类和强度等级。梁中纵向受拉钢筋一般采用 HRB400 级、HRB500 级、HRBF400 级、HRBF500 级或 HRB335 级、RRB400 级钢筋，板常用 HRB400 级、HRB335 级和 HPB300 级钢筋。《混凝土规范》规定：素混凝土结构的混凝土强度等级不应低于 C15；钢筋混凝土结构的混凝土强度等级不应低于 C20；当采用强度等级 400MPa 及以上等级钢筋时，混凝土强度等级不应低于 C25。

其次确定截面尺寸。一方面要考虑到截面的刚度要求，根据工程经验，一般按高跨比 h/l 来估计截面高度；另一方面还需从经济角度进行分析，为了使总造价最低，结合我国工程设计经验，把配筋率 ρ 控制在一定的范围内最经济，即经济配筋率。钢筋混凝土受弯构件的经济配筋率范围：板为 0.25%~0.8%；矩形截面梁为 0.55%~1.5%；T 形截面梁为 0.85%~1.8%。

(1) 基本公式计算法。

已知：弯矩设计值 M，构件安全等级 γ_0，混凝土强度等级(f_c)，钢筋级别(f_y)，构件截面尺寸 b、h。

求：所需纵向受拉钢筋的截面面积 A_s。

其计算步骤如下：

① 求出截面受压区高度 x，并判别是否属超筋梁。

由式(4-6a)可得

$$x = h_0 - \sqrt{h_0{}^2 - \frac{2M}{\alpha_1 f_c b}} \tag{4-9}$$

若 $x > \xi_b h_0$，则属于超筋梁，应加大截面尺寸，或提高混凝土强度等级，或改为双筋截面重新计算。

② 若 $x \leqslant \xi_b h_0$，则由式(4-6b)或式(4-5)求出纵向受拉钢筋截面面积 A_s。

③ 选配钢筋，并验算最小配筋率 ρ_{min}。

根据计算的 A_s，查附录 A 中的附表 A.1(或附表 A.2)选择钢筋的直径和根数，并复核一排能否放下。如果纵向钢筋需要按两排放置，则应改变截面有效高度 h_0，重新计算 A_s，并再次选择钢筋。用实际配筋的钢筋面积 A_s 验算最小配筋率 ρ_{min}。

若 $A_s \geqslant \rho_{min} bh$，则不属于少筋梁；若 $A_s < \rho_{min} bh$，应适当减小截面尺寸，或按最小配筋率即 $A_s = \rho_{min} bh$ 进行配筋。

【例 4.1】 已知某钢筋混凝土矩形截面简支梁，计算跨度 l_0=6m，由荷载产生的跨中弯矩设计值 M=165kN·m，环境类别为一类，构件安全等级为二级，试确定该梁的截面尺寸和纵向受拉钢筋数量。

【解】 ①选用材料并确定设计参数。

混凝土用 C30，查表 3.1 得 f_c=14.3N/mm^2，f_t=1.43N/mm^2，α_1=1.0；采用 HRB400 级钢筋，查表 3.4 得 f_y=360N/mm^2；取 a_s=40mm，结构重要性系数 γ_0=1.0。

② 确定截面尺寸。

按简支梁的高跨比估算：

$$h=l_0/12=6000/12=500\text{mm}$$

$$b=\left(\frac{1}{2}\sim\frac{1}{3}\right)h=250\sim167\text{mm}，\text{取 } b=250\text{mm}$$

③ 计算 x，并验算适用条件。

假定钢筋一排布置，则截面实际有效高度 $h_0=h-a_s=500-40=460\text{mm}$。

由公式(4-9)可得

$$x=h_0-\sqrt{h_0^2-\frac{2M}{\alpha_1 f_c b}}=460-\sqrt{460^2-\frac{2\times165\times10^6}{1.0\times14.3\times250}}$$

$$=114.6\text{mm}<\xi_b h_0=0.518\times460=238.3\text{mm}\quad\text{（属适筋梁）}$$

④ 计算钢筋截面面积 A_s。

将 $x=114.6\text{mm}$ 代入公式 (4-5)得

$$A_s=\frac{\alpha_1 f_c bx}{f_y}=\frac{1\times14.3\times250\times114.6}{360}=1138\text{mm}^2$$

⑤ 选配钢筋并验算最小配筋率。

查附表 A.1，选用 3 根直径为 22 的钢筋(3Φ22)，实配 $A_s=$ 1140mm^2，钢筋按一排布置所需要的最小宽度 $b_{min}=2\times30+3\times22+2\times25=176\text{mm}<b=250\text{mm}$，与原假设一致，梁截面配筋如图 4.15 所示。

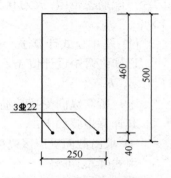

图 4.15 截面配筋示意图

$$\rho_{min}=0.45\frac{f_t}{f_y}=0.45\times\frac{1.43}{360}=0.18\%<0.2\%，\text{取}\rho_{min}=0.2\%。$$

$\rho_{min}bh=0.2\%\times250\times500=250\text{mm}^2<A_s=1140\text{ mm}^2$，满足要求。

(2) 表格计算法。

由例 4.1 可以看出，用基本公式进行设计时计算较繁锁。为方便计算，可将基本公式变换后编制成计算表格。

由于相对受压区高度 $\xi=x/h_0$，则 $x=\xi h_0$，由式(4-6a)得

$$M=\alpha_1 f_c bx\left(h_0-\frac{x}{2}\right)=\alpha_1 f_c bh_0^2\xi(1-0.5\xi)$$

令 $$\alpha_s=\xi(1-0.5\xi)\tag{4-10}$$

则 $$M=\alpha_1 f_c bh_0^2\alpha_s\tag{4-11}$$

同理由式(4-6b)得

$$M=f_y A_s\left(h_0-\frac{x}{2}\right)=f_y A_s h_0(1-0.5\xi)$$

令 $$\gamma_s=1-0.5\xi\tag{4-12}$$

则 $$M=f_y A_s h_0\gamma_s\tag{4-13}$$

公式(4-5)可改为

$$\alpha_1 f_c b\xi h_0=f_y A_s\tag{4-14}$$

式中 α_s——截面抵抗矩系数，在适筋梁的范围内，ρ越大，α_s也越大，M_u值也越高；

γ_s——截面内力臂系数，是截面内力臂与有效高度的比值，ξ越大，γ_s越小。

显然，α_s、γ_s均为相对受压区高度ξ的函数，利用α_s、γ_s和ξ的关系，可编制成计算表格，见表 4.5，供设计时查用。当已知α_s、γ_s、ξ三个数中的某一值时，就可查出相对应的另外两个系数值。

表 4.5　钢筋混凝土矩形和 T 形截面受弯构件正截面承载力计算系数表

ξ	γ_s	α_s	ξ	γ_s	α_s
0.01	0.995	0.010	0.32	0.840	0.269
0.02	0.990	0.020	0.33	0.835	0.275
0.03	0.985	0.030	0.34	0.830	0.282
0.04	0.980	0.039	0.35	0.825	0.289
0.05	0.975	0.049	0.36	0.820	0.295
0.06	0.970	0.058	0.37	0.815	0.301
0.07	0.965	0.067	0.38	0.810	0.309
0.08	0.960	0.077	0.39	0.805	0.314
0.09	0.955	0.085	0.40	0.800	0.320
0.10	0.950	0.095	0.41	0.795	0.326
0.11	0.945	0.104	0.42	0.790	0.332
0.12	0.940	0.113	0.43	0.785	0.337
0.13	0.935	0.121	0.44	0.780	0.343
0.14	0.930	0.130	0.45	0.775	0.349
0.15	0.925	0.139	0.46	0.770	0.354
0.16	0.920	0.147	0.47	0.765	0.359
0.17	0.915	0.155	0.48	0.760	0.365
0.18	0.910	0.164	0.482	0.759	0.366
0.19	0.905	0.172	0.49	0.755	0.370
0.20	0.900	0.180	0.50	0.750	0.375
0.21	0.895	0.188	0.51	0.745	0.380
0.22	0.890	0.196	0.518	0.741	0.384
0.23	0.885	0.203	0.52	0.740	0.385
0.24	0.880	0.211	0.53	0.735	0.390
0.25	0.875	0.219	0.54	0.730	0.394
0.26	0.870	0.226	0.55	0.725	0.400
0.27	0.865	0.234	0.56	0.720	0.403
0.28	0.860	0.241	0.57	0.715	0.408
0.29	0.855	0.248	0.576	0.712	0.410
0.30	0.850	0.255	0.58	0.710	0.412
0.31	0.845	0.262	0.59	0.705	0.416

利用计算表格进行截面设计时的步骤如下。

① 计算 α_s。

由式(4-11)得

$$\alpha_s = \frac{M}{\alpha_1 f_c b h_0^2} \tag{4-15}$$

② 由 α_s 查表 4.5 得系数 γ_s 和 ξ。

③ 求纵向钢筋面积 A_s。

若 $\xi \leqslant \xi_b$ 或 $\alpha_s \leqslant \alpha_{s,max}$，则由式(4-13)得

$$A_s = \frac{M}{f_y \gamma_s h_0} \tag{4-16}$$

或由式(4-14)得

$$A_s = \frac{\alpha_1 f_c b \xi h_0}{f_y} \tag{4-17}$$

若 $\xi > \xi_b$ 或 $\alpha_s > \alpha_{s,max}$，则属超筋梁，重新计算。

④ 验算最小配筋率：$A_s \geqslant \rho_{min} bh$。

【例 4.2】 用查表法计算例 4.1 中纵向受拉钢筋截面面积。

【解】 ① 选用材料并确定设计参数同例 4.1。

② 确定截面尺寸同例 4.1。

③ 计算 α_s，并验算适用条件。

假定钢筋一排布置，则截面实际有效高度 $h_0 = h - a_s = 500 - 40 = 460mm$。

由公式(4-15)可得

$$\alpha_s = \frac{M}{\alpha_1 f_c b h_0^2} = \frac{165 \times 10^6}{1 \times 14.3 \times 250 \times 460^2} = 0.218$$

由 $\alpha_s = 0.218$ 查表 4.5 得 $\xi = 0.249 < \xi_b = 0.518$ (属适筋梁)。

④ 计算钢筋截面面积 A_s。

将 $\xi = 0.249$ 代入公式(4-17)得

$$A_s = \frac{\alpha_1 f_c b \xi h_0}{f_y} = \frac{1 \times 14.3 \times 250 \times 0.249 \times 460}{360} = 1137mm^2$$

⑤ 选配钢筋并验算最小配筋率同例 4.1。

【例 4.3】 已知某现浇钢筋混凝土简支走道板(图 4.16)，计算跨度 $l_0 = 2.4m$，板厚 $h = 80mm$，承受的恒荷载标准值 $g_k = 2.65kN/mm^2$(包括板自重)，活荷载标准值 $q_k = 2.5kN/mm^2$，混凝土强度等级为 C25，用 HRB335 级钢筋配筋，环境类别为一类，安全等级为二级。试确定板中配筋。

【解】 查表得 $f_c = 11.9N/mm^2$，$f_t = 1.27 N/mm^2$，$f_y = 300N/mm^2$，$\alpha_1 = 1.0$，结构重要性系数 $\gamma_0 = 1.0$，可变荷载组合值系数 $\psi_c = 0.7$。

取宽度 $b = 1000mm$ 的板带为计算单元。

① 计算跨中弯矩设计值。

由可变荷载效应控制的组合计算

$$q = \gamma_0 (1.2g_k + 1.4q_k) = 1.0 \times (1.2 \times 2.65 + 1.4 \times 2.5) = 6.68kN/m$$

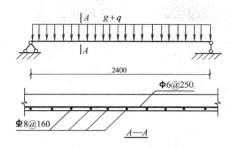

图 4.16　例 4.3 图

由永久荷载效应控制的组合计算

$$q = \gamma_0(1.35g_k + 1.4\psi_c q_k) = 1.0 \times (1.35 \times 2.65 + 1.4 \times 0.7 \times 2.5) = 6.03\text{kN/m}$$

取较大值，得板上荷载设计值 $q = 6.68\text{kN/m}$。

板跨中最大弯矩设计值为

$$M = \frac{ql_0^2}{8} = \frac{6.68 \times 2.4^2}{8} = 4.81\text{kN} \cdot \text{m}$$

② 计算钢筋截面面积和选择钢筋。

板截面有效高度 $h_0 = h - a_s = 80 - 25 = 55\text{mm}$(最小保护层厚度为 20mm)。

由式(4-15)得

$$\alpha_s = \frac{M}{\alpha_1 f_c b h_0^2} = \frac{4.81 \times 10^6}{1.0 \times 11.9 \times 1000 \times 55^2} = 0.134$$

查表 4.5 得系数 $\xi = 0.144 < \xi_b = 0.550$ (属适筋梁)。

所以由式(4-17)得

$$A_s = \frac{\alpha_1 f_c b \xi h_0}{f_y} = \frac{1 \times 11.9 \times 1000 \times 0.144 \times 55}{300} = 314\text{mm}^2$$

查附表 A.2，选用受力钢筋为Φ8@160，实配 $A_s = 314\text{mm}^2$。

③ 验算最小配筋率。

$$\rho_{min} = 0.45\frac{f_t}{f_y} = 0.45 \times \frac{1.27}{300} = 0.191\% < 0.2\%, \quad 取 \rho_{min} = 0.2\%$$

$\rho_{min}bh = 0.2\% \times 1000 \times 80 = 160\text{mm}^2 < A_s = 314\text{mm}^2$，满足要求。

板中受力钢筋布置如图 4.16 所示，分布钢筋为Φ6@250。

2) 截面复核

截面复核时，已知：材料强度等级(f_c、f_y)、截面尺寸(b、h 及 h_0)和钢筋截面面积(A_s)，要求计算该截面所能承担的受弯承载力设计值 M_u；或已知弯矩设计值 M，复核该截面是否安全。

截面复核时计算步骤如下。

(1) 计算截面受压区高度 x。

由式(4-5)得

$$x = \frac{f_y A_s}{\alpha_1 f_c b} \tag{4-18}$$

(2) 验算适用条件,并计算截面受弯承载力 M_u。

若 $x \leq \xi_b h_0$,且 $A_s \geq \rho_{min} bh$,为适筋梁;将 x 值代入式(4-6a)得 $M_u = \alpha_1 f_c bx\left(h_0 - \dfrac{x}{2}\right)$。

若 $x > \xi_b h_0$,取 $x = \xi_b h_0$,计算 $M_{u,max} = \alpha_1 f_c bh_0^2 \xi_b(1-0.5\xi_b)$。

若 $A_s < \rho_{min} bh$,为少筋梁,应修改设计。

(3) 复核截面是否安全。

若 $M_u \geq M$,则截面安全;若 $M_u < M$,则不安全,此时应修改原设计。

【例 4.4】已知一钢筋混凝土梁,截面尺寸 $b \times h = 200mm \times 450mm$,混凝土强度等级 C25,纵向受拉钢筋采用 3⚎22(HRB400 级钢筋),箍筋采用 Φ8 钢筋,该梁承受的最大弯矩设计值 $M = 130kN \cdot m$,环境类别为一类,复核该梁是否安全。

【解】 由已知材料强度等级查表得 $f_c = 11.9N/mm^2$,$f_t = 1.27 \ N/mm^2$,$f_y = 360N/mm^2$,$\alpha_1 = 1.0$,$\xi_b = 0.518$,$A_s = 1140mm^2$。

环境类别为一类的梁混凝土保护层 $c = 20+5 = 25mm$(混凝土强度等级≤C25,c 增加 5mm)。

$$h_0 = h - a_s = 450 - 25 - 8 - \frac{22}{2} = 406mm \ (用实际钢筋直径 d 计算)$$

由式(4-5)得

$$x = \frac{f_y A_s}{\alpha_1 f_c b} = \frac{360 \times 1140}{1.0 \times 11.9 \times 200} = 172.4mm < \xi_b h_0 = 0.518 \times 406 = 210.3 \ mm \ (属适筋梁)$$

$$\rho_{min} = 0.45 \frac{f_t}{f_y} = 0.45 \times \frac{1.27}{360} = 0.16\% < 0.2\%, \quad 取 \rho_{min} = 0.2\%$$

$\rho_{min} bh = 0.2\% \times 200 \times 450 = 180mm < A_s = 1140mm^2$。满足适用条件。

由式(4-6a)得

$$M_u = \alpha_1 f_c bx\left(h_0 - \frac{x}{2}\right)$$

$$= 1.0 \times 11.9 \times 200 \times 172.4 \times (406 - 0.5 \times 172.4)$$

$$= 131.2 \times 10^6 N \cdot mm = 131.2 \ kN \cdot m > M = 130 \ kN \cdot m$$

故该梁正截面安全。

4.2.3　T 形截面梁正截面承载力计算

当矩形截面受弯构件产生裂缝后,在裂缝截面处,中和轴以下受拉区混凝土将不再承担拉力。故可将受拉区混凝土的一部分挖去,并把原有的纵向受拉钢筋集中布置,就形成如图 4.17(a)所示的 T 形截面。其中伸出部分称为翼缘,中间部分称为梁肋(或腹板)。b 为梁肋宽度,b_f' 为受压翼缘宽度,h_f' 为翼缘厚度,h 为全截面高度。该 T 形截面的正截面承载力既不会降低,而且又可以节省混凝土,减轻自重。

由于 T 形截面受力比矩形截面更合理,所以在工程中应用十分广泛。一般适用于:①独立的 T 形截面梁、工字形截面梁,如屋面梁、吊车梁;②整体现浇肋形楼盖中的主、次梁(图 4.17(b));③槽形板、预制空心板等受弯构件。如果翼缘位于梁的受拉区,则为倒 T 形截面梁,此时,应按宽度为 b 的矩形截面计算正截面受弯承载力,参见图 4.17(b)中 2—2 剖面。

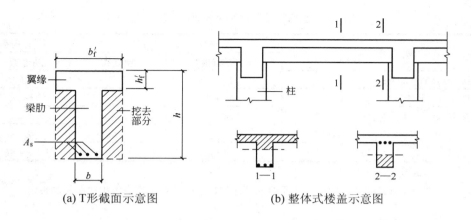

(a) T形截面示意图　　　　(b) 整体式楼盖示意图

图 4.17　T 形截面梁

1.　T 形截面的有效翼缘计算宽度

　　T 形截面与矩形截面的主要区别在于翼缘参与受压。试验和理论分析均表明，翼缘内混凝土的压应力分布是不均匀的，距梁肋越远应力越小(图 4.18(a))，当翼缘超过一定宽度后，远离梁肋部分的翼缘承担的压应力几乎为零。为了简化计算，在设计中把翼缘宽度限制在一定范围内，即将翼缘上不均匀的压应力按中间最大压应力的数值折合成分布在一定宽度范围内的均匀压应力，此宽度即为有效翼缘计算宽度 b'_f(图 4.18(b))。

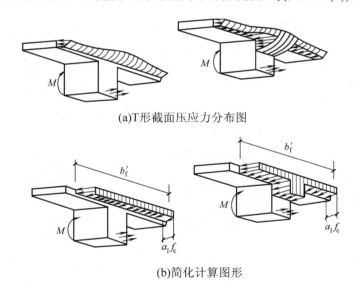

(a)T形截面压应力分布图

(b)简化计算图形

图 4.18　T 形截面应力分布和有效翼缘计算宽度 b'_f

　　表 4.6 给出 T 形截面有效翼缘计算宽度 b'_f 的取值规定，计算 b'_f 时可按表 4.6 所列情况中的最小值取用。

表 4.6　受弯构件受压区有效翼缘计算宽度 b'_f

情　况		T 形、I 形截面		倒 L 形截面
		肋形梁(板)	独立梁	肋形梁(板)
1	按计算跨度 l_0 考虑	$l_0/3$	$l_0/3$	$l_0/6$
2	按梁 (肋) 净距 s_n 考虑	$b+s_n$	—	$b+s_n/2$
3　按翼缘高度 h'_f 考虑	$h'_f/h_0 \geqslant 0.1$	—	$b+12h'_f$	—
	$0.1>h'_f/h_0 \geqslant 0.05$	$b+12h'_f$	$b+6h'_f$	$b+5h'_f$
	$h'_f/h_0<0.05$	$b+12h'_f$	b	$b+5h'_f$

注：1. 表中 b 为梁的腹板宽度；

　　 2. 如肋形梁在梁跨内设有间距小于纵肋间距的横肋时，可不考虑表中情况 3 的规定。

2．T 形截面分类及其判别

T 形截面梁，根据其受力后受压区高度 x 的大小或中和轴所在位置的不同，可将 T 形截面分为两种类型(图 4.19)。

第一类 T 形截面：中和轴在翼缘内，即 $x \leqslant h'_f$，受压区面积为矩形；

第二类 T 形截面：中和轴在梁肋内，即 $x>h'_f$，受压区面积为 T 形。

两类 T 形截面的界限情况为 $x=h'_f$，按照图 4.19 所示，由平衡条件可得

$$\sum x=0 \qquad \alpha_1 f_c b'_f h'_f = f_y A_s \tag{4-19}$$

$$\sum M_{A_s}=0 \qquad M_u=\alpha_1 f_c b'_f h'_f \left(h_0-\frac{h'_f}{2}\right) \tag{4-20}$$

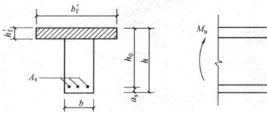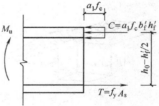

图 4.19　两类 T 形截面的判别界限

根据式(4-19)和式(4-20)，两类 T 形截面的判别可按如下方法进行。

对第一类 T 形截面有 $x \leqslant h'_f$，则有

$$f_y A_s \leqslant \alpha_1 f_c b'_f h'_f \tag{4-21a}$$

$$M \leqslant \alpha_1 f_c b'_f h'_f \left(h_0-\frac{h'_f}{2}\right) \tag{4-22a}$$

对第二类 T 形截面，有 $x>h'_f$，则有

$$f_y A_s > \alpha_1 f_c b'_f h'_f \tag{4-21b}$$

$$M > \alpha_1 f_c b'_f h'_f \left(h_0-\frac{h'_f}{2}\right) \tag{4-22b}$$

截面设计时，因受拉钢筋 A_s 未知，采用式(4-22a)和式(4-22b)判别 T 形截面类型；截面复核时，受拉钢筋 A_s 已知，采用式(4-21a)和式(4-21b)判别 T 形截面类型。

3．基本计算公式及适用条件

1) 第一类 T 形截面

(1) 计算公式。

由于不考虑受拉区混凝土的作用，受弯构件承载力主要取决于受压区的混凝土，故受压区混凝土形状为矩形的第一类 T 形截面，其正截面承载力与梁宽为 b'_f 的矩形截面完全相同，因此第一类 T 形的计算公式也与单筋矩形截面梁完全相同。仅需将公式中的 b 改为 b'_f，其计算应力图形如图 4.20 所示。

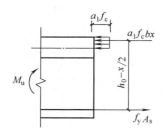
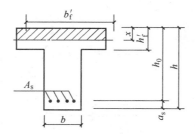

图 4.20　第一类 T 形截面的计算应力图

根据平衡条件可得基本计算公式为

$$\alpha_1 f_c b'_f x = f_y A_s \tag{4-23}$$

$$M \leqslant \alpha_1 f_c b'_f x \left(h_0 - \frac{x}{2} \right) \tag{4-24}$$

(2) 适用条件。

① 为防止超筋破坏，应满足 $\xi \leqslant \xi_b$ 或 $x \leqslant \xi_b h_0$。

由于 T 形截面的 h'_f 较小，而第一类 T 形截面的受压区高度 $x \leqslant h'_f$，故 x 值更小，所以这个条件通常都能满足，不必验算。

② 为防止少筋破坏，应满足 $A_s \geqslant \rho_{\min} bh$ 或 $\rho \geqslant \rho_{\min}$。

由于最小配筋率是由截面的开裂弯矩 M_{cr} 决定的，而 M_{cr} 主要取决于受拉区混凝土的面积，故最小钢筋面积 $A_{s,\min} = \rho_{\min} bh$，而不应按 $b'_f h$ 计算。

2) 第二类 T 形截面

(1) 计算公式。

第二类 T 形截面的中和轴在梁肋内 $(x > h'_f)$，其混凝土受压区的形状已由矩形变为 T 形，其计算应力图形如图 4.21(a) 所示。根据平衡条件可得

$$\alpha_1 f_c (b'_f - b) h'_f + \alpha_1 f_c bx = f_y A_s \tag{4-25}$$

$$M \leqslant \alpha_1 f_c (b'_f - b) h'_f \left(h_0 - \frac{h'_f}{2} \right) + \alpha_1 f_c bx \left(h_0 - \frac{x}{2} \right) \tag{4-26}$$

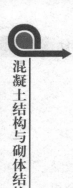
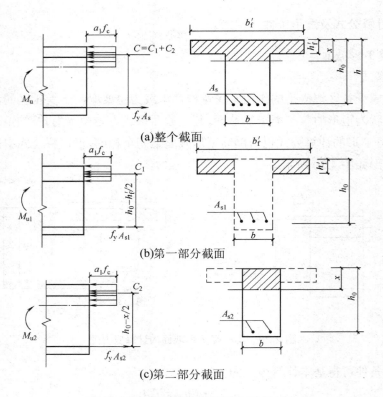

(a)整个截面

(b)第一部分截面

(c)第二部分截面

图 4.21　第二类 T 形截面的计算应力图

　　为便于分析和计算，可将第二类 T 形截面所承担的弯矩 M_u 分为两部分(其应力图也分解为两部分)：第一部分为翼缘挑出部分$(b'_f - b)h'_f$的混凝土和相应的一部分受拉钢筋 A_{s1} 所承担的弯矩 M_{u1}(图 4.21(b))；第二部分为 $b \times x$ 的矩形截面受压区混凝土与相应的另一部分受拉钢筋 A_{s2} 所承担的弯矩 M_{u2}(图 4.21(c))。于是可得

$$M_u = M_{u1} + M_{u2} \tag{4-27}$$

$$A_s = A_{s1} + A_{s2} \tag{4-28}$$

对于第一部分，由平衡条件可得

$$\alpha_1 f_c (b'_f - b) h'_f = f_y A_{s1} \tag{4-29}$$

$$M_{u1} = \alpha_1 f_c (b'_f - b) h'_f \left(h_0 - \frac{h'_f}{2} \right) \tag{4-30}$$

对于第二部分，由平衡条件可得

$$\alpha_1 f_c bx = f_y A_{s2} \tag{4-31}$$

$$M_{u2} = \alpha_1 f_c bx \left(h_0 - \frac{x}{2} \right) \tag{4-32}$$

(2) 适用条件。

① 为防止超筋破坏，要求满足 $\xi \leqslant \xi_b$ 或 $x \leqslant \xi_b h_0$。

② 为防止少筋破坏，要求 $A_s \geqslant \rho_{min} bh$。

由于第二类 T 形截面梁受压区高度 x 较大，相应的受拉钢筋配筋面积 A_s 较多，故通常都能满足 ρ_{min} 的要求，可不必验算。

4．基本公式的应用

T 形截面计算时，首先必须判别出截面属于哪一类 T 形截面，然后正确应用两类 T 形截面的基本公式进行计算。

1) 截面设计

已知：弯矩设计值 M，截面尺寸(b、h、b'_f、h'_f)，材料强度设计值(α_1、f_c、f_y)，求纵向受拉钢筋截面面积 A_s。

当 $M \leqslant \alpha_1 f_c(b'_f - b)h'_f\left(h_0 - \dfrac{h'_f}{2}\right)$ 时，属第一类 T 形截面。其计算方法与 $b'_f \times h$ 的单筋矩形截面相同。

当 $M > \alpha_1 f_c(b'_f - b)h'_f\left(h_0 - \dfrac{h'_f}{2}\right)$ 时，属第二类 T 形截面。其计算步骤如下。

(1) 计算 A_{s1} 和相应所承担的弯矩 M_{u1}。

由式(4-29)得

$$A_{s1} = \frac{\alpha_1 f_c(b'_f - b)h'_f}{f_y}$$

由式(4-30)得

$$M_{u1} = \alpha_1 f_c(b'_f - b)h'_f\left(h_0 - \frac{h'_f}{2}\right)$$

(2) 计算弯矩 M_{u2}。

由式(4-27)得

$$M_{u2} = M_u - M_{u1}$$

(3) 计算 A_{s2}。

由式(4-32)得

$$\alpha_s = \frac{M_{u2}}{\alpha_1 f_c b h_0^{\,2}}$$

由 α_s 查表 4.5 得系数 γ_s 和 ξ。

若 $\xi > \xi_b$，则属超筋梁，说明截面尺寸不够，应加大截面，或提高混凝土强度等级，或改为双筋 T 形截面，重新计算。

若 $\xi \leqslant \xi_b$，则

$$A_{s2} = \frac{M_{u2}}{f_y \gamma_s h_0} \text{ 或 } A_{s2} = \frac{\alpha_1 f_c b \xi h_0}{f_y}$$

(4) 计算全部纵向受拉钢筋截面面积 A_s。

由式(4-28)得

$$A_s = A_{s1} + A_{s2}$$

【例 4.5】 某现浇肋形楼盖中的次梁如图 4.22(a)所示。梁跨中承受弯矩设计值 M=112kN·m，梁的计算跨度 l_0=5.1m，混凝土强度等级为 C25，钢筋采用 HRB400 级，环境类别为一类。求该次梁所需的纵向受拉钢筋截面面积 A_s。

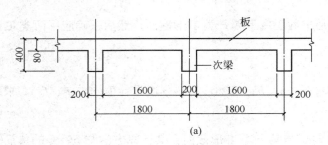 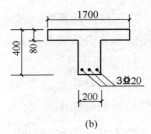

图 4.22　例 4.5 图

【解】 由已知材料强度等级，查表得 f_c=11.9N/mm^2，f_t=1.27 N/mm^2，f_y=360N/mm^2，α_1=1.0，ξ_b=0.518。

(1) 确定有效翼缘计算宽度 b'_f。

C25 混凝土保护层最小厚度为 25mm，考虑箍筋直径 10mm，取 h_0=400-45=355mm。

按计算跨度 l_0 考虑　　　　$b'_f = l_0/3 = 5100/3 = 1700$ mm

按梁肋净距 s_n 考虑　　　　$b+s_n = 200+1600 = 1800$ mm

按翼缘高度 h'_f 考虑　　　　$h'_f / h_0 = 80/355 > 0.1$，不受此项限制

故取三者最小值　　　　　　$b'_f = 1700$ mm

(2) 判别 T 形截面类型。

$$\alpha_1 f_c b'_f h'_f \left(h_0 - \frac{h'_f}{2} \right) = 1.0 \times 11.9 \times 1700 \times 80 \times \left(355 - \frac{80}{2} \right) = 509.8 \times 10^6 \text{N} \cdot \text{mm}$$

$$= 509.8 \text{ kN} \cdot \text{m} > M = 112 \text{ kN} \cdot \text{m}$$

属第一类 T 形截面，可按截面尺寸为 $b'_f \times h$ 的单筋矩形截面计算。

(3) 计算钢筋截面面积并选配钢筋。

$$\alpha_s = \frac{M}{\alpha_1 f_c b'_f h_0^2} = \frac{112 \times 10^6}{1.0 \times 11.9 \times 1700 \times 355^2} = 0.044$$

查表 4.5 得 ξ=0.045。

$$A_s = \frac{\alpha_1 f_c b'_f \xi h_0}{f_y} = \frac{1.0 \times 11.9 \times 1700 \times 0.045 \times 355}{360} = 898 \text{ mm}^2$$

选用 3Φ20，实配 A_s= 942mm^2。

(4) 验算适用条件。

$$\rho_{\min} = 0.45 \frac{f_t}{f_y} = 0.45 \times \frac{1.27}{360} = 0.16\% < 0.2\% \quad 故取 \rho_{\min} = 0.2\%$$

$$\rho_{\min} bh = 0.2\% \times 200 \times 400 = 160 \text{mm}^2 < A_s = 942 \text{mm}^2，满足适用条件。$$

梁中受力钢筋布置如图 4.22(b)所示。

【例 4.6】 有一 T 形截面梁，截面尺寸 b=250mm，h=600mm，b'_f=500mm，h'_f=100mm，承受弯矩设计值 M=405kN·m，采用 C25 混凝土，HRB400 级钢筋，环境类别为一类，试确定该梁所需的受拉钢筋截面面积。

【解】 由已知材料强度等级查表得 f_c=11.9N/mm²，f_t=1.27N/mm²，f_y=360N/mm²，α_1=1.0，设采用两排纵向受力钢筋，取 h_0=600-70=530mm。

(1) 判别 T 形截面类型。

$$\alpha_1 f_c b'_f h'_f\left(h_0 - \frac{h'_f}{2}\right) = 1.0×11.9×500×100×(530-100/2) = 285.6×10^6\,\text{N·mm}$$

$$= 285.6\text{kN·m} < M = 405\text{kN·m}$$

故属第二类 T 形截面。

(2) 求 A_{s1} 和其相应承担的弯矩 M_{u1}。

由式(4-29)得

$$A_{s1} = \frac{\alpha_1 f_c (b'_f - b) h'_f}{f_y} = \frac{1.0×11.9×(500-250)×100}{360} = 826\,\text{mm}^2$$

由式(4-30)得

$$M_{u1} = \alpha_1 f_c (b'_f - b) h'_f\left(h_0 - \frac{h'_f}{2}\right) = 1.0×11.9×(500-250)×100×(530-100/2)$$

$$= 142.8×10^6\,\text{N·mm} = 142.8\text{kN·m}$$

(3) 计算 M_{u2} 和 A_{s2}。

由式(4-27)得

$$M_{u2} = M_u - M_{u1} = 405 - 142.8 = 262.2\text{kN·m}$$

$$\alpha_s = \frac{M_{u2}}{\alpha_1 f_c b h_0^2} = \frac{262.2×10^6}{1×11.9×250×530^2} = 0.314$$

查表 4.5 得系数 ξ=0.39 < ξ_b=0.518，则

$$A_{s2} = \frac{\alpha_1 f_c b \xi h_0}{f_y} = \frac{1.0×11.9×250×0.39×530}{360} = 1708\,\text{mm}^2$$

(4) 计算全部纵向受拉钢筋截面面积 A_s。

由式(4-28)得

$$A_s = A_{s1} + A_{s2} = 826 + 1708 = 2534\text{mm}^2$$

选用 4Φ18+4Φ22，实配 A_s=2537mm²，按两排布置，截面配筋如图 4.23 所示。

2) 截面复核

已知：截面尺寸(b、h、b'_f、h'_f)，纵向受拉钢筋截面面积 A_s，材料强度设计值(α_1、f_c、f_y)，求截面受弯承载力设计值 M_u(或已知弯矩设计值 M，复核该截面是否安全)。

计算步骤如下。

首先判断出 T 形截面类型，根据类型选择相应的计算公式，最后验算适用条件。

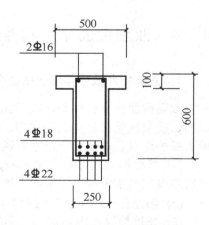

图 4.23　例 4.6 图

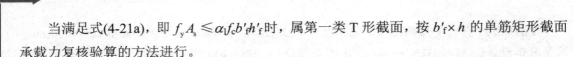

当满足式(4-21a),即 $f_y A_s \leqslant \alpha_1 f_c b'_f h'_f$ 时,属第一类 T 形截面,按 $b'_f \times h$ 的单筋矩形截面承载力复核验算的方法进行。

当满足式(4-21b),即 $f_y A_s > \alpha_1 f_c b'_f h'_f$ 时,属第二类 T 形截面,由式(4-25)得

$$x = \frac{f_y A_s - \alpha_1 f_c (b'_f - b) h'_f}{\alpha_1 f_c b} \tag{4-33}$$

验算适用条件,若 $x \leqslant \xi_b h_0$,将 x 代入式(4-26)求得 M_u;若 $x > \xi_b h_0$,则令 $x = \xi_b h_0$ 代入式(4-26)计算 M_u。若 $M_u \geqslant M$ 时,则承载力足够,截面安全。

【例 4.7】 有一 T 形截面梁,截面尺寸 $b = 300\text{mm}$,$h = 800\text{mm}$,$b'_f = 600\text{mm}$,$h'_f = 100\text{mm}$,采用 C25 混凝土,梁截面配有 10 根直径为 22mm 的 HRB335 级钢筋,钢筋按两排布置,每排各 5 根,该梁承受最大弯矩设计值 $M = 600\text{kN} \cdot \text{m}$,环境类别为一类,试复核该梁截面是否安全。

【解】 查表得 $f_c = 11.9\text{N/mm}^2$,$f_t = 1.27\text{N/mm}^2$,$f_y = 300\text{N/mm}^2$,$A_s = 3801\text{mm}^2$(10Φ22),$\alpha_1 = 1.0$。

C25 混凝土保护层最小厚度为 25mm,受拉钢筋两排布置,则 $h_0 = h - 70 = 800 - 70 = 730\text{mm}$。
判别 T 形截面类型

$$\alpha_1 f_c b'_f h'_f = 1.0 \times 11.9 \times 600 \times 100 = 714000\text{N}$$
$$f_y A_s = 300 \times 3801 = 1\,140300\text{N} > 714000\text{N}$$

故属第二类 T 形截面。

$$x = \frac{f_y A_s - \alpha_1 f_c (b'_f - b) h'_f}{\alpha_1 f_c b} = \frac{300 \times 3801 - 1.0 \times 11.9 \times (600 - 300) \times 100}{1.0 \times 11.9 \times 300}$$

$$= 219.4\text{mm} < \xi_b h_0 = 0.55 \times 730 = 401.5\text{mm} \ (\text{属适筋梁})$$

$$M_u = \alpha_1 f_c (b'_f - b) h'_f \left(h_0 - \frac{h'_f}{2} \right) + \alpha_1 f_c b x \left(h_0 - \frac{x}{2} \right)$$

$$= 1.0 \times 11.9 \times (600 - 300) \times 100 \times \left(730 - \frac{100}{2} \right) + 1.0 \times 11.9 \times 300 \times 219.4 \times \left(730 - \frac{219.4}{2} \right)$$

$$= 728.6 \times 10^6 \text{N} \cdot \text{mm} = 728.6\text{kN} \cdot \text{m} > M = 600\text{kN} \cdot \text{m}$$

所以该梁正截面安全。

4.2.4 双筋截面受弯构件的概念

1. 双筋矩形截面梁的应用范围

双筋截面受弯构件是指在截面的受拉区和受压区同时配置纵向受力钢筋的受弯构件。双筋截面梁虽然可以提高承载力,但利用受压钢筋来帮助混凝土承受压力是不经济的,故应尽量少用双筋截面梁。通常双筋矩形截面梁适用于下列情况。

(1) 按单筋截面计算出现 $x > \xi_b h_0$ 或 $M > M_{u,\text{max}} = \alpha_1 f_c b h_0^2 \xi_b (1 - 0.5\xi_b)$ 情况,而截面尺寸及材料强度又由于种种原因不能再增大和提高时;

(2) 构件在不同荷载的组合下,截面将承受变号弯矩作用时;

(3) 在抗震设计中为提高截面的延性或由于构造原因,要求框架梁必须配置一定比例的受压钢筋时。

试验表明，双筋矩形截面梁破坏时的受力特点与单筋矩形截面梁类似。双筋矩形截面适筋梁在满足 $x \leqslant \xi_b h_0$ 的条件下，受拉钢筋应力先达到屈服强度，然后受压区混凝土压碎而破坏。两者的不同之处在于，双筋截面梁的受压区配有纵向受压钢筋，由平截面应变关系可以推出，当边缘混凝土达到极限压应变 ε_{cu} 时，受压钢筋的最大应力值为 400kN/mm^2。若满足 $x \geqslant 2a'_s$，对于常用的 HPB300、HRB335、HRB400、HRBF400 及 RRB400 级热轧钢筋，均能达到其抗压强度设计值 f'_y (即受压钢筋已屈服)；若 $x < 2a'_s$，则说明受压钢筋距中和轴太近，其应力达不到其抗压强度设计值 f'_y，使受压钢筋不能充分发挥作用。

为防止纵向受压钢筋在压力作用下发生压屈而侧向凸出，保证受压钢筋充分发挥其作用，《混凝土规范》规定，双筋梁必须采用封闭箍筋，且箍筋的间距不应大于 $15d$(d 为受压钢筋的最小直径)，同时不应大于 400mm；箍筋直径不应小于受压钢筋最大直径的 1/4。当受压钢筋多于 3 根时，应设置复合箍筋。

2．基本公式及适用条件

1) 基本计算公式

与单筋矩形截面梁相似，双筋矩形截面适筋梁达到受弯极限状态时，受拉钢筋应力先达到抗拉强度设计值 f_y，受压区混凝土仍然采用等效矩形应力图形，而受压钢筋在满足一定条件下，其应力能达到抗压强度设计值 f'_y，双筋矩形截面梁的计算应力简图如图 4.24(a)所示。

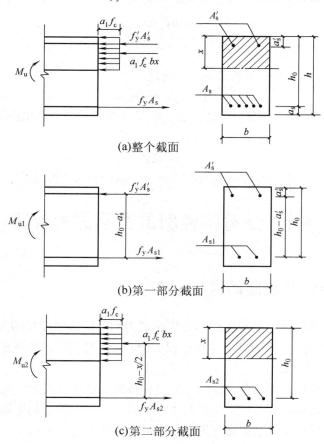

(a)整个截面

(b)第一部分截面

(c)第二部分截面

图 4.24　双筋矩形截面梁正截面承载力的计算应力简图

根据平衡条件，可写出下列基本公式：

$$\alpha_1 f_c bx + f_y' A_s' = f_y A_s \qquad (4\text{-}34)$$

$$M \leq M_u = \alpha_1 f_c bx \left(h_0 - \frac{x}{2}\right) + f_y' A_s'(h_0 - a_s') \qquad (4\text{-}35)$$

式中　f_y'——钢筋抗压强度设计值；

　　　A_s'——纵向受压钢筋截面面积；

　　　a_s'——纵向受压钢筋合力作用点至截面受压边缘的距离。

为便于计算，双筋截面的受弯承载力 M_u 可分解为两部分：第一部分是由受压钢筋 A_s' 与相应的一部分受拉钢筋 A_{s1} 组成的纯钢筋截面所承担的弯矩 M_{u1}(图 4.24(b))；第二部分是由受压区混凝土与相应的另一部分受拉钢筋 A_{s2} 组成的单筋截面所承担的弯矩 M_{u2}(图 4.24(c))。并且总受弯承载力 $M_u = M_{u1} + M_{u2}$，总受拉钢筋截面面积 $A_s = A_{s1} + A_{s2}$。

对于第一部分，由平衡条件可得

$$f_y' A_s' = f_y A_{s1} \qquad (4\text{-}36)$$

$$M_{u1} = f_y' A_s'(h_0 - a_s') \qquad (4\text{-}37)$$

对于第二部分，由平衡条件可得

$$\alpha_1 f_c bx = f_y A_{s2} \qquad (4\text{-}38)$$

$$M_{u2} = \alpha_1 f_c bx \left(h_0 - \frac{x}{2}\right) \qquad (4\text{-}39)$$

2) 适用条件

(1) 为了防止双筋梁发生超筋破坏，应满足

$$x \leq \xi_b h_0 \text{ 或 } \xi \leq \xi_b \qquad (4\text{-}40)$$

(2) 为了保证受压钢筋的压应力能达到 f_y'，受压钢筋的合力作用点不能距中和轴太近，应满足

$$x \geq 2a_s' \qquad (4\text{-}41)$$

双筋截面一般不会出现少筋破坏情况，故可不必验算最小配筋率。

4.3　受弯构件斜截面承载力计算

4.3.1　受弯构件斜截面的破坏形态

钢筋混凝土受弯构件的斜截面破坏发生在剪力和弯矩共同作用的区段(称为剪弯段)。在弯矩 M 和剪力 V 的共同作用下，常产生斜裂缝，若受弯构件的抗剪能力不足，就会产生斜截面剪切破坏(图 4.25)。

为了防止受弯构件发生斜截面破坏，应使构件的截面尺寸符合一定的要求，并且要配置与梁轴线垂直的箍筋，有时还需配置与主拉应力方向一致的弯起钢筋，箍筋和弯起钢筋统称为腹筋。一般配置了腹筋的梁称为有腹筋梁，反之称为无腹筋梁。

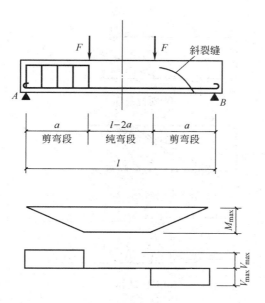

图 4.25　受弯构件斜裂缝出现示意图

受弯构件斜截面的受剪破坏形态主要取决于箍筋的数量和剪跨比。如图 4.25 所示集中荷载作用下的简支梁，剪切破坏一般发生在剪弯段，a 为集中荷载作用点到支座之间的距离，称为剪跨，而剪跨比 $\lambda=a/h_0$（h_0 为截面的有效高度）。根据剪跨比 λ 和箍筋数量的不同，受弯构件斜截面的受剪破坏形态有以下三种。

1) 斜拉破坏

当无腹筋梁集中荷载作用点距支座较远，剪跨比 $\lambda>3$，或有腹筋梁箍筋配置的数量过少时，将会发生斜拉破坏。其特点是斜裂缝一旦出现，就会形成临界斜裂缝，并迅速向集中荷载作用点处延伸，将梁斜向劈裂成两半，这是一种没有预兆的危险性很大的脆性破坏（图 4.26(a)）。

2) 剪压破坏

当无腹筋梁剪跨比 $1\leqslant\lambda\leqslant3$，或有腹筋梁箍筋配置的数量适当时，将会发生剪压破坏。在梁腹部出现斜裂缝后，随着荷载的增加，将陆续出现新的斜裂缝，在众多的斜裂缝中形成一条延伸较长、扩展较宽的临界斜裂缝。随着荷载的继续增加，与临界斜裂缝相交的箍筋应力增大直至达到屈服，随后，临界斜裂缝向集中力作用点处发展，导致集中荷载作用点处剪压区混凝土达到极限强度而破坏，剪压破坏也属于脆性破坏（图 4.26(b)）。

3) 斜压破坏

当集中荷载作用点距支座较近，剪跨比 $\lambda<1$，或箍筋配置的数量过多时，将会发生斜压破坏。其受力特点是：在集中荷载与支座之间的梁腹部，出现一些大体相互平行的斜裂缝，随着荷载的增加，这些斜裂缝将梁腹部混凝土分割成斜向的受压短柱，在箍筋应力未达到屈服强度前，斜向混凝土短柱已达到极限强度而被压碎，这种破坏也是危险性很大的脆性破坏（图 4.26(c)）。

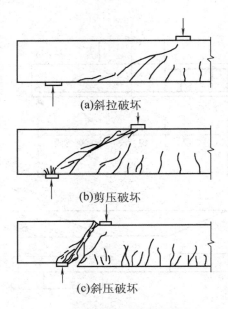

图 4.26　斜截面的破坏形态

从上述三种破坏形态可知，斜拉破坏发生十分突然，而斜压破坏时箍筋未能充分发挥作用，故这两种破坏在结构设计中均应避免。《混凝土规范》通过采用截面限制条件来防止斜压破坏；通过控制箍筋的最小配筋率来防止斜拉破坏；而剪压破坏，则是通过受剪承载力的计算配置箍筋及弯起钢筋来避免。

4.3.2　受弯构件斜截面受剪承载力计算

1. 影响斜截面受剪承载力的主要因素

影响钢筋混凝土梁受剪承载力的因素很多，主要有剪跨比λ、混凝土的强度等级、箍筋的配箍率 ρ_{sv}、弯起钢筋的配置、纵向钢筋的配筋率 ρ 等。

1) 剪跨比λ

试验结果表明，对于无腹筋梁，剪跨比λ是影响受剪承载力最主要的因素之一。剪跨比λ越大，受剪承载力越小，但当$\lambda > 3$时，剪跨比对梁斜截面受剪承载力不再有明显影响。对于有腹筋梁，随着配箍率的增加，剪跨比的影响变小。

2) 混凝土强度等级

试验表明，混凝土强度等级对梁的受剪承载力有显著影响。一般情况下，梁的受剪承载力随着混凝土强度等级的提高而提高，大致呈线性关系。

3) 配箍率 ρ_{sv}

构件中箍筋的配置数量可用配箍率 ρ_{sv} 表示，即

$$\rho_{sv} = \frac{A_{sv}}{bs} = \frac{nA_{sv1}}{bs} \tag{4-42}$$

式中　A_{sv}——配置在同一截面内箍筋各肢的全部截面面积，$A_{sv}=nA_{sv1}$；

　　　A_{sv1}——单肢箍筋的截面面积；

　　　n——箍筋的肢数；

　　　s——沿构件长度方向的箍筋间距。

钢筋混凝土梁的配箍率在适当的范围内，受剪承载力将随着配箍率 ρ_{sv} 的增大而增大。

4) 弯起钢筋

与斜裂缝相交的弯起钢筋能承担拉力，也能承担一部分剪力，所以弯起钢筋的截面面积越大，强度越高，梁的受剪承载力也就越高。

由于弯起钢筋一般由纵向钢筋弯起而成，其直径较粗，根数较少，受力很不均匀；箍筋虽然不与斜裂缝正交，但分布均匀。因此，一般在配置腹筋时，应优先选用箍筋。

5) 纵向钢筋配筋率 ρ

纵向钢筋能承受一定的剪力，起销栓作用，可以抑制斜裂缝的开展。梁的斜截面受剪承载力随纵向钢筋配筋率 ρ 的增大而提高。但试验资料分析表明，纵向钢筋配筋率较小时，对梁受剪承载力的影响并不明显；只有配筋率 $\rho>1.5\%$ 时，对梁受剪承载力的影响才较为明显。由于实际工程中受弯构件的纵向钢筋配筋率 $\rho \leqslant 1.5\%$，故《混凝土规范》给出的斜截面承载力计算公式中没有考虑纵向钢筋配筋率的影响。

除上述因素外，截面形状、荷载种类和作用方式等对斜截面受剪承载力都有影响。

2. 斜截面受剪承载力的计算公式

斜截面受剪承载力的计算是以剪压破坏形态为依据的。图 4.27 为一配置箍筋和弯起钢筋的简支梁发生斜截面剪压破坏时，斜裂缝到支座之间的一段隔离体。为便于理解，假定斜截面受剪承载力由三部分组成，由隔离体竖向力的平衡条件，可列出受剪承载力的计算公式，即

$$V_u=V_c+V_{sv}+V_{sb} \tag{4-43}$$

或

$$V_u=V_{cs}+V_{sb} \tag{4-44}$$

式中　V_u——构件斜截面上受剪承载力设计值；

　　　V_c——端剪压区混凝土受剪承载力设计值，即无腹筋梁的受剪承载力；

　　　V_{sv}——与斜裂缝相交的箍筋受剪承载力设计值；

　　　V_{sb}——与斜裂缝相交的弯起钢筋受剪承载力设计值；

　　　V_{cs}——斜截面上混凝土和箍筋的受剪承载力设计值，$V_{cs}=V_c+V_{sv}$。

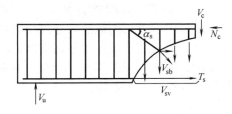

图 4.27　斜截面受剪承载力的计算简图

我国有关单位对承受均布荷载和集中荷载的简支梁，以及连续梁和约束梁做了大量试验，《混凝土规范》根据理论研究和试验数据分析，并结合工程实践经验，对不同情况的梁，给出以下斜截面受剪承载力的计算公式。

1) 仅配置箍筋的梁

对矩形、T 形和 I 字形截面的受弯构件

$$V \leqslant V_{cs} = \alpha_{cv}f_t bh_0 + f_{yv}\frac{A_{sv}}{s}h_0 \tag{4-45}$$

式中 V ——构件斜截面上的最大剪力设计值;

α_{cv} ——斜截面混凝土受剪承载力系数,对于一般受弯构件取 0.7;对集中荷载作用下的独立梁(包括作用有多种荷载,其中集中荷载对支座截面或节点边缘所产生的剪力值占总剪力值的 75%以上的情况)取 α_{cv} 为 $\dfrac{1.75}{\lambda+1}$,其中 λ 为计算截面的剪跨比,当 $\lambda<1.5$ 时取 $\lambda=1.5$,当 $\lambda>3$ 时取 $\lambda=3$;

f_{yv} ——箍筋抗拉强度设计值,按表 3.4 采用;

A_{sv} ——配置在同一截面内箍筋各肢的全部截面面积,$A_{sv}=nA_{sv1}$;

s ——箍筋间距;

f_t ——混凝土轴心抗拉强度设计值,按表 3.1 采用。

2) 配有箍筋和弯起钢筋的梁

当梁需承受的剪力较大时,可配置箍筋和弯起钢筋共同承担,其斜截面受剪承载力由式(4-45)计算的 V_{cs} 和与斜裂缝相交的弯起钢筋受剪承载力 V_{sb} 组成。而弯起钢筋受剪承载力 V_{sb} 应等于弯起钢筋所承受的拉力在垂直于梁轴线方向上的分力值,具体计算公式如下:

$$V \leqslant V_u = V_{cs} + 0.8f_y A_{sb}\sin\alpha_s \tag{4-46}$$

式中 f_y ——弯起钢筋抗拉强度设计值;

A_{sb} ——同一弯起截面内弯起钢筋的截面面积;

α_s ——弯起钢筋与梁纵向轴线的夹角,当梁高 $h \leqslant 800$ 时取 $\alpha_s=45°$;当梁高 $h>800$ 时,取 $\alpha_s=60°$;

0.8——考虑构件破坏时与斜裂缝相交的弯起钢筋应力达不到 f_y 的钢筋应力不均匀系数。

3. 计算公式的适用条件

梁的斜截面受剪承载力计算公式是根据剪压破坏的受力状态确定的,为了防止斜压破坏和斜拉破坏,计算公式还应有一定的适用条件。

1) 防止斜压破坏的条件——最小截面尺寸的限制

从式(4-46)来看,似乎只要增加箍筋和弯起钢筋用量,就可以将构件的抗剪能力提高到任何值,但事实并非如此。试验证明,当梁的截面尺寸过小而剪力较大时,在腹筋超过一定数值后,即使配置再多的腹筋,斜截面承载力也不再提高,增加的腹筋不能充分发挥作用,而是发生斜压破坏。因此,为防止斜压破坏,《混凝土规范》规定,矩形、T 形和 I 形截面的受弯构件,其受剪截面应符合下列条件:

当 $h_w/b \leqslant 4.0$(一般梁)时

$$V \leqslant 0.25\beta_c f_c bh_0 \tag{4-47a}$$

当 $h_w/b \geqslant 6.0$(薄腹梁)时

$$V \leqslant 0.2\beta_c f_c bh_0 \tag{4-47b}$$

当 $4.0<h_w/b<6.0$ 时,按线性内插法确定。

式中 β_c——混凝土强度影响系数，当混凝土强度等级≤C50 时，取$\beta_c=1.0$；当混凝土强度
等级为 C80 时，取$\beta_c=0.8$；其间按线性内插法确定；

h_w——截面的腹板高度，对矩形截面取有效高度 h_0；对 T 形截面取有效高度减去翼
缘高度；对 I 形截面取腹板净高。

在工程设计中，如不能满足上述要求，应加大截面尺寸或提高混凝土强度等级。

2) 防止斜拉破坏的条件——最小配箍率的限制

当出现斜裂缝后，斜裂缝上的主拉应力全部转移给箍筋。若箍筋配置过少，一旦斜裂
缝出现，箍筋会立即屈服，造成斜裂缝的加速扩展，甚至箍筋被拉断而导致斜拉破坏。为
防止出现斜拉破坏，《混凝土规范》规定了配箍率下限，即最小配箍率 $\rho_{sv,min}$。箍筋的配置
应满足下列条件：

$$\rho_{sv} = \frac{A_{sv}}{bs} = \frac{nA_{sv1}}{bs} \geqslant \rho_{sv,min} = 0.24\frac{f_t}{f_{yv}} \tag{4-48}$$

在工程设计中，如不能满足上述要求，则应按 $\rho_{sv,min}$ 配箍筋，并满足构造要求。

4．斜截面受剪承载力的计算截面

由于受剪承载力不足而出现的剪压破坏可能在多处发生，因而在进行斜截面受剪承载
力计算时，计算截面的位置应选取剪力设计值最大的危险截面或受剪承载力较为薄弱的截
面。在设计中，计算截面的位置应按下列规定采用。

(1) 支座边缘处的截面(图 4.28(a)、(b)中截面 1—1)；

(2) 受拉区弯起钢筋弯起点处的截面(图 4.28(a)中截面 2—2 或 3—3)；

(3) 箍筋截面面积或间距改变处的截面(图 4.28(b)中截面 4—4)；

(4) 腹板宽度或截面高度改变处的截面。

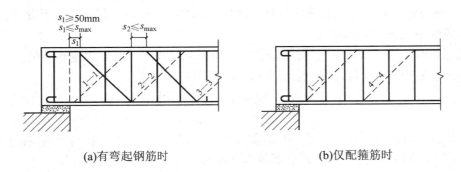

(a)有弯起钢筋时　　　　　　　　　　　(b)仅配箍筋时

图 4.28　斜截面受剪承载力的计算截面

在计算弯起钢筋时，其计算截面的剪力设计值应取相应截面上的最大剪力值，通常按
如下方法取用：按图 4.29 所示，计算第一排(对支座而言)弯起钢筋时，取支座边缘处的剪
力值 V；计算以后的每一排弯起钢筋时，取前一排(对支座而言)弯起钢筋弯起点处的剪力值；
同时，箍筋间距及前一排弯起钢筋弯起点至后一排弯起钢筋弯终点的距离均不应大于最大
间距箍筋 s_{max}，而且靠近支座的第一排弯起钢筋的弯终点距支座边缘的距离不应大于 s_{max}，
一般可取 50mm。

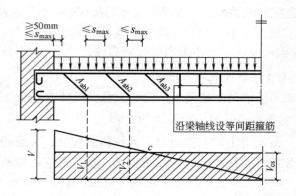

图 4.29 弯起钢筋承担剪力的位置要求

5. 斜截面受剪承载力的计算方法和步骤

与正截面受弯承载力计算一样，受弯构件斜截面承载力计算也有截面设计和截面复核两类问题。

1) 截面设计

受剪承载力的截面设计是在正截面承载力计算完成以后，即在截面尺寸、材料强度、纵向受力钢筋已知的条件下，计算梁内的腹筋数量。其计算方法和步骤如下。

(1) 复核截面尺寸，用防止斜压破坏的条件式(4-47a)或式(4-47b)对截面尺寸进行复核，如不满足要求，应加大截面尺寸或提高混凝土强度等级。

(2) 确定是否需要按计算配置箍筋。当满足下式条件时可按构造配置箍筋，否则需按计算配置箍筋：

$$V \leqslant 0.7 f_t b h_0 \tag{4-49}$$

(3) 计算腹筋数量。梁内腹筋通常有两种配置方法，一种是只配箍筋，不设弯起钢筋；另一种是既配箍筋又设弯起钢筋。

只配箍筋时，由式(4-45)可计算出沿梁轴线方向单位长度上所需的箍筋面积。

对矩形、T 形和 I 形截面的一般受弯构件，可按下式计算：

$$\frac{A_{sv}}{s} = \frac{n A_{sv1}}{s} \geqslant \frac{V - 0.7 f_t b h_0}{f_{yv} h_0} \tag{4-50}$$

求出 A_{sv}/s 的值后，可按构造要求确定箍筋肢数 n 和箍筋直径 d，然后求出箍筋的间距 s，使选定的箍筋间距 $s \leqslant s_{max}$。梁中箍筋的最大间距 s_{max} 宜符合表 4.7 的规定。

表 4.7　梁中箍筋的最大间距 s_{max}/mm

梁高 h	$V > 0.7 f_t b h_0$	$V \leqslant 0.7 f_t b h_0$
$150 < h \leqslant 300$	150	200
$300 < h \leqslant 500$	200	300
$500 < h \leqslant 800$	250	350
$h > 800$	300	400

既配箍筋又配弯起钢筋时，一般先选定箍筋的肢数、直径和间距，并计算出 V_{cs}，然后计算弯起钢筋的截面面积 A_{sb}，由式(4-46)可得

$$A_{sb} = \frac{V - V_{cs}}{0.8 f_y \sin \alpha_s} \tag{4-51}$$

最后验算最小配箍率，即满足公式(4-48)要求。

【例 4.8】 已知钢筋混凝土矩形截面简支梁，截面尺寸 $b \times h$ =200mm×500mm，a_s=45mm，由均布荷载在支座边缘处产生的剪力设计值 V=180kN，混凝土采用 C25，箍筋采用 HRB335 级钢筋，纵向受力钢筋采用 HRB400 级钢筋。试对该梁的斜截面进行计算，并确定箍筋数量。

【解】 由已知材料，查表得 f_c=11.9N/mm^2，f_t=1.27N/mm^2，f_{yv}=300N/mm^2，f_y=360N/mm^2，β_c=1.0。

(1) 复核截面尺寸。

$$h_w = h_0 = h - a_s = 500 - 45 = 455\text{mm}$$

$$h_w / b = 455/200 = 2.28 < 4$$

$$0.25 \beta_c f_c b h_0 = 0.25 \times 1.0 \times 11.9 \times 200 \times 455 = 270\ 725\text{N} = 270.7\text{kN} > V = 180\text{kN}$$

截面尺寸符合要求。

(2) 确定是否需按计算配置箍筋。

$$0.7 f_t b h_0 = 0.7 \times 1.27 \times 200 \times 455 = 80\ 899\text{N} = 80.899\text{kN} < V = 180\text{kN}$$

故需要按计算配置箍筋。

(3) 计算箍筋的数量。

因为是一般受弯构件，由公式(4-50)可得

$$\frac{n A_{sv1}}{s} \geqslant \frac{V - 0.7 f_t b h_0}{f_{yv} h_0} = \frac{180\ 000 - 80\ 899}{300 \times 455} = 0.726 \text{mm}^2/\text{mm}$$

选用 Φ8 双肢箍筋(A_{sv1}=50.3mm^2)，则箍筋间距为

$$s \leqslant \frac{2 \times 50.3}{0.726} = 139\text{mm}$$

取 s=130mm< s_{max}=200mm，记作 Φ8@130，沿梁全长均匀布置。

(4) 验算最小配箍率。

$$\rho_{sv} = \frac{A_{sv}}{bs} = \frac{2 \times 50.3}{200 \times 130} = 0.387\% > \rho_{sv,min} = 0.24 \frac{f_t}{f_{yv}} = 0.24 \times \frac{1.27}{300} = 0.102\%$$

箍筋的配筋率满足要求。

【例 4.9】 如图 4.30 所示，一根两端支承在 240mm 厚砖墙上的矩形截面简支梁，截面尺寸 $b \times h$ =250mm×500mm，承受均布荷载设计值 q=110kN/m(包括梁自重)，混凝土强度等级为 C25，箍筋采用 HPB300 级，纵向钢筋采用 HRB400 级，选用既配箍筋又配弯起钢筋方案，试求箍筋和弯起钢筋的数量。

【解】 由题中所选材料，查表得 f_c=11.9N/mm^2，f_t=1.27N/mm^2，f_{yv}=270N/mm^2，f_y=360N/mm^2，β_c=1.0。

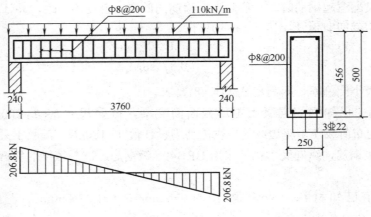

图 4.30　例 4.9 图

(1) 求剪力设计值。

支座边缘处截面的剪力设计值

$$V=\frac{1}{2}ql_n=\frac{1}{2}\times110\times3.76=206.8\text{kN}$$

(2) 复核梁的截面尺寸。

$$h_w = h_0 = h - a_s = 500 - (25+8+22/2) = 500 - 44 = 456\text{mm}$$

$$h_w/b = 456/250 = 1.82 < 4.0$$

$$0.25\beta_c f_c bh_0 = 0.25\times1.0\times11.9\times250\times456 = 339\ 150\text{N} = 339.2\text{kN} > V = 206.8\text{kN}$$

故截面尺寸符合要求。

(3) 验算是否需要按计算配置箍筋。

$$0.7f_t bh_0 = 0.7\times1.27\times250\times456 = 101\ 346\text{N} = 101.3\text{kN} < V = 206.8\text{kN}$$

故需要按计算配置箍筋。

(4) 既配箍筋又配弯起钢筋的数量。

按构造要求选用双肢Φ8@200 的箍筋(满足 $s<s_{max}$，$d_{sv}>d_{min}$)，$A_{sv1}=50.3\text{mm}^2$。

验算最小配箍率：

$$\rho_{sv}=\frac{A_{sv}}{bs}=\frac{2\times50.3}{250\times200}=0.2\% > \rho_{sv,min}=0.24\frac{f_t}{f_{yv}}=0.24\times\frac{1.27}{270}=0.113\%。$$

根据公式(4-45)，并取 $\alpha_{cv}=0.7$，有

$$V_{cs}=0.7f_t bh_0+f_{yv}\frac{A_{sv}}{s}h_0=101\ 346+270\times\frac{2\times50.3}{200}\times456=163\ 275\ \text{N}<V=206.8\text{kN}$$

计算表明，采用Φ8@200 的箍筋不能满足斜截面抗剪要求，还需设弯起钢筋，取 $\alpha_s=45°$，根据公式(4-51)计算第一排弯起钢筋的截面面积：

$$A_{sb}\geqslant\frac{V-V_{cs}}{0.8f_y\sin\alpha_s}=\frac{206\ 800-163\ 275}{0.8\times360\times\sin45°}=214\text{mm}^2$$

将现有纵筋中的 1Φ22 钢筋弯起，$A_{sb}=380.1\text{mm}^2$ 已足够。

(5) 确定弯起钢筋排数。

第一排纵筋弯起点距支座边缘的水平距离为 50+(500−25−25−8×2)=484mm，其对应的计

算截面位置如图 4.31 所示。

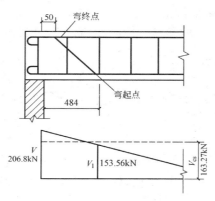

图 4.31 支座边缘计算截面示意图

第一排钢筋弯起点处截面的剪力设计值为

$$V_1 = 206\ 800 \times \frac{3760/2 - 484}{3760/2} = 153\ 560\text{N} < V_{cs} = 163\ 275\text{N}$$

该截面处的混凝土和箍筋受剪承载力满足要求，不需要弯起第二排弯起钢筋。

2）截面复核

受弯构件的斜截面复核是在已知截面尺寸（b、h、h_0），配箍量（n、A_{sv1}、s），弯起钢筋截面面积（A_{sb}），材料强度（f_c、f_t、f_y、f_{yv}）的条件下，验算梁的斜截面受剪承载力是否满足要求，即计算斜截面受剪的最大承载力 V_u 或能承受的最大剪力设计值。其计算步骤如下。

(1) 用公式(4-48)验算最小配箍率要求；

(2) 用公式(4-46)求出受剪承载力 V_u；

(3) 用公式(4-47a)或公式(4-47b)复核最小截面尺寸要求。

【例 4.10】 一钢筋混凝土简支梁，其截面尺寸及配筋如图 4.32 所示。混凝土采用 C25，箍筋采用双肢Φ8@200 的 HPB300 级钢筋，纵向受拉钢筋为 HRB400 级 3Φ20 钢筋。试计算该梁能承担的最大剪力设计值 V_u。

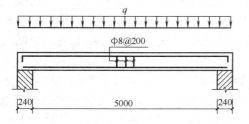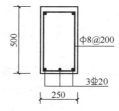

图 4.32 例 4.10 图

【解】 (1) 查出材料强度设计值。

由所选材料查表得 $f_c = 11.9\text{N/mm}^2$，$f_t = 1.27\text{N/mm}^2$，$f_{yv} = 270\text{N/mm}^2$，$\beta_c = 1.0$，$A_{sv1} = 50.3\text{mm}^2$

(2) 验算配箍率。

$$\rho_{sv} = \frac{A_{sv}}{bs} = \frac{2 \times 50.3}{250 \times 200} = 0.20\% > \rho_{sv,min} = 0.24\frac{f_t}{f_{yv}} = 0.24 \times \frac{1.27}{270} = 0.113\%$$

配箍率符合要求。

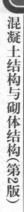

(3) 计算梁的受剪承载力 V_u

截面有效高度 $h_0 = 500 - 45 = 455\text{mm}$。

由于该梁受均布荷载，属于一般受弯构件，α_{cv} 取 0.7，由公式(4-45)得

$$V_u = V_{cs} = 0.7 f_t b h_0 + f_{yv} \frac{A_{sv}}{s} h_0$$

$$= 0.7 \times 1.27 \times 250 \times 455 + 270 \times \frac{2 \times 50.3}{200} \times 455 = 162\ 917\text{N} = 162.9\text{kN}$$

(4) 复核截面尺寸

$$\frac{h_w}{b} = \frac{h_0}{b} = \frac{455}{250} = 1.82 < 4$$

$$0.25\beta_c f_c b h_0 = 0.25 \times 1.0 \times 11.9 \times 250 \times 455 = 338\ 406\text{N} = 338.4\text{kN} > 162.9\text{kN}$$

截面尺寸符合要求。

故该梁能承担的最大剪力设计值 $V_u = 162.9\text{kN}$。

4.3.3 保证斜截面受弯承载力的构造要求

受弯构件在弯矩和剪力的共同作用下，沿斜截面除了有可能发生受剪破坏外，由于弯矩的作用还有可能发生斜截面的弯曲破坏。纵向受拉钢筋是按照正截面最大弯矩计算确定的，如果纵向受拉钢筋在梁的全跨内既不弯起，也不截断，可以保证构件任何截面都不会发生弯曲破坏，也能满足任何斜截面的受弯承载力。但是如果一部分纵向受拉钢筋在某一位置弯起或截断时，则有可能使斜截面的受弯承载力得不到保证。而斜截面受弯承载力，是靠一定的构造措施来保证的。《混凝土规范》对纵向受拉钢筋正确的弯起或截断的位置，以及对纵向钢筋的锚固等构造要求作出相应的规定，而且这些构造要求一般要通过绘制正截面的抵抗弯矩图予以判断。

1. 抵抗弯矩图的概念

所谓抵抗弯矩图，是指按实际配置的纵向受拉钢筋所绘制的梁上各正截面所能承担弯矩的图形(即 M_u 图)。图上各纵坐标代表正截面实际所能抵抗的弯矩值，它与构件的材料、截面尺寸、纵向受拉钢筋的数量及其布置有关，与所承受的荷载无关，故抵抗弯矩图又称材料图。

图 4.33(a)表示承受均布荷载作用的简支梁，其设计弯矩图形为二次抛物线。若按跨中最大弯矩计算，梁下部需配置纵向受拉钢筋 3Φ25，该截面所能抵抗的弯矩可按下式计算：$M_u = f_y A_s \gamma_s h_0$，为简化计算，近似取 γ_s 为常数，h_0 变化忽略不计，则各截面上的实配钢筋所能抵抗的弯矩与钢筋的截面面积 A_s 成正比。若 3Φ25 钢筋既不弯起也不截断而全部伸入支座，则其抵抗弯矩图为矩形。显然，梁各截面的受弯承载力均满足要求，但靠近支座截面的 M_u 远远大于 M，故纵向钢筋没有得到充分利用。因此，在保证正截面和斜截面受弯承载力的前提条件下，设计时可以把一部分纵筋在受弯承载力不需要的位置弯起或截断，使抵抗弯矩图尽量接近于设计弯矩图，以达到节约钢材的目的。下面介绍钢筋弯起或截断时抵抗弯矩图的画法。

首先将梁的抵抗弯矩图和设计弯矩图按同一比例、在同一基线上画出，然后计算每根钢筋所能承担抵抗弯矩 $M_{ui} = \dfrac{A_{si}}{A_s}M_u$ 的数值，并在 M_u 图上最大弯矩截面处按比例画出每根钢筋的抵抗弯矩平行线，M_{ui} 从上向下的排列顺序依次为：从支座向跨中移动遇到的纵向钢筋和弯起钢筋的顺序，M_{ui} 与设计弯矩图的交点称为该钢筋的"充分利用点"和"理论截断点"。所谓充分利用点是指某根钢筋按正截面承载力计算被充分利用的截面位置；某根钢筋按正截面承载力计算不再需要的截面称该根钢筋的理论截断点。在图 4.33(b)中，跨中 1 点处是③号钢筋的充分利用点；2 点处是②号钢筋的充分利用点，也是③号钢筋的理论截断点；3 点处是①号钢筋的充分利用点，也是②号钢筋的理论截断点。

当③号钢筋在 E 和 F 截面处开始弯起时，由于弯起后钢筋拉力的力臂逐渐减小，该钢筋的正截面抵抗弯矩将逐渐降低，直到弯起钢筋与梁轴线的交点 G、H 处抵抗弯矩减小为零，弯筋进入受压区。因此，在纵向受拉钢筋弯起的范围内，抵抗弯矩图为一斜线段，该斜线段始于钢筋弯起点，终止于弯起钢筋与梁轴线的交点，如图 4.33(b)中的 eg、fh 斜线段所示。

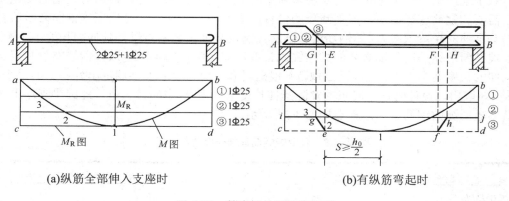

(a)纵筋全部伸入支座时　　　　　　　　　　(b)有纵筋弯起时

图 4.33　简支梁的抵抗弯矩图

通过 M 图与 M_u 图的比较可以看出，为了保证正截面的受弯承载力，抵抗弯矩图必须包住设计弯矩图，即 $M_u \geqslant M$。从理论上讲，M 图与 M_u 图越接近，说明钢筋的利用越充分，因而设计越经济。但是考虑到施工方便，纵筋的配筋不宜过于复杂。应当注意的是，使抵抗弯矩图能包住设计弯矩图，只是保证了梁的正截面受弯承载力。实际上，纵向钢筋的弯起与截断，还必须考虑梁的斜截面受弯承载力的要求。

2．纵向钢筋的弯起

梁内正、负纵向受拉钢筋都是根据跨中或支座最大弯矩值计算配置的。从经济角度考虑，当截面弯矩减小时，纵向受拉钢筋的数量也应随之减小。对于正弯矩区段内的纵向受拉钢筋，通常采用弯向支座(用来抗剪或承受负弯矩)的方式将多余钢筋弯起。纵向钢筋弯起的位置和数量必须满足以下三方面要求。

1) 保证正截面受弯承载力

部分纵筋弯起后，纵筋的数量减少，正截面承载力降低，为了保证正截面受弯承载力，必须使梁的 M_u 图包住 M 图，即 $M_u \geqslant M$。

2) 保证斜截面受剪承载力

当混凝土和箍筋的受剪承载力 $V_{cs}<V$ 时，需要弯起纵筋承担剪力，纵筋弯起的数量要通过斜截面受剪承载力计算确定。此外，弯起钢筋还应满足相应的构造要求。

3) 保证斜截面受弯承载力

受弯构件斜截面受弯承载力是通过构造措施来保证的。《混凝土规范》规定：在混凝土梁的受拉区内，弯起钢筋的弯起点应设在按正截面受弯承载力计算不需要该钢筋的截面之前，且弯起钢筋与梁中心线的交点应位于该钢筋的理论截断点之外；同时，弯起点与该钢筋的充分利用点之间的距离 s 不应小于 $h_0/2$(图 4.33(b))。

3. 纵向钢筋的截断

梁跨中承受正弯矩的纵向受拉钢筋不宜在受拉区截断，这是因为在截断处钢筋的截面面积突然减小，使混凝土的拉应力突然增大，在纵向钢筋截断处易出现裂缝使构件承载力下降。因此，对梁中正弯矩区段的纵向钢筋，通常可将计算不需要的部分钢筋弯起，作为抗剪钢筋或承受支座负弯矩的钢筋，而不应将梁底部承受正弯矩的钢筋在受拉区截断。

对于连续梁和框架梁中承受支座负弯矩的纵向受拉钢筋，可以根据弯矩图的变化将计算不需要的钢筋进行截断，但其断点的位置应满足两个条件：一是保证该钢筋截断后斜截面仍有足够的受弯承载力，即钢筋实际截断点满足从理论截断点以外延伸的长度不小于 l_1；二是被截断的钢筋应保证必要的黏结锚固长度，即实际截断点满足从该钢筋充分利用点截面延伸的长度不小于 l_2。《混凝土规范》根据斜截面剪力值的大小规定出 l_1 和 l_2 的最小值，按表 4.8 取用，设计时钢筋断点的实际延伸长度取 l_1 和 l_2 中的较大值。连续梁支座上部抵抗负弯矩的纵向钢筋实际截断点如图 4.34 所示。

表 4.8 负弯矩钢筋延伸长度的最小值

截面条件	l_1	l_2
$V \leqslant 0.7f_tbh_0$	$\geqslant 20d$	$\geqslant 1.2l_a$
$V > 0.7f_tbh_0$	$\geqslant 20d$，且 $\geqslant h_0$	$\geqslant 1.2l_a + h_0$
$V > 0.7f_tbh_0$，且按上述规定的截断点仍位于负弯矩受拉区内	$\geqslant 20d$，且 $\geqslant 1.3h_0$	$\geqslant 1.2l_a + 1.7h_0$

注：l_1 为从该钢筋理论截断点伸出的长度，l_2 为从该钢筋强度充分利用截面伸出的长度。

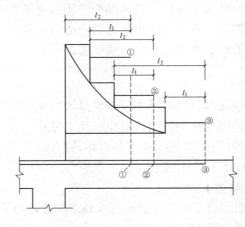

图 4.34 连续梁支座上部纵向钢筋截断的延伸长度

在钢筋混凝土悬臂梁中，应有不少于两根的上部钢筋伸至悬臂梁端部，并向下弯折不小于 $12d$；其余钢筋不应在梁的上部截断，而应按规定的弯起点位置将部分纵向受拉钢筋向下弯折，且在弯折钢筋的终点外留有平行于轴线方向的锚固长度，在受压区不应小于 $10d$，在受拉区不应小于 $20d$（图 4.35）。

4．纵向钢筋在支座处的锚固

为保证钢筋混凝土构件正常可靠地工作，防止纵向受力钢筋在支座处被拔出而导致构件发生沿斜截面的弯曲破坏，钢筋混凝土梁和板中的纵向受力钢筋伸入梁支座内的锚固长度应满足规范规定的构造要求。

1）梁端纵筋的锚固

对于简支梁和连续梁简支端的下部纵向受力钢筋，其伸入梁支座范围内的锚固长度 l_{as}（图 4.36）应符合下列规定要求。

（1）当 $V \leqslant 0.7 f_t b h_0$ 时，$l_{as} \geqslant 5d$；

（2）当 $V > 0.7 f_t b h_0$ 时，对带肋钢筋 $l_{as} \geqslant 12d$；对光面钢筋 $l_{as} \geqslant 15d$，此处 d 为纵向受力钢筋的直径。

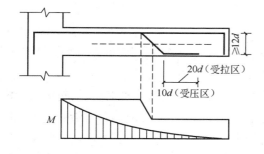

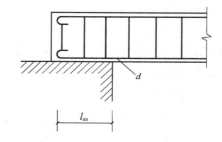

图 4.35　悬臂梁的配筋构造　　　　图 4.36　简支梁纵向受力钢筋在支座内的锚固长度

如纵向受力钢筋伸入梁支座范围内的锚固长度 l_{as} 不符合上述要求时，应采用钢筋的附加机械锚固形式，详见图 3.13。

2）板端纵筋的锚固

简支板和连续板简支端的下部纵向受力钢筋伸入支座的锚固长度 l_{as} 不应小于 $5d$（d 为纵向受力钢筋的直径）。当板采用分离式配筋时，跨中纵向受力钢筋应全部伸入支座。

5．箍筋的构造要求

箍筋主要用来承受由弯矩和剪力在梁内引起的主拉应力，此外箍筋还把受压区混凝土与其他钢筋紧密地联系在一起，形成空间骨架。因此，在设计中箍筋要求具有合理的形式、直径和间距，同时还要有足够的锚固长度。

1）箍筋的形式与肢数

箍筋可分为开口箍筋和封闭箍筋两种形式。一般情况下均采用封闭箍筋，只有在 T 形截面当翼缘顶面另有横向钢筋时，可使用开口箍筋。封闭式箍筋的端头应做成 $135°$ 弯钩，弯钩端部平直段的长度不应小于 $5d$（d 为箍筋直径）和 50mm。

箍筋的肢数一般有单肢箍、双肢箍及四肢箍，如图4.37所示。箍筋通常采用双肢箍筋。当梁宽 $b \geqslant 400$mm，且一层的纵向受压钢筋超过3根，或梁宽 $b < 400$mm，但纵向受压钢筋多于4根时，宜采用四肢箍筋。当梁的宽度 $b \leqslant 150$mm 时，可采用单肢箍筋。

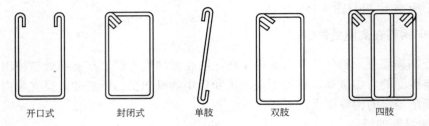

开口式　　　封闭式　　　单肢　　　双肢　　　四肢

图4.37　箍筋的形式和肢数

2) 箍筋的直径

为保证箍筋与纵筋形成的骨架具有一定刚度，箍筋的直径不能太小。对截面高度 $h > 800$mm 的梁，其箍筋直径不宜小于8mm；对截面高度 $h \leqslant 800$mm 的梁，其箍筋直径不宜小于6mm。当梁中配有计算需要的纵向受压钢筋时，箍筋直径尚不应小于纵向受压钢筋最大直径的0.25倍。

3) 箍筋的间距与布置

梁中箍筋间距除满足计算要求外，还应符合最大间距的要求(s_{max}参见表4.7)，这是为了防止箍筋间距过大，出现不与箍筋相交的斜裂缝。

当梁中配有按计算需要的纵向受压钢筋时，箍筋应做成封闭式；此时，箍筋的间距不应大于 $15d$(d为纵向受压钢筋的最小直径)，同时不应大于400mm；当一层内的纵向受压钢筋多于5根且直径大于18mm时，箍筋的间距不应大于 $10d$。

《混凝土规范》还规定，按计算不需要箍筋的梁，当截面高度 $h > 300$mm 时，应按构造要求沿梁全长设置箍筋；当截面高度 $h = 150 \sim 300$mm 时，可仅在构件端部1/4跨度范围内设置箍筋，但当在构件的1/2跨度范围内有集中荷载作用时，则应沿梁全长设置箍筋；当截面高度 $h < 150$mm 时，可不设置箍筋。

6. 弯起钢筋的构造要求

在采用绑扎骨架的钢筋混凝土梁中，宜采用箍筋作为承受剪力的钢筋。当设置弯起钢筋时，梁中弯起钢筋的弯起角度宜取45°或60°。位于梁底层两侧的角部钢筋不应弯起，顶层钢筋中的角部钢筋不应弯下。

如图4.38所示，弯起钢筋的弯终点外应留有平行于梁轴线方向的锚固长度，其锚固长度在受拉区不应小于 $20d$，在受压区不应小于 $10d$(d为弯起钢筋的直径)。对光面弯起钢筋，其末端应设置标准弯钩，为防止弯折处对混凝土过分集中挤压，其弯折半径不应小于 $10d$。

若将纵向受拉钢筋弯起还不能满足斜截面的抗剪强度，则需另加设单独的抗剪弯筋。一般应布置成"鸭筋"形式，不允许采用锚固性能较差的"浮筋"，如图4.39所示。

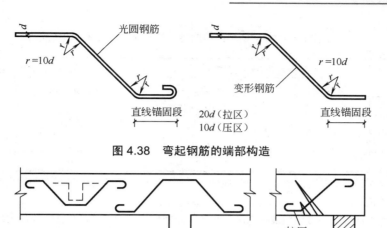

图 4.38　弯起钢筋的端部构造

图 4.39　抗剪的弯起钢筋

(a)鸭筋　　　　　　　　　　　　　(b)浮筋

4.4　受弯构件变形及裂缝宽度验算

　　钢筋混凝土结构构件除必须考虑安全性要求进行承载能力计算外，对某些构件还需要考虑适用性和耐久性要求，进行正常使用极限状态的验算，即对构件进行变形及裂缝宽度验算。这是因为构件过大的变形和裂缝会影响结构的正常使用。例如，楼盖中梁板变形过大使粉刷层开裂、剥落，屋面构件挠度过大会妨碍屋面排水，吊车梁挠度过大会影响吊车的正常运行等。而构件的裂缝宽度过大会影响观瞻，并使钢筋锈蚀，从而降低结构的耐久性。因此，为满足结构构件的适用性和耐久性要求，《混凝土规范》作出如下规定。

　　(1) 钢筋混凝土受弯构件的最大挠度应按荷载的准永久组合并考虑荷载长期作用影响进行计算，其计算值不应超过表 4.9 规定的挠度限值 $f_{\lim}$。

　　(2) 对允许出现裂缝的钢筋混凝土构件，其正截面的裂缝宽度应按荷载的准永久组合并考虑荷载长期作用影响进行计算，构件的最大裂缝宽度不应超过表 4.10 规定的最大裂缝宽度限值 $w_{\lim}$。

表 4.9　受弯构件的挠度限值

构件类型		挠度限值
吊车梁	手动吊车	$l_0/500$
	电动吊车	$l_0/600$
屋盖、楼盖及楼梯构件	当 $l_0 < 7$m 时	$l_0/200\ (l_0/250)$
	当 7m$\leqslant l_0 \leqslant 9$m 时	$l_0/250\ (l_0/300)$
	当 $l_0 > 9$m 时	$l_0/300\ (l_0/400)$

　　注：1. 表中 l_0 为构件的计算跨度；计算悬臂梁构件的挠度限值时，其计算跨度 l_0 按实际悬臂长度的 2 倍取用；

　　　　2. 表中括号内的数值适用于使用上对挠度有较高要求的构件；

　　　　3. 如果构件制作时预先起拱，且使用上也允许，则在验算挠度时，可将计算所得的挠度值减去起拱值；对预应力混凝土构件，尚可减去预加力所产生的反拱值；

　　　　4. 构件制作时的起拱值和预加力所产生的反拱值，不宜超过构件在相应荷载组合作用下的计算挠度值。

表 4.10　结构构件的裂缝控制等级及最大裂缝宽度限值/mm

环境类别	钢筋混凝土结构		预应力混凝土结构	
	裂缝控制等级	w_{lim}	裂缝控制等级	w_{lim}
一	三级	0.30 (0.40)	三级	0.20
二a				0.10
二b		0.20	二级	—
三a、三b			一级	—

注：1. 对处于年平均相对湿度小于60%地区一类环境下的受弯构件，其最大裂缝宽度可采用括号内的数值；

　　2. 在一类环境下，对钢筋混凝土屋架、托架及需作疲劳验算的吊车梁，其最大裂缝宽度限值应取为0.2mm；对钢筋混凝土屋面梁和托梁，其最大裂缝宽度限值应取为0.3mm；

　　3. 表中的最大裂缝宽度限值为用于验算荷载作用引起的最大裂缝宽度。

4.4.1　受弯构件的变形验算

1. 钢筋混凝土梁抗弯刚度的特点

在材料力学中介绍了匀质弹性材料梁的挠度计算方法，如简支梁挠度计算的一般公式为

$$f = s \frac{M l_0^2}{EI} \tag{4-52}$$

$$\frac{M}{EI} = \frac{1}{r} \tag{4-53}$$

式中　f ——梁中最大挠度；

　　　s ——与荷载形式和支承条件有关的荷载效应系数，如计算均布荷载作用下的简支梁跨中挠度时，$s = 5/48$；

　　　M ——梁中最大弯矩；

　　　EI ——匀质材料梁的截面抗弯刚度；

　　　l_0 ——梁的计算跨度；

　　　r ——曲率半径。

对匀质弹性材料，当梁的截面尺寸和材料给定时，EI 为常数，挠度 f 与弯矩 M 为线性关系。但对钢筋混凝土构件，材料属弹塑性，在受弯的全过程中，截面抗弯刚度不再是常数，梁的弯矩与挠度的关系曲线如图 4.7 所示。随着 M 的增大以及裂缝的出现和开展，挠度 f 增大且速度加快，因而抗弯刚度逐渐减小。同时，随着荷载作用时间的增长，钢筋混凝土梁的截面抗弯刚度还将进一步减小，梁的挠度还将进一步加大，故不能用 EI 来表示钢筋混凝土梁的抗弯刚度。

因此，要想计算钢筋混凝土受弯构件的挠度，关键是确定截面的抗弯刚度。《混凝土规范》规定：按荷载准永久组合计算的钢筋混凝土受弯构件的截面抗弯刚度即短期刚度，用 B_s 表示；按荷载准永久组合并考虑荷载长期作用影响计算的截面抗弯刚度即长期刚度，

用 B 表示。在求得构件截面抗弯刚度后，梁的挠度就可以根据材料力学的公式进行计算。

2. 受弯构件的短期刚度 B_s

在正常使用阶段，钢筋混凝土梁是处于带裂缝工作阶段的。在纯弯段内，钢筋和混凝土的应变分布具有如下特征(图 4.40)。

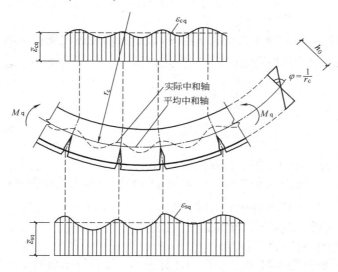

图 4.40　钢筋混凝土梁纯弯段的应变分布图

(1) 受拉钢筋的拉应变沿梁长是不均匀分布的。在受拉区的裂缝截面处，混凝土退出工作，其应力为零，钢筋应力最大，其应变 ε_{sq} 也最大；而在裂缝之间由于钢筋与混凝土之间的黏结作用，混凝土应力逐渐增大，钢筋应力逐渐减小，钢筋应变沿梁轴线方向呈波浪形变化。以 $\overline{\varepsilon}_{sq}$ 代表纯弯段裂缝截面间钢筋的平均应变，显然 $\overline{\varepsilon}_{sq}$ 小于裂缝截面处的钢筋应变 ε_{sq}，取

$$\overline{\varepsilon}_{sq} = \psi \varepsilon_{sq} \tag{4-54}$$

式中　ψ ——裂缝间纵向受拉钢筋应变不均匀系数。

(2) 受压区边缘混凝土的压应变沿梁长也呈波浪形分布，在裂缝截面处，混凝土的应变 ε_{cq} 较大，裂缝之间变小，但其变化幅度不大。可近似取混凝土的平均应变 $\overline{\varepsilon}_{cq} \approx \varepsilon_{cq}$。

(3) 混凝土受压区高度 x 在各截面也是变化的。在裂缝截面处 x 较小，裂缝之间 x 较大，故中和轴呈波浪形曲线。计算时取该区段各截面受压区高度 x 的平均值 $\overline{x}$(即平均中和轴)及相应的平均曲率 $1/r_c$。

(4) 平均应变沿截面高度基本上呈直线分布，仍符合平截面假定。

建立短期刚度的表达式要综合应用截面应变的几何关系、材料应变与应力的物理关系以及截面内力的平衡关系。

① 几何关系：由平均应变 $\overline{\varepsilon}_{sq}$、$\overline{\varepsilon}_{cq}$ 及平均受压区高度 $\overline{x}$ 的关系符合平截面假定，可得平均曲率为

$$\frac{1}{r_c} = \frac{\overline{\varepsilon}_{sq} + \overline{\varepsilon}_{cq}}{h_0} \tag{4-55}$$

由材料力学公式(4-53)，可将短期刚度表达为

$$B_s = \frac{M_q}{\dfrac{1}{r_c}} = \frac{M_q h_0}{\overline{\varepsilon}_{sq} + \overline{\varepsilon}_{cq}} \tag{4-56}$$

② 物理关系：在荷载的准永久组合作用下，裂缝截面处纵向受拉钢筋的平均拉应变 $\overline{\varepsilon}_{sq}$ 和受压混凝土边缘的平均压应变 $\overline{\varepsilon}_{cq}$ 按下列公式计算：

$$\overline{\varepsilon}_{sq} = \psi \varepsilon_{sq} = \psi \frac{\sigma_{sq}}{E_s} \tag{4-57}$$

$$\overline{\varepsilon}_{cq} \approx \varepsilon_{cq} = \frac{\sigma_{cq}}{E_c'} = \frac{\sigma_{cq}}{\nu E_c} \tag{4-58}$$

式中　M_q——按荷载的准永久组合计算的弯矩值；

　　　σ_{sq}、σ_{cq}——按荷载准永久组合计算的裂缝截面纵向受拉钢筋重心处的拉应力和受压区边缘混凝土的压应力；

　　　E_c'、E_c——混凝土的变形模量和弹性模量；

　　　ν——混凝土的弹性系数。

③ 平衡关系：根据图 4.41 所示的应力计算图形，设裂缝截面的受压区高度为 ξh_0，截面的内力臂为 ηh_0，则由截面内力的平衡关系可得

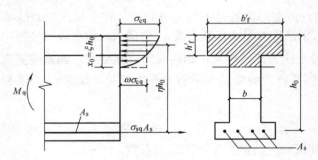

图 4.41　裂缝截面的应力图

$$\sigma_{sq} = \frac{M_q}{A_s \eta h_0} \tag{4-59}$$

$$\sigma_{cq} = \frac{M_q}{\xi \omega \eta b h_0^2} \tag{4-60}$$

式中　η——裂缝截面内力臂系数，可取 η=0.87 或 $1/\eta$=1.15；

　　　ω——压应力图形完整系数；

　　　ξ——裂缝截面相对受压区高度系数。

为了简化，取 $\zeta = \zeta \omega \eta \nu$，称为受压边缘混凝土平均应变综合系数，并引入 $\alpha_E = E_s/E_c$ 及 $\rho = A_s/bh_0$，代入式(4-56)，则有

$$B_s = \frac{M_q}{\dfrac{1}{r_c}} = \frac{1}{\dfrac{\psi}{E_s A_s \eta h_0^2} + \dfrac{1}{\zeta E_c b h_0^3}} = \frac{E_s A_s h_0^2}{\dfrac{\psi}{\eta} + \dfrac{\alpha_E \rho}{\zeta}} \tag{4-61}$$

根据试验资料分析，《混凝土规范》取

$$\frac{\alpha_E \rho}{\zeta} = 0.2 + \frac{6\alpha_E \rho}{1 + 3.5\gamma_f'} \tag{4-62}$$

将 $1/\eta = 1.15$ 及 $\dfrac{\alpha_E \rho}{\zeta}$ 的计算公式(4-62)代入式(4-61)，最后得出钢筋混凝土受弯构件短期刚度 B_s 的计算公式：

$$B_s = \frac{E_s A_s h_0^2}{1.15\psi + 0.2 + \dfrac{6\alpha_E \rho}{1 + 3.5\gamma_f'}} \tag{4-63}$$

式中　ψ——纵向受拉钢筋应变不均匀系数，按下式计算：

$$\psi = 1.1 - 0.65\frac{f_{tk}}{\rho_{te}\sigma_{sq}} \tag{4-64}$$

当 $\psi < 0.2$ 时，取 $\psi = 0.2$；当 $\psi > 1.0$ 时，取 $\psi = 1.0$；对直接承受重复荷载的构件，取 $\psi = 1.0$；f_{tk} 为混凝土轴心抗拉强度标准值；σ_{sq} 为按荷载准永久组合 M_q 计算的纵向受拉钢筋应力，对钢筋混凝土受弯构件按下式计算：

$$\sigma_{sq} = \frac{M_q}{0.87 h_0 A_s} \tag{4-65}$$

ρ_{te} 为按有效受拉混凝土截面面积 A_{te} 计算的纵向受拉钢筋配筋率，当 $\rho_{te} < 0.01$ 时，取 $\rho_{te} = 0.01$；ρ_{te} 可按下式计算：

$$\rho_{te} = \frac{A_s}{A_{te}} \tag{4-66}$$

A_{te} 为有效受拉混凝土截面面积，如图 4.42 所示，可按下式计算：

$$A_{te} = 0.5bh + (b_f - b)h_f \tag{4-67}$$

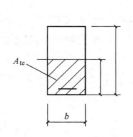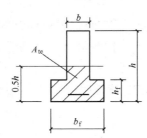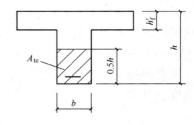

图 4.42　有效受拉混凝土截面面积 A_{te}

γ_f' 为受压翼缘挑出面积与腹板有效面积之比，可按下式计算：

$$\gamma_f' = \frac{(b_f' - b)h_f'}{bh_0} \tag{4-68}$$

当 $h_f' > 0.2h_0$ 时，取 $h_f' = 0.2h_0$；当截面受压区为矩形时，$\gamma_f' = 0$。

3. 受弯构件的长期刚度 B

钢筋混凝土受弯构件在荷载长期作用影响下，由于受压区混凝土的徐变、混凝土的收缩以及受拉区混凝土与钢筋间的黏结滑移、徐变等，导致曲率将随时间缓慢增大，也就是构件的抗弯刚度将随时间的增长而降低，这一过程往往持续数年之久。

考虑荷载长期作用对挠度增大的影响系数用 θ 表示，《混凝土规范》按下列规定取用：对钢筋混凝土受弯构件当 $\rho'=0$ 时，取 $\theta=2.0$；当 $\rho'=\rho$ 时，取 $\theta=1.6$；当 ρ' 为中间数值时，θ 按直线内插法取用，即

$$\theta=2.0-0.4\frac{\rho'}{\rho}\geqslant 1.6 \tag{4-69}$$

式中　ρ'、ρ ——受压及受拉钢筋的配筋率，$\rho'=\dfrac{A_s'}{bh_0}$，$\rho=\dfrac{A_s}{bh_0}$。

上述 θ 值适用于一般情况下的矩形、T 形和 I 形截面梁。对于翼缘位于受拉区的倒 T 形梁，由于在荷载长期作用下受拉翼缘退出工作的影响较大，θ 应增大 20%。

钢筋混凝土受弯构件的长期刚度是在短期刚度的基础上，考虑荷载长期作用的影响因素后确定的，可按下列规定计算：

$$B=\frac{B_s}{\theta} \tag{4-70}$$

4. 受弯构件的挠度验算

如前所述，钢筋混凝土受弯构件开裂后，其截面抗弯刚度是随弯矩增大而降低的。对于等截面受弯构件，各截面的弯矩 M 是变化的，所以截面抗弯刚度也是变化的。如图 4.43 所示的简支梁，在靠近支座的剪跨范围内，各截面的弯矩是不相等的，越靠近支座，弯矩 M 越小，因而，其刚度越大。由此可见，沿梁长不同区段的平均刚度是变值，这就给挠度计算带来了一定的复杂性。为了简化计算，如图 4.43 所示的简支梁，可近似地按纯弯区段平均的截面抗弯刚度，即该区段最小刚度 B_{min} 作为全梁的抗弯刚度，这一计算原则通常称为"最小刚度原则"。

《混凝土规范》规定：在等截面构件中，可假定各同号弯矩区段内的刚度相等，并取用该区段内最大弯矩处的刚度(即最小刚度)。按照最小刚度 B_{min} 简化计算的结果与实测结果比较误差较小，可满足工程要求。

钢筋混凝土受弯构件的挠度计算，可按一般材料力学公式进行，但抗弯刚度 EI 应以长期刚度 B 代替，即

$$f=s\frac{M_q l_0^2}{B}\leqslant f_{lim} \tag{4-71}$$

式中　f ——受弯构件的最大挠度；

f_{lim} ——受弯构件的挠度限值，按表 4.9 采用。

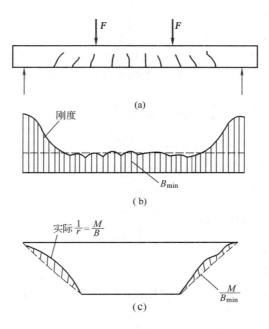

图 4.43　沿梁长的刚度和曲率分布图

当钢筋混凝土梁产生的挠度值不满足规范规定的限值要求时，可采取提高刚度的措施，即增大截面高度、增大受拉钢筋配筋率、选择合理的截面形式(T 形、I 形)、采用双筋截面以及提高混凝土的强度等级等，其中最有效的措施是增大截面高度 h。如果还不能满足要求，可采用预应力混凝土构件。

【例 4.11】　某办公楼钢筋混凝土矩形截面简支梁，截面尺寸 $b \times h = 200\text{mm} \times 500\text{mm}$，计算跨度 $l_0 = 6\text{m}$；承受均布荷载，其中永久荷载标准值(含自重)$g_k = 8\text{kN/m}$，可变荷载标准值 $q_k = 10\text{kN/m}$，准永久值系数 $\psi_q = 0.4$。采用 C25 混凝土，配置 HRB400 级 3Φ20 纵向受拉钢筋($A_s = 941\text{mm}^2$)。梁的允许挠度 $f_{\lim} = l_0/200$，试验算该梁的跨中最大挠度是否满足要求。

【解】(1)求梁内最大弯矩值。

按荷载准永久组合计算的弯矩值：

$$M_q = \frac{1}{8}(g_k + \psi_q q_k)l_0^2 = \frac{1}{8} \times (8+0.4\times10) \times 6^2 = 54 \text{ kN} \cdot \text{m}$$

(2)计算钢筋应变不均匀系数。

$$h_0 = 500 - (25+8+20/2) = 457\text{mm} \quad (\text{最小保护层厚度为 25mm})$$

C25 混凝土，$f_{tk} = 1.78\text{N/mm}^2$，$E_c = 2.80 \times 10^4 \text{ N/mm}^2$；HRB335 级钢筋，$E_s = 2 \times 10^5 \text{N/mm}^2$。

$$\rho_{te} = \frac{A_s}{0.5bh} = \frac{941}{0.5 \times 200 \times 500} = 0.019 > 0.01$$

$$\sigma_{sq} = \frac{M_q}{0.87 h_0 A_s} = \frac{54 \times 10^6}{0.87 \times 457 \times 941} = 144.3 \text{ N/mm}^2$$

$$\psi = 1.1 - 0.65 \frac{f_{tk}}{\rho_{te}\sigma_{sq}} = 1.1 - 0.65 \times \frac{1.78}{0.019 \times 144.3} = 0.678 > 0.2 \quad \text{且} < 1.0$$

(3) 计算短期刚度 B_s。

因为矩形截面 $\gamma'_f = 0$，

$$\alpha_E = \frac{E_s}{E_c} = \frac{2.0 \times 10^5}{2.80 \times 10^4} = 7.14$$

$$\rho = \frac{A_s}{bh_0} = \frac{941}{200 \times 457} = 0.0103$$

$$B_s = \frac{E_s A_s h_0^2}{1.15\psi + 0.2 + \dfrac{6\alpha_E \rho}{1 + 3.5\gamma'_f}}$$

$$= \frac{2 \times 10^5 \times 941 \times 457^2}{1.15 \times 0.678 + 0.2 + \dfrac{6 \times 7.14 \times 0.0103}{1 + 3.5 \times 0}} = 2.766 \times 10^{13} \text{N} \cdot \text{mm}^2$$

(4) 计算长期刚度 B。

因为 $\rho' = 0$，故 $\theta = 2.0$。

$$B = \frac{B_s}{\theta} = \frac{2.766 \times 10^{13}}{2} = 1.383 \times 10^{13} \text{N} \cdot \text{mm}^2$$

(5) 计算跨中挠度 f。

$$f = \frac{5}{48} \frac{M_q l_0^2}{B} = \frac{5}{48} \times \frac{54 \times 10^6 \times 6000^2}{1.383 \times 10^{13}} = 14.6\text{mm} < f_{\text{lim}} = \frac{6000}{200} = 30\text{mm}$$

故梁的挠度满足要求。

4.4.2　裂缝宽度验算

钢筋混凝土构件形成裂缝的原因是多方面的。其中，一类是由荷载直接作用引起的，另一类是由于温度变化、混凝土收缩、地基不均匀沉降、钢筋锈蚀等非荷载原因引起的。对于由荷载直接作用引起的裂缝，主要通过计算加以控制；对于由非荷载原因引起的裂缝，可通过构造措施加以控制。下面介绍的裂缝宽度验算均指由荷载引起的裂缝。

1. 裂缝的产生及其分布

现以受弯构件纯弯段为例，说明垂直裂缝的出现、开展及其分布特点。

(1) 在裂缝未出现前，即 $M < M_{cr}$ 时，受拉区混凝土和钢筋的应力(应变)沿构件的轴线方向基本是均匀分布的，且混凝土拉应力 σ_{ct} 小于混凝土抗拉强度 f_{tk}。由于混凝土的离散性，实际抗拉能力沿构件的轴线长度分布并不均匀。

(2) 当混凝土的拉应力 σ_{ct} 达到其抗拉强度 f_{tk}，即 $M = M_{cr}$ 时，第一条(批)裂缝将在抗拉能力最薄弱的截面出现，位置是随机的，如图 4.44(a)中的 a—a 截面或同时出现 c—c 截面。裂缝出现后，该截面上受拉混凝土退出工作，应力变为零；同时，该截面上钢筋的应力突然增加，钢筋应力的变化使钢筋与混凝土之间产生黏结力和相对滑移，原来受拉的混凝土各自向裂缝两侧回缩，促成裂缝的开展。随着离裂缝截面距离的增大，黏结力把钢筋的应力逐渐传递给混凝土，混凝土拉应力逐渐增大，钢筋应力逐渐减小，直到距裂缝截面 $l_{cr,\text{min}}$ 处，混凝土的拉应力 σ_{ct} 再次增加到 f_{tk}，有可能出现新的裂缝。

（3）当 $M > M_{cr}$ 时，将在距离裂缝截面 $\geqslant l_{cr,min}$ 的另一薄弱截面处出现新的第二条(批)裂缝，如图 4.44(b)中的 b—b 截面处。第二条(批)裂缝处的混凝土同样向两侧回缩滑移，混凝土的拉应力又逐渐增大直至 f_{tk} 时，又有可能出现新的裂缝。依此类推，新的裂缝不断产生，裂缝间距不断减小，直到裂缝之间混凝土拉应力 σ_{ct} 无法达到混凝土抗拉强度 f_{tk}，即裂缝的间距介于 $l_{cr,min} \sim 2l_{cr,min}$ 之间时，就不会再出现新的裂缝，裂缝分布处于稳定状态。

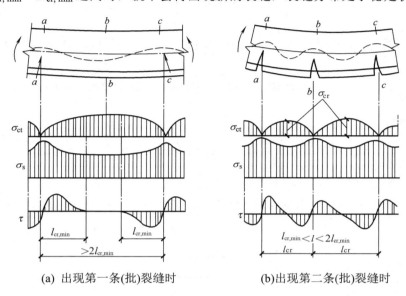

(a) 出现第一条(批)裂缝时　　　　　　(b)出现第二条(批)裂缝时

图 4.44　梁中裂缝的产生、分布及应力变化

2. 平均裂缝间距 l_{cr}

大量试验和理论分析表明，平均裂缝间距不仅与钢筋和混凝土的黏结特性有关，而且还与混凝土保护层厚度、纵向钢筋的直径及配筋率等因素有关，《混凝土规范》采用下式计算构件的平均裂缝间距：

$$l_{cr} = \beta\left(1.9c_s + 0.08\frac{d_{eq}}{\rho_{te}}\right) \tag{4-72}$$

式中　β——与构件受力状态有关的系数，对受弯构件，取 $\beta=1.0$，对轴心受拉构件，取 $\beta=1.1$；

c_s——最外层纵向受拉钢筋外边缘至受拉区边缘的距离(mm)，当 $c_s < 20mm$ 时，取 $c_s = 20mm$；当 $c_s > 65mm$ 时，取 $c_s = 65mm$；

ρ_{te}——按有效受拉混凝土截面面积 A_{te} 计算的纵向受拉钢筋配筋率；

d_{eq}——纵向受拉钢筋的等效直径(mm)，可按下式计算：

$$d_{eq} = \frac{\sum n_i d_i^2}{\sum n_i \nu_i d_i} \tag{4-73}$$

d_i——第 i 种纵向受拉钢筋的公称直径；

n_i——第 i 种纵向受拉钢筋的根数；

ν_i——第 i 种纵向受拉钢筋的相对黏结特性系数，对光面钢筋，取 $\nu_i=0.7$；对带肋钢筋，取 $\nu_i=1.0$。

3. 平均裂缝宽度 w_{cr}

裂缝的产生是由于混凝土的回缩造成的，因此，纵向受拉钢筋重心处的平均裂缝宽度 w_{cr} 应等于在 l_{cr} 之间钢筋的平均伸长值与混凝土平均伸长值之间的差值(图 4.45)，即

$$w_{cr} = \overline{\varepsilon}_s l_{cr} - \overline{\varepsilon}_c l_{cr} = \overline{\varepsilon}_s l_{cr} \left(1 - \frac{\overline{\varepsilon}_c}{\overline{\varepsilon}_s} \right) \tag{4-74}$$

令 $\alpha_c = 1 - \dfrac{\overline{\varepsilon}_c}{\overline{\varepsilon}_s}$，$\alpha_c$ 为考虑裂缝间混凝土伸长对裂缝宽度的影响系数，根据试验资料分析，统一取 $\alpha_c = 0.85$，再引入裂缝间纵向受拉钢筋应变不均匀系数 ψ，则 $\overline{\varepsilon}_s = \psi \dfrac{\sigma_{sq}}{E_s}$，将 α_c、$\overline{\varepsilon}_s$ 代入式(4-74)，则可得

$$\omega_{cr} = 0.85 \psi \frac{\sigma_{sq}}{E_s} l_{cr} \tag{4-75}$$

式中　ψ——裂缝之间纵向受拉钢筋应变不均匀系数，计算同前；

　　　σ_{sq}——按荷载准永久组合计算的裂缝截面纵向受拉钢筋重心处的拉应力，按式(4-65)计算。

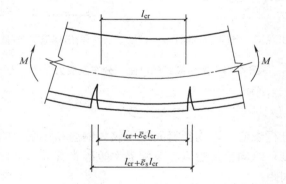

图 4.45　受弯构件开裂后的平均裂缝宽度

4. 最大裂缝宽度 w_{max}

由于混凝土组成的不均匀性，构件的裂缝宽度并不一致。试验证明，在荷载长期作用影响下，由于受拉混凝土的应力松弛、钢筋和混凝土间的滑移徐变、混凝土收缩等原因，裂缝宽度将随时间的延长而进一步增大。因此，综合上述因素，《混凝土规范》给出了钢筋混凝土受弯构件最大裂缝宽度 w_{max} 的计算公式：

$$w_{max} = \alpha_{cr} \psi \frac{\sigma_{sq}}{E_s} \left(1.9 c_s + 0.08 \frac{d_{eq}}{\rho_{te}} \right) \tag{4-76}$$

式中　α_{cr}——构件受力特征系数，对于受弯构件，$\alpha_{cr} = 1.9$；对于轴心受拉构件，$\alpha_{cr} = 2.7$。

从式(4-76)中可看出，当混凝土保护层 c 为定值时，最大裂缝宽度 w_{max} 主要与钢筋应力 σ_{sq}、有效配筋率 ρ_{te} 及钢筋直径 d_{eq} 等有关。当计算裂缝宽度 w_{max} 超过裂缝宽度限值 w_{lim} 不大时，常采用减小钢筋直径的办法解决，必要时可适当增大配筋率或提高混凝土强度等

级；如 w_{max} 超过 w_{lim} 较大时，最有效的措施是施加预应力。

【例 4.12】某矩形截面简支梁，已知条件同例 4.11，最大裂缝宽度限值 w_{lim} 为 0.3mm。试对该梁进行裂缝宽度验算。

【解】　查取基本参数 $E_s=2\times10^5\text{N/mm}^2$，最外层钢筋保护层厚度为 25mm，故 c_s=25+8=33mm，因受力钢筋为同一直径，则 $d_{eq}=20\text{mm}$。

由例 4.11 已求得：$\rho_{te}=0.019$，$\sigma_{sq}=144.3\text{N/mm}^2$，$\psi=0.678$。

则计算最大裂缝宽度为

$$w_{max}=1.9\psi\frac{\sigma_{sq}}{E_s}\left(1.9c_s+0.08\frac{d_{eq}}{\rho_{te}}\right)$$

$$=1.9\times0.678\times\frac{144.3}{2\times10^5}\left(1.9\times33+0.08\times\frac{20}{0.019}\right)=0.14\text{mm}<w_{lim}=0.3\text{mm}$$

故裂缝宽度满足要求。

本 章 小 结

(1) 钢筋混凝土受弯构件正截面工作分三个阶段，第 I_a 应力状态将作为受弯构件抗裂度验算的依据，第 II 阶段的应力状态是使用阶段的裂缝宽度和变形验算的依据，第III_a阶段的应力状态是受弯构件正截面承载力计算的依据。受弯构件正截面破坏形态根据配筋率的不同分为适筋破坏、超筋破坏和少筋破坏三种，根据它们的破坏特征可知：适筋梁发生延性破坏，超筋梁和少筋梁发生脆性破坏。正截面承载力的计算公式都是在适筋梁的延性破坏基础上建立起来的。

(2) 单筋矩形截面、T 形截面、双筋矩形截面受弯构件正截面承载力的计算公式是以适筋梁第III_a阶段的应力状态为依据，经过基本假定，并取等效矩形混凝土压应力图形代替实际的应力图形而建立起来的。同时，必须满足相应的适用条件。受弯构件正截面承载力的计算分截面设计和截面复核两类问题。在截面设计和复核时可直接采用基本公式法进行计算，也可采用表格计算法。无论采用哪种方法都必须满足基本公式的适用条件，防止超筋破坏和少筋破坏发生，这是需要引起重视的。

(3) 受弯构件产生斜裂缝的原因是主拉应力引起的，受弯构件斜截面的受剪破坏形态有斜拉破坏、剪压破坏、斜压破坏三种，它们都是脆性破坏。影响抗剪能力的因素有剪跨比、混凝土强度等级、箍筋配箍率、弯起钢筋、纵向钢筋的配筋率等。

(4) 受弯构件斜截面受剪承载力计算公式是以剪压破坏为依据建立的。斜截面受剪承载力计算时，分仅配置箍筋和同时配有箍筋和弯起钢筋两种情况，无论哪种情况都必须满足适用条件，即通过限制截面尺寸和控制最小配箍率来防止斜压破坏和斜拉破坏的发生。

(5) 斜截面承载力包括斜截面受剪承载力和斜截面受弯承载力两个方面。斜截面受剪承载力是经过计算在梁中配置足够的腹筋来保证的，而斜截面受弯承载力则是通过构造措施来保证的。这些构造措施包括纵向钢筋的弯起和截断位置、纵筋的锚固要求、弯起钢筋和箍筋的构造要求等。

(6) 钢筋混凝土构件在正常使用极限状态下应满足规范规定的挠度及最大裂缝宽度的

限值。钢筋混凝土受弯构件的抗弯刚度是一个变量，随荷载的增大以及时间的增长而降低，并分短期刚度 B_s 和长期刚度 B；受弯构件的挠度验算采用了材料力学的公式，但必须用长期刚度 B 代替 EI，构件的计算挠度应小于或等于挠度限值；裂缝宽度验算时，按荷载准永久组合并考虑荷载长期作用影响计算的最大裂缝宽度应小于或等于最大裂缝宽度限值；若挠度和最大裂缝宽度不满足要求，应采取必要的措施。

思考与训练

4.1 钢筋混凝土梁和板中通常配置哪几种钢筋？各起何作用？

4.2 混凝土保护层的作用是什么？室内正常环境中梁、板保护层的最小厚度取为多少？

4.3 适筋梁正截面受弯全过程可划分为几个阶段？受弯构件正截面承载力计算是以哪个阶段为依据的？

4.4 钢筋混凝土梁正截面有哪几种破坏形态？其破坏特征有何不同？

4.5 什么是界限破坏？单筋矩形截面受弯构件正截面承载力计算公式的适用条件是什么？

4.6 两类 T 形截面梁如何判别？为何第一类 T 形梁可按 $b'_f \times h$ 的矩形截面计算？

4.7 整体现浇梁板结构中的连续梁，其跨中截面和支座截面应按哪种截面梁计算？为什么？

4.8 什么是双筋截面？在什么情况下才采用双筋截面？

4.9 如图 4.46 所示的四种截面形式梁，若混凝土强度等级、钢筋级别和数量均相同时，试比较各梁正截面承载力的大小。

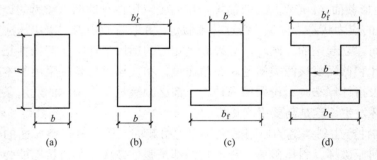

图 4.46 思考题 4.9 图

4.10 受弯构件斜截面受剪破坏有哪几种形态？如何防止各种破坏形态的发生？

4.11 影响梁斜截面受剪承载力的主要因素有哪些？它们与受剪承载力有何关系？

4.12 什么是抵抗弯矩图？抵抗弯矩图与设计弯矩图比较能说明什么问题？什么是钢筋的充分利用点和理论截断点？

4.13 钢筋混凝土梁中纵筋的弯起和截断应满足哪些方面的要求？如何满足要求？

4.14 增大钢筋混凝土构件抗弯刚度和减小裂缝宽度的主要措施各有哪些？最有效的措施是什么？

4.15 已知钢筋混凝土矩形截面简支梁，截面尺寸 $b \times h$=250mm×550mm，需承受弯矩设计值 M=175kN·m，γ_0=1，环境类别为一类，混凝土强度等级为C30，纵向受拉钢筋为HRB400级。试分别用基本公式法和表格计算法计算纵向受拉钢筋的截面面积 A_s 并选配钢筋。

4.16 某矩形截面梁，b=250mm，h=500mm，采用C25混凝土，HRB400级钢筋，承受均布恒荷载标准值 g_k=12kN/m(包括梁自重)，均布活荷载标准值 q_k=7.5kN/m，计算跨度 l_0=6m。试求该梁的纵向受拉钢筋截面面积，并绘制截面配筋图。

4.17 某教学楼内廊为简支在砖墙上的钢筋混凝土现浇板，板厚 h=80mm，计算跨度 l_0=2.45m，承受均布荷载设计值为 6.6kN/m²(包括板自重)，采用C25混凝土，HPB300级钢筋，环境类别为一类。试求板中受拉钢筋的截面面积。

4.18 有一钢筋混凝土矩形截面梁，$b \times h$=250mm×450mm，混凝土等级为 C25，钢筋采用 HRB335 级，受拉钢筋为 4Φ18(A_s=1017mm²)，环境类别为一类，弯矩设计值 M=108 kN·m，构件安全等级为二级。试复核该梁的正截面承载力是否安全。

4.19 已知某肋形楼盖的次梁如图 4.47 所示，梁跨中承受弯矩设计值 M=150kN·m，梁的计算跨度 l_0=6m，混凝土强度等级为C30，钢筋采用 HRB400 级配筋，环境类别为一类。求该次梁所需的纵向受拉钢筋截面面积 A_s。

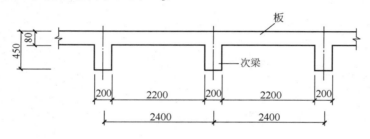

图 4.47　训练题 4.19 图

4.20 已知某 T 形截面独立梁，截面尺寸 b'_f=600mm，h'_f=100mm，b=300mm，h=800mm，承受弯矩设计值 M=550kN·m；采用 C25 混凝土，HRB400 级钢筋。求该梁的受拉钢筋截面面积。

4.21 某 T 形截面梁，截面尺寸 b'_f=400mm，h'_f=100mm，b=200mm，h=600mm，采用 C25 混凝土，配置受拉钢筋为 4Φ16(A_s=804mm²)，承受弯矩设计值 M=160kN·m，环境类别为一类，构件安全等级为二级。试验算该梁的正截面承载力是否安全。

4.22 某钢筋混凝土矩形截面梁，截面尺寸 b=250mm，h=450mm，a_s=45mm，梁的净跨度 l_n=5.4m，承受均布荷载设计值(包括梁自重)q=45kN/m，混凝土强度等级为C25，箍筋采用 HPB300 级钢筋，采用只配箍筋方案。试对该梁的斜截面承载力进行计算。

4.23 有一两端支承在砖墙上的钢筋混凝土简支梁，其截面尺寸 b=250mm，h=500mm，梁的净跨度 l_n=4m，承受均布荷载设计值(包括梁自重)q=90kN/m，混凝土等级为C25，箍筋采用 HRB335 级钢筋，根据正截面承载力计算已配置 4 Φ22 的 HRB400 级纵向受拉钢筋。试分别按下述两种腹筋配置方案对梁进行斜截面受剪承载力计算：

(1) 梁内仅配箍筋时，试确定箍筋的数量。

(2) 箍筋按构造要求沿梁长均匀布置，试计算所需弯起钢筋的数量。

4.24 有一钢筋混凝土矩形截面简支梁，$b \times h$=200mm×400mm，净跨 l_n=4.5m，该梁承

受均布荷载，混凝土强度等级为 C25，梁内配有双肢Φ6@140 的箍筋(HPB300 级)，在支座边缘处有 2⚎12 的弯起钢筋(HRB400 级)，弯起角为 45°。试计算该梁所能承担的最大剪力设计值 V_u。

4.25 一钢筋混凝土矩形截面简支梁，截面尺寸 $b \times h = 200mm \times 450mm$，计算跨度 $l_0 = 5.2m$。承受均布荷载，其中恒荷载标准值(含自重)$g_k = 5kN/m$，活荷载标准值 $q_k = 10kN/m$，准永久值系数 $\psi_q = 0.5$。采用 C25 混凝土，配置 3⚎16(HRB400 级)纵向受拉钢筋。梁的允许挠度 $f_{lim} = l_0/250$，试验算该梁的跨中最大挠度是否满足要求；如梁的允许裂缝宽度 $w_{lim} = 0.2mm$，混凝土保护层厚度 $c = 25mm$，试对该梁进行裂缝宽度验算。

第5章 钢筋混凝土受扭构件

【学习目标】

　　了解钢筋混凝土受扭构件的受力特点；熟悉矩形截面纯扭构件的承载力计算原理；掌握受扭构件的配筋构造要求；了解扭矩对受弯、受剪构件承载力的影响以及弯剪扭复合受力构件承载力的计算要点。

　　扭转是结构构件受力的基本形式之一，凡是在构件截面中有扭矩作用的构件，都称为受扭构件。钢筋混凝土结构中经常出现承受扭矩作用的构件，如图 5.1 所示的雨篷梁、现浇框架边梁、吊车梁等均属于受扭构件。在实际结构中很少有单独受扭的纯扭构件，大多都是处于弯矩、剪力、扭矩共同作用的复合受力情况。按照构件截面上存在的内力情况，受扭构件可分为纯扭、剪扭、弯扭和弯剪扭等多种受力情况，其中以弯、剪、扭复合受力情况最为常见。

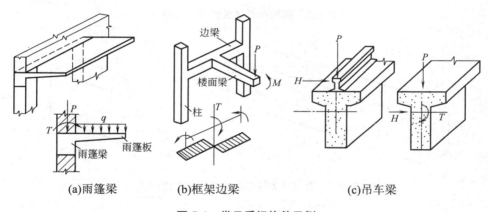

| (a)雨篷梁 | (b)框架边梁 | (c)吊车梁 |

图 5.1　常见受扭构件示例

5.1　受扭构件的受力特点及配筋构造

5.1.1　受扭构件的受力特点

　　钢筋混凝土受扭构件中矩形截面居多，并且纯扭构件的受力性能是其他复合受力分析的基础，现以矩形截面纯扭构件为例讨论受扭构件的受力特点。

1. 素混凝土矩形截面纯扭构件的试验分析

　　由材料力学可知，匀质弹性材料的矩形截面构件在扭矩 T 的作用下，截面上各点只产生剪应力 τ，而没有正应力 σ，最大剪应力 τ_{max} 产生在截面长边中点，截面剪应力分布如图

5.2 所示。剪应力 $\tau_{\max}$ 在构件侧面产生与剪应力方向呈 45° 的主拉应力 σ_{tp} 和主压应力 σ_{cp}，其大小为 $\sigma_{tp} = \sigma_{cp} = \tau_{\max}$。

由试验可知，素混凝土矩形截面构件在纯扭矩作用下，当主拉应力 σ_{tp} 值超过混凝土的抗拉强度时，混凝土将在矩形截面的长边中点处，沿垂直于主拉应力的方向出现斜裂缝。在纯扭构件中，构件的裂缝方向总是与轴线成 45° 角。斜裂缝出现后，迅速向相邻两边延伸，最后形成三面开裂、一面受压的空间扭曲面(图 5.3)，使构件立即破坏，其特征是没有明显预兆的脆性破坏。

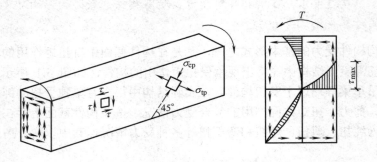

图 5.2 纯扭构件的弹性应力分布

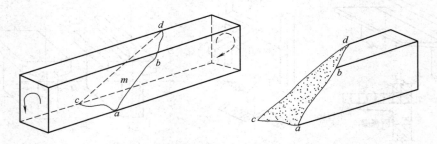

图 5.3 素混凝土纯扭构件破坏的截面形式

2. 钢筋混凝土矩形截面纯扭构件的破坏形态

由前面分析可知，在纯扭构件中受扭钢筋最合理的配筋方式是在靠近构件表面处设置呈 45° 走向的螺旋形钢筋，其方向与混凝土的主拉应力方向相平行。但螺旋形钢筋施工复杂，且这种配筋方法也不能适应扭矩方向的改变，实际很少采用。在实际工程中，一般是采用靠近构件表面设置的横向箍筋和沿构件周边均匀对称布置的纵向钢筋共同组成的抗扭钢筋骨架(图 5.4(a))，它恰好与构件中抗弯钢筋和抗剪钢筋的配置方式相协调。

试验研究表明，钢筋混凝土矩形截面构件在纯扭矩作用下，也会在矩形截面的长边中点处，沿垂直于主拉应力的方向首先出现斜裂缝，配置受扭钢筋对提高受扭构件的抗裂性能作用不大。但当斜裂缝出现后，斜截面上的拉应力将由钢筋承担，因而能使构件的受扭承载力大大提高。受扭钢筋的数量，尤其是箍筋的数量及间距对受扭构件的破坏形态影响很大，钢筋混凝土纯扭构件根据配筋量的不同可分为以下四种破坏形态。

(1) 少筋破坏。当受扭箍筋和纵筋配置过少时，构件在一个长边表面上的斜裂缝一出现，混凝土便卸荷给钢筋，钢筋应力很快达到屈服，导致斜裂缝迅速发展，使构件立即破坏，其破坏特点与素混凝土受扭构件类似。少筋破坏过程迅速且突然，属于脆性破坏。设计时应避免少筋破坏的发生。

(2) 适筋破坏。当受扭箍筋和纵筋配置都适量时，构件开裂后并不会立即破坏，随着扭矩的增加，构件将会出现多条大体连续、倾角接近于 45° 的螺旋状裂缝(图 5.4(b))，此时裂缝处原混凝土承担的拉力改由与裂缝相交的钢筋承担。多条螺旋形裂缝形成后的钢筋混凝土构件可以看成如图 5.4(c)所示的空间桁架，其中纵向钢筋相当于受拉弦杆，箍筋相当于受拉的竖向腹杆，而裂缝之间靠近表面一定厚度的混凝土则形成受压的斜腹杆。直到与临界斜裂缝相交的纵筋及箍筋均达到屈服强度后，裂缝迅速向相邻面扩展，形成三面开裂、一面受压的空间扭曲破坏面，进而受压边混凝土被压碎，构件达到破坏。因整个破坏过程有明显预兆，故属于延性破坏。设计时应尽可能把受扭构件设计为适筋受扭构件。

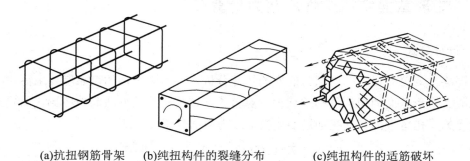

(a)抗扭钢筋骨架　　(b)纯扭构件的裂缝分布　　(c)纯扭构件的适筋破坏

图 5.4　钢筋混凝土纯扭构件的适筋破坏

(3) 部分超筋破坏。当受扭箍筋或纵筋两者中有一种配置过量时，构件破坏时配置适量的钢筋先屈服，之后混凝土被压碎使构件破坏，此时配置过量的钢筋仍未屈服，破坏尚具有一定的延性。设计时还允许采用这类构件。

(4) 完全超筋破坏。当受扭箍筋和纵筋均配置过量，在两者都未达到屈服强度时，构件裂缝之间的混凝土被压碎而突然破坏，属于脆性破坏。这类构件的受扭承载力取决于截面尺寸和混凝土抗压强度。设计时应避免这种破坏的发生。

5.1.2　受扭构件的配筋构造

受扭钢筋由受扭纵筋和封闭箍筋两部分组成，其配筋构造要求如下。

1. 受扭纵筋

受扭纵筋的根数和直径按受扭承载力计算确定，受扭纵筋应沿构件截面周边均匀对称布置，且在截面四角必须设置受扭纵筋。受扭纵筋的间距不应大于 200mm 和截面短边尺寸(图 5.5)。受扭纵筋的接头与锚固均应按受拉钢筋的构造要求处理。梁内的梁侧纵向构造钢筋和架立钢筋也可作为受扭纵筋来利用。

2. 受扭箍筋

在受扭构件中，抗扭箍筋应做成封闭式，且应沿截面周边布置，当采用复合箍筋时，位于截面内部的箍筋不应计入受扭计算所需的箍筋面积。当采用绑扎骨架时，箍筋末端应做成 135° 弯钩，弯钩端头平直段长度不应小于 10d(d 为箍筋直径)，如图 5.5 所示。抗扭箍筋的直径和最大箍筋间距均应满足第 4 章受弯构件中对箍筋的有关构造规定。

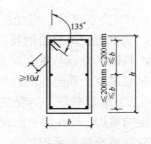

图 5.5　受扭钢筋的构造要求

5.2　受扭构件承载力计算

5.2.1　矩形截面纯扭构件承载力计算公式

1. 计算公式

《混凝土规范》根据国内试验研究的统计分析，并考虑结构的可靠度要求后，给出了钢筋混凝土矩形截面纯扭构件的承载力计算公式。该公式是根据适筋破坏形式而建立的，由混凝土的受扭承载力和受扭钢筋的受扭承载力两部分组成，即

$$T \leqslant T_c + T_s = 0.35 f_t W_t + 1.2 \sqrt{\zeta}\, f_{yv} \frac{A_{st1} A_{cor}}{s} \tag{5-1}$$

$$\zeta = \frac{f_y A_{stl} s}{f_{yv} A_{st1} u_{cor}} \tag{5-2}$$

式中　T——扭矩设计值；

　　　ζ——受扭的纵向钢筋与箍筋的配筋强度比值；

　　　W_t——截面受扭塑性抵抗矩，矩形截面可由公式(5-4)确定；

　　　f_y——受扭纵向钢筋的抗拉强度设计值；

　　　f_{yv}——受扭箍筋的抗拉强度设计值；

　　　A_{stl}——截面中对称布置的全部受扭纵筋截面面积；

　　　A_{st1}——受扭箍筋的单肢截面面积；

　　　A_{cor}——截面核心部分的面积，$A_{cor} = b_{cor} h_{cor}$；

　　　b_{cor}、h_{cor}——箍筋内表面范围内截面核心部分的短边和长边尺寸，如图 5.6 所示；

　　　s——沿构件长度方向的箍筋间距；

　　　u_{cor}——截面核心部分的周长，$u_{cor} = 2(b_{cor} + h_{cor})$。

为了保证受扭纵筋和受扭箍筋都能有效地发挥作用，应将两种钢筋在数量上和强度上的配比控制在一定的范围内。《混凝土规范》采用受扭纵向钢筋与箍筋的配筋强度比值 ζ 来控制，如图 5.6 所示，ζ 值按公式(5-2)来计算。

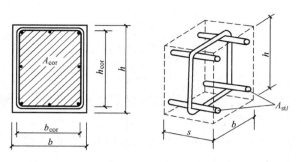

图 5.6　受扭纵筋与箍筋配筋强度比的计算示意图

试验表明，当 $0.5 \leqslant \zeta \leqslant 2.0$ 时，构件破坏时其受扭纵筋和箍筋基本上都能达到屈服强度。为了安全起见，规范取 ζ 的限制条件为 $0.6 \leqslant \zeta \leqslant 1.7$；当 $\zeta > 1.7$ 时，取 $\zeta = 1.7$。为施工方便，设计中通常取 $\zeta = 1.0 \sim 1.2$。

截面受扭塑性抵抗矩 W_t 的取值是假定截面进入全塑性状态，此时矩形截面上剪应力的分布如图 5.7 所示。在截面上由数值相等的剪应力形成剪力流，将剪力流对矩形截面扭转中心取矩可得

$$T = \frac{b^2}{6}(3h - b)\,\tau_t = W_t\,\tau_t \tag{5-3}$$

$$W_t = \frac{b^2}{6}(3h - b) \tag{5-4}$$

式中　b、h——矩形截面的短边和长边尺寸。

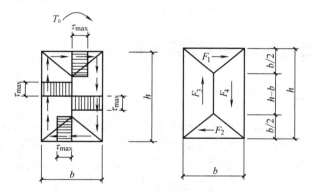

图 5.7　矩形截面塑性状态的剪应力分布

2．计算公式的适用条件

(1) 上限条件。为了防止超筋破坏，受扭构件的截面尺寸不能太小，《混凝土规范》规定受扭截面应符合下列条件，否则应加大截面尺寸。

当 $h_w/b \leqslant 4$ 时

$$\frac{T}{0.8W_t} \leqslant 0.25\beta_c f_c \tag{5-5}$$

当 $h_w/b=6$ 时

$$\frac{T}{0.8W_t} \leqslant 0.2\beta_c f_c \tag{5-6}$$

当 $4<h_w/b<6$ 时，按线性内插法确定。

式中　β_c——混凝土强度影响系数，其取值与斜截面受剪承载力计算相同；

　　　f_c——混凝土抗压强度设计值。

(2) 下限条件。为了防止少筋破坏，受扭纵筋和箍筋的配筋率应满足下列要求。

① 受扭纵筋最小配筋率，即

$$\rho_{tl}=\frac{A_{stl}}{bh} \geqslant \rho_{tl,min}=0.6\sqrt{\frac{T}{Vb}}\frac{f_t}{f_y} \tag{5-7}$$

式中　T——扭矩设计值；

　　　V——剪力设计值，对于纯扭构件，$V=1.0$；

　　　ρ_{tl}——抗扭纵筋配筋率。

在式(5-7)中，当 $\dfrac{T}{Vb}>2.0$ 时，取 $\dfrac{T}{Vb}=2.0$。

② 受扭构件最小配箍率，即

$$\rho_{sv}=\frac{nA_{st1}}{bs} \geqslant \rho_{sv,min}=0.28\frac{f_t}{f_{yv}} \tag{5-8}$$

当符合式(5-9)要求时，表明混凝土可抵抗该扭矩，可以不进行受扭承载力计算，仅需按受扭纵筋最小配筋率和受扭箍筋最小配箍率的构造要求来配置抗扭钢筋：

$$T \leqslant 0.7f_tW_t \tag{5-9}$$

5.2.2　矩形截面弯剪扭构件配筋计算要点

1. 弯剪扭承载力之间的相关性

在实际工程中，受扭构件一般是在随着扭矩作用的同时还伴有弯矩和剪力的作用。当构件处于弯矩、剪力、扭矩共同作用的复合应力状态时，其受力情况比较复杂。试验表明，扭矩与弯矩或剪力同时作用于构件时，会使原来单独内力作用时的承载力降低。例如，受弯构件同时受到扭矩作用时，扭矩的存在使构件的受弯承载力降低，这是因为扭矩的作用使纵筋产生拉应力，加重了受弯构件纵向受拉钢筋的负担，使其应力提前达到屈服，因而降低了受弯承载力；同时受到剪力和扭矩作用的构件，其承载力也低于剪力和扭矩单独作用时的承载力。这种现象称为构件承担的各种承载力之间的相关性。

2. 弯剪扭构件承载力计算要点

1) 剪扭构件混凝土受扭承载力降低系数 β_t

由于弯剪扭三者之间的相关性过于复杂，完全按照其相关关系对承载力进行计算是很困难的。实用计算方法是，将受弯承载力所需纵筋与受扭承载力所需纵筋分别计算，然后进行叠加；箍筋按受扭承载力和受剪承载力分别计算其用量，然后进行叠加。这是一种简单而且偏于安全的设计方法。

对于剪扭构件，由于混凝土部分在受扭和受剪承载力计算中被重复利用，过高地估计了其抗力作用，规范采用剪扭构件混凝土受扭承载力降低系数 β_t 来考虑剪扭共同作用的影响。对于一般剪扭构件，β_t 应按下式计算：

$$\beta_t = \frac{1.5}{1 + 0.5\dfrac{VW_t}{Tbh_0}} \tag{5-10}$$

对于集中荷载作用下的独立剪扭构件，β_t 的计算公式为：

$$\beta_t = \frac{1.5}{1 + 0.2(\lambda + 1)\dfrac{VW_t}{Tbh_0}} \tag{5-11}$$

式中　λ——计算截面的剪跨比，当 $\lambda < 1.5$ 时，取 $\lambda = 1.5$；当 $\lambda > 3$ 时，取 $\lambda = 3$；

　　　β_t——剪扭构件混凝土受扭承载力降低系数，当 $\beta_t < 0.5$ 时，取 $\beta_t = 0.5$；当 $\beta_t > 1$ 时，取 $\beta_t = 1$。

2) 弯剪扭构件承载力计算公式

在考虑了承载力降低系数 β_t 后，矩形截面弯剪扭构件的承载力应分别按如下公式计算：

(1) 受扭承载力。

$$T \leq T_u = 0.35\beta_t f_t W_t + 1.2\sqrt{\zeta}\, f_{yv}\frac{A_{st1}A_{cor}}{s} \tag{5-12}$$

(2) 受剪承载力。

$$V \leq V_u = 0.7(1.5 - \beta_t)f_t bh_0 + f_{yv}\frac{A_{sv}}{s}h_0 \tag{5-13}$$

对于集中荷载作用下的独立剪扭构件，式(5-13)改为

$$V \leq V_u = (1.5 - \beta_t)\frac{1.75}{\lambda + 1}f_t\, bh_0 + f_{yv}\frac{A_{sv}}{s}h_0 \tag{5-14}$$

对于纵筋，先按受弯计算抗弯纵筋，再按式(5-12)计算出抗扭纵筋，然后叠加可得到全部所需的纵向钢筋用量。

对于箍筋，根据式(5-12)、式(5-13)或式(5-14)求得单侧抗扭箍筋用量 A_{st1}/s 和抗剪箍筋用量 A_{sv1}/s 后，再进行叠加可得到剪扭构件所需的单肢箍筋总用量 A_{svt1}/s，即

$$\frac{A_{svt1}}{s} = \frac{A_{st1}}{s} + \frac{A_{sv1}}{s} \tag{5-15}$$

再根据 A_{svt1}/s 选用所需箍筋的直径和间距。

3) 计算公式的适用条件

(1) 为避免超筋破坏，构件截面尺寸应满足式(5-16)或式(5-17)的要求，否则应增大截面尺寸或提高混凝土强度等级。

当 $h_w/b \leq 4$ 时

$$\frac{V}{bh_0} + \frac{T}{0.8W_t} \leq 0.25\beta_c f_c \tag{5-16}$$

当 $h_w/b = 6$ 时

$$\frac{V}{bh_0} + \frac{T}{0.8W_t} \leq 0.2\beta_c f_c \tag{5-17}$$

当 $4 < h_w/b < 6$ 时，按线性内插法确定。

(2) 为避免少筋破坏，同样需满足式(5-7)和式(5-8)的要求。

当满足式(5-18)要求时，可不进行构件剪扭承载力计算，仅按构造要求配置箍筋和抗扭纵筋：

$$\frac{V}{bh_0} + \frac{T}{W_t} \leq 0.7f_t \tag{5-18}$$

当符合式(5-19)或式(5-20)条件时，可不考虑抗剪承载力，仅按受弯构件的正截面受弯承载力和纯扭构件的受扭承载力分别进行计算：

$$V \leq 0.35\,f_t bh_0 \tag{5-19}$$

$$V \leq \frac{0.875}{\lambda+1}f_t\,bh_0 \tag{5-20}$$

当符合式(5-21)要求时，可不考虑抗扭承载力，仅按受弯和受剪承载力分别进行计算：

$$T \leq 0.175\,f_t W_t \tag{5-21}$$

本 章 小 结

(1) 凡是在构件截面中有扭矩作用的构件，都称为受扭构件。实际结构中，常见的受扭构件是处于弯矩、剪力、扭矩共同作用的复合受力情况。受扭构件的抗扭钢筋有纵筋和箍筋两种，受扭纵筋沿构件截面周边均匀对称布置，且在截面四角必须设置；受扭箍筋要做成封闭式，其直径和最大箍筋间距应满足第 4 章对箍筋的有关构造要求。

(2) 钢筋混凝土矩形截面纯扭构件根据受扭钢筋的数量不同可分为少筋破坏、适筋破坏、部分超筋破坏和完全超筋破坏。根据它们的破坏特征可知：适筋破坏属于延性破坏，少筋破坏和超筋破坏属于脆性破坏，部分超筋破坏介于两者之间。

(3) 矩形截面纯扭构件的承载力计算公式，是以适筋破坏为计算依据，由混凝土的受扭承载力和受扭钢筋的受扭承载力两部分组成。通过限制截面尺寸防止发生完全超筋破坏，通过控制受扭纵筋与箍筋的配筋强度比ζ防止部分超筋破坏，通过满足受扭纵筋和箍筋最小配筋率的要求防止发生少筋破坏。

(4) 对于弯剪扭构件，当扭矩与弯矩或剪力同时作用于构件时，其抵抗某种内力的能力受其他同时作用内力的影响而降低。实用计算中，是将受弯所需纵筋与受扭所需纵筋分别计算，然后进行叠加；箍筋按受扭承载力和受剪承载力分别计算其用量，然后进行叠加；但必须注意受弯纵筋布置在受弯时的受拉区，而受扭纵筋沿截面周边均匀对称布置。

思考与训练

5.1 什么是受扭构件？在实际工程中哪些构件中有扭矩作用？

5.2 钢筋混凝土矩形截面纯扭构件有哪几种破坏形态？各有什么特点？

5.3 受扭构件的纵筋和箍筋有哪些构造要求？

5.4 在抗扭计算中如何避免钢筋混凝土受扭构件的少筋破坏和超筋破坏？

5.5 纯扭构件承载力计算公式中ζ的物理意义是什么？它的取值有何限制？

5.6 在剪扭构件计算时为何引入承载力降低系数β$_t$？β$_t$取值有何限制？

第6章 钢筋混凝土受压构件

【学习目标】

了解钢筋混凝土受压构件的工程应用,掌握受压构件的构造要求;熟悉轴心受压构件的破坏特征,掌握配置普通箍筋轴心受压柱的承载力计算方法;理解偏心受压构件正截面的两种破坏形态及其判别方法;熟练掌握对称配筋矩形截面偏心受压构件正截面承载力计算方法;了解偏心受压构件斜截面抗剪承载力计算要点。

在工程结构中,以承受纵向压力为主的构件称为受压构件,建筑结构中最常见的受压构件为钢筋混凝土柱,此外,桥梁结构的桥墩,高层建筑中的剪力墙以及屋架的受压弦杆、腹杆均属于受压构件,如图6.1所示。

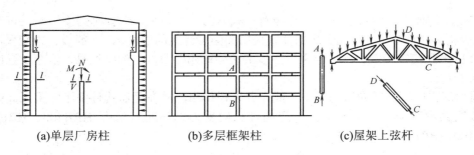

(a)单层厂房柱   (b)多层框架柱   (c)屋架上弦杆

图6.1 钢筋混凝土受压构件示例

钢筋混凝土受压构件按照纵向压力作用位置的不同,分为轴心受压构件和偏心受压构件。当纵向压力作用线与构件截面形心轴重合时,称为轴心受压构件(图6.2(a))。当纵向压力作用线偏离构件截面形心轴或当轴向力和弯矩共同作用在构件上时,称为偏心受压构件。如果纵向压力只在一个方向有偏心,称为单向偏心受压构件(图6.2(b));如果在两个方向都有偏心时,则称为双向偏心受压构件(图6.2(c))。

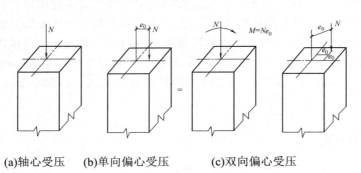

(a)轴心受压   (b)单向偏心受压   (c)双向偏心受压

图6.2 受压构件的分类

在实际工程中，理想的轴心受压构件是不存在的。由于混凝土自身质量的不均匀性，施工时截面尺寸和钢筋位置的误差，以及荷载实际作用位置的偏差等原因，很难使纵向压力作用线与构件形心轴完全重合。但在设计中为了简化计算，有些构件因弯矩很小而忽略不计，可近似地按轴心受压构件计算，如以恒荷载为主的多跨多层框架房屋的内柱(图6.1(b))、屋架中的受压腹杆等(图6.1(c))。此外，如单层厂房柱(图6.1(a))、框架房屋的边柱和屋架上弦杆等，均按偏心受压构件计算，框架结构的角柱属双向偏心受压构件。

6.1 受压构件的构造要求

受压构件的构造要求多而复杂，这里根据《混凝土规范》的规定，仅介绍一些基本构造要求。

6.1.1 材料强度

在受压构件中，混凝土的强度等级对承载力的影响较大，选择高强度混凝土可节约钢材，减少构件截面尺寸，因此受压构件宜采用高强度等级的混凝土。一般设计中应采用 C20 及 C20 以上强度等级混凝土。当采用强度等级 400MPa 及以上的钢筋时，混凝土强度等级不应低于 C25。

因为高强度钢筋在受压构件中不能充分发挥作用，故在受压构件中不宜采用高强度钢筋来提高其承载力。一般设计中受压构件纵向受力钢筋通常采用 HRB400、HRB500、HRBF400、HRBF500 级钢筋。

6.1.2 截面形式及尺寸

轴心受压构件的截面形式一般为正方形，也可以是矩形或圆形等。偏心受压柱当截面高度 $h \leqslant 600$mm 时，宜采用矩形截面；600mm$< h \leqslant 800$mm 时，宜采用矩形或 I 形截面；800mm$< h \leqslant 1400$mm 时，宜采用 I 形截面。I 形截面的翼缘厚度不宜小于 120mm，腹板厚度不宜小于 100mm。

柱截面尺寸主要根据内力的大小、构件长度及构造要求等条件确定，一般构件的长细比满足 $l_0/h \leqslant 25$ 及 $l_0/b \leqslant 30$(l_0 为柱的计算长度)。为了避免构件由于长细比过大，导致承载能力降低过多，柱截面不宜过小。现浇钢筋混凝土矩形柱截面边长，非抗震设计时不宜小于 250mm，抗震设计时不宜小于 350mm；圆形截面柱直径不宜小于 350mm。为了施工方便，当截面边长在 800mm 以内时，以 50mm 为模数；当截面边长为 800mm 以上时，以 100mm 为模数。

6.1.3 配筋构造

1. 纵向受力钢筋

钢筋混凝土受压构件中纵向受力钢筋的作用是与混凝土共同承担由外荷载引起的内

力，提高柱的抗压承载力；改善混凝土构件破坏的脆性性质；同时还可以承担由于荷载的初始偏心、混凝土收缩、徐变、构件温度变形等因素引起的拉应力等。

纵向受力钢筋的直径不宜小于 12mm，全部纵向钢筋的最小配筋率 $\rho_{\min}$ 不应小于表 4.4 规定的数值，且不宜大于 5%，同时一侧钢筋的配筋率不得小于 0.2%。矩形截面柱中纵向受力钢筋的根数不应少于 4 根，圆形截面柱中纵向钢筋且宜沿周边均匀布置，根数不宜少于 8 根，且不应少于 6 根。

柱中纵向受力钢筋的净间距不应小于 50mm，且不宜大于 300mm。在偏心受压柱中，垂直于弯矩作用平面的侧面上的纵向受力钢筋以及轴心受压柱中各边的纵向受力钢筋，其中距不宜大于 300mm。

当偏心受压柱的截面高度 $h \geqslant 600mm$ 时，在柱的侧面上应设置直径为 10～16mm 的纵向构造钢筋，并设置复合箍筋或拉筋(图 6.3(b))，以保证钢筋骨架的稳定性。

2. 箍筋

钢筋混凝土受压构件中箍筋的作用是为了保证纵向钢筋的正确位置并与纵向钢筋组成整体骨架，防止纵向钢筋受压时被压屈，对混凝土受压后的侧向膨胀起约束作用，而且在偏心受压柱中可以抵抗斜截面剪力。

箍筋直径不应小于 $d/4$，且不应小于 6mm，d 为纵向钢筋的最大直径；当柱中全部纵向受力钢筋的配筋率大于 3%时，箍筋直径不应小于 8mm。箍筋应采用封闭式，箍筋末端应做成 135°弯钩，且弯钩末端平直段长度不应小于 10d (d 为纵向受力钢筋的最小直径)，箍筋也可焊成封闭环式。

柱内箍筋间距不应大于 400mm 及构件截面的短边尺寸(图 6.3(a))，且不应大于 15d(d 为纵向受力钢筋的最小直径)。当柱中全部纵向受力钢筋的配筋率大于 3%时，箍筋间距不应大于 10d，且不应大于 200mm。

当柱截面短边尺寸大于 400mm 且各边纵向钢筋多于 3 根时，或当柱截面短边尺寸不大于 400mm 但各边纵向钢筋多于 4 根时，应设置复合箍筋(图 6.3(b))。复合箍筋的直径和间距与原箍筋相同。对于截面形状复杂的柱，不可采用具有内折角的箍筋，以避免向外的拉力将折角处的混凝土剥落，而应采用分离式箍筋(图 6.3(c))。

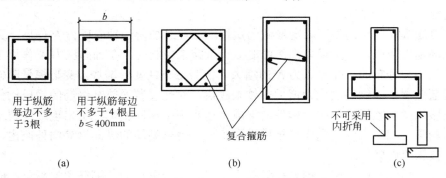

图 6.3　柱的箍筋形式

6.2 轴心受压构件承载力计算

钢筋混凝土轴心受压柱按箍筋形式的不同分为两种类型，即配置普通箍筋柱(图 6.4(a))和配置螺旋式箍筋 (或焊接环式箍筋) 柱(图 6.4(b))。两种轴心受压柱的受力特点不同，因此计算公式也不一样，比较而言，螺旋式箍筋由于对混凝土有较强的环向约束作用，可在一定程度上提高构件的承载力和延性。

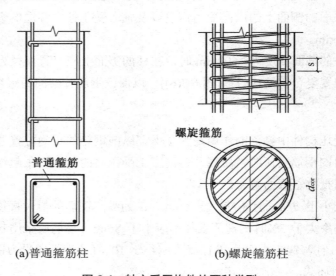

(a)普通箍筋柱   (b)螺旋箍筋柱

图 6.4 轴心受压构件的两种类型

6.2.1 轴心受压构件的破坏特征

1. 轴心受压短柱的破坏特征

根据长细比(构件计算长度 l_0 与构件截面回转半径 i 的比值)的不同，轴心受压柱分为短柱和长柱。对任意截面 $l_0/i \leqslant 28$、对矩形截面 $l_0/b \leqslant 8$ 时为短柱，否则为长柱，其中 b 为截面短边尺寸。

配有普通箍筋的钢筋混凝土矩形截面短柱，在逐级加荷的轴向压力 N 作用下无论构件中受压钢筋是否屈服，其承载力都是由混凝土压碎来控制的。在轴向压力 N 作用下整个截面的应变是均匀分布的，随着压力 N 的增大，混凝土塑性变形增加，变形模量降低，其应力增长逐渐变慢，而钢筋的应力增加则越来越快。对配置普通热轧钢筋的受压构件，钢筋先达到屈服强度。临近破坏时，构件的混凝土达到极限压应变，柱子出现纵向裂缝，混凝土保护层剥落，混凝土的侧向膨胀推挤纵向钢筋，使箍筋间的纵向钢筋向外凸出，构件将因混凝土被压碎而破坏(图 6.5)。

在短柱受力过程中，由于钢筋和混凝土之间存在着黏结力，钢筋和混凝土共同变形，因此它们之间的压应变是相等的，即 $\varepsilon_c = \varepsilon_s$。但是钢筋和混凝土的弹性模量不同，所以其应力不相等，即 $\sigma'_s=\varepsilon_s E_s$，$\sigma_c=\varepsilon_c E_c$，钢筋和混凝土的应力与荷载的关系曲线如图 6.6 所示。荷载较小时，N 与 σ'_s 和 σ_c 基本上是线性关系。随着荷载的增加，混凝土的塑性变形有所发展，因此，混凝土应力增加得越来越慢，而钢筋应力则快速增加，因而钢筋的应力比混凝土应力大得多。

（a）　　　　　　　（b）

图 6.5　轴心受压短柱的破坏形态

图 6.6　轴心受压构件应力与荷载的关系曲线

当受压短柱破坏时，混凝土达到极限压应变 $\varepsilon_c=0.002$。此时，钢筋的最大压应力 $\sigma'_s=E_s\varepsilon'_s$ $=E_s\varepsilon_c=2\times10^5\times0.002=400\text{N/mm}^2$。对于 HRB335、HRB400、RRB400 级热轧钢筋已达到抗压屈服强度，但对于屈服强度超过 400N/mm^2 的钢筋，其抗压强度设计值只能取 $f_y'=400\text{N/mm}^2$。显然，在受压构件内配置高强度钢筋不能充分发挥其作用，是不经济的。

2．轴心受压长柱的破坏特征

试验表明，长柱在轴心压力作用下其破坏形态与短柱有所不同，不仅发生压缩变形，还有不能忽略的侧向挠度，柱子出现弯曲现象。其原因是由于施工误差及材料自身的不均匀性等各种偶然因素造成的初始偏心距对短柱承载力的影响不明显，但对长柱承载力的影响却不可忽略。在轴心压力作用下，初始偏心距将产生附加弯矩，而附加弯矩产生的侧向挠度又进一步加大了原来的初始偏心距，这样相互影响的结果导致长柱承载力的降低。在柱的凹侧先出现纵向裂缝，混凝土压碎，纵筋压屈，侧向挠度急增，凸边混凝土拉裂，柱宣告破坏，如图 6.7 所示。

试验结果表明，柱的长细比越大，其承载力也就越低。对于长细比 $l_0/b>30$ 的细长柱，当轴向压力增大

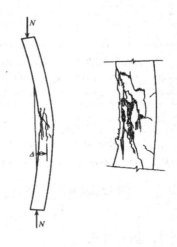

图 6.7　轴心受压长柱的破坏形态

到一定程度时，构件会突然产生较大的侧向挠曲变形，导致构件不能保持稳定平衡，即发生"失稳破坏"。这时构件截面虽未产生材料破坏，但已达到了所能承担的最大轴向压力。

在截面相同、材料相同、配筋相同的条件下，长柱承载力低于短柱承载力。《混凝土规范》采用构件的稳定系数φ来表示长柱承载力降低的程度。试验分析表明，稳定系数φ主要与构件的长细比有关，混凝土强度等级及配筋率对其影响较小，φ的取值可直接按表 6.1 采用。

从表 6.1 中可看出，长细比 l_0/b 越大，φ值越小；长细比 l_0/b 越小，φ值越大。当 $l_0/b \leqslant 8$ 时，$\varphi=1$，说明短柱的侧向挠度很小，对构件承载力的影响可忽略。

柱的计算长度 l_0 与柱两端支承情况有关，在实际工程中，由于柱支承情况并非完全符合理想条件，钢筋混凝土柱计算长度的确定是一个较复杂的问题。《混凝土规范》规定轴心受压柱和偏心受压柱的计算长度 l_0 可按下列情况取用。

对一般多层房屋的钢筋混凝土框架各层柱(梁柱为刚接)，其计算长度 l_0 可取以下值。

现浇楼盖：底层柱 $l_0=1.0H$；其余各层柱 $l_0=1.25H$。

装配式楼盖：底层柱 $l_0=1.25H$；其余各层柱 $l_0=1.5H$。

以上规定中，对底层柱，H 为从基础顶面到一层楼盖顶面的高度；对其余各层柱，H 为上、下两层楼盖顶面之间的高度。

表 6.1　钢筋混凝土轴心受压构件的稳定系数φ

l_0/b	l_0/d	l_0/i	φ	l_0/b	l_0/d	l_0/i	φ
$\leqslant 8$	$\leqslant 7$	$\leqslant 28$	1.00	30	26	104	0.52
10	8.5	35	0.98	32	28	111	0.48
12	10.5	42	0.95	34	29.5	118	0.44
14	12	48	0.92	36	31	125	0.40
16	14	55	0.87	38	33	132	0.36
18	15.5	62	0.81	40	34.5	139	0.32
20	17	69	0.75	42	36.5	146	0.29
22	19	76	0.70	44	38	153	0.26
24	21	83	0.65	46	40	160	0.23
26	22.5	90	0.60	48	41.5	167	0.21
28	24	97	0.56	50	43	174	0.19

注：表中 l_0 为构件的计算长度；b 为矩形截面的短边尺寸；d 为圆形截面的直径；i 为截面的最小回转半径，$i=\sqrt{\dfrac{I}{A}}$。

6.2.2　普通箍筋柱正截面承载力计算

1. 基本公式

钢筋混凝土轴心受压柱的正截面承载力由混凝土承载力和纵向钢筋承载力两部分组成，普通箍筋柱的截面计算简图如图 6.8 所示。根据静力平衡条件，并考虑稳定系数φ后，可得普通箍筋轴心受压柱的正截面受压承载力计算公式为：

$$N \leqslant 0.9\varphi(f_c A + f_y'A_s') \tag{6-1}$$

式中　N——轴向压力设计值；

　　0.9——系数，是考虑与偏心受压构件正截面承载力
　　　　　具有相近的可靠度；

　　φ——钢筋混凝土构件的稳定系数，按表 6.1 采用；

　　f_c——混凝土轴心抗压强度设计值；

　　A——构件截面面积，当纵向钢筋配筋率 $\rho'=\dfrac{A_s'}{A}>$

　　　　3%时，A 取混凝土的净截面面积 $A_n=A-A_s'$；

　　f_y'——纵向钢筋抗压强度设计值；

　　A_s'——全部纵向钢筋的截面面积。

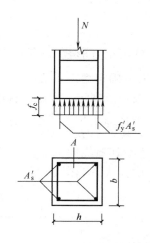

图 6.8　轴心受压构件计算应力图形

2．计算方法

在实际工程中遇到的轴心受压构件的承载力计算问题，可分为截面设计和截面复核两大类。

1）截面设计

已知：轴向压力设计值 N，构件的计算长度 l_0，材料强度等级 f_c、f_y'。

求：构件截面尺寸 $b\times h$ 和纵向钢筋配筋面积 A_s'。

由于 A_s'、A、φ 均为未知数，无法用式(6-1)直接求解，因此，可用试算法求解，具体步骤如下。

(1) 初步确定截面形式和尺寸。设 $\varphi=1$，按 $\rho'=\dfrac{A_s'}{A}=1\%$，估算出 A；由 $A=\dfrac{N}{0.9\varphi(f_c+\rho'f_y')}$，

进而求出截面尺寸。一般正方形截面 $b=h=\sqrt{A}$。

(2) 确定稳定系数 φ。由构件长细比 l_0/b 查表 6.1 可得 φ。

(3) 求纵向钢筋截面面积 A_s'。由公式(6-1)计算钢筋截面面积

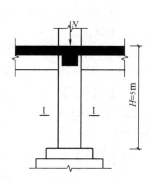

A_s'，即　$A_s'=\dfrac{\dfrac{N}{0.9\varphi}-f_cA}{f_y'}$，并验算配筋率。纵向钢筋配筋率宜在

0.6%～3%，如果计算所得纵筋的配筋率偏高或偏低，可考虑增大或减小截面尺寸后重新计算。

(4) 按构造要求配置箍筋。

【例 6.1】　已知某四层现浇内框架结构房屋，底层中柱按轴心受压构件计算，如图 6.9 所示。该房屋安全等级为二级（$\gamma_0=1.0$）。轴向力设计值 $N=1500\text{kN}$，从基础顶面到一层楼面的高度 $H=5\text{m}$，混凝土强度等级为 C30（$f_c=14.3\text{N/mm}^2$），钢筋采用 HRB400 级（$f_y'=360\text{N/mm}^2$）。求该柱截面尺寸并配置钢筋。

【解】(1) 初步确定截面形式和尺寸。

设 $\varphi=1$，$\rho'=\dfrac{A_s'}{A}=1\%$，即 $A_s'=\rho'A$，可得

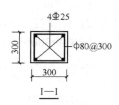

图 6.9　例 6.1 附图

$$A = \frac{N}{0.9\varphi(f_c + \rho'f_y')} = \frac{1500 \times 10^3}{0.9 \times 1 \times (14.3 + 0.01 \times 360)}$$

$$= 93\,110\,mm^2$$

选用正方形截面，截面边长 $b=h=\sqrt{93\,110}=305mm$，采用 $b \times h=300mm \times 300mm$。

(2) 确定稳定系数 φ。

按规范规定，取底层柱的计算长度 $l_0=1.0H=1 \times 5000 =5000mm$。

则长细比 $\dfrac{l_0}{b} = \dfrac{5000}{300} = 16.7$，查表 6.1，用内插法得 $\varphi=0.849$。

(3) 计算纵向钢筋。

由公式(6-1)得

$$A_s' = \frac{\dfrac{N}{0.9\varphi} - f_c A}{f_y'} = \frac{\dfrac{1500 \times 10^3}{0.9 \times 0.849} - 14.3 \times 300^2}{360} = 1878mm^2$$

选用 4Φ25，$A_s' =1964mm^2$。

$$0.55\% < \rho' = \frac{A_s'}{A} = \frac{1964}{300 \times 300} = 2.2\% < 3\%$$

满足要求。

(4) 按构造配置箍筋。

箍筋选用 $\Phi8@300$（$d \geq \dfrac{25}{4}$，$s \leq b=300$ mm，且 $\leq 15d=375$ mm），满足构造要求。

2) 承载力复核

已知：柱的截面尺寸 $b \times h$，纵向受力钢筋截面面积 A_s'，材料强度等级，计算长度 l_0。

求：轴心受压柱的承载力设计值 N_u（或已知轴向压力设计值 N，复核轴心受压柱是否安全）。

计算步骤如下。

(1) 由构件长细比 l_0/b 查表 6.1，确定稳定系数 φ。

(2) 验算纵筋配筋率 ρ'，套用公式(6-1)求解 N_u。

【例6.2】 某现浇底层钢筋混凝土轴心受压柱，截面尺寸 $b \times h =300mm \times 300mm$，采用 4$\Phi$20 的 HRB400 级钢筋（$f_y' =360N/mm^2$），混凝土为 C25（$f_c =11.9N/mm^2$），柱的计算长度 $l_0= 4m$，该柱承受的轴向压力设计值 $N=1150kN$。试复核该柱截面是否安全。

【解】(1) 确定稳定系数 φ。

$\dfrac{l_0}{b} = \dfrac{4000}{300} =13.3$，查表 6.1 得稳定系数 $\varphi=0.931$。

(2) 计算柱截面承载力。

$A=300 \times 300=90\,000mm^2$，由 4$\Phi$20 查附表 A.1 得 $A_s'=1256mm^2$。

$$0.55\% < \rho' = \frac{A_s'}{A} = \frac{1256}{90\,000} =1.4\% < 3\%$$

由式(6-1)得

$$N_u = 0.9\varphi(f_c A + f_y'A_s') = 0.9 \times 0.931 \times (11.9 \times 90\,000+360 \times 1256)$$

$$= 1276.3 \times 10^3 N=1276.3kN > N=1150kN$$

故该柱截面安全。

6.2.3　螺旋箍筋柱简介

圆柱形和多边形轴心受压柱的箍筋不仅可以配置成焊接环式箍筋，也可配置成螺旋式箍筋。由于这种柱施工比较复杂，钢筋用量大且造价较高，一般应用较少。

在配有普通箍筋的轴心受压柱中，箍筋是构造钢筋。柱破坏时，混凝土处于单向受压状态。采用如图 6.10 所示的螺旋箍筋轴心受压柱，由于螺旋式(或焊接环式)箍筋的连续性，且沿柱轴线的间距较小($s \leqslant 80\text{mm}$ 及 $d_{\text{cor}}/5$)，螺旋箍筋的横向套箍作用有效地约束了其所包围的核心区混凝土的横向变形，使得被约束混凝土处于三向受压的应力状态，可以提高混凝土的抗压强度和变形能力，从而提高构件的承载能力。

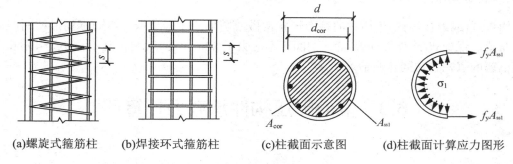

(a)螺旋式箍筋柱　　(b)焊接环式箍筋柱　　(c)柱截面示意图　　(d)柱截面计算应力图形

图 6.10　配置螺旋式或焊接环式箍筋柱

在同等材料消耗的前提下，配置螺旋箍筋的轴心受压柱承载力高于配置普通箍筋的轴心受压柱。而螺旋式箍筋柱的箍筋既是构造钢筋又是受力钢筋，因此螺旋式箍筋或焊接环式箍筋又称为间接钢筋。

1. 基本公式

$$N \leqslant 0.9\,(f_{\text{c}}A_{\text{cor}}+f_{\text{y}}'A_{\text{s}}'+2\alpha f_{\text{yv}}A_{\text{sso}}) \tag{6-2}$$

$$A_{\text{sso}}=\frac{\pi d_{\text{cor}}A_{\text{ss1}}}{s} \tag{6-3}$$

式中　　f_{yv}——间接钢筋(箍筋)的抗拉强度设计值；

A_{cor}——构件的核心截面面积，即间接钢筋内表面范围内的混凝土截面面积，

$\qquad A_{\text{cor}}=\pi d_{\text{cor}}^{2}/4$；

A_{sso}——间接钢筋的换算截面面积；

d_{cor}——构件的核心截面直径，即间接钢筋内表面之间的距离；

A_{ss1}——螺旋式或焊接环式单根间接钢筋的截面面积；

s——间接钢筋沿构件轴线方向的间距；

α——间接钢筋对混凝土约束的折减系数，当混凝土强度等级不超过 C50 时，取

$\qquad \alpha=1.0$；当混凝土强度等级为 C80 时，取 $\alpha=0.85$；其间按线性内插法确定。

2．设计螺旋箍筋柱的注意事项

(1) 为了防止混凝土保护层过早剥落，按规范要求，按式(6-2)计算的构件轴心受压承载力设计值不应大于按公式(6-1)计算的构件轴心受压承载力设计值的 1.5 倍。

(2) 当遇到以下情况时，不应计入间接钢筋的影响，应按公式(6-1)进行计算。

① $l_0/d > 12$ 时，因构件长细比较大，由于初始偏心引起的侧向弯曲使构件承载力降低，因此间接钢筋不能发挥作用；

② 按公式(6-2)算得的构件受压承载力小于按公式(6-1)算得的受压承载力时；

③ 当间接钢筋的换算截面面积 A_{sso} 小于纵向钢筋全部截面面积的 25%时，可以认为间接钢筋配置太少，对核心混凝土约束作用不明显。

3．构造要求

螺旋式(或焊接环式)箍筋柱的截面形状常做成圆形或正多边形，纵向钢筋沿截面四周均匀布置，螺旋式(或焊接环式)箍筋的间距不应大于 80mm 及 $d_{cor}/5$，且不宜小于 40mm。间接钢筋的直径要求同普通箍筋。

6.3　偏心受压构件承载力计算

6.3.1　偏心受压构件的受力性能

在工程实践中，偏心受压构件有着非常广泛的应用，如多层框架柱、单层厂房排架柱、高层建筑中的剪力墙等。如前所述，偏心受压构件是指同时承受轴向压力 N 和弯矩 M 作用的构件，偏心受压构件的荷载可以等效为一个偏心距为 $e_0 = M/N$ 的偏心力 N 的作用。偏心受压构件的受力性能和破坏形态随着轴向力的偏心距和配筋情况的不同分为两种情况，即大偏心受压破坏和小偏心受压破坏。

1．大偏心受压破坏

当构件的轴向力偏心距 e_0 较大，且截面距轴向力 N 较远一侧的钢筋配置不太多时，所发生的破坏就是大偏心受压破坏。如图 6.11 所示，随着荷载逐级增加，距轴向力 N 较远一侧的截面受拉，距轴向力 N 较近一侧的截面受压。当荷载加到一定程度时，首先受拉区混凝土出现横向裂缝，裂缝截面的拉力由钢筋来承担；随着荷载进一步增加，横向裂缝不断开展并向受压区延伸，受拉钢筋应力达到屈服强度。此后，裂缝迅速展开，受压区混凝土高度不断减小，混凝土应变急剧增加，最后受压区混凝土达到极限压应变 ε_{cu} 而被压碎。此时，若受压区高度不是太小，受压钢筋应力也能达到屈服强度。

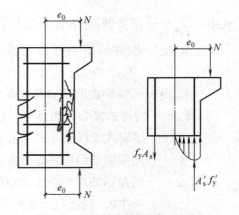

图 6.11　大偏心受压破坏形态

可以看出，大偏心受压构件的破坏特征与双筋截面适筋梁类似。破坏时，受拉钢筋应力先达到屈服强度，然后是受压区混凝土被压碎而导致构件破坏，而且受压钢筋一般也能屈服。这种破坏有明显的预兆，属于延性破坏。由于大偏心受压破坏是从受拉区开始的，故又称为"受拉破坏"。

2．小偏心受压破坏

当构件的轴向力偏心距 e_0 较小或很小，或虽然偏心距 e_0 较大但配置的受拉钢筋过多时，将会发生小偏心受压破坏。小偏心受压的应力状态可分为如下三种情况。

(1) 当偏心距 e_0 较小时(图 6.12(a))，加荷后整个截面全部受压，靠近轴向力 N 一侧的混凝土压应力较大，远离轴向力一侧的混凝土压应力较小。破坏时，压应力较大一侧的混凝土达到极限压应变 ε_{cu} 被压碎，该侧的受压钢筋也屈服，而远离轴向力 N 一侧的混凝土应力较小，钢筋也未达到屈服强度。

(2) 当 e_0 稍大时(图 6.12(b))，加荷后截面大部分受压，远离轴向力 N 一侧的小部分截面受拉且拉应力很小，受拉区混凝土可能出现微小裂缝，也可能不出现裂缝。破坏时，由靠近轴向力 N 一侧的混凝土被压碎而引起，该侧受压钢筋的应力达到屈服强度，而远离轴向力一侧的混凝土及受拉钢筋的应力均较小，因此受拉钢筋不会屈服。

(3) 当 e_0 较大，但受拉钢筋配置很多时(图 6.12(c))，其破坏特征与超筋梁类似。随着荷载的增加，受拉区横向裂缝发展缓慢，受拉钢筋未达到屈服强度，其破坏是由于受压区混凝土被压碎而引起的，相应的受压钢筋也达到屈服强度。

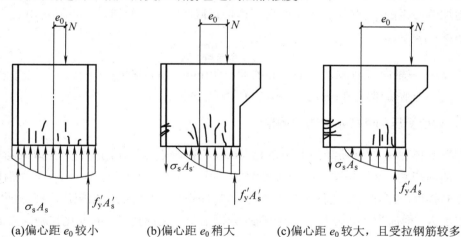

(a)偏心距 e_0 较小　　　(b)偏心距 e_0 稍大　　　(c)偏心距 e_0 较大，且受拉钢筋较多

图 6.12　小偏心受压破坏形态

综上所述，小偏心受压的破坏特征为：靠近轴向力一侧的受压区混凝土达到极限压应变被压碎，相应的受压钢筋达到屈服强度，而远离轴向力一侧的钢筋无论是受拉还是受压，均未达到屈服强度。由于这种破坏是从受压区开始的，故又称为"受压破坏"。受压破坏无明显预兆，属于脆性破坏。

3．大小偏心受压的界限

从上述两种破坏情况可见，大偏心受压与小偏心受压的破坏特征有明显不同，所以它们的承载力计算公式也不相同，在进行承载力计算时，应首先判别偏心受压构件属于哪一类破坏形态。

大小偏心受压破坏的根本区别在于：构件截面破坏时，远离轴向力一侧的钢筋是否屈服。大偏心受压破坏时，远离轴向力一侧的受拉钢筋首先屈服，然后受压混凝土压碎而破坏，且受压钢筋也屈服，它类似于受弯构件正截面的适筋破坏。小偏心受压破坏时，受压混凝土被压碎，受压钢筋屈服，而远离轴向力一侧的钢筋无论受拉还是受压，始终达不到屈服强度，它类似于受弯构件正截面的超筋破坏。因此，大、小偏心受压破坏的界限，仍可用受弯构件正截面的适筋破坏与超筋破坏的界限加以划分，根据界限破坏特征和平截面假定，界限破坏时截面相对受压区高度 ξ_b 取值与受弯构件相同。即

当 $\xi \leqslant \xi_b$ 时，为大偏心受压破坏；

当 $\xi > \xi_b$ 时，为小偏心受压破坏。

其中 ξ_b 的取值按表 4.3 采用。

4. 附加偏心距和初始偏心距

在实际工程中，由于荷载实际作用位置的偏差、混凝土质量的不均匀性以及施工的误差等原因，都会使轴向力 N 对截面重心产生的计算偏心距 $e_0=M/N$ 增大，即产生附加偏心距 e_a，而这种偏心距对受压构件的承载力影响较大，因此在偏心受压构件的正截面承载力计算中应考虑附加偏心距 e_a 的影响。

《混凝土规范》规定，e_a 应取 20mm 和偏心方向截面最大尺寸的 1/30 两者中的较大值。考虑附加偏心距的不利影响后，偏心受压构件正截面计算时的初始偏心距 e_i 由 e_0 和 e_a 两者相加而成，即

$$e_i = e_0 + e_a \tag{6-4}$$

式中　e_0——轴向压力 N 对截面重心的偏心距(mm)，$e_0=M/N$；

　　　e_a——附加偏心距(mm)，$e_a=h/30$，且 $\geqslant$ 20mm。

5. 偏心受压构件初始弯矩的调整

如图 6.13 所示的钢筋混凝土偏心受压长柱，在偏心压力作用下将产生纵向弯曲变形，即产生侧向挠度，从而使得各截面所受的弯矩不再是 Ne_i，而变为 $N(e_i+y)$，y 为构件任意截面的侧向挠度。在偏心受压柱 1/2 高度处，侧向挠度最大值为 f，相应作用在截面上的最大弯矩也由 Ne_i 增加为 $N(e_i+f)$。实测和理论分析证明，侧向挠度 f 的变化与轴向力 N 之间不是线性关系，而是侧向挠度增加的速度远大于轴向力增加的速度。轴向力初始偏心距产生的弯矩 Ne_i 称为一阶弯矩，Nf 称为二阶弯矩或附加弯矩。通常把由于构件自身挠曲(或结构侧移)引起的二阶弯矩称为二阶效应，显然由于二阶效应的影响，偏心受压长柱的承载力将显著降低。

细长偏心受压构件中的二阶效应，是由轴向压力在产生了挠曲变形的构件中引起的曲率和弯矩增量。新规范沿用我国工程设计习惯的极限曲率表达式，并结合试验结果和国际先进经验给出了调整后的计算方法。

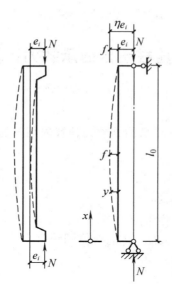

图 6.13 偏心受压构件的侧向挠曲

1) 排架结构柱

新规范改用弯矩增大系数 η_s 考虑二阶效应对内力的影响，排架结构柱调整后的控制截面弯矩设计值可按下列公式计算：

$$M = \eta_s M_0 \tag{6-5}$$

$$\eta_s = 1 + \frac{1}{1500 e_i / h_0} \left(\frac{l_0}{h}\right)^2 \zeta_c \tag{6-6}$$

$$\zeta_c = \frac{0.5 f_c A}{N} \tag{6-7}$$

$$e_i = e_0 + e_a \tag{6-8}$$

式中　η_s——弯距增大系数；

　　　M_0——一阶弹性分析柱端弯矩设计值；

　　　ζ_c——截面曲率修正系数，当 $\zeta_c > 1.0$ 时，取 $\zeta_c = 1.0$；

　　　e_i——初始偏心距；

　　　e_0——轴向压力对截面重心的偏心距，$e_0 = M_0 / N$；

　　　e_a——附加偏心距，$e_a = h/30$，且 $\geqslant 20$ mm；

　　　l_0——排架柱的计算长度，按有关规定采用；

　　　h——偏心方向截面高度；

　　　h_0——截面有效高度；

　　　A——柱的截面面积。

2) 其他偏心受压构件

除排架结构柱外，新规范对其他偏心受压构件考虑轴向压力在挠曲杆件中产生二阶效应的计算方法进行了修订。新修订的方法主要希望通过计算机进行结构分析时一并考虑由结构侧移引起的二阶效应和需要考虑杆件自身挠曲引起的二阶效应。即偏心受压构件在进行截面设计时，其控制截面的弯矩值应考虑二阶效应后进行调整，具体计算方法可参见

《混凝土规范》(GB 50010—2010)。

6.3.2 矩形截面偏心受压柱正截面承载力计算

1. 基本假定

为了简化计算，偏心受压柱正截面承载力计算采用与受弯构件正截面承载力计算相同的基本假定。

(1) 截面应变保持平面。

(2) 不考虑混凝土的抗拉强度。

(3) 受压区混凝土采用等效矩形应力图，其强度取混凝土轴心抗压强度设计值 f_c 乘以系数 α_1，混凝土的极限压应变为 ε_{cu}，α_1 的取值同受弯构件。

2. 大偏心受压构件($\xi \leqslant \xi_b$)

1) 计算公式

矩形截面大偏心受压构件破坏时的计算应力图形如图 6.14 所示。这时，受拉钢筋应力达强度设计值 f_y，受压区混凝土采用等效矩形应力图形，其压应力值为 $\alpha_1 f_c$，受压钢筋应力达到抗压强度设计值 f_y'，由平衡条件可列出大偏心受压构件正截面承载力的计算公式：

$$\sum N = 0 \qquad N = \alpha_1 f_c bx + f_y'A_s' - f_yA_s \tag{6-9}$$

$$\sum M = 0 \qquad Ne = \alpha_1 f_c bx\left(h_0 - \frac{x}{2}\right) + f_y'A_s'(h_0 - a_s') \tag{6-10}$$

式中 N——轴向压力设计值；

      x——混凝土受压区高度；

      e——轴向压力作用点至纵向受拉钢筋合力点之间的距离，可按下式确定：

$$e = e_i + \frac{h}{2} - a_s \tag{6-11}$$

2) 适用条件

(1) $\xi \leqslant \xi_b$ 或 $x \leqslant \xi_b h_0$。

此条件保证了构件在破坏时，受拉钢筋应力能够达到抗拉强度设计值 f_y。

(2) $x \geqslant 2a_s'$。

此条件保证了构件在破坏时，受压钢筋应力能够达到抗压强度设计值 f_y'。

当 $x = \xi h_0 < 2a_s'$ 时，表示受压钢筋的应力可能达不到抗压强度设计值 f_y'，与双筋受弯构件相似，近似取 $x = 2a_s'$，其截面应力图形如图 6.15 所示，对受压钢筋 A_s' 合力点取矩得：

$$Ne' = f_yA_s(h_0 - a_s') \tag{6-12}$$

$$e' = e_i - \frac{h}{2} + a_s' \tag{6-13}$$

式中 e'——轴向压力作用点至纵向受压钢筋合力点之间的距离。

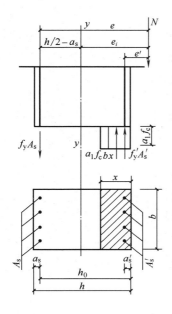
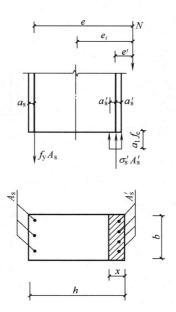

图 6.14　矩形截面大偏心受压构件计算应力图形　　图 6.15　$x < 2a'_s$ 时大偏心受压计算应力图形

3．小偏心受压构件 ($\xi > \xi_b$)

1）计算公式

矩形截面小偏心受压构件承载力计算公式可按大偏心受压构件的方法建立。但应注意，小偏心受压构件在破坏时，远离轴向力一侧的钢筋 A_s 无论受拉还是受压均未达到强度设计值，其应力用 σ_s 来表示。根据图 6.16 所示小偏心受压构件的截面计算应力图形，由平衡方程可列出其正截面承载力计算公式：

$$\sum N = 0 \qquad N = \alpha_1 f_c bx + f'_y A'_s - \sigma_s A_s \tag{6-14}$$

$$\sum M = 0 \qquad Ne = \alpha_1 f_c bx\left(h_0 - \frac{x}{2}\right) + f'_y A'_s (h_0 - a'_s) \tag{6-15}$$

式中　β_1——系数，当混凝土强度等级不超过 C50 时，取 $\beta_1 = 0.8$；当混凝土强度等级为 C80 时，$\beta_1 = 0.74$；其间按线性内插法确定。

$\quad\sigma_s$——距轴向力较远一侧钢筋中的应力，其取值范围是：$-f'_y \leqslant \sigma_s \leqslant f_y$，当 σ_s 值为正时钢筋受拉；当 σ_s 值为负时钢筋受压，《混凝土规范》建议按下列简化公式计算：

$$\sigma_s = \frac{f_y}{\xi_b - \beta_1}(\xi - \beta_1) \tag{6-16}$$

2）适用条件

(1) $\xi > \xi_b$ 或 $x \leqslant \xi_b h_0$；

(2) $x \leqslant h$，如 $x > h$ 时，取 $x = h$ 计算。

此外，无论大小偏心受压构件计算出的钢筋面积 A_s 及 A'_s 均要满足最小配筋率的要求，即 A_s（或 A'_s）$\geqslant 0.2\% bh$。

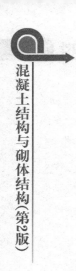
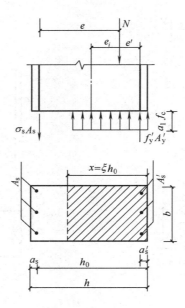

图 6.16　矩形截面小偏心受压构件计算应力图形

6.3.3　对称配筋矩形截面偏心受压柱的截面配筋计算

所谓对称配筋是指在偏心力作用方向柱截面两侧的配筋值(钢筋面积和强度等级)相同的配筋形式，即 $A_s=A_s'$，$f_y=f_y'$，$a_s=a_s'$。实际工程中，偏心受压构件在各种不同荷载(如竖向荷载、风荷载、地震作用)组合作用下，在同一截面内的弯矩方向是变化的，即在某一种荷载组合作用下受拉的部位在另一种荷载组合作用下可能就变为受压，当这两种不同符号的弯矩相差不大时，通常设计成对称配筋方式。采用对称配筋的偏心受压构件可以承受两种方向的弯矩作用，施工也较方便，对装配式柱还可以避免弄错安装方向而造成事故。因此，对称配筋在实际工程中应用最为广泛。

对称配筋矩形截面偏心受压柱的正截面承载力计算也有两类问题，即截面设计和截面复核。下面仅介绍截面设计的方法。

截面设计时，已知：轴向压力设计值 N，弯矩设计值 M，构件的截面尺寸 $b \times h$，构件计算长度 l_0，材料强度等级(f_y、f_y'、f_c)。求解截面所需的钢筋数量 A_s、A_s'。

偏心受压柱的正截面设计是根据已知条件求截面配筋的计算过程。首先，需选定混凝土强度等级、钢筋级别，根据设计经验或以往设计成果，确定偏心受压构件的截面尺寸。其次，根据已知作用在截面的内力 M、N，并考虑二阶效应后求出构件控制截面的弯矩设计值，调整初始偏心距，然后判别大小偏心受压类型，最后按照相应的公式计算截面所需的钢筋面积。

1) 对称配筋时大小偏心受压的判别

因对称配筋时 $f_y A_s = f_y' A_s'$，由式(6-9)可得

$$x = \frac{N}{\alpha_1 f_c b} \qquad (6-17)$$

或

$$\xi = \frac{x}{h_0} = \frac{N}{\alpha_1 f_c b h_0} \qquad (6-18)$$

当 $\xi \leqslant \xi_b$ 时，为大偏心受压构件；当 $\xi > \xi_b$ 时，为小偏心受压构件。

2) 大偏心受压

当 $2a'_s \leqslant x \leqslant \xi_b h_0$ 时，由式(6-10)可直接得出

$$A_s = A'_s = \frac{Ne - \alpha_1 f_c b x \left(h_0 - \frac{x}{2} \right)}{f'_y (h_0 - a'_s)} \qquad (6-19)$$

式中，$e = e_i + \dfrac{h}{2} - a_s$。

当 $x < 2a'_s$ 时，由式(6-12)可得

$$A_s = A'_s = \frac{Ne'}{f_y (h_0 - a'_s)} \qquad (6-20)$$

式中，$e' = e_i - \dfrac{h}{2} + a'_s$。

3) 小偏心受压

将 $f_y = f'_y$，$A_s = A'_s$ 及 σ_s 的计算式(6-16)代入小偏心受压构件基本公式(6-14)和式(6-15)中，并将 x 换成 ξ，可得到关于 ξ 的三次方程式，但很难求解。对于常用材料强度，规范给出下述近似计算公式：

$$\xi = \frac{N - \xi_b \alpha_1 f_c b h_0}{\dfrac{Ne - 0.43 \alpha_1 f_c b h_0^2}{(\beta_1 - \xi_b)(h_0 - a'_s)} + \alpha_1 f_c b h_0} + \xi_b \qquad (6-21)$$

将 ξ 代入式(6-15)可得

$$A_s = A'_s = \frac{Ne - \alpha_1 f_c b h_0^2 \xi (1 - 0.5\xi)}{f'_y (h_0 - a'_s)} \qquad (6-22)$$

当计算的 $A_s + A'_s > 5\% bh$ 时，说明截面尺寸过小，宜加大柱的截面尺寸。

当求得 $A'_s < 0$ 时，说明柱的截面尺寸较大，这时应按受压钢筋最小配筋率的构造要求配置钢筋，取 $A_s = A'_s = 0.002bh$。

4) 垂直于弯矩作用平面的受压承载力验算

《混凝土规范》规定：小偏心受压构件除应计算弯矩作用平面的受压承载力外，尚应按轴心受压构件验算垂直弯矩作用平面的受压承载力，此时，可不计入弯矩的作用，但应考虑稳定系数 φ 的影响。垂直于弯矩作用平面的受压承载力计算公式为

$$N \leqslant 0.9\varphi [f_c A + f'_y (A_s + A'_s)] \qquad (6-23)$$

式中　φ——钢筋混凝土构件的稳定系数，按表6.1采用。

【例6.3】　某矩形偏心受压框架柱，截面尺寸 $b \times h = 400\text{mm} \times 600\text{mm}$，$a_s = a'_s = 45\text{mm}$，柱子计算长度 $l_0 = 6\text{m}$，混凝土强度等级为 C25，钢筋采用 HRB400 级，承受轴向压力设计值

N=500kN，考虑轴向压力二阶效应后控制截面的弯矩设计值 M=300kN·m，弯矩作用方向平行于柱长边，采用对称配筋。求纵向钢筋截面面积 A_s=A'_s。

【解】 由已知材料强度等级查表得 f_c=11.9N/mm^2，f'_y=f_y=360N/mm^2，α_1=1.0，ξ_b=0.518，h_0= h -a_s=600-45=555mm。

(1) 求初始偏心距 e_i。

$$e_0 = \frac{M}{N} = \frac{300}{500} = 0.6\text{m} = 600\text{mm}$$

e_a 在 20mm 和 $\dfrac{h}{30} = \dfrac{600}{30}$ =20mm 二者中，取其较大者，故 e_a =20mm。

$$e_i = e_0 + e_a = 600+20= 620\text{mm}$$

(2) 判别大小偏心受压。

$$x = \frac{N}{\alpha_1 f_c b} = \frac{500\times10^3}{1.0\times11.9\times400} = 105\text{mm} < \xi_b h_0 = 0.518\times555 = 287\text{mm}$$

故属于大偏心受压，且 x= 105mm＞2 a'_s=2×45=90mm

(3) 求纵筋面积 A_s 和 A'_s。

$$e = e_i + \frac{h}{2} - a_s = 620 + \frac{600}{2} - 45 = 875\text{mm}$$

$$A_s = A'_s = \frac{Ne - \alpha_1 f_c bx\left(h_0 - \dfrac{x}{2}\right)}{f'_y(h_0 - a'_s)} = \frac{500\times10^3\times875 - 1.0\times11.9\times400\times105\times\left(555 - \dfrac{105}{2}\right)}{360\times(555 - 45)}$$

$$=1015\text{ mm}^2 > 0.002bh = 0.002\times400\times600 = 480\text{mm}^2$$

柱每侧各选配 4Φ18 钢筋（A_s=A' =1017mm^2），截面配筋如图 6.17 所示。

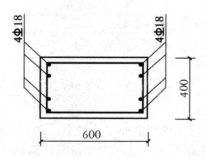

图 6.17 例 6.3 配筋图

【例 6.4】 某矩形截面偏心受压柱，截面尺寸 $b×h$=300mm×500mm，a_s=a'_s=40mm，柱计算长度 l_0=2400mm，混凝土强度等级为 C30，钢筋采用 HRB400 级，承受轴向压力设计值 N=1600kN，考虑轴向压力二阶效应后控制截面的弯矩设计值 M =180kN·m，采用对称配筋，求纵向钢筋截面面积 A_s 及 A'_s。

【解】 由已知材料强度等级查表得 f_c=14.3N/mm^2，f'_y=f_y=360N/mm^2，α_1=1.0，β_1=0.8，h_0=h-a_s =500-40=460mm。

(1) 求初始偏心距 e_i。

$$e_0 = \frac{M}{N} = \frac{180 \times 10^3}{1600} = 112.5\text{mm}$$

e_a 在 20mm 和 $\frac{h}{30} = \frac{500}{30} = 16.67\text{mm}$ 二者中取较大者，故 $e_a = 20\text{mm}$。

$$e_i = e_0 + e_a = 112.5 + 20 = 132.5\text{mm}$$

(2) 判别大小偏心受压。

$$\xi = \frac{N}{\alpha_1 f_c b h_0} = \frac{1600 \times 10^3}{1.0 \times 14.3 \times 300 \times 460} = 0.811 > \xi_b = 0.518$$

故属于小偏心受压构件。

(3) 求实际 ξ 值。

$$e = e_i + \frac{h}{2} - a_s = 132.5 + \frac{500}{2} - 40 = 342.5\text{mm}$$

$$\xi = \frac{N - \xi_b \alpha_1 f_c b h_0}{\dfrac{Ne - 0.43 \alpha_1 f_c b h_0^2}{(\beta_1 - \xi_b)(h_0 - a_s')} + \alpha_1 f_c b h_0} + \xi_b$$

$$= \frac{1600 \times 10^3 - 0.518 \times 1.0 \times 14.3 \times 300 \times 460}{\dfrac{1600 \times 10^3 \times 342.5 - 0.43 \times 1.0 \times 14.3 \times 300 \times 460^2}{(0.8 - 0.518) \times (460 - 40)} + 1.0 \times 14.3 \times 300 \times 460} + 0.518$$

$$= 0.693 > \xi_b = 0.518$$

(4) 求纵筋面积 A_s 和 A_s'。

$$A_s = A_s' = \frac{Ne - \alpha_1 f_c b h_0^2 \xi (1 - 0.5\xi)}{f_y'(h_0 - a_s')}$$

$$= \frac{1600 \times 10^3 \times 342.5 - 1.0 \times 14.3 \times 300 \times 460^2 \times 0.693(1 - 0.5 \times 0.693)}{360 \times (460 - 40)}$$

$$= 905\text{mm}^2 > 0.002bh = 0.002 \times 300 \times 500 = 300\text{mm}^2$$

柱每侧各选用 3Φ20 钢筋($A_s = A_s' = 942\text{mm}^2$)。

(5) 验算垂直于弯矩作用平面的受压承载力。

$l_0/b = \dfrac{2400}{300} = 8$，查表 6.1 得 $\varphi = 1.0$。

$$N_u = 0.9\varphi[f_c A + f_y'(A_s + A_s')]$$

$$= 0.9 \times 1.0 \times [14.3 \times 300 \times 500 + 360 \times (942 + 942)]$$

$$= 2541 \times 10^3\text{N} = 2541\text{kN} > N = 1600\text{kN}$$

满足要求。

6.3.4　偏心受压构件斜截面承载力计算要点

偏心受压构件除了承受轴力和弯矩作用外，一般还承受剪力作用。在一般情况下剪力值相对较小，可不进行斜截面承载力的验算；但对于有较大水平力作用的框架柱(如地震作用下)，有横向力作用的桁架上弦压杆等，其剪力影响相对较大，还需要验算其斜截面受剪承载力。

试验表明，轴向压力对构件的抗剪起有利作用。由于轴向压力的存在，延缓了斜裂缝的出现和开展，增大了截面的混凝土剪压区高度，使剪压区的面积相应增大，从而提高了剪压区混凝土的抗剪承载力。

试验结果还表明，轴向压力对构件抗剪承载力的提高是有限度的。在轴压比 N/f_cA 较小时，构件的抗剪承载力随轴力的增大而提高，当轴压比 $N/f_cA=0.3\sim0.5$ 时，抗剪承载力达到最大值，再增大轴向压力，则构件抗剪承载力反而会随着轴力增大而降低。《混凝土规范》给出矩形截面偏心受压构件的受剪承载力计算公式为：

$$V \leqslant \frac{1.75}{\lambda+1} f_t bh_0 + f_{yv} \frac{A_{sv}}{s} h_0 + 0.07N \tag{6-24}$$

式中　N——与剪力设计值 V 相应的轴向压力设计值，当 $N>0.3f_cA$ 时，取 $N=0.3f_cA$，其中 A 为构件截面面积；

　　　A_{sv}——配置在同一截面内箍筋各肢的全部截面面积；

　　　λ——偏心受压构件计算截面的剪跨比，$\lambda=M/(Vh_0)$，应按下列规定采用：

(1) 对框架结构中的框架柱，当其反弯点在层高范围内时，取 $\lambda=H_n/(2h_0)$；当 $\lambda<1$ 时，取 $\lambda=1$；当 $\lambda>3$ 时，取 $\lambda=3$。其中，H_n 为柱净高，M 为计算截面上与剪力设计值 V 相应的弯矩设计值。

(2) 对其他偏心受压构件，当承受均布荷载时，取 $\lambda=1.5$；当承受集中荷载时(包括作用有多种荷载，其中集中荷载产生的剪力占总剪力值的 75%以上的情况)，取 $\lambda=a/h_0$；当 $\lambda<1.5$ 时，取 $\lambda=1.5$；当 $\lambda>3$ 时，取 $\lambda=3$。其中，a 为集中荷载至支座或节点边缘的距离。

为了避免斜压破坏，对矩形截面偏心受压构件其截面尺寸必须满足下式要求，否则需加大截面尺寸：

$$V \leqslant 0.25\beta_c f_c bh_0 \tag{6-25}$$

此外，若符合下列条件时，偏心受压构件则可不进行斜截面抗剪承载力计算，仅需按构造要求配置箍筋：

$$V \leqslant \frac{1.75}{\lambda+1.0} f_t bh_0 + 0.07N \tag{6-26}$$

本 章 小 结

(1) 配有普通箍筋的钢筋混凝土轴心受压构件的承载力由混凝土和纵向钢筋两部分抗压承载力组成。对长细比较大的柱子，引入稳定系数 φ 值来反映由于纵向弯曲使承载力降低的影响。而短柱($l_0/b\leqslant8$)的稳定系数 φ 值等于 1。

(2) 轴心受压构件若配置螺旋式或焊接环式箍筋，因其对核心混凝土的约束作用，可提高混凝土抗压强度，故与普通箍筋柱相比，螺旋箍筋柱的承载力有所提高。

(3) 偏心受压构件按其破坏特征不同，分为大偏心受压和小偏心受压。大偏心受压构件破坏时，远离轴向力一侧的受拉钢筋先屈服，另一侧受压区混凝土被压碎，受压钢筋也屈服；小偏心受压构件破坏时，靠近轴向力一侧的混凝土先被压碎，受压钢筋达到屈服强度，但远离轴向力一侧的钢筋无论受拉还是受压均未达到屈服强度。因此，大、小偏心受压构件的界限破坏与受弯构件适筋梁和超筋梁的界限完全相同，即当 $\xi\leqslant\xi_b$ 时为大偏心受压；当 $\xi > \xi_b$ 时为小偏心受压。

(4) 偏心受压构件正截面承载力计算采用与受弯构件正截面承载力计算相同的基本假定，受压区混凝土采用等效矩形应力图形，由平衡条件可列出偏心受压构件正截面承载力的计算公式。偏心受压柱的正截面设计是根据已知条件求截面配筋的计算过程，偏心受压柱常采用对称配筋。截面设计时，要先判别大小偏心受压类型，然后按照相应的公式计算截面所需的钢筋面积。

(5) 偏心受压构件的斜截面受剪承载力计算公式，与受弯构件矩形截面独立梁受集中荷载作用的受剪承载力计算公式相似，但偏心受压构件加上一项由于轴向压力的存在对构件受剪承载力产生的有利影响。

思考与训练

6.1　受压构件中配置纵向钢筋和箍筋各有什么作用？它们各有哪些构造要求？

6.2　轴心受压短柱的破坏特征是什么？长柱和短柱的破坏特点有何不同？轴心受压构件计算时如何考虑长柱纵向弯曲使构件承载力降低的影响？

6.3　在轴心受压构件中，为什么不宜采用高强度钢筋？

6.4　轴心受压构件配置螺旋式箍筋可以提高承载力的原因是什么？

6.5　矩形截面大、小偏心受压构件的破坏特征是怎样的？两者有何本质区别？区分两种破坏的界限条件是什么？

6.6　偏心受压构件计算时为什么要考虑附加偏心距 e_a？如何考虑？

6.7　试分别绘出大、小偏心受压构件截面的计算应力图形，并按应力图形写出基本公式及适用条件。

6.8　已知轴心受压柱，截面尺寸为 350mm×350mm，计算长度 l_0=5m，混凝土强度等级为 C25，钢筋级别为 HRB335 级，承受轴向压力设计值 N=1560kN(包括柱自重)。试确定该柱的配筋。

6.9　已知现浇钢筋混凝土柱，截面尺寸为 300mm×300mm，计算高度 l_0= 4.20m，混凝土强度等级为 C25，配有 HRB400 级 4Φ22 钢筋。求该柱所能承受的最大轴向力设计值。

6.10　已知钢筋混凝土柱的截面尺寸 $b×h$=400mm×600mm，计算长度 l_0=5m，$a_s=a'_s$=40mm，混凝土强度等级为 C30，钢筋级别为 HRB400 级，承受弯矩设计值 M=400kN·m，轴向力设计值 N=800kN。试确定对称配筋截面的一侧钢筋截面面积。

6.11　一矩形截面钢筋混凝土受压柱，截面尺寸 $b×h$=400mm×500mm，计算长度 l_0=4.8m，$a_s=a'_s$=45mm，混凝土强度等级为 C25，采用 HRB400 级钢筋，柱承受弯矩设计值 M=260kN·m，轴向压力设计值 N=2000kN，采用对称配筋。求纵向钢筋截面面积 A_s 和 A'_s，并绘制柱配筋图。

第 7 章　预应力混凝土构件

【学习目标】

　　理解预应力混凝土的基本概念和特点，熟悉先张法和后张法两种施加预应力的方法，掌握预应力混凝土构件对材料的要求；掌握张拉控制应力的概念，以及产生各项预应力损失的原因与减少预应力损失的主要措施；熟悉预应力混凝土构件的构造要求。

　　钢筋混凝土构件的最大缺点是抗裂性能差。为了避免钢筋混凝土结构的裂缝过早出现，充分利用高强度材料，人们在长期的生产实践中创造了预应力混凝土结构。本章主要阐述预应力混凝土的基本概念、材料性能及施加预应力的方法，分析张拉控制应力和各项预应力损失，介绍预应力混凝土构件的相关构造要求。

7.1　预应力混凝土概述

7.1.1　预应力混凝土的基本概念

　　由于混凝土的特点是抗压强度高，抗拉强度低(约为抗压强度的 1/10)，所以普通钢筋混凝土受拉构件与受弯构件的抗裂性能较差。混凝土出现裂缝前，拉力由混凝土和钢筋两种材料共同承担。一般情况下，当钢筋的应力超过 $20\sim30\text{N/mm}^2$ 时，混凝土就会开裂。当混凝土出现裂缝后，拉力全部由钢筋承担。对使用上不允许开裂的构件(如处在高湿度或侵蚀性环境中的构件)，则钢筋的强度不能被充分利用；对于允许开裂的构件，一般允许的裂缝宽度为 $0.2\sim0.3\text{mm}$，此时受拉钢筋应力也只能达到 250N/mm^2 左右。因此，高强度钢筋在普通混凝土结构中不能发挥应有的作用，要使高强钢筋达到屈服，构件的裂缝宽度将很大，无法满足使用要求。此外，混凝土过早开裂会导致构件刚度的降低，为了满足变形和裂缝控制的要求，需加大构件的截面尺寸和用钢量，这将导致构件自重增加，特别是随着跨度的增大，自重所占的比例也增大，如此使用很不经济，因而使普通钢筋混凝土结构的应用范围受到了很多限制。

　　为了充分利用高强钢筋和高强混凝土，更好地解决混凝土带裂缝工作的问题，就必须克服混凝土抗拉强度低的缺点，经过人们长期的工程实践总结，创造出了预应力混凝土结构。它是在结构构件受外荷载作用之前，预先人为地在构件工作阶段的受拉区施加压力，使它产生预压应力来减小或抵消外荷载所引起的混凝土拉应力，延缓裂缝的出现，以实现对裂缝的有效控制。这种在混凝土构件受荷载之前预先对外荷载作用时的混凝土受拉区施加压应力的构件称为"预应力混凝土构件"。

　　现以预应力混凝土受弯构件为例，说明预应力混凝土的基本原理。

　　如图 7.1 所示为一预应力混凝土简支梁。在外荷载作用之前，预先在梁的受拉区施加一对大小相等、方向相反的偏心集中力 N，使梁截面上边缘混凝土产生预拉应力 σ_t，下边缘混凝土产生预加压应力 σ_{pc}(图 7.1(a))。当外荷载 q 作用时，梁的下边缘混凝土产生拉应力 σ_t，上边缘混凝土产生压应力 σ_c(图 7.1(b))。这样在预压力 N 和外荷载 q 的共同作用下，梁的下边缘拉应力将减至 $\sigma_t - \sigma_{pc}$，上边缘混凝土应力一般控制在压应力(图 7.1(c))。可见，由于预压应力 σ_{pc} 的作用，将全部或部分抵消由外荷载引起的梁下边缘拉应力 σ_t，甚至变成压应力。因此，可以通过调整预压应力 σ_{pc} 的大小使构件不开裂或裂缝宽度较非预应力构件减小。

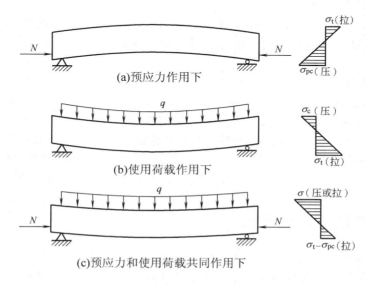

图 7.1　预应力混凝土受弯构件

7.1.2　预应力混凝土结构的优缺点

　　由于预应力混凝土借助于混凝土较高的抗压强度来弥补其抗拉强度的不足，可推迟和限制构件裂缝的出现与发展，提高了构件的抗裂度、刚度和耐久性，为采用高强度钢筋及高强度混凝土创造了条件。因此，预应力混凝土结构在土木工程中得到了广泛应用，如预应力混凝土空心板、屋面梁、屋架及吊车梁等。同时，预应力混凝土结构也广泛应用于桥梁、水利、海洋及港口等其他工程领域中。

　　与普通钢筋混凝土结构相比，预应力混凝土结构具有以下优点。

　　(1) 构件抗裂性好。

　　预应力混凝土构件对使用阶段可能开裂的受拉区施加了预压应力，而且预压应力的大小可根据需要人为控制，因而可避免普通混凝土构件在正常使用情况下出现裂缝或裂缝过宽的现象，改善了结构的使用性能，提高了结构的耐久性。对于抗裂性要求较高的结构构件，如水池、油罐、压力容器等，采用预应力混凝土尤为必要。

(2) 节省材料，减轻构件自重。

采用预应力混凝土构件，由于施加了预应力，截面抗裂度提高，因而构件的刚度增大，所以可以减小构件截面尺寸，节省钢材和混凝土用量，减轻结构自重，对大跨度结构有显著的优越性。

(3) 能充分利用高强材料。

预应力混凝土结构在受外荷载作用前预应力钢筋就有一定的拉应力存在，同时混凝土受到较高的预压应力。外荷载作用之后，预应力钢筋应力进一步增加，因而在预应力混凝土构件中高强度钢筋和高强度混凝土都能够被充分利用。

(4) 提高构件的抗剪能力。

试验表明，纵向预应力钢筋有着锚栓的作用，阻碍了构件斜裂缝的出现与开展。此外，由于预应力混凝土梁中曲线钢筋合力的竖向分力将部分抵消剪力，因而提高了构件的抗剪能力。

(5) 提高构件的抗疲劳性能。

在预应力混凝土结构中，由于纵向受力钢筋事先已被张拉，在重复荷载作用下，其应力值的变化幅度较小，因而提高了构件的抗疲劳性能，对承受动荷载的结构较有利。

预应力混凝土结构也存在着一些缺点，如其设计、计算比普通钢筋混凝土结构要复杂，施工工艺多且复杂，质量要求较高，需要有专门的施工设备和技术条件，造价较高等。随着先进技术和工艺的创新，上述缺点正在不断克服，预应力混凝土结构的发展前景将更加广阔。

7.1.3 施加预应力的方法

对构件施加预应力的方法有多种，目前工程中常用的方法主要是通过张拉预应力钢筋，利用钢筋的回弹挤压混凝土来实现。按照施工工序的不同可分为先张法和后张法两种。

1. 先张法

在浇注混凝土之前先张拉预应力钢筋，待混凝土达到一定强度之后，放松预应力钢筋并建立预应力的施工方法称为先张法。先张法的主要工序有(图 7.2)。

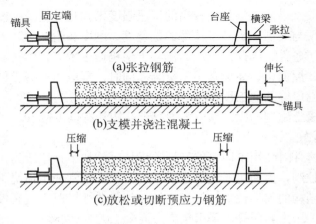

图 7.2 先张法主要工序示意图

(1) 在台座(或钢模)上张拉钢筋并将钢筋临时锚固在台座(或钢模)上；

(2) 支模、浇注混凝土；

(3) 待混凝土达到设计强度的 75% 以上时，切断或放松预应力钢筋。

预应力钢筋切断后将产生弹性回缩，但钢筋与混凝土之间的黏结力阻止其回缩，因而经过端部一定传递长度挤压混凝土，使构件内产生预压应力。所以先张法预应力混凝土构件中，预应力是靠钢筋与混凝土之间的黏结力来传递的。

2. 后张法

先浇注混凝土并预留孔道，待混凝土达到一定强度后，在预留孔道内穿预应力钢筋并张拉而建立预应力的施工方法称为后张法。后张法的主要工序有(图 7.3)。

(1) 浇注混凝土构件，并在构件中预留孔道；

(2) 待混凝土达到规定强度(设计强度的 75% 以上)后，在孔道内穿预应力钢筋，并直接在构件上张拉钢筋；

(3) 用锚具锚固预应力钢筋，并在孔道内压力灌浆(无黏结混凝土无需灌浆)。

由于锚固在构件端部的锚具阻止钢筋回缩，从而对构件施加了预压力。所以后张法预应力混凝土构件是依靠锚具在构件中建立预应力的。

对比先张法和后张法可以看出，先张法的生产工序少、工艺简单、质量容易保证。同时，先张法不用工作锚具，生产成本较低，台座越长，一次生产的构件数量越多，所以适合于批量生产的中、小型预应力混凝土构件。后张法不需要台座，构件制作和张拉钢筋都在工地现场进行，施工方便灵活。但是后张法构件只能单一逐个地施加预应力，工序多，操作也较麻烦，构件质量控制难度大，适用于运输不便的大、中型预应力混凝土构件。近年来，后张法在跨度较大的梁板结构、屋架、桥梁中应用较为广泛。

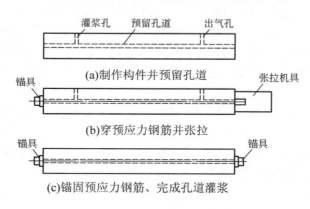

图 7.3 后张法主要工序示意图

7.2 预应力混凝土构件设计的一般规定

7.2.1 预应力混凝土材料

预应力混凝土构件在施工阶段，预应力钢筋因张拉产生很高的拉应力，在使用阶段，其应力会进一步提高。同时，混凝土也将产生较大的压应力。这都要求预应力混凝土构件采用强度等级较高的钢筋和混凝土材料。

1. 预应力钢筋

我国目前在预应力混凝土构件中采用的预应力钢筋分为中强度预应力钢丝、预应力螺纹钢筋、消除应力钢丝和钢绞线四种。对预应力钢筋的力学性能有如下要求。

(1) 强度高。预应力钢筋首先要具有很高的强度，因为混凝土预压应力的大小，取决于预应力钢筋张拉应力的大小。张拉应力较大，才能在构件中建立起较高的预压应力，使预应力混凝土构件的抗裂能力得以提高。此外，考虑到构件在制作和使用过程中，钢筋张拉应力会产生一定的应力损失，所以在预应力混凝土结构中只能使用高强度钢筋。

(2) 具有一定的塑性。高强度钢筋的塑性性能一般较低，为了避免预应力混凝土构件发生脆性破坏，要求预应力钢筋在拉断前应具有一定的伸长率，特别是处于低温环境和受冲击荷载作用的构件，更应注意对钢筋塑性性能和抗冲击韧性的要求。《混凝土规范》规定，各类预应力钢筋在最大拉力下的总伸长率不得大于 3.5%。

(3) 具有良好的加工性能。要求预应力钢筋有良好的可焊性，焊后不裂，不产生大的变形。同时，要求预应力钢筋经"镦粗"后不影响其原有的物理力学性能。

(4) 与混凝土之间有较好的黏结性。先张法构件的预应力主要依靠钢筋与混凝土之间的黏结作用来传递，因此，预应力钢筋与混凝土之间必须要有足够的黏结强度。当采用光面钢丝时，为了增加黏结力，可在其表面"刻痕"处理。

2. 混凝土

预应力混凝土结构构件所用的混凝土，需满足以下性能要求。

(1) 强度高。预应力混凝土需要采用高强度混凝土，才能建立起较高的预压应力，同时，可以减小构件的截面尺寸，减轻结构自重。对先张法构件采用高强度混凝土，可以提高钢筋和混凝土之间的黏结强度；对后张法构件采用高强度混凝土，可以提高锚固端的局部抗压承载力。

《混凝土规范》规定，预应力混凝土结构的混凝土强度等级不宜低于 C40，且不应低于 C30。

(2) 收缩、徐变小。混凝土的收缩和徐变小，可以减小由于混凝土的收缩和徐变引起的预应力损失，有利于建立较高的预压应力。

(3) 快硬、早强。混凝土浇注后，硬化快，达到设计强度早，可以提高张拉设备周转率，加快施工进度。

7.2.2　张拉控制应力

张拉控制应力是指张拉预应力钢筋时，钢筋所控制达到的最大应力值，以 σ_{con} 表示。

$$\sigma_{con} = \frac{N}{A_p} \tag{7-1}$$

式中　N ——张拉设备所指示的总张拉力；

A_p——预应力钢筋截面面积。

张拉控制应力的取值大小，直接影响预应力混凝土构件的使用效果。从提高预应力钢筋的利用率来说，张拉控制应力 σ_{con} 越高越好，这样在构件抗裂性相同的情况下可以减少用钢量。另外，张拉控制应力越高，混凝土的预压应力越高，构件的抗裂性能也越好。但张拉控制应力 σ_{con} 也不能过高，这样会导致构件出现裂缝时的荷载与极限荷载接近，使构件在破坏前没有明显预兆，构件的延性较差；此外，σ_{con} 过高，在施工阶段构件的预拉区可能因拉力过大而直接开裂，对后张法构件则可能造成端部混凝土局部受压破坏。如果张拉控制应力取值过低，则预应力钢筋经过各种损失后对混凝土产生的预压力过小，达不到使用效果。

《混凝土规范》规定，预应力钢筋的张拉控制应力 σ_{con} 不宜超过表 7.1 规定的限值，且对于消除应力钢丝、钢绞线、中强度预应力钢丝的张拉控制应力值不应小于 $0.4f_{ptk}$；预应力螺纹钢筋的张拉控制应力值不宜小于 $0.5f_{pyk}$。

表 7.1　张拉控制应力限值

钢筋种类	消除应力钢丝、钢绞线	中强度预应力钢丝	预应力螺纹钢筋
σ_{con}	$0.75\,f_{ptk}$	$0.70\,f_{ptk}$	$0.85\,f_{pyk}$

注：f_{ptk} 为预应力钢筋极限强度标准值，f_{pyk} 为预应力螺纹钢筋屈服强度标准值。

当符合下列情况之一时，表 7.1 中的张拉控制应力限值可提高 $0.05f_{ptk}$ 或 $0.05f_{pyk}$。

(1) 要求提高构件在施工阶段的抗裂性能而在使用阶段受压区内设置的预应力钢筋；

(2) 要求部分抵消由于应力松弛、摩擦、钢筋分批张拉以及预应力钢筋与张拉台座之间的温差等因素产生的预应力损失。

7.2.3　预应力损失

预应力混凝土构件从张拉钢筋开始直到构件使用的整个过程中，由于张拉工艺和材料特性等原因，而引起的预应力钢筋张拉应力不断降低的现象，称为预应力损失。由于预应力是通过张拉预应力钢筋得到的，凡是能使预应力钢筋产生缩短的因素都将引起预应力损失。因而引起预应力损失的因素很多，要精确计算及确定预应力损失值是十分复杂的。为了简化计算，《混凝土规范》明确了六项主要的预应力损失，采用分项计算各种因素产生的预应力损失值，然后进行叠加的方法来求得预应力混凝土构件的总预应力损失值。下面就各项预应力损失产生的原因、损失值的计算方法以及减少预应力损失值的措施进行介绍。

1. 张拉端锚具变形和预应力钢筋内缩引起的预应力损失 σ_{l1}

预应力钢筋张拉至 σ_{con} 后，锚固在台座或构件上时，由于锚具受力后变形，锚具、垫板与构件之间的缝隙被挤紧，以及由于钢筋在锚具中的内缩滑移，造成预应力钢筋松动回缩而引起该项预应力损失，用 σ_{l1} 表示。它既产生于先张法构件，也产生于后张法构件中。对于预应力直线钢筋，σ_{l1} 可按下式计算：

$$\sigma_{l1} = \frac{a}{l}E_s \tag{7-2}$$

式中　a——张拉端锚具变形和钢筋内缩值(mm)，可按表 7.2 采用；

　　　l——张拉端至锚固端之间的距离(mm)；

　　　E_s——预应力钢筋的弹性模量(N/mm^2)。

表 7.2　锚具变形和预应力钢筋内缩值 a /mm

锚具类别		a
支承式锚具(钢丝束镦头锚具等)	螺帽缝隙	1
	每块后加垫板的缝隙	1
夹片式锚具	有顶压时	5
	无顶压时	6~8

对于块体拼成的结构，其预应力损失尚应计及块体间填缝的预压变形。当采用混凝土或砂浆为填缝材料时，每条填缝的预压变形值可取为 1mm。

减少此项损失的措施如下。

(1) 选择变形小和钢筋内缩小的锚、夹具，尽量减少垫板的数量；

(2) 增加先张法台座长度，当台座长度超过 100m 时，σ_{l1} 可忽略不计。

2. 预应力钢筋的摩擦引起的预应力损失 σ_{l2}

这类损失包括后张法预应力混凝土构件中的预应力筋与孔道壁之间的摩擦损失，张拉端锚口摩擦损失，以及构件内预应力筋在转向装置处的摩擦损失等。

对后张法预应力混凝土构件，当采用直线孔道张拉钢筋时，由于孔道尺寸偏差、孔壁粗糙、预应力钢筋不直、表面粗糙等原因，使预应力钢筋与孔道壁之间产生摩擦阻力而引起预应力损失。这种摩擦损失距离预应力钢筋张拉端越远，影响越大，如图 7.4 所示。当采用曲线孔道张拉钢筋时，因贴紧孔道壁，摩擦损失会更大。这种预应力损失 σ_{l2} 可按下式计算。

$$\sigma_{l2} = \sigma_{con}\left(1 - \frac{1}{e^{kx+\mu\theta}}\right) \tag{7-3}$$

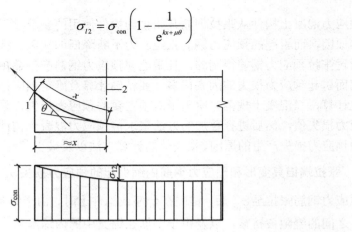

图 7.4　预应力钢筋摩擦引起的预应力损失

1—张拉端；　2—计算截面

当 $(kx + \mu\theta) \leqslant 0.3$ 时， σ_{l2} 可按下列近似公式计算：

$$\sigma_{l2} = (kx + \mu\theta)\sigma_{con} \tag{7-4}$$

式中　x——张拉端至计算截面的孔道长度，可近似取该段孔道在纵轴上的投影长度(m)；

　　　θ——张拉端至计算截面曲线孔道部分切线的夹角(rad)；

　　　k——考虑孔道每米长度局部偏差的摩擦系数，按表 7.3 采用；

　　　μ——预应力筋与孔道壁之间的摩擦系数，按表 7.3 采用。

表 7.3　摩擦系数 k 及 μ 值

孔道成型方式	k	μ	
		钢绞线、钢丝束	预应力螺纹钢筋
预埋金属波纹管	0.0015	0.25	0.50
预埋塑料波纹管	0.0015	0.15	—
预埋钢管	0.0010	0.30	—
抽芯成型	0.0014	0.55	0.60
无黏结预应力筋	0.0040	0.09	—

为了减少摩擦损失，常采取以下措施。

(1) 采用两端张拉。对较长的构件可在两端进行张拉，则计算孔道长度可减少一半，但将引起 σ_{l1} 的增加。

(2) 采用超张拉工艺。张拉程序为：$0 \rightarrow 1.1\sigma_{con} \xrightarrow{\text{停2min}} 0.85\sigma_{con} \xrightarrow{\text{停2min}} \sigma_{con}$。采用超张拉时的应力比一次张拉时的应力分布均匀，预应力损失小。

3. 混凝土加热养护时，预应力钢筋与承受拉力的设备之间温差引起的预应力损失 σ_{l3}

为了缩短先张法构件的生产周期，加快台座的周转，在混凝土浇注后，常采用蒸汽加热养护的办法加速混凝土的凝结硬化。升温时，新浇注的混凝土尚未结硬，钢筋受热自由膨胀而伸长，但两端的台座温度基本不升高，距离保持不变，预应力钢筋变松，即张拉应力降低而产生预应力损失 σ_{l3}。降温时，混凝土已结硬，并与钢筋结成整体而一起回缩，加之两者具有相近的温度膨胀系数，故两者的回缩基本相同，所损失的 σ_{l3} 无法恢复。这项预应力损失只发生在采用蒸汽养护的先张法构件中。

当混凝土加热养护时，设预应力钢筋与承受拉力的台座之间的温差为 Δt (℃)，钢筋的线膨胀系数 $\alpha = 1 \times 10^{-5}/℃$，台座间的距离为 l，则 σ_{l3} 可按下式计算：

$$\sigma_{l3} = \varepsilon_s E_s = \frac{\Delta l}{l} E_s = \frac{\alpha l \Delta t}{l} E_s = \alpha E_s \Delta t \tag{7-5}$$

$$= 1.0 \times 10^{-5} \times 2.0 \times 10^{-5} \times \Delta t = 2\Delta t$$

减少温差损失的措施如下。

(1) 采用两次升温养护。先在常温下养护，待混凝土强度达到 C7.5～C10 时，再逐渐升温，此时可以认为钢筋与混凝土已结成整体，能一起胀缩而无应力损失。

(2) 在钢模上张拉预应力钢筋。由于预应力钢筋与钢模一起加热养护，升温时两者温度相同，可以不考虑温差引起的预应力损失。

4. 预应力钢筋的应力松弛引起的预应力损失 σ_{l4}

钢筋在高应力作用下，由于预应力钢筋的塑性变形，在钢筋长度保持不变的条件下，钢筋的应力会随时间的增长而逐渐降低，这种现象称为钢筋的应力松弛。所降低的拉应力值即为预应力损失 σ_{l4}。

钢筋的应力松弛与时间有关，在张拉完毕后的前几分钟内发展较快，24h 内大约完成 80%，之后趋于缓慢。应力松弛的大小还与钢筋的品种和张拉控制应力有关。钢筋应力松弛引起的预应力损失 σ_{l4} 可按下列规定计算。

1) 消除应力钢丝、钢绞线

普通松弛：

$$\sigma_{l4} = 0.40\left(\frac{\sigma_{con}}{f_{ptk}} - 0.5\right)\sigma_{con} \tag{7-6}$$

低松弛：

当 $\sigma_{con} \leqslant 0.7 f_{ptk}$ 时，

$$\sigma_{l4} = 0.125\left(\frac{\sigma_{con}}{f_{ptk}} - 0.5\right)\sigma_{con} \tag{7-7}$$

当 $0.7 f_{ptk} < \sigma_{con} \leqslant 0.8 f_{ptk}$ 时，

$$\sigma_{l4} = 0.2\left(\frac{\sigma_{con}}{f_{ptk}} - 0.575\right)\sigma_{con} \tag{7-8}$$

2) 中强度预应力钢丝、预应力螺纹钢筋

中强度预应力钢丝：$\sigma_{l4} = 0.08\sigma_{con}$；

预应力螺纹钢筋：$\sigma_{l4} = 0.03\sigma_{con}$。

σ_{l4} 在先张法和后张法构件中均发生。当 $\frac{\sigma_{con}}{f_{ptk}} \leqslant 0.5$ 时，σ_{l4} 可取为零。

减少钢筋应力松弛损失的措施是采用超张拉工艺。其张拉工序为：从应力为零开始张拉至 $1.05\sigma_{con}$，持荷 2min 后卸荷，然后再张拉至 σ_{con}。

5. 混凝土收缩和徐变引起的预应力损失 σ_{l5}

混凝土在空气中结硬时会产生体积收缩，而在预应力作用下，混凝土沿受压方向会产生徐变。两者均导致构件长度缩短，预应力钢筋也随之回缩，造成预应力损失 σ_{l5}。由于混凝土的收缩和徐变是伴随产生的，而且两者引起的钢筋应力变化规律也基本相同，故可将两者合并在一起考虑。混凝土收缩和徐变引起的受拉区和受压区预应力钢筋的应力损失分别用 σ_{l5} 和 σ'_{l5} 表示，其值可按下列方法确定。

1) 先张法构件

$$\sigma_{l5} = \frac{60 + 340\dfrac{\sigma_{pc}}{f'_{cu}}}{1 + 15\rho} \tag{7-9}$$

$$\sigma'_{l5} = \frac{60 + 340\dfrac{\sigma'_{pc}}{f'_{cu}}}{1 + 15\rho'} \tag{7-10}$$

2) 后张法构件

$$\sigma_{l5} = \frac{55 + 300\dfrac{\sigma_{pc}}{f'_{cu}}}{1 + 15\rho} \tag{7-11}$$

$$\sigma'_{l5} = \frac{55 + 300\dfrac{\sigma'_{pc}}{f'_{cu}}}{1 + 15\rho'} \tag{7-12}$$

式中　σ_{pc}、σ'_{pc}——受拉区、受压区预应力钢筋合力点处的混凝土法向压应力；

f'_{cu}——施加预应力时的混凝土立方体抗压强度；

ρ、ρ'——受拉区、受压区预应力钢筋和普通钢筋的配筋率，对于先张法构件，$\rho = (A_p + A_s)/A_0$，$\rho' = (A'_p + A'_s)/A_0$；对于后张法构件，$\rho = (A_p + A_s)/A_n$，$\rho' = (A'_p + A'_s)/A_n$；对于对称配置预应力钢筋和普通钢筋的构件，配筋率 ρ、ρ' 应按钢筋总截面面积的一半计算；

A_0——构件换算截面面积；

A_n——构件净截面面积。

当结构处于年平均相对湿度低于40%的环境下，σ_{l5} 和 σ'_{l5} 值应增加30%。

混凝土收缩和徐变引起的预应力损失是所有损失中最大的一种，为了减少此项损失，应采取减少混凝土收缩和徐变的各种措施。

(1) 采用高强度等级水泥，减少水泥用量，降低水灰比，采用干硬性混凝土。

(2) 采用级配好的骨料，加强振捣，提高混凝土的密实性。

(3) 加强养护，以减少混凝土的收缩。

6．环形构件采用螺旋式预应力钢筋时局部挤压混凝土引起的预应力损失 σ_{l6}

用螺旋式预应力钢筋作配筋的环形构件，如水池、油罐、压力管道等，采用后张法直接在混凝土构件上进行张拉时，预应力钢筋将对环形构件外壁产生径向压力，混凝土在预应力钢筋的挤压下会发生局部压陷，使构件直径有所减小，预应力钢筋中的拉应力就会降低，从而引起预应力损失 σ_{l6}。该项预应力损失只发生在后张法构件中。

σ_{l6} 的大小与环形构件的直径 d 成反比。构件的直径 d 越小，σ_{l6} 越大。为了简化计算，《混凝土规范》规定，当 $d \leqslant 3m$ 时，$\sigma_{l6} = 30\text{N/mm}^2$；$d > 3m$ 时，$\sigma_{l6} = 0$。

7．预应力损失值的组合

上述六项预应力损失，有的只在先张法构件中产生，或者只在后张法构件中产生，有的两种构件均有，另外这些损失不是同时发生的，而是在不同阶段分批产生的。通常把混凝土预压前产生的应力损失称为第一批损失(σ_{lI})，混凝土预压后产生的应力损失称为第二批损失(σ_{lII})。

根据计算需要，预应力构件在各阶段的预应力损失值宜按表7.4的规定进行组合。

表 7.4　各阶段预应力损失值的组合

预应力损失值的组合	先张法构件	后张法构件
混凝土预压前(第一批)的损失	$\sigma_{l1} + \sigma_{l2} + \sigma_{l3} + \sigma_{l4}$	$\sigma_{l1} + \sigma_{l2}$
混凝土预压后(第二批)的损失	σ_{l5}	$\sigma_{l4} + \sigma_{l5} + \sigma_{l6}$

注：先张法构件由于钢筋应力松弛引起的损失值 σ_{l4} 在第一批和第二批损失中所占的比例，如需区分，可根据实际情况确定。

当计算求得的预应力总损失 σ_l 小于下列数值时，应按下列数值取用。

先张法构件　　100N/mm^2；

后张法构件　　80N/mm^2。

7.2.4　预应力混凝土构件设计要点

预应力混凝土构件从张拉预应力钢筋开始直到受荷破坏，可分为两个阶段：即施工阶段和使用阶段。由于预应力混凝土构件在制作、运输、吊装等施工阶段的受力状态与构件使用阶段的受力状态不同，所以，除了应对构件使用阶段的承载力、抗裂度进行验算外，还应对施工阶段的受力情况进行验算。施工阶段的验算包括强度验算以及后张法构件端部混凝土的局部受压验算。下面仅以预应力混凝土轴心受拉构件为例，简要介绍预应力混凝土构件使用阶段的设计要点。

1. 使用阶段的承载力计算

当预应力混凝土轴心受拉构件达到承载力极限状态时，轴向拉力全部由预应力钢筋和普通钢筋共同承担，其计算简图如图 7.5 所示。此时，预应力钢筋和普通钢筋均已屈服，计算时取钢筋抗拉强度设计值，其正截面的承载力计算公式为：

$$\gamma_0 N \leqslant N_u = f_{py} A_p + f_y A_s \tag{7-13}$$

式中　　γ_0——结构重要性系数；

　　　　N——轴向拉力设计值；

　　　　f_{py}、f_y——预应力钢筋、普通钢筋的抗拉强度设计值；

　　　　A_p、A_s——纵向预应力钢筋、普通钢筋的全部截面面积。

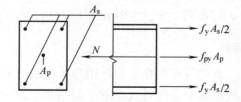

图 7.5　预应力混凝土轴心受拉构件承载力计算

应用公式(7-13)计算时，一般先按构造要求或经验确定普通钢筋的数量(A_s)，然后再由公式求解所需预应力钢筋的截面面积 A_p。

预应力混凝土构件与普通混凝土构件比较而言，预应力混凝土构件充分发挥了钢筋受拉和混凝土受压的特性；预应力混凝土构件比普通混凝土构件的抗裂性大大提高；但当采用相同材料、相同截面尺寸时，预应力混凝土构件与普通混凝土构件的承载力是相同的。

2. 使用阶段的裂缝控制验算

由于使用功能及所处环境的不同，对构件裂缝控制的要求也应不同。《混凝土规范》按所处环境类别和结构类型将预应力混凝土构件的裂缝控制等级分为三级，并按下列规定进行受拉边缘应力或正截面裂缝宽度验算。

1) 一级——严格要求不出现裂缝的构件

对使用阶段严格要求不出现裂缝的预应力混凝土轴心受拉构件，要求在荷载效应标准组合下，克服了有效预压应力后，构件受拉边缘混凝土不允许出现拉应力，即符合下列要求：

$$\sigma_{ck} - \sigma_{pc} \leqslant 0 \tag{7-14}$$

2) 二级——一般要求不出现裂缝的构件

对使用阶段一般要求不出现裂缝的预应力混凝土轴心受拉构件，在荷载效应标准组合下，构件截面混凝土可以出现拉应力但不能开裂，如图 7.6 所示。即受拉边缘应力符合下列要求：

$$\sigma_{ck} - \sigma_{pc} \leqslant f_{tk} \tag{7-15}$$

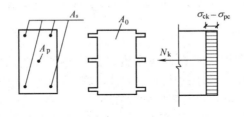

图 7.6 预应力混凝土轴心受拉构件抗裂度验算

3) 三级——允许出现裂缝的构件

对在使用阶段允许出现裂缝的预应力混凝土轴心受拉构件，应验算其裂缝宽度。预应力混凝土构件的最大裂缝宽度可按荷载标准组合并考虑长期作用影响的效应计算。最大裂缝宽度应符合下列规定：

$$w_{max} \leqslant w_{lim} \tag{7-16}$$

对环境类别为二 a 类的预应力混凝土构件，尚应按荷载准永久组合计算，且构件受拉边缘应力符合下列要求：

$$\sigma_{cq} - \sigma_{pc} \leqslant f_{tk} \tag{7-17}$$

式中 σ_{ck}、σ_{cq} ——荷载标准组合、准永久组合下抗裂验算边缘的混凝土法向应力；

σ_{pc} ——扣除全部预应力损失后在抗裂验算边缘混凝土的预压应力，即完成全部应力损失后混凝土所受的有效预压应力；

f_{tk} ——混凝土轴心抗拉强度标准值；

w_{max} ——按荷载的标准组合并考虑长期作用影响计算的最大裂缝宽度，按第 4.4 节的规定计算；

w_{lim} ——最大裂缝宽度限值，按表 4.10 的规定取用。

7.3 预应力混凝土构件的构造要求

7.3.1 一般构造要求

预应力混凝土构件除了满足材料和设计方面的要求外，还要满足有关的构造要求，构造措施关系到结构设计意图能否得到保证，应予以重视。

1. 截面形式和尺寸

1) 截面形式

对于预应力混凝土梁及预应力混凝土板，当跨度较小时，多采用矩形截面；当跨度或荷载较大时，为减小构件自重，提高构件的承载能力和抗裂性能，可采用 T 形、工字形或箱形截面。

2) 截面尺寸

一般情况下，预应力混凝土梁的截面高度可取 $h=(1/20\sim1/14)l$，翼缘宽度可取$(1/3\sim1/2)h$，翼缘高度可取$(1/10\sim1/6)h$，腹板宽可取为$(1/15\sim1/8)h$。

2. 预应力钢筋的布置

预应力纵向钢筋的布置方式有直线布置、曲线布置和折线布置三种。直线布置如图 7.7(a)所示，用于跨度及荷载较小的中小型构件，施工简单，先张法、后张法均可采用。曲线布置多用于跨度和荷载较大的受弯构件。在预应力混凝土屋面梁、吊车梁等构件靠近支座的斜向主拉应力较大部位，宜将一部分预应力钢筋弯起，使其形成曲线布置，如图 7.7(b)所示，一般采用后张法施工。折线布置一般用于有倾斜受拉边的梁，如图 7.7(c)所示，一般采用先张法施工，此时会产生在转向装置处的摩擦预应力损失。

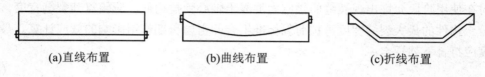

(a)直线布置   (b)曲线布置   (c)折线布置

图 7.7 预应力纵向钢筋的布置

3. 非预应力钢筋的布置

为防止构件在制作、运输、堆放或吊装过程中预拉区混凝土开裂或裂缝宽度过大，可在构件预拉区配置一定数量的非预应力纵向钢筋(普通钢筋)。

7.3.2　先张法构件

1．预应力钢筋的配筋方式

当先张法预应力钢丝按单根方式配筋困难时，可采用相同直径钢丝并筋的配筋方式。并筋为国外混凝土结构中常见的配筋形式，一般用于配筋密集区域布筋困难的情况。并筋对锚固及预应力传递性能的影响均应按等效直径考虑。并筋的等效直径取与其截面面积相等的圆截面的直径，对双并筋应取为单筋直径的 1.4 倍，对三并筋应取为单筋直径的 1.7 倍。根据我国的工程实践，预应力钢丝并筋不宜超过 3 根。

当预应力钢绞线等采用并筋方式时，应有可靠的构造措施，如加配螺旋筋或采用缓慢放张预应力的工艺等。

2．预应力钢筋的净间距

和普通混凝土结构一样，先张法预应力钢筋之间也应根据浇注混凝土、施加预应力及钢筋锚固等保持足够的净间距。预应力钢筋之间的净间距不应小于其公称直径的 2.5 倍和混凝土粗骨料最大粒径的 1.25 倍，且应符合下列规定：对预应力钢丝，不应小于 15mm；对三股钢绞线，不应小于 20mm；对七股钢绞线，不应小于 25mm。

3．构件端部加强措施

(1) 对单根配置的预应力钢筋，其端部宜设置长度不小于 150mm 且不少于 4 圈的螺旋筋(图 7.8(a))；有可靠经验时，也可利用支座垫板上的插筋代替螺旋筋，但插筋数量不应少于 4 根，其长度不宜小于 120mm(图 7.8(b))。

(2) 对分散布置的多根预应力钢筋，在构件端部 $10d$(d 为预应力钢筋的公称直径)范围内应设置 3～5 片与预应力钢筋垂直的钢筋网，如图 7.8(c)所示。

(3) 对采用预应力钢丝配筋的薄板，在板端 100mm 范围内应适当加密横向钢筋，如图 7.8(d)所示。

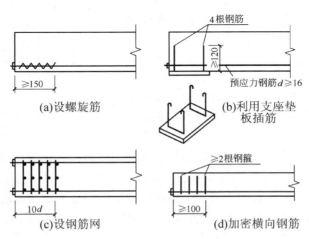

图 7.8　先张法构件端部加强措施

（4）对槽形板类构件，应在构件端部 100mm 范围内沿构件板面设置附加横向钢筋，其数量不应少于 2 根。

（5）对预应力钢筋在构件端部全部弯起的受弯构件或直线配筋的先张法构件，当构件端部与下部支承结构焊接时，应考虑混凝土收缩、徐变及温度变化所产生的不利影响，宜在构件端部可能产生裂缝的部位设置足够的普通纵向构造钢筋。

7.3.3 后张法构件

1．配筋要求

（1）后张法预应力受弯构件中，宜将一部分预应力钢筋在靠近支座处弯起，弯起的预应力钢筋宜沿构件端部均匀布置。

（2）后张法预应力混凝土构件中，曲线预应力钢丝束、钢绞线束的曲率半径不宜小于 4m；对折线配筋的构件，在预应力钢筋弯折处的曲率半径可适当减小。

（3）在后张法预应力混凝土构件的预压区和预拉区中，应设置普通纵向构造钢筋，在预应力钢筋弯折处，应加密箍筋或沿弯折处内侧设置钢筋网片。

2．预留孔道

后张法预应力钢丝束、钢绞线束的预留孔道应符合下列规定。

（1）对预制构件，孔道之间的水平净间距不宜小于 50mm，且不宜小于混凝土粗骨料粒径的 1.25 倍；孔道至构件边缘的净间距不宜小于 30mm，且不宜小于孔道直径的一半。

（2）在现浇混凝土梁中，预留孔道在竖直方向的净间距不应小于孔道外径，水平方向的净间距不应小于 1.5 倍孔道外径，且不应小于粗骨料粒径的 1.25 倍；从孔壁算起的混凝土保护层厚度，梁底不宜小于 50mm，梁侧不宜小于 40mm(图 7.9)。

（3）预留孔道的内径应比预应力钢丝束或钢绞线束外径及需穿过孔道的连接器外径大 6～15mm。

（4）在构件两端及跨中应设置灌浆孔或排气孔，其孔距不宜大于 12m。

3．构件端部加强措施

（1）后张法预应力混凝土构件端部尺寸应考虑锚具的布置、张拉设备的尺寸和局部受压的要求，必要时应适当加大。

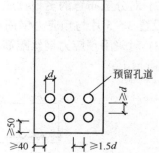

图 7.9　预应力框架梁预留孔道净间距要求

（2）构件的端部锚固区，应进行局部受压承载力计算，并配置间接钢筋，其体积配筋率不应小于 0.5%；为防止沿孔道发生劈裂，在局部受压间接钢筋配置区以外，在构件端部长度 l 不小于 $3e(e$ 为截面重心线上部或下部预应力钢筋的合力点至邻近边缘的距离)、但不大于 $1.2h(h$ 为构件端部截面高度)，且高度为 $2e$ 的附加配筋区范围内，应均匀配置附加箍筋或网片，其体积配筋率不应小于 0.5%，如图 7.10 所示。

（3）当构件端部预应力钢筋需集中布置在截面下部或集中布置在上部和下部时，应在构件端部 0.2h 范围内设置附加竖向焊接钢筋网、封闭式箍筋或其他形式的构造钢筋，附加竖向钢筋宜采用带肋钢筋。

(4) 当构件在端部有局部凹进时，应增设折线构造钢筋或其他有效的构造钢筋(图 7.11)。

(5) 对外露金属锚具，应采取可靠的防腐及防火措施。

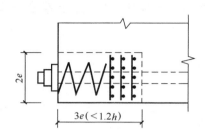

图 7.10 防止沿孔道劈裂的配筋范围

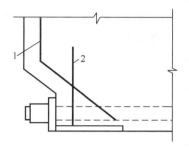

图 7.11 构件端部凹进处构造配筋

1—折线构造钢筋；2—竖向构造钢筋

本 章 小 结

(1) 预应力混凝土构件是指在结构承受外荷载之前预先对构件受拉区混凝土施加预压应力的构件。预应力混凝土构件和普通混凝土构件相比，其抗裂性能好，能充分利用高强度材料，提高构件的刚度和减小构件的变形。

(2) 根据施工工艺的不同，施加预应力的方法一般有先张法和后张法两种。先张法是依靠钢筋与混凝土之间的黏结力来建立预应力的，适用于工厂批量生产中、小型预应力混凝土构件；后张法是依靠构件两端的锚具来建立预应力的，适用于在施工现场制作大型预应力混凝土构件。

(3) 张拉控制应力是指张拉预应力钢筋时，钢筋所控制达到的最大应力值，其值应控制在规范规定的范围之内，不能过高，也不能过低。

(4) 预应力损失是指预应力混凝土构件在制作和使用的过程中，预应力钢筋拉应力和混凝土压应力逐渐降低的现象。这种应力损失会对构件的承载力、刚度和变形产生不利的影响。因此，应采取各种有效的措施，以减少各项预应力损失。

(5) 预应力混凝土构件的设计计算包括使用阶段的承载力和抗裂度验算，以及施工阶段强度验算和后张法构件端部的局部受压承载力验算。

(6) 合理有效的构造要求是保证预应力混凝土构件的设计意图顺利实现和方便施工的重要措施。

思考与训练

7.1 什么是预应力混凝土？预应力混凝土结构的主要优缺点是什么？

7.2 为什么在普通钢筋混凝土结构中一般不采用高强度钢筋？而在预应力混凝土结构

中则必须采用高强度钢筋及高强度混凝土？

7.3 先张法和后张法施工工艺的主要区别是什么？两者的适用范围和用途有什么不同？

7.4 什么是张拉控制应力σ_{con}？为何σ_{con}不能取得过高，也不能取得过低？

7.5 何为预应力损失？预应力损失有哪几种？如何减少各项预应力损失？

7.6 对不同的裂缝控制等级，预应力混凝土轴心受拉构件使用阶段的抗裂度验算应分别满足什么要求？

第8章　钢筋混凝土梁板结构

【学习目标】

　　了解单向板肋梁楼盖的结构布置方案及设计步骤；理解塑性内力重分布的基本原理及塑性铰、弯矩调幅、内力包络图等基本概念；掌握单向板楼盖主、次梁和板的内力计算、截面设计方法及配筋构造要求；熟悉双向板按弹性理论的内力计算方法和配筋构造要求；了解板式楼梯、梁式楼梯的应用范围及受力特点，掌握板式楼梯的计算方法和配筋构造；熟悉雨篷等悬挑构件的截面设计特点及构造要求。

　　钢筋混凝土梁板结构应用非常广泛，是实际工程中设计各种受弯构件的典型范例。本章所述的基本设计原理和构造措施具有代表性，是前述基本构件计算与构造知识的综合应用。本章主要讲述钢筋混凝土楼(屋)盖、楼梯和悬挑构件的结构布置、受力特点、内力计算方法、截面设计要点以及构造要求。

8.1　概　　述

　　钢筋混凝土梁板结构是土建工程中应用最为广泛的一种结构形式，如房屋建筑中的楼(屋)盖、筏板基础、扶壁式挡土墙，以及楼梯、阳台、雨篷等，如图 8.1 所示。

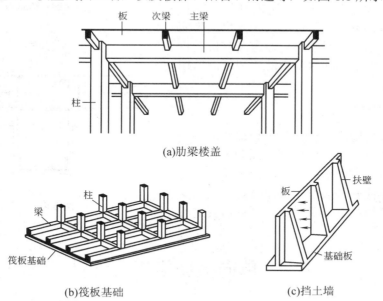

(a)肋梁楼盖

(b)筏板基础　　　　　　　　　(c)挡土墙

图 8.1　梁板结构的应用举例

　　钢筋混凝土楼(屋)盖是建筑结构中的重要组成部分，在混合结构房屋中，楼盖的造价约占房屋总造价的 30%～40%。因此，正确选择楼盖结构类型和布置方案，合理进行结构计算和设计，对于建筑物的安全使用和经济效果有着非常重要的意义。钢筋混凝土楼盖按施工方法可分为现浇整体式、装配式和装配整体式三种形式。

1. 现浇整体式楼盖

现浇整体式楼盖具有整体刚度好，抗震性能强，防水性能好，对不规则房屋平面适应性强等优点。因此，在实际工程中应用较为普遍，其费工、费模板、施工周期长的缺点，也逐渐随着商品混凝土的大量应用和各种早强剂的使用有明显改善。

现浇整体式楼盖按楼板受力和支承条件的不同，又可分为肋梁楼盖(图 8.1(a))、井式楼盖(图 8.2)和无梁楼盖(图 8.3)。其中现浇肋梁楼盖是最常见的楼盖结构形式，根据楼盖中主、次梁的不同布置方式，有单向板肋梁楼盖和双向板肋梁楼盖；井式楼盖适用于方形或接近方形的中小礼堂、餐厅及公共建筑的门厅，其用钢量和造价较高；无梁楼盖适用于柱网尺寸不超过 6m 的公共建筑，以及矩形水池的顶板和底板等结构。

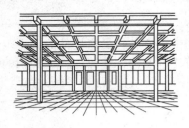

图 8.2　井式楼盖

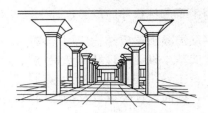

图 8.3　无梁楼盖

2. 装配式楼盖

装配式楼盖采用了预制板或预制梁等预制构件，便于工业化生产和机械化施工，加快了施工进度，适用于多层民用建筑和多层工业厂房。但这种楼盖结构的整体性、抗震性、防水性都较差，不便于开设洞口，受房屋平面形状的限制。因此，对于高层建筑及有抗震设防要求的建筑，以及使用要求防水和开洞的楼面，均不宜采用。

3. 装配整体式楼盖

装配整体式楼盖是将部分预制构件现场安装后，再通过节点和面层现浇一混凝土叠合层而成为一个整体，如图 8.4 所示。这种楼盖兼有现浇楼盖整体性好和装配式楼盖节省模板与支撑的优点，但焊接工作量增加，而且需要进行混凝土二次浇注。

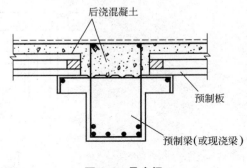

图 8.4　叠合梁

8.2　单向板肋梁楼盖设计

8.2.1　单向板楼盖的结构方案

1. 单向板与双向板的划分

现浇肋梁楼盖由板、次梁和主梁组成。板被梁划分成许多区格，每一区格的板一般是四边支承在梁或砖墙上。四边支承板的竖向荷载通过板的双向弯曲传到两个方向上。当板的长短边之比超过一定数值时，荷载主要沿短边方向传递，沿长边方向传递的荷载很小，可以忽略不计，认为板仅在短边方向产生弯矩和挠度，这样的四边支承板称为单向板；反之，当板沿长边方向所分配的荷载不可忽略，板沿两个方向均产生一定数值的弯矩，这类板称为双向板，如图8.5所示。

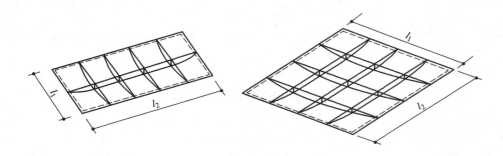

图 8.5 单向板与双向板

《混凝土规范》规定：对于四边支承的板，当长边 l_2 与短边 l_1 之比 $l_2/l_1 \geqslant 3$ 时，宜按沿短边方向受力的单向板计算，并应沿长边方向布置构造钢筋；当 $l_2/l_1 \leqslant 2$ 时，应按双向板计算，当 $2 < l_2/l_1 < 3$ 时，宜按双向板计算。

由单向板及其支承梁组成的楼盖，称为单向板肋梁楼盖。在单向板肋梁楼盖中，荷载的传递路线是：板→次梁→主梁→柱(墙)。也就是说，板的支座为次梁，次梁的支座为主梁，主梁的支座为柱或墙。在实际工程中，由于楼盖整体现浇，因此楼盖中的板和梁往往形成多跨连续结构，在内力计算和构造要求上与单跨简支的板和梁均有较大区别，这是现浇楼盖在设计和施工中必须注意的一个重要特点。

单向板肋梁楼盖的设计步骤一般分为以下几步进行。

(1) 选择结构平面布置方案。

(2) 确定结构计算简图并进行荷载计算。

(3) 对板、次梁、主梁分别进行内力计算。

(4) 对板、次梁、主梁分别进行截面配筋计算。

(5) 根据计算结果和构造要求，绘制楼盖结构施工图。

2．楼盖结构布置方案

单向板肋梁楼盖的结构方案，应首先满足房屋建筑的使用功能要求，在结构平面布置上应力求简单、规整、统一，以减少构件类型，方便设计施工。常见的单向板肋梁楼盖结构平面布置方案有以下三种。

(1) 主梁沿横向布置，次梁沿纵向布置，如图8.6(a)所示。其优点是主梁和柱可形成横向框架，其横向刚度较大，而各榀横向框架间由纵向的次梁相连，房屋的整体性较好。此外，由于主梁与外纵墙垂直，可开设较大的窗洞口，对室内采光有利。

(2) 主梁沿纵向布置，次梁沿横向布置，如图8.6(b)所示。这种布置适用于横向柱距比纵向柱距大得较多时的情况。因主梁沿纵向布置，可以减小主梁的截面高度，增大室内净高，但房屋横向刚度较差。

(3) 只布置次梁，不设主梁，如图 8.6(c)所示。它仅适用于有中间走廊的砖混房屋。

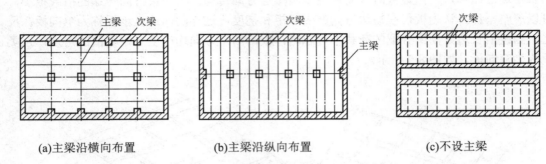

(a)主梁沿横向布置　　　　　　(b)主梁沿纵向布置　　　　　　(c)不设主梁

图 8.6　单向板肋梁楼盖结构布置示例

在满足使用要求的基础上，结构布置要尽量节约材料，降低造价。从图 8.6 中可以看出，板的跨度即为次梁的间距，次梁的跨度为主梁的间距，主梁的跨度为柱距。因此，从经济效果上考虑，构件的跨度应选择一个经济合理的范围。通常板、梁的经济跨度为：单向板为 1.7～3.0m，次梁为 4～6m，主梁为 5～8m。

由于板的混凝土用量占整个楼盖混凝土用量的 50%～70%，因此应使板厚尽可能接近构造要求的最小板厚：工业建筑楼板为 70mm，民用建筑楼板为 60mm，屋面板为 60mm。

8.2.2　单向板楼盖的计算简图

楼盖结构布置完成以后，即可确定结构的计算简图，以便对板、次梁、主梁分别进行内力计算。在确定计算简图时，除了应考虑现浇楼盖中板和梁是多跨连续结构这个特点以外，还应对荷载计算、支座影响以及板、梁的计算跨度和跨数作简化处理。

1. 支座

板、梁支承在砖墙或砖柱上时，可将其支座视为铰支座；当板、梁的支座与其支承梁、柱整体现浇时，为简化计算，仍近似视为铰支座，并忽略支座宽度的影响。这样，板、次梁均可简化为支承在各自铰支座上的多跨连续受弯构件。对于主梁的支承情况，当主梁支承在砖墙、砖柱上时，可视为铰支座；当主梁与钢筋混凝土柱整浇时，其支承条件应根据梁柱抗弯刚度之比而定。分析表明，如果主梁与柱的线刚度之比大于 3，可将主梁视为铰接于柱上的连续梁计算。否则，应按框架结构进行内力分析。

2. 计算跨度与跨数

连续板、梁各跨的计算跨度 l_0 是指在计算内力时所采用的跨长。它的取值与支座的构造形式、构件的截面尺寸以及内力计算方法有关。对于单跨及多跨连续板、梁在不同支承条件下的计算跨度，通常可按表 8.1 取用。

当连续梁的某跨受到荷载作用时，它的相邻各跨也会受到影响而产生内力和变形，但这种影响是距该跨越远越小。当超过两跨以上时，其影响已很小。因此，对于多跨连续板、梁(跨度相等或相差不超过 10%)，若跨数超过五跨时，只按五跨来计算。此时，除连续梁(板)两边的第一、第二跨外，其余的中间各跨跨中及中间支座的内力值均按五跨连续梁(板)的中间跨和中间支座采用(图 8.7)。如果跨数未超过五跨，则计算时应按实际跨数考虑。

表 8.1 板和梁的计算跨度

跨　数	支座情形		计算跨度 l_0		符号意义
			板	梁	
单跨	两端简支		$l_0=l_n+h$	$l_0=l_n+a \leqslant 1.05l_n$	l_n 为支座间净距；
	一端简支、一端与梁整体连接		$l_0=l_n+0.5h$		l_c 为支座中心间的距离；
	两端与梁整体连接		$l_0=l_n$		h 为板的厚度；
多跨	两端简支		当 $a \leqslant 0.1l_c$ 时，$l_0=l_c$	当 $a \leqslant 0.05l_c$ 时，$l_0=l_c$	a 为边支座宽度；
			当 $a > 0.1l_c$ 时，$l_0=1.1l_n$	当 $a > 0.05l_c$ 时，$l_0=1.05l_n$	b 为中间支座宽度
	一端入墙内、另一端与梁整体连接	按塑性计算	$l_0=l_n+0.5h$	$l_0=l_n+0.5a \leqslant 1.025l_n$	
		按弹性计算	$l_0=l_n+0.5(h+b)$	$l_0=l_c \leqslant 1.025l_n+0.5b$	
	两端均与梁整体连接	按塑性计算	$l_0=l_n$	$l_0=l_n$	
		按弹性计算	$l_0=l_c$	$l_0=l_c$	

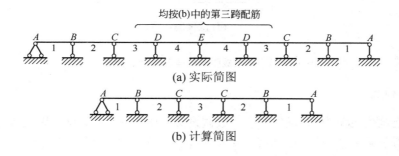

(a) 实际简图

(b) 计算简图

图 8.7 多跨连续梁(板)的计算简图

3. 荷载计算

作用在楼盖上的荷载有恒荷载和活荷载两种。恒荷载包括构件自重、各种构造层重量、永久设备自重等；活荷载主要为使用时的人群、家具及一般设备的重量，上述荷载通常按均布荷载考虑。楼盖恒荷载的标准值可由所选的构件尺寸、构造层做法及材料重度等通过计算来确定，活荷载标准值按《建筑结构荷载规范》(GB 50009—2001)的有关规定来选取。

为了减少计算工作量，结构内力分析时，常常是从实际结构中选取有代表性的一部分作为计算、分析的对象，这一部分称为计算单元。对于楼盖中的板，通常取宽度为 1m 的板带作为计算单元，在此范围内(称为负荷范围，图 8.8 中用阴影线表示)的楼面均布荷载即为该板带所承受的荷载。

在确定板传递给次梁的荷载及次梁传递给主梁的荷载时，一般均忽略结构的连续性而按简支进行计算。对于次梁，取相邻板跨中线所分割出来的面积作为它的负荷范围，次梁所承受的荷载为次梁自重及其负荷范围上板传来的荷载；对于主梁，则承受主梁自重及由次梁传来的集中荷载。但由于主梁自重与次梁传来的荷载相比往往较小，故为了简化计算，一般可将主梁的均布自重折算为若干集中荷载，与次梁传来的集中荷载合并计算。

单向板楼盖的荷载计算单元及板、梁的计算简图如图 8.8 所示。

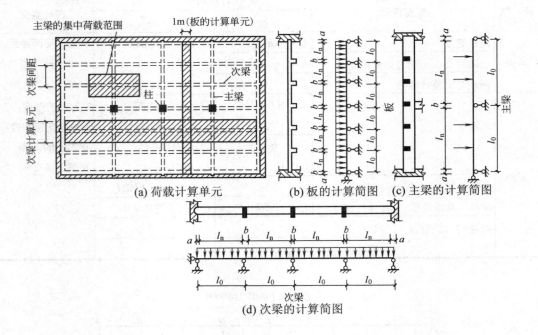

(a) 荷载计算单元 (b) 板的计算简图 (c) 主梁的计算简图

(d) 次梁的计算简图

图 8.8　单向板肋梁楼盖及其计算简图

4. 折算荷载

在确定连续梁(板)的计算简图时，一般假设其支座均为铰接，即忽略支座对梁(板)的约束作用。而对于梁板整浇的现浇楼盖，这种假设与实际情况并不完全相符。

如图 8.9(a)所示，当板承受荷载发生弯曲转动时，将带动作为其支座的次梁产生扭转，而次梁的扭转作用会约束板的自由转动。当板上作用有隔跨布置的活荷载时，板在支座处的转动较大，次梁对板的转动约束作用也较大，这样使板在支座处实际产生的转角 θ' 比计算简图中理想铰支座时的转角 θ 要小。可见，与次梁整浇连续板的实际支承与理想的铰支座不同，其影响将使板跨中的弯矩值降低。类似的情况也发生在次梁和主梁之间。

为消除支座实际受力和力学计算简图之间的误差，一般在荷载计算时，采用保持荷载总值不变而加大恒荷载、对应减少活荷载的方法加以考虑(图 8.9(b))。即在连续梁(板)内力计算时，用调整后的折算荷载 g'、q' 代替实际荷载 g、q，折算荷载的取值如下：

对于板　　　　$g' = g + \dfrac{q}{2}$，　　　　$q' = \dfrac{q}{2}$

对于次梁　　　$g' = g + \dfrac{q}{4}$，　　　　$q' = \dfrac{3q}{4}$

式中　　g'、q'——调整后的折算恒荷载及活荷载；

　　　　g、q——实际的恒荷载及活荷载。

在连续主梁以及支座均为砖墙的连续梁(板)中，上述影响较小，因此不需要进行荷载折算。

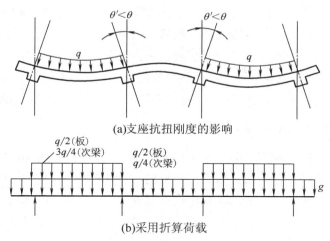

(a)支座抗扭刚度的影响

(b)采用折算荷载

图 8.9　连续梁(板)的折算荷载

5．构件截面尺寸

由上可知，在确定现浇楼盖板、梁计算简图的过程中，需要事先选定构件的截面尺寸才能确定其计算跨度和进行荷载统计。板、次梁、主梁的截面尺寸应满足其刚度要求，根据高跨比 h/l_0，可参考表 8.2 确定。初步假定的截面尺寸在承载力计算时如不满足设计要求，则应重新调整再计算，直到满足要求为止。

表 8.2　混凝土板、梁的常规尺寸

构件种类		高跨比(h/l_0)	备　注
单向板	简支 两端连续	≥1/25 ≥1/30	最小板厚： 屋面板　　　　　　　　$h{\geqslant}60mm$ 民用建筑楼板　　　　　$h{\geqslant}60mm$ 工业建筑楼板　　　　　$h{\geqslant}70mm$ 行车道下的楼板　　　　$h{\geqslant}80mm$
双向板	单跨简支 多跨连续	≥1/35 ≥1/40 (按短向跨度)	最小板厚：　　$h{\geqslant}80mm$
悬臂板		≥1/12	最小板厚： 悬臂长度≤500 mm，$h{\geqslant}60mm$ 悬臂长度1200 mm，$h{\geqslant}100mm$
多跨连续次梁 多跨连续主梁 单跨简支梁 悬臂梁		1/18～1/12 1/14～1/8 1/14～1/8 1/8～1/6	最小梁高： 次梁　$h{\geqslant}l/25$ 主梁　$h{\geqslant}l/15$ 宽高比(b/h)：　1/3～1/2，以 50mm 为模数

注：表中 l_0 为板、梁的计算跨度，通常可按表 8.1 采用。

8.2.3 单向板楼盖的内力计算——弹性计算法

钢筋混凝土连续梁(板)的内力计算方法有两种：即弹性计算法和塑性计算法。按弹性理论方法计算是假定结构构件为理想弹性材料，根据前述方法选取计算简图，其内力按结构力学的原理分析，一般常用力矩分配法进行内力计算。为方便计算，对于常用荷载作用下的等跨连续梁(板)，均已编制成计算表格可直接查用。计算表格详见附表 B.1。

按弹性理论方法计算，概念简单，易于掌握，且计算结果比实际情况偏大，可靠度大。

1. 活荷载的最不利组合

作用于梁或板上的荷载有恒荷载和活荷载，其中恒荷载的大小和位置是保持不变的，并布满各跨；而活荷载在各跨的分布则是随机的，引起的构件各截面的内力也是变化的。因此，为了保证构件在各种可能的荷载作用下都安全可靠，就必须确定活荷载布置在哪些不利位置，与恒荷载组合后将使控制截面(支座、跨中)可能产生最大内力，即活荷载的最不利组合问题。

图 8.10 为五跨连续梁当活荷载布置在不同跨时梁的弯矩图及剪力图，分析其内力变化规律和不同组合后的内力结果，可以得出确定连续梁(板)最不利活荷载布置的原则如下。

(1) 求某跨跨中最大正弯矩时，应在该跨布置活荷载，然后向其左右每隔一跨布置活荷载(图 8.11(a)、(b))。

(2) 求某跨跨中最小弯矩(最大负弯矩)时，应在该跨不布置活荷载，而在相邻两跨布置活荷载，然后向其左右每隔一跨布置活荷载(图 8.11(a)、(b))。

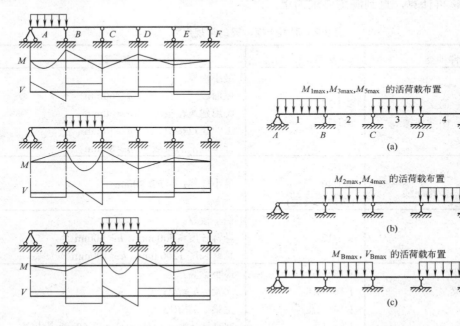

图 8.10　连续梁活荷载布置在不同跨时的内力图　　　　图 8.11　活荷载的不利布置图

(3) 求某支座截面最大负弯矩时，应在该支座左右两跨布置活荷载，然后向其左右每隔一跨布置活荷载(图 8.11(c))。

(4) 求某支座截面(左、右)的最大剪力时，其活荷载布置与求该支座截面最大负弯矩时相同(图 8.11(c))。

恒荷载应按实际情况布置，一般在连续梁(板)各跨均有恒荷载作用。求某截面最不利内力时，除按活荷载最不利位置求出该截面的内力外，还应加上恒荷载在该截面产生的内力。

2. 用查表法计算内力

活荷载的最不利布置确定后，对于等跨(包括跨度差不大于 10%)的连续梁(板)，可以直接应用表格(见附表 B.1)查得在恒荷载和各种活荷载最不利位置作用下的内力系数，并按下列公式求出连续梁(板)的各控制截面的弯矩值 M 和剪力值 V。

当均布荷载作用时

$$M = K_1 g l_0^2 + K_2 q l_0^2 \tag{8-1}$$
$$V = K_3 g l_0 + K_4 q l_0 \tag{8-2}$$

当集中荷载作用时

$$M = K_1 G l_0 + K_2 Q l_0 \tag{8-3}$$
$$V = K_3 G + K_4 Q \tag{8-4}$$

式中　g、q——单位长度上的均布恒荷载与活荷载设计值；

$\quad\quad$ G、Q——集中恒荷载与活荷载设计值；

$\quad\quad$ $K_1 \sim K_4$——等跨连续梁(板)的内力系数，由附表 B.1 中查取；

$\quad\quad$ l_0——梁的计算跨度，按表 8.1 规定采用。若相邻两跨的跨度不相等(不超过 10%)，在计算支座弯矩时，l_0 取相邻两跨的平均值；而在计算跨中弯矩及剪力时，仍用该跨的计算跨度。

3. 内力包络图

对于连续梁，在恒荷载作用下求出各截面的内力，再分别叠加上对各截面为活荷载最不利布置时的内力，就可得到各截面可能出现的最不利内力。在设计中，不必对构件的每个截面都进行计算，只需对若干控制截面(支座、跨中) 计算其内力。因此，对某一种活荷载的最不利布置将产生连续梁某些控制截面的最不利内力，同时可以作出其对应的内力图形。若将所有活荷载最不利布置时的各种同类内力图形(弯矩图或剪力图)，按同一比例画在同一基线上，所得的图形称为内力叠合图，内力叠合图的外包线所围成的图形就是内力包络图。内力包络图包括弯矩包络图和剪力包络图。

如图 8.12 所示，在每跨三分点处作用有集中荷载的两跨等跨连续梁，在恒荷载(G =50kN)与活荷载(Q =100kN)的三种最不利荷载组合作用下，分别得到其相应的弯矩图。图 8.12(d)为该梁各种 M 图绘在同一基线上的弯矩包络图。用类似的方法也可以画出连续梁的剪力包络图。

绘制弯矩包络图和剪力包络图的目的，在于合理确定纵向受力钢筋弯起和截断的位置，也可以检查构件截面承载力是否可靠，材料用量是否节省。

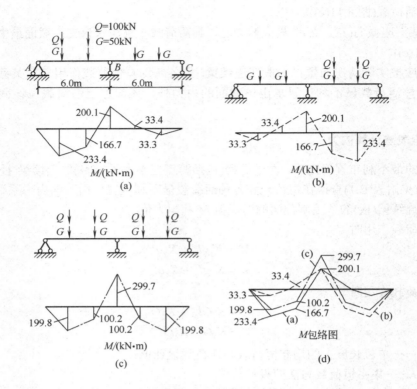

图 8.12　两跨连续梁的弯矩包络图

8.2.4　单向板楼盖的内力计算——塑性计算法

1. 塑性计算法的基本概念

钢筋混凝土是钢筋与混凝土两种材料组成的非匀质的弹塑性体。在钢筋混凝土受弯构件正截面的承载力计算中采用的是塑性理论，正确反映了这两种材料的实际受力性能。而按弹性理论计算连续梁(板)的内力时，是假定钢筋混凝土为匀质弹性材料，且结构的刚度不随荷载大小而改变，因此荷载与内力呈线性关系。这样显然与截面的承载力计算理论互不协调，不能准确反映结构的实际内力，并且材料强度未能得到充分发挥。一般按弹性计算法求得的支座弯矩远大于跨中弯矩，这将使支座配筋拥挤、构造复杂、施工不便。

塑性计算法是从结构的实际受力情况出发，考虑材料塑性变形引起的结构内力重分布来计算连续梁内力的方法，这样不仅可消除内力计算与截面承载力计算之间的矛盾，而且还可获得节省材料、方便施工的技术经济效果。

1) 塑性铰的概念

钢筋混凝土受弯构件内塑性铰的形成是结构破坏阶段内力重分布的主要原因。如图 8.13 所示的钢筋混

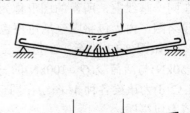
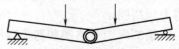

图 8.13　塑性铰的形成

凝土简支梁，当梁的受力进入破坏阶段时跨中受拉纵筋首先屈服，随着荷载的少许增加，钢筋变形急剧增大，裂缝扩展，形成塑性变形集中的区域，使屈服截面两侧产生较大的相对转角，这个集中区域在构件中的作用，犹如一个能够转动的"铰"，称为塑性铰。可以认为，塑性铰是构件塑性变形集中发展的结果。塑性铰与理想铰的区别在于：前者能承受一定的弯矩，并只能沿弯矩作用方向发生一定限度的转动；而后者则不能承受弯矩，但可自由转动。

简支梁是静定结构，当任一截面出现塑性铰后，结构就成为几何可变体系而丧失承载力。但多跨连续梁是超静定结构，由于存在多余约束，构件某一截面出现塑性铰并不会导致结构立即破坏，还可以继续承受增加的荷载，直到不断增加的塑性铰使结构成为几何可变体系，才失去承载能力。

2) 塑性内力重分布

在钢筋混凝土超静定结构中，每出现一个塑性铰相当于减少了一个多余约束，结构仍是几何不变体系，直到出现足够数目的塑性铰使结构整体或局部形成破坏机构，才丧失其承载能力。在形成破坏机构的过程中，结构的内力不再按原来的弹性规律分布，塑性铰的出现将引起构件各截面间的内力分布发生变化的现象，称为塑性内力重分布。下面以跨中作用有集中荷载的两跨连续梁为例加以说明。

如图 8.14(a)所示，一两跨连续梁的跨度均为 l =3m，每跨跨中承受一集中荷载 P。设梁跨中和支座截面能承担的极限弯矩相同，均为 M_u =30kN·m。

(1) 塑性铰形成前。

按照弹性理论方法计算，由附表 B.1 查得计算弯矩为：

跨中　　$M_1 = M_2 = 0.156Pl$

支座　　$M_B = -0.188Pl$

由此可得，连续梁两个控制截面弯矩的比值 M_1：M_B = 1：1.2，以中间支座截面 B 处的弯矩数值 M_B 为最大。则支座在外荷载 $P_1 = \dfrac{M_B}{0.188\,l} = \dfrac{30}{0.188 \times 3} = 53.2$kN 时，将达到该截面的极限弯矩 M_u。按照弹性计算法，P_1 就是这根连续梁所能承担的极限荷载，其弯矩图如图 8.14(b)所示。

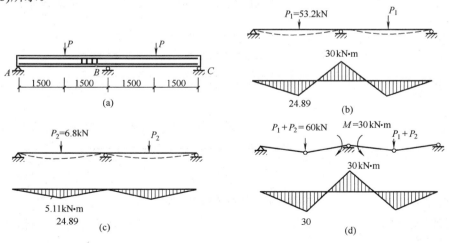

图 8.14　两跨连续梁塑性内力重分布的过程

(2) 塑性铰形成后。

按塑性内力重分布考虑，当支座弯矩 M_B 达到极限弯矩时，中间支座 B 处即形成塑性铰，但此时结构并未破坏，仍为几何不变体系。若再继续增加荷载 P_2，该两跨连续梁的工作将类似于两根简支梁(图 8.14(c))。此时支座弯矩不再增加，而跨中弯矩在 P_2 作用下将继续增加，直到跨中总弯矩也达到该截面能承担的极限弯矩值 M_u 而形成塑性铰，此时连续梁将成为几何可变体系而丧失其承载能力。

本例中，在外荷载 P_1 作用下，跨中弯矩 $M_1 = 0.156 \times 53.2 \times 3 = 24.89 \text{kN} \cdot \text{m}$，此时该截面的受弯承载力还有 $M_u - M_1 = 30 - 24.89 = 5.11 \text{kN} \cdot \text{m}$ 的余量储备。后续增加荷载 P_2 对跨中弯矩的效应为 $\Delta M = \dfrac{1}{4} P_2 l$，则 $P_2 = \dfrac{5.11 \times 4}{3} = 6.8 \text{kN}$。该连续梁所能承受的破坏荷载 $P = P_1 + P_2 = 53.2 + 6.8 = 60 \text{kN}$(图 8.14 (d))。此时，跨中和支座截面均达到极限弯矩 M_u。

由以上两个阶段可以看出：塑性铰形成前，支座弯矩数 M_B 和跨中弯矩 M_1 随荷载 P_1 增大呈线性关系增加，连续梁的内力分布符合弹性理论的规律，其跨中与支座截面的弯矩比值为 $M_1 : M_B = 1 : 1.2$；而塑性铰形成后，继续增加荷载 P_2，支座弯矩 M_B 不再增加，荷载增量 P_2 引起的弯矩增量全部集中在跨中截面，形成了结构的塑性内力重分布，到临近破坏时，跨中与支座截面的弯矩比例改变为 $M_{1u} : M_{Bu} = 1 : 1$。

由于超静定结构的破坏标志不再是一个截面"屈服"，而是形成破坏机构，故连续梁从出现第一个塑性铰到结构形成可变体系这段过程中，还可以继续增加荷载。因此，在结构设计时按塑性理论计算内力，可以利用潜在的承载能力储备而取得经济效益。如本例中，极限荷载值与按弹性计算法相比提高了 $\dfrac{P_2}{P_1} \times 100\% = 12.78\%$。

2．弯矩调幅法

对单向板肋梁楼盖中的连续板、梁，当考虑塑性内力重分布理论分析结构内力时，普遍采用弯矩调幅法。如图 8.15 所示的两跨连续梁，承受均布荷载 q，按弹性理论计算得到的支座最大弯矩为 M_B，跨中最大弯矩为 M_1。考虑塑性内力重分布设计时，将支座截面弯矩 M_B 调整降低为 M_B'，并将跨中弯矩 M_1 相应增加为 M_1' (满足平衡条件)，经过综合分析计算再得到连续梁各截面的内力值，然后进行配筋计算，这种做法称为弯矩调幅法。

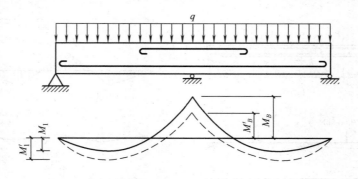

图 8.15　连续梁的弯矩调幅

根据理论和试验研究结果以及工程经验，考虑塑性内力重分布对弯矩进行调幅时，应遵循以下原则。

(1) 按照弯矩调幅法设计的结构构件，要求材料具有良好的塑性性能。受力钢筋宜采用 HRB335 级、HRB400 级、HRB500 级热轧钢筋，混凝土强度等级宜为 C20～C45。

(2) 必须保证在调幅截面能够形成塑性铰，且具有足够的转动能力。为此，调幅截面的相对受压区高度系数应满足 $0.1 \leq \xi \leq 0.35$。

(3) 为了避免塑性铰出现过早、转动幅度过大，致使梁的裂缝宽度及变形过大，应控制支座截面的弯矩调幅系数，以不超过 20%为宜。

(4) 确保结构安全可靠。由于连续梁出现塑性铰后，是按简支梁工作的，结构仍应满足平衡条件。为此，连续梁(板)各跨调整后的两个支座弯矩的平均值加上跨中弯矩的绝对值之和不得小于相应的简支梁跨中弯矩；调幅后，跨中及支座控制截面的弯矩值均不应小于简支梁相应弯矩的 1/3。

3. 等跨连续板、梁的内力计算

按照弯矩调幅法的基本原则，经过内力调整，并考虑到计算的方便，可推导出等跨连续梁(板)在均布荷载作用下的内力计算公式，设计时可按下列简化公式直接计算：

弯矩　　　　　　　$M = \alpha(g + q)l_0^2$　　　　　　　　　　　　　　　(8-5)

剪力　　　　　　　$V = \beta(g + q)l_n$　　　　　　　　　　　　　　　(8-6)

式中　α——考虑塑性内力重分布的弯矩系数，按图 8.16(a)取值；

　　　β——考虑塑性内力重分布的剪力系数，按图 8.16(b)取值；

　　　g、q——均布恒荷载与活荷载设计值；

　　　l_0——计算跨度，按塑性理论计算方法取值，见表 8.1；

　　　l_n——净跨度。

按图 8.16 确定的弯矩系数适用于：①荷载比 $q/g > 0.3$ 的等跨连续板、梁；②跨度相差不超过 10%的不等跨连续板、梁，但计算支座弯矩时，应取相邻两跨的较大跨度计算。

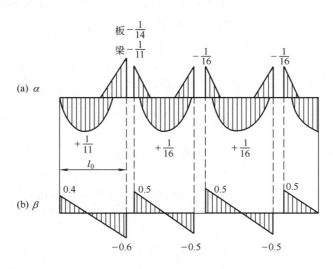

图 8.16　连续板、梁的弯矩系数 α 及剪力系数 β

4. 塑性计算法的适用范围

综上所述，采用塑性理论方法进行内力计算，能正确反映材料的实际受力性能，既节省材料,又保证结构安全可靠。同时,由于减少了支座负弯矩钢筋用量,改善了支座配筋拥挤的状况,更方便施工,因此在设计现浇肋梁楼盖中的板和次梁时,通常采用塑性计算法。

但是塑性内力重分布理论是以形成塑性铰为前提,在使用阶段构件的裂缝和变形均较大。所以,塑性计算法并不是在任何情况下都适用,通常在下列情况下应按弹性理论计算方法进行设计:①直接承受动力荷载和重复荷载的结构;②在使用阶段不允许出现裂缝或对裂缝开展有较严格限制的结构;③处于重要部位,要求有较大承载力储备的结构,如肋梁楼盖中的主梁;④处于侵蚀性环境中的结构。

8.2.5 单向板楼盖的构件设计与构造要求

1. 单向板

1) 板的设计要点

(1) 支承在次梁或砖墙上的连续单向板,一般可采用塑性内力重分布方法进行计算。

(2) 板一般均能满足斜截面抗剪要求,设计时可不进行受剪承载力计算。

(3) 沿单向板的长边方向选取 1m 宽板带为计算单元并统计荷载,按单筋矩形截面受弯构件进行配筋计算。板内受力钢筋的数量是根据连续板各跨跨中、支座截面处的最大正、负弯矩分别计算而得。

(4) 在现浇楼盖中,当连续板的四周与梁整体连接时,支座截面负弯矩使板上部开裂,跨中正弯矩使板下部开裂,因而板的实际轴线形成拱形。在板面竖向荷载作用下,板四周边梁对它产生水平推力(图 8.17)。该推力对板是有利的,可减少板中各计算截面的弯矩。一般规定,对四周与梁整体连接的连续单向板,其中间跨板带的跨中截面及中间支座截面的计算弯矩可折减 20%,其他截面则不予减少。

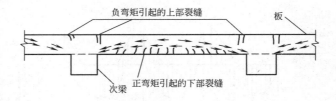

图 8.17 连续板的拱推力示意图

2) 板的配筋构造

板的厚度、支承长度、钢筋种类等一般构造已在第 4 章介绍过,现补充连续板的配筋构造要求。

(1) 受力钢筋的配置。

板内受力钢筋的数量按计算确定后,配置时应考虑构造简单、施工方便。由于连续板各跨跨中及支座截面所需钢筋的数量不可能都相等,为满足配筋协调要求,往往采取各截面的钢筋间距相同而钢筋直径不同的方法,并按先内跨后边跨、先跨中后支座的次序选配钢筋。板中受力钢筋一般采用 HPB300 级、HRB335 级钢筋,常用直径为 6~12mm。对于支座负弯矩钢筋,为便于施工架立,钢筋直径不宜太细,一般直径不小于 8mm。

连续板中受力钢筋的布置方式有弯起式和分离式两种,如图 8.18 所示。弯起式配筋是先按跨中正弯矩确定其钢筋直径和间距,然后在支座附近将部分跨中钢筋向上弯起(弯起角度一般采用 30°),用以承担支座负弯矩,一般采用隔一弯一或隔一弯二(图 8.18(a))。如数量不足,可另加直钢筋。剩余的钢筋伸入支座的间距不应大于 400mm,截面面积不应小于跨中钢筋的 1/3,配筋时应注意相邻跨中与支座钢筋间距的协调。弯起式配筋特点是钢筋锚固和整体性好,钢筋用量省,但施工较复杂,目前已较少采用。

分离式配筋是将全部跨中钢筋伸入支座,支座上部负弯矩钢筋单独设置,即跨中和支座采用直钢筋分别单独配置(图 8.18(b))。分离式配筋的整体性不如弯起式配筋,钢筋用量略高,但其构造简单,施工方便,是目前工程中常用的配筋方式。

为了保证锚固可靠,板内伸入支座的底部受力钢筋应加半圆弯钩,而对于板顶部负弯矩钢筋末端,为保证施工时不改变钢筋的设计位置,宜做成直抵模板的直钩。确定连续板内受力钢筋的弯起和截断位置,一般不必绘弯矩包络图,可直接按图 8.18 所示的构造要求确定。图中 a 值,当 $q/g \leq 3$ 时,$a = l_n/4$;当 $q/g > 3$ 时,$a = l_n/3$。其中,g 为均布恒荷载,q 为均布活荷载,l_n 为板的净跨。

(2) 构造钢筋的配置。

单向板除按计算配置受力钢筋外,通常还应布置以下几种构造钢筋(图 8.19)。

① 单向板的分布钢筋。

单向板除沿短边方向布置受力钢筋外,还应沿长边方向按构造要求布置分布钢筋。沿板宽方向单位长度上分布钢筋的截面面积不宜小于单位长度上受力钢筋截面面积的 15%,且配筋率不宜小于 0.15%;分布钢筋直径不宜小于 6mm,间距不宜大于 250mm。当集中荷载较大时,分布钢筋的配筋面积尚应增加,且间距不宜大于 200mm。分布钢筋应垂直布置于受力钢筋的内侧,并且在受力钢筋的所有弯折处也应布置。

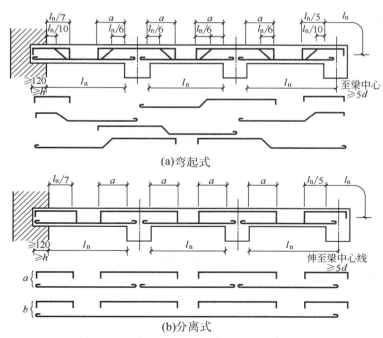

(a)弯起式

(b)分离式

图 8.18　连续板中受力钢筋的布置方式

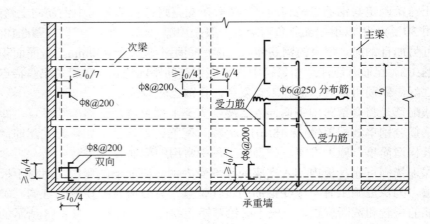

图 8.19　连续板的构造钢筋

② 嵌固在墙内的板面构造钢筋。

嵌固在砌体墙内的板，其计算简图是按简支考虑的，实际上由于墙体的约束作用而使板端产生负弯矩。因此，对嵌固在砌体墙内的现浇板，在板边上部应配置直径不小于8mm、间距不大于200mm 的构造钢筋，其截面面积不宜小于受力方向跨中板底钢筋截面面积的 1/3。钢筋伸出墙边的长度不宜小于板短边跨度 l_0 的 1/7。对两边嵌固于墙内的板角部分，应在板面双向配置上述构造钢筋，其伸出墙边的长度不宜小于 $l_0/4$，如图 8.19所示。

③ 垂直于主梁的板面构造钢筋。

在单向板中受力钢筋与主梁的肋平行，但由于板和主梁整体连接，在靠近主梁附近，部分荷载将由板直接传递给主梁而产生一定的负弯矩。为此，应沿板边在主梁长度方向上配置与主梁垂直的上部构造钢筋，其数量应不少于板中受力钢筋的 1/3，且直径不宜小于8mm，间距不宜大于200mm，伸出主梁边缘的长度不宜小于板计算跨度 l_0 的 1/4(图 8.20)。

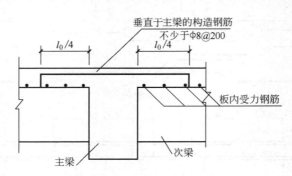

图 8.20　板中与主梁垂直的构造钢筋

④ 板内孔洞周边的附加钢筋。

当孔洞的边长 b (矩形孔)或直径 d (圆形孔)不大于 300mm 时，由于削弱面积较小，可不设附加钢筋，板内受力钢筋可绕过孔洞，不必切断(图 8.21(a))。

当 b(或 d)大于 300mm 且小于 1000mm 时，应在洞边每侧配置加固洞口的附加钢筋，其截面面积不小于被洞口切断的受力钢筋截面面积的一半，且不小于 2Φ10，并布置在与被切断的主筋同一水平面上(图 8.21(b))。

当 b(或 d)大于 1000mm 或孔洞周边有较大集中荷载时,应在洞边加设肋梁(图 8.21(c))。对于圆形孔洞,板中还需配置 2Φ8~2Φ12 的环形钢筋和放射形钢筋(图 8.21(d))。

2.次梁

1) 次梁的设计要点

(1) 次梁的设计步骤:初选截面尺寸→荷载计算→内力计算→纵向钢筋配筋计算→箍筋及弯起钢筋计算→确定构造钢筋→绘制结构施工图。

(2) 次梁的内力计算一般采用塑性理论计算方法。

(3) 按正截面抗弯承载力计算纵向受拉钢筋时,由于板和次梁是整体连接,板作为梁的翼缘参与工作。通常跨中截面按 T 形截面梁计算,其翼缘计算宽度 b_f' 按表 4.6 取用。支座截面因翼缘位于受拉区,所以按矩形截面梁计算。

(4) 次梁按斜截面抗剪承载力计算横向钢筋,一般宜采用箍筋作为抗剪钢筋。

(5) 次梁的截面尺寸满足高跨比 $h/l_0 = 1/18~1/12$ 和宽高比 $b/h = 1/3~1/2$ 的要求时,一般不必作使用阶段的挠度和裂缝宽度验算。

2) 次梁的配筋构造

当次梁相邻跨度相差不超过 20%,且承受均布活荷载与恒荷载设计值之比 $q/g \leq 3$ 时,梁的弯矩图形变化幅度不大,其纵向受力钢筋的弯起和截断位置,可按图 8.22(a)确定;否则应按弯矩包络图确定。对于不设弯起钢筋的次梁,其支座上部纵筋的截断位置如图 8.22(b)所示。

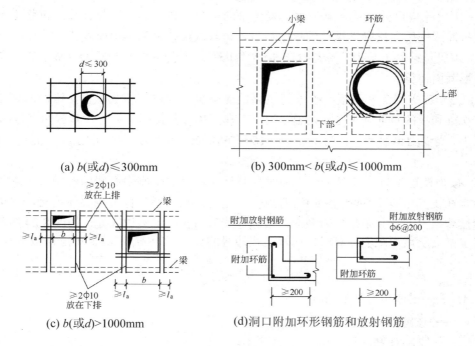

(a) b(或d)≤300mm

(b) 300mm< b(或d)≤1000mm

(c) b(或d)>1000mm

(d)洞口附加环形钢筋和放射钢筋

图 8.21　板上开洞的构造钢筋

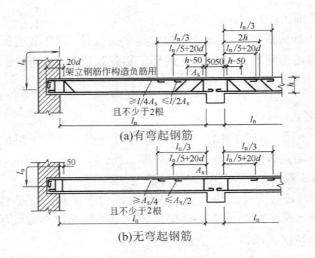

(a)有弯起钢筋

(b)无弯起钢筋

图 8.22　次梁的配筋构造要求

3. 主梁

1) 主梁的设计要点

(1) 主梁的设计步骤：初选截面尺寸→荷载计算→内力计算→计算纵向钢筋、箍筋及弯起钢筋→确定构造钢筋→绘制结构施工图。

(2) 主梁的内力计算通常采用弹性计算法，因为主梁是楼盖中的重要构件，需要有较高的安全储备，并要求在使用阶段挠度及裂缝开展不宜过大。

(3) 主梁除自重外，主要承受由次梁传来的集中荷载。为了简化计算，可将主梁的自重荷载折算成作用在次梁支承处的集中荷载，再与次梁传来的集中荷载合并计算。

(4) 主梁正截面承载力计算与次梁相同，即跨中正弯矩按 T 形截面计算，支座负弯矩则按矩形截面计算。

(5) 由于在主梁支座处板、次梁与主梁的支座负弯矩钢筋相互垂直交错，而且主梁负筋位于次梁和板的负筋之下(图 8.23)，因此，在主梁支座截面计算时，其截面有效高度 h_0 有所减小。当受力钢筋为一排时，$h_0 = h - (60\sim65)\text{mm}$；当受力钢筋为两排时，$h_0 = h - (85\sim90)\text{mm}$。

(6) 按弹性理论方法计算主梁内力时，其计算跨度取支座中心线间的距离，求得的支座弯矩是在支座中心(即柱中心处)的弯矩值，但是此处主梁与柱节点整体连接，主梁的截面高度显著增大，故并不是危险截面，实际危险截面应在支座边缘处，如图 8.24 所示。因此，在主梁支座截面配筋计算时，应取支座边缘的计算弯矩 M_b'，其值可近似按下式计算：

$$M_b' = M_b - \frac{V_0 b}{2} \tag{8-7}$$

式中　M_b——支座中心处的弯矩；

$\quad\quad V_0$——该跨按简支梁计算的支座剪力；

$\quad\quad b$——支座宽度。

(7) 若按构造要求选择主梁的截面尺寸和钢筋直径时，一般可不作挠度和裂缝宽度验算。

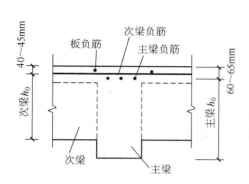

图 8.23　主梁支座处的截面有效高度

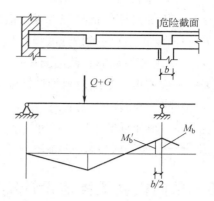

图 8.24　主梁支座边缘的计算弯矩

2) 主梁的构造要求

(1) 主梁的一般构造要求与次梁相同。但主梁纵向受力钢筋的弯起和截断要根据弯矩包络图进行布置，应使其抵抗弯矩图能覆盖弯矩包络图，并满足有关构造要求(详见第 4.3.3 小节)。

(2) 主梁主要承受集中荷载，剪力图呈矩形。当荷载、跨度较小时，一般可仅配置箍筋抗剪。当荷载、跨度较大时，可在支座附近设置弯起钢筋，以减少箍筋用量。如果在斜截面抗剪计算中利用弯起钢筋抵抗部分剪力，则应考虑跨中纵向钢筋有足够的钢筋可供弯起，使抵抗剪力图能够完全覆盖剪力包络图。若跨中可供弯起钢筋的排数不满足抗剪要求，则应在支座设置专门抗剪的鸭筋。

(3) 在次梁与主梁相交处，次梁的集中荷载可能使主梁的腹部产生斜裂缝，并引起局部破坏(图 8.25(a))。《混凝土规范》规定，位于梁下部或梁截面高度范围内的集中荷载，应设置附加横向钢筋来承担。附加横向钢筋有箍筋和吊筋两种，宜优先采用箍筋。附加横向钢筋应布置在次梁两侧 $s = 2h_1 + 3b$ 的长度范围内 (图 8.25(b)、(c))。第一道附加箍筋离次梁边 50mm，吊筋下部尺寸为次梁宽度加上 100mm。

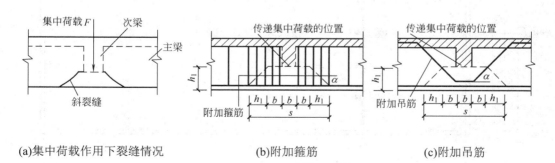

(a)集中荷载作用下裂缝情况　　　　(b)附加箍筋　　　　　(c)附加吊筋

图 8.25　主、次梁相交处附加横向钢筋的布置

附加横向钢筋所需的总截面面积应满足下式要求：

$$F \leqslant 2f_y A_{sb} \sin\alpha + mnf_{yv} A_{sv1} \tag{8-8}$$

式中 F——次梁传给主梁的集中荷载设计值；

f_y——附加吊筋的抗拉强度设计值；

f_{yv}——附加箍筋的抗拉强度设计值；

A_{sb}——附加吊筋的总截面面积；

m——在宽度 s 范围内附加箍筋的个数；

n——同一截面内附加箍筋的肢数；

A_{sv1}——附加箍筋单肢的截面面积；

α——附加吊筋与梁轴线间的夹角，宜取 $45°$ 或 $60°$。

8.2.6   单向板肋梁楼盖设计实例

【例 8.1】   某工厂仓库为多层内框架砖混结构，外墙厚 370mm，钢筋混凝土柱截面尺寸为 300mm×300mm。楼盖采用现浇钢筋混凝土单向板肋梁楼盖，其结构平面布置如图 8.26 所示。图示范围内不考虑楼梯间。设计资料如下。

(1) 楼面做法：20mm 厚水泥砂浆面层，15mm 厚石灰砂浆板底抹灰。

(2) 楼面荷载：恒荷载包括梁、楼板及粉刷层自重。钢筋混凝土自重为 25kN/m³，水泥砂浆自重为 20kN/m³，石灰砂浆自重为 17kN/m³，恒荷载分项系数 γ_G =1.2。

楼面均布活荷载标准值为 8kN/m²，活荷载分项系数 γ_Q =1.3(楼面活荷载标准值≥ 4kN/m²)。

(3) 材料选用：混凝土采用 C25，梁中受力主筋采用 HRB335 级钢筋，其余均采用 HPB300 级钢筋。

试对该单向板肋梁楼盖的板、次梁和主梁进行设计，并绘制结构施工图。

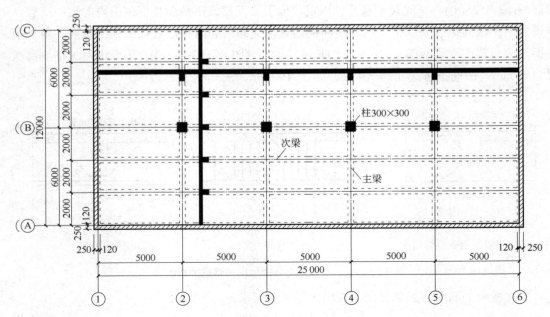

图 8.26   某仓库楼盖结构平面布置图

【解】

1）楼盖结构布置及构件截面尺寸的确定

（1）梁格布置。

如图 8.26 所示，确定主梁的跨度为 6m，主梁每跨内布置 2 根次梁，次梁的跨度为 5m，板的跨度为 2m。

（2）构件截面尺寸。

考虑刚度要求，板厚 $h \geqslant \dfrac{l_0}{30} = \dfrac{1}{30} \times 2000\text{mm} = 67\text{mm}$，考虑工业建筑楼板最小板厚为 70mm，取板厚 $h = 80\text{mm}$。

次梁截面高度应满足：$h = \left(\dfrac{1}{18} \sim \dfrac{1}{12}\right) l_0 = \left(\dfrac{1}{18} \sim \dfrac{1}{12}\right) \times 5000\text{mm} = 278 \sim 417\text{mm}$。考虑本例楼面活荷载较大，取次梁截面尺寸 $b \times h = 200\text{mm} \times 400\text{mm}$。

主梁截面高度应满足：$h = \left(\dfrac{1}{14} \sim \dfrac{1}{8}\right) l_0 = \left(\dfrac{1}{14} \sim \dfrac{1}{8}\right) \times 6000\text{mm} = 429 \sim 750\text{mm}$，取主梁截面尺寸 $b \times h = 250\text{mm} \times 650\text{mm}$。

2）板的设计

单向板按考虑塑性内力重分布方法计算，取 1m 宽板带为计算单元，板的实际支承情况如图 8.27(a)所示。

（1）荷载计算。

20mm 厚水泥砂浆面层	$0.02 \times 20 = 0.4\text{kN/m}^2$
80mm 厚钢筋混凝土板	$0.08 \times 25 = 2.0\text{kN/m}^2$
15mm 厚石灰砂浆抹灰	$0.015 \times 17 = 0.26\text{kN/m}^2$
恒荷载标准值	$g_k = 2.66 \text{ kN/m}^2$
恒荷载设计值	$g = 1.2 \times 2.66 = 3.19\text{kN/m}^2$
活荷载设计值	$q = 1.3 \times 8 = 10.4\text{kN/m}^2$
总荷载设计值	$g+q = 13.59 \text{ kN/m}^2$
即每米宽板	$g+q = 13.59 \text{ kN/m}$

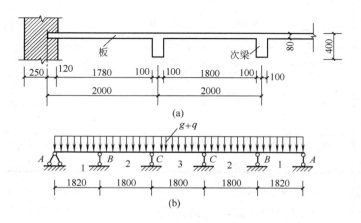

图 8.27　板的计算简图

(2) 内力计算。

计算跨度：

边跨　$l_{01} = l_n + h/2 = 2000-200/2-120+80/2 = 1820mm$

中间跨　$l_{02} = l_{03} = l_n = 2000-200 = 1800mm$

跨度差　$[(1820-1800)/1800]\times100\% = 1.1\% < 10\%$

故可按等跨连续板计算。板的计算简图如图8.27(b)所示。

板各截面的弯矩计算结果见表8.3。

表8.3　板的弯矩计算

截　面	1(边跨中)	B (支座)	2、3(中间跨中)	C(中间支座)
弯矩系数 α	$\dfrac{1}{11}$	$-\dfrac{1}{14}$	$\dfrac{1}{16}$	$-\dfrac{1}{16}$
$M = \alpha\,(g+q)l_0^2$ /(kN·m)	$\dfrac{1}{11}\times13.59\times1.82^2$ $=4.09$	$-\dfrac{1}{14}\times13.59\times1.82^2$ $=-3.22$	$\dfrac{1}{16}\times13.59\times1.8^2$ $=2.75$	$-\dfrac{1}{16}\times13.59\times1.8^2$ $=-2.75$

(3) 配筋计算。

取 1m 宽板带计算，$b = 1000mm$，$h = 80mm$，$h_0 = 80-25 = 55mm$。钢筋采用 HPB300 级($f_y = 270N/mm^2$)，混凝土采用 C25 ($f_c = 11.9N/mm^2$)。

因②～⑤轴间的中间板带四周与梁整体浇注，故这些板的中间跨中及中间支座的计算弯矩可折减 20%(即乘以 0.8)，但边跨(M_1)及第一内支座(M_B)不予折减。板的配筋计算过程见表8.4。

表8.4　板的配筋计算

截　面	1	B	2、3 ①～②、⑤～⑥ 轴间	2、3 ②～⑤轴间	C ①～②、⑤～⑥ 轴间	C ②～⑤轴间
弯矩 M /(kN·m)	4.09	-3.22	2.75	0.8×2.75	-2.75	-0.8×2.75
$\alpha_s = \dfrac{M}{\alpha_1 f_c b h_0^2}$	0.114	0.089	0.076	0.061	0.089	0.061
$\xi = 1-\sqrt{1-2\alpha_s}$	0.121<0.35	0.093	0.079	0.063	0.093	0.063
$A_s = \dfrac{\xi b h_0 \alpha_1 f_c}{f_y}$ /mm²	293	225	192	153	192	153
实配钢筋 /mm²	Φ8@170 A_s=296	Φ6/Φ8@170 A_s=231	Φ6/Φ8@170 A_s=231	Φ6@170 A_s=166	Φ6/Φ8@170 A_s=231	Φ6@170 A_s=166

(4) 板的配筋图：如图8.28所示。

在板的配筋图中，除按计算配置受力钢筋外，尚应设置下列构造钢筋。

① 分布钢筋：按规定选用Φ6@250。

② 板边构造钢筋：选用Φ8@200，设置于四周支承墙的板边上部，并在四角双向布置板角构造钢筋。

③ 板面构造钢筋：选用Φ8@200，垂直于主梁布置板面构造钢筋。

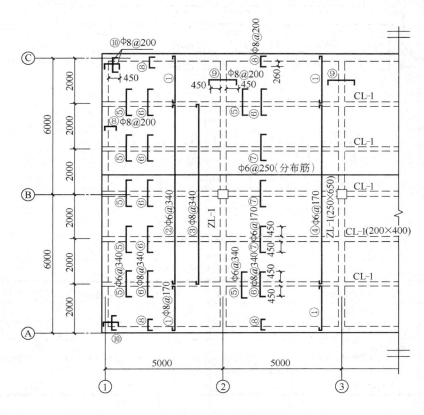

图 8.28 单向板配筋图

3) 次梁设计

次梁按考虑塑性内力重分布方法计算内力。次梁有关尺寸及支承情况如图 8.29(a)所示。

(1) 荷载计算。

板传来的恒荷载	2.66×2.0=5.32kN/m
次梁自重	0.2×(0.4-0.08)×25=1.6kN/m
梁侧抹灰	0.015×(0.4-0.08) ×2×17=0.16kN/m
恒荷载标准值	g_k=7.08kN/m
活荷载标准值	q_k=8×2=16 kN/m
总荷载设计值	$g+q$ =1.2×7.08+1.3×16=29.30 kN/m

(2) 内力计算。

计算跨度：

边跨 $l_{01}= l_n+ a/2$=(5000−250/2−120)+240/2= 4875mm>$1.025l_n$=1.025×4755= 4870mm

故取两者较小值 l_{01}= 4870 mm

中间跨 $l_{02} = l_{03} = l_n$ = 5000−250 = 4750 mm

跨度差 [(4870−4750)/4750]×100%=2.53%<10%

故按等跨连续次梁计算内力，计算简图如图 8.29(b)所示，次梁的内力计算见表 8.5 和表 8.6。

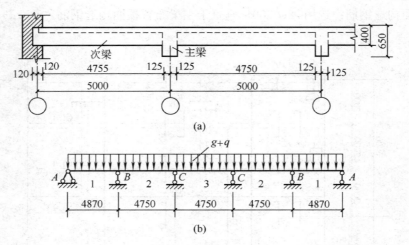

图 8.29   次梁的计算简图

表 8.5   次梁弯矩计算

截　　面	1（边跨中）	B（支座）	2、3（中间跨中）	C（中间支座）
弯矩系数 α	$\dfrac{1}{11}$	$-\dfrac{1}{11}$	$\dfrac{1}{16}$	$-\dfrac{1}{16}$
$M=\alpha(g+q)l_0^2$ /(kN·m)	$\dfrac{1}{11}\times29.30\times4.87^2$ $=63.17$	$-\dfrac{1}{11}\times29.30\times4.87^2$ $=-63.17$	$\dfrac{1}{16}\times29.30\times4.75^2$ $=41.32$	$-\dfrac{1}{16}\times29.30\times4.75^2$ $=-41.32$

表 8.6   次梁剪力计算

截　　面	A 支座	B 支座(左)	B 支座(右)	C 支座
剪力系数 β	0.4	0.6	0.5	0.5
$V=\beta(g+q)l_n$ /kN	$0.4\times29.30\times4.755$ $=55.73$	$0.6\times29.30\times4.755$ $=83.59$	$0.5\times29.30\times4.75$ $=69.59$	$0.5\times29.30\times4.75$ $=69.59$

(3) 配筋计算。

次梁截面承载力计算，混凝土采用 C25($f_c=11.9\text{N/mm}^2$，$f_t=1.27\text{N/mm}^2$)，纵筋采用 HRB335 级($f_y=300\text{N/mm}^2$)，箍筋为 HPB300 级($f_{yv}=270\text{N/mm}^2$)。

次梁跨中按 T 形截面进行正截面受弯承载力计算，其翼缘计算宽度为：

边跨　　$b_f'=l_0/3=4870/3=1623\text{mm}<b+s_n=200+1800=2000\text{mm}$，取 $b_f'=1623\text{mm}$

中间跨　$b_f'=4750/3=1583\text{mm}<b+s_n=2000\text{mm}$，取 $b_f'=1583\text{mm}$

梁高 $h=400\text{mm}$，$h_0=400-45=355\text{mm}$；翼缘厚度 $b_f'=80\text{mm}$

判别 T 形截面类型：

$\alpha_1 f_c b_f' h_f'(h_0-h_f'/2)=1.0\times11.9\times1583\times80\times(355-80/2)$

$\qquad\qquad=474.7\text{kN·m}>63.17\text{kN·m}(边跨中)$

$>41.32 \text{ kN} \cdot \text{m}(\text{中间跨中})$

故次梁各跨跨中截面均属于第一类 T 形截面。

次梁支座截面按矩形截面计算，支座负弯矩钢筋按一排布置，$h_0 = 400-45=355\text{mm}$。次梁正截面抗弯配筋计算及斜截面抗剪配筋计算分别见表 8.7 和表 8.8。

表 8.7　次梁抗弯配筋计算

截　面	1 (T 形)	B (矩形)	2、3 (T 形)	C (矩形)
弯矩 $M/(\text{kN}\cdot\text{m})$	63.17	−63.17	41.32	−41.32
b 或 b_f' /mm	1623	200	1583	200
$\alpha_s = \dfrac{M}{\alpha_1 f_c b h_0^2}$	0.026	0.211	0.017	0.138
$\xi = 1 - \sqrt{1-2\alpha_s}$	0.026	0.240<0.35	0.017	0.149
$A_s = \dfrac{\xi b h_0 \alpha_1 f_c}{f_y}$ /mm²	594	676	379	420
实配钢筋/mm²	3Φ16 $A_s=603$	2Φ12+2Φ18 $A_s=735$	2Φ12+1Φ16 $A_s=427$	2Φ12 +1Φ16 $A_s=427$

表 8.8　次梁抗剪配筋计算

截　面	A 支座	B 支座(左)	B 支座(右)	C 支座
V/kN	55.73	83.59	69.59	69.59
$0.25\beta_c f_c b h_0$ /kN	211.2>V	211.2>V	211.2>V	211.2>V
$V_c=0.7 f_t b h_0$ /kN	63.1>V	63.1<V	63.1<V	63.1<V
选用箍筋	2Φ6	2Φ6	2Φ6	2Φ6
$A_{sv}=nA_{sv1}$ /mm²	56.6	56.6	56.6	56.6
$s = \dfrac{f_{yv} A_{sv} h_0}{V - 0.7 f_t b h_0}$ /mm	按构造配置	265 $>s_{max}=200$	按构造配置	按构造配置
实配箍筋间距 s /mm	200	200	200	200
$V_{cs} = 0.7 f_t b h_0 + \dfrac{f_{yv} A_{sv} h_0}{s}$ /kN	90.2>V	90.2>V	90.2>V	90.2>V
配箍率 $\rho_{sv} = \dfrac{A_{sv}}{bs}$ $\rho_{sv,min} = \dfrac{0.24 f_t}{f_{yv}} = 0.11\%$	0.14%>0.11%	0.14%>0.11%	0.14%>0.11%	0.14%>0.11%

(4) 次梁配筋图：如图 8.30 所示。

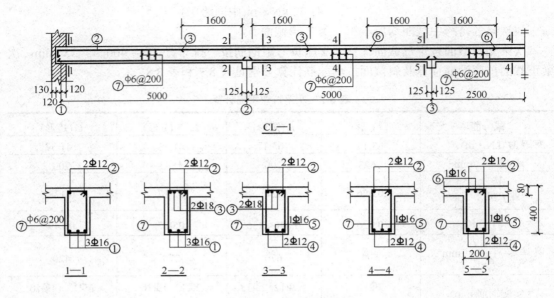

CL—1

图 8.30　次梁配筋图

4) 主梁设计

主梁按弹性理论计算内力，主梁的实际支承情况及计算简图如图 8.31 所示。

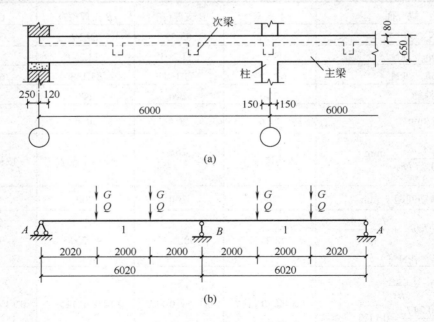

(a)

(b)

图 8.31　主梁的计算简图

(1) 荷载计算。

为简化计算，主梁自重按集中荷载考虑。

次梁传来的集中恒荷载　　　　　　　　　　　　　　　7.08×5=35.4kN

主梁自重(折算为集中荷载)　　　0.25×(0.65-0.08)×25×2.0=7.13kN

梁侧抹灰(折算为集中荷载)	$0.015×(0.65-0.08)×17×2.0×2=0.58kN$
恒荷载标准值	$G_k=43.11kN$
活荷载标准值	$Q_k=16×5=80\ kN$
恒荷载设计值	$G=1.2×43.11=51.73kN$
活荷载设计值	$Q=1.3×80=104kN$
总荷载设计值	$G+Q=155.73\ kN$

(2) 内力计算。

计算跨度：

$l_0= l_n+ a/2+b/2 =(6000-120-300/2)+370/2+300/2 = 6065mm$

$l_0=1.025l_n+b/2=1.025×5730+300/2 = 6020mm$

取上述二者中的较小者，即 $l_0 = 6020mm$。

按照弹性计算法，主梁的跨中和支座截面的最大弯矩及剪力按下式计算：

$$M = K_1Gl_0+K_2Ql_0$$

$$V = K_3G+K_4Q$$

式中系数 K 为等跨连续梁的内力计算系数，由附表 B.1 查取。主梁在各种荷载不利布置作用下的弯矩、剪力计算及最不利内力组合结果见表 8.9。

表 8.9　主梁弯矩、剪力及内力组合计算

项　次	荷载简图	弯矩值/(kN·m)		剪力值/kN	
		$\dfrac{K}{M_1}$	$\dfrac{K}{M_B}$	$\dfrac{K}{V_A}$	$\dfrac{K}{V_{B左}}$
①		$\dfrac{0.222}{69.13}$	$\dfrac{-0.333}{103.70}$	$\dfrac{0.667}{34.50}$	$\dfrac{-1.334}{-69.01}$
②		$\dfrac{0.222}{138.99}$	$\dfrac{-0.333}{208.48}$	$\dfrac{0.667}{69.37}$	$\dfrac{-1.334}{-138.74}$
③		$\dfrac{0.278}{174.05}$	$\dfrac{-0.167}{104.56}$	$\dfrac{0.833}{86.63}$	$\dfrac{-1.167}{-121.37}$
最不利内力组合	①＋②	208.12	-312.18	103.87	-207.75
	①＋③	243.18	-208.26	121.13	-190.38

(3) 内力包络图。

将连续梁各控制截面的组合弯矩和组合剪力绘于同一坐标轴上，即得内力叠合图，该叠合图形的外包线即为内力包络图。

下面以荷载组合①＋③为例(图 8.32)，说明连续梁弯矩叠合图的画法。在荷载①＋③作用下，可求出 B 支座弯矩 M_B = 208.26kN·m。将求得的各支座弯矩(M_A、M_B)按比例绘于弯矩图上，并将每一跨两端的支座弯矩连成直线，再以此线为基线，在其上叠加该跨在同样荷载作用下的简支梁弯矩图，即可求出连续梁各跨在相应荷载作用下的弯矩图。本例主梁

在荷载组合①+③作用下，其弯矩图的作图步骤如图 8.32 所示。

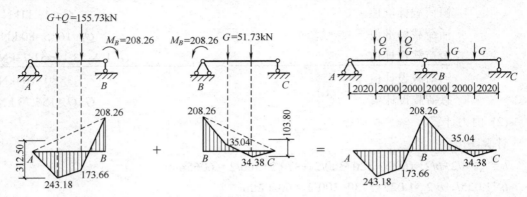

图 8.32　连续梁弯矩叠合图的作图步骤

分别作出连续梁各跨在不同荷载组合作用下的弯矩图形后，连接最外围的包络线，即为所求的弯矩包络图。本例主梁的弯矩包络图和剪力包络图如图 8.33 所示。

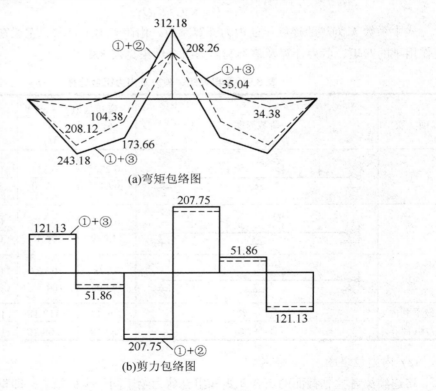

图 8.33　主梁的弯矩包络图和剪力包络图

(4) 配筋计算。

① 正截面受弯承载力计算。

主梁跨中截面在正弯矩作用下按 T 形截面梁计算，其翼缘计算宽度为：

$b'_f = l_0/3 = 6020/3 = 2007\text{mm} < b + s_n = 5000$ mm，取 $b'_f = 2007$mm，并取 $h_0 = 650 - 45 = 605$mm。

判别 T 形截面类型：

$\alpha_1 f_c b_f' h_f' (h_0 - h_f'/2) = 1.0 \times 11.9 \times 2007 \times 80 \times (605 - 80/2)$

$= 1079.53 \text{kN} \cdot \text{m} > M_1 = 243.18 \text{kN} \cdot \text{m}$

故属于第一类 T 形截面。

主梁支座截面在负弯矩作用下按矩形截面计算，并考虑设弯起钢筋，因支座负弯矩较大，主梁上部纵向钢筋按两排布置，取 $h_0 = 650 - 85 = 565 \text{mm}$。

B 支座边缘的计算弯矩 $M_B' = M_B - V_0 \dfrac{b}{2} = 312.18 - 155.73 \times \dfrac{0.3}{2} = 288.82 \text{kN} \cdot \text{m}$。主梁正截面抗弯配筋计算见表 8.10。

表 8.10　主梁抗弯配筋计算

截　　面	跨中（T 形）	支座（矩形）
$M/(\text{kN} \cdot \text{m})$	243.18	-288.82
b 或 b_f' /mm	2007	250
h_0/mm	605	565
$\alpha_s = \dfrac{M}{\alpha_1 f_c b_f' h_0^2}$ 或 $\alpha_s = \dfrac{M}{\alpha_1 f_c b h_0^2}$	0.028	0.304
$\xi = 1 - \sqrt{1 - 2\alpha_s}$	0.028	$0.374 < \xi_b = 0.550$
$A_s = \dfrac{\xi \alpha_1 f_c b \, h_0}{f_y}$ /mm^2	1349	2095
实配钢筋 /mm^2	2Φ20（直）+ 2Φ22（弯）$A_s = 1388$	2Φ14（通长）2Φ22（直）+ 3Φ22（弯）$A_s = 2208$

② 斜截面受剪承载力计算。

主梁斜截面抗剪配筋计算见表 8.11。

表 8.11　主梁抗剪配筋计算

截　　面	边支座 A	支座 B
V/kN	121.13	207.75
$0.25\beta_c f_c bh_0$/kN	$450 > V$	$420 > V$
$V_c = 0.7 f_t bh_0$/kN	$134.5 > V$	$125.6 < V$
选用箍筋	2Φ8	2Φ8
$A_{sv} = nA_{sv1}$/mm^2	100.6	100.6
$s = \dfrac{f_{yv} A_{sv} h_0}{V - 0.7 f_t bh_0}$ /mm	按构造配置	187
实配箍筋间距 s/mm	200	200（不足）
$V_{cs} = 0.7 f_t bh_0 + \dfrac{f_{yv} A_{sv} h_0}{s}$ /kN	$216.7 > V$	$202.3 < V$
$A_{sb} = \dfrac{V - V_{cs}}{0.8 f_y \sin 45°}$ /mm^2	—	32
实配弯起钢筋/mm^2	—	双排 1Φ22（$A_s = 380$）次梁处配吊筋抗剪

(5) 附加横向钢筋计算。

由次梁传递给主梁的全部集中荷载设计值为：$F = 1.2×35.4+1.3×80=146.48$kN。

主梁内支承次梁处需要设置附加吊筋，弯起角度为45°，附加吊筋截面面积为：

$$A_{sb} = \frac{F}{2f_y \sin 45°} = \frac{146.48}{2×300×0.707} = 345 \text{ mm}^2$$

在距梁端的第一个集中荷载处，附加吊筋选用 $2\Phi16(A_s = 402\text{mm}^2 > 345\text{mm}^2)$，可满足要求。

在距梁端的第二个集中荷载处，附加吊筋考虑同时承担斜截面抗剪(代替一排弯起钢筋)，$A_{sb}=345+32=377\text{mm}^2$，选用 $2\Phi16(A_s = 402\text{mm}^2 > 377\text{mm}^2)$，也满足要求。

(6) 主梁纵筋的弯起与截断。

主梁中纵向受力钢筋的弯起与截断位置，应根据弯矩包络图及抵抗弯矩图来确定。这些图的绘制方法及构造要求参照前面所述。按相同比例在同一坐标图上绘出主梁的弯矩包络图和抵抗弯矩图，并直接绘制于主梁配筋图上。

主梁配筋详图如图 8.34 所示。

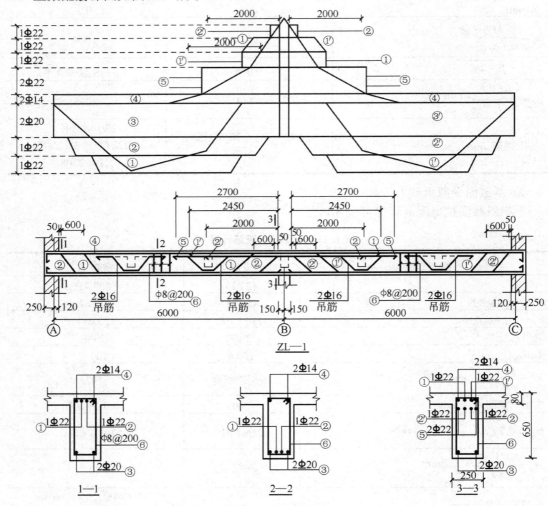

图 8.34 主梁配筋详图

8.3 双向板肋梁楼盖设计

8.3.1 双向板楼盖的结构方案

1. 双向板的结构方案

在现浇肋梁楼盖中，如果梁格布置使板区格的长边与短边之比 $l_2/l_1 \leqslant 2$ 时，应按双向板设计，由双向板和支承梁组成的楼盖称为双向板肋梁楼盖。双向板常用于工业建筑楼盖、公共建筑门厅部分以及横隔墙较多的民用建筑。根据工程经验，当楼面荷载较大、建筑平面接近正方形(跨度小于 5m)时，一般采用双向板肋梁楼盖比单向板肋梁楼盖较为经济。

双向板与四边支承单向板的主要区别是双向板上的荷载沿两个方向传递，除了传给次梁，还有一部分直接传给主梁，板在两个方向上发生弯曲并产生内力。所以，双向板应沿两个方向配置受力钢筋。

2. 双向板的受力特点

四边简支的双向板在均布荷载作用下的试验结果表明，在裂缝出现之前，板基本上处于弹性工作阶段。随着荷载逐渐增加，第一批裂缝出现在板底中间部分，随后沿着对角线的方向向四角扩展(图 8.35(a)、(c))。当荷载增加到板接近破坏时，板顶面的四角附近出现垂直于对角线方向而大体成环状的裂缝(图 8.35(b))。这种裂缝的出现，加剧了板底裂缝的进一步发展，最后板底跨中钢筋达到屈服，整个板即告破坏。

不论是简支的正方形板或矩形板，当受到荷载作用时，板的四角均有向上翘起的趋势。此外，板传给四边支座的压力也不是沿边长均匀分布的，而是各边的中部较大，两端较小。

 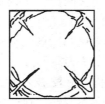 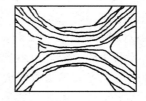

(a)方形板板底裂缝   (b)方形板板面裂缝   (c)矩形板板底裂缝

图 8.35 双向板的裂缝示意图

8.3.2 双向板的内力计算方法

双向板的内力计算与单向板一样也有两种方法：一种是将双向板视为匀质弹性体，按弹性理论计算；另一种是考虑钢筋混凝土塑性变形的影响，按塑性理论计算。本节仅介绍双向板的弹性计算法。

1. 单跨双向板的计算

双向板的弹性计算法是以弹性薄板理论为依据进行计算的，由于这种方法考虑边界条件，其内力分析比较复杂。为便于计算，通常是直接应用根据弹性理论方法所编制的计算用表(见附表 B.2)来求解内力。

单跨双向板按其四边支承情况的不同，可形成不同的计算简图。在附表 B.2 中列出了常见的七种边界条件：四边简支；一边固定、三边简支；两对边固定、两对边简支；两邻边固定、两邻边简支；三边固定、一边简支；四边固定；三边固定、一边自由。

在计算时，根据双向板两个方向跨度的比值以及板周边的支承条件，从表中直接查得弯矩系数，表中系数是取混凝土泊松比 $\nu=1/6$ 而得出的。单跨双向板的跨中或支座弯矩可按下式计算：

$$M = 表中系数 \times (g+q)l_0^2 \tag{8-9}$$

式中　　M——跨中或支座单位板宽内的弯矩设计值；

　　　　g、q——作用于板上的均布恒荷载及活荷载设计值；

　　　　l_0——板短跨方向的计算跨度，取 l_x 和 l_y 中的较小值，见附表 B.2 中插图。

2. 多跨连续双向板的实用计算法

计算多跨连续双向板的最不利内力，与多跨连续单向板一样需要考虑活荷载的不利布置，其内力精确计算相当复杂。为使计算简化，可通过荷载分解的方法将多跨连续板转化为单跨板进行计算。当两个方向各为等跨或在同一方向区格的跨度相差不超过 20% 时，可采用下面的实用计算法。

1) 求跨中最大弯矩

求连续区格板某跨跨中最大弯矩时，其活荷载的最不利位置为如图 8.36(a)所示的棋盘式布置，即在该区格及其前后左右每隔一区格布置活荷载，可使该区格跨中弯矩为最大。为了求此弯矩，在保证每一区格荷载总值不变的前提下，可将恒荷载 g 与活荷载 q 分解为满布各跨的 $g+q/2$ 和隔跨交替布置的 $\pm q/2$ 两部分，分别作用于相应区格，其作用效果是相同的(图 8.36(b)、(c)、(d))。

当连续双向板满布 $g+q/2$ 时，由于各区格板的内支座两边结构对称，且荷载对称，则各内支座上转动变形很小，可近似认为转角为零。故内支座可视作嵌固边，因而所有中间区格板可按四边固定的单跨双向板，并利用附表 B.2 求其跨中弯矩。对于边区格板，其外边界的支座按实际情况考虑。如果边支座为简支，则边区格为三边固定、一边简支的支承情况，而角区格为两邻边固定、两邻边简支的情况。

当双向板各区格在反对称荷载 $\pm q/2$ 作用下，板在中间支座处左、右截面转角方向一致，大小接近相等，可认为支座处的约束弯矩为零。这样所有内区格近似按四边简支的单跨双向板来计算其跨中弯矩。

最后，将所求区格在以上两种荷载作用下的跨中弯矩叠加起来，即求得该区格板的跨中最大弯矩。

2) 求支座最大弯矩

求连续双向板支座最大弯矩时，活荷载最不利布置与单向板相似，应在该支座两侧区格内布置活荷载，然后再隔跨布置。但考虑到隔跨布置的活荷载影响很小，为了简化计算，可近似地假定活荷载布满所有区格，即按 $g+q$ 满布各跨时所求得的支座弯矩为支座最大弯矩。这样，对所有中间区格均可按四边固定的单跨双向板计算其支座弯矩。对于边区格，其内支座仍按固定考虑，而外边界则按实际支承情况来考虑。

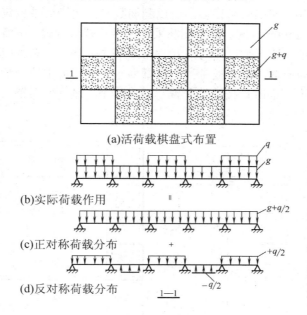

(a)活荷载棋盘式布置

(b)实际荷载作用

(c)正对称荷载分布

(d)反对称荷载分布

图 8.36　多跨连续双向板的活荷载最不利布置

8.3.3　双向板楼盖的构件设计与构造要求

1. 双向板的配筋计算

双向板内两个方向的钢筋均为受力钢筋，跨中沿短跨方向的板底钢筋应配置在沿长跨方向板底钢筋的外侧。配筋计算时，在短跨方向跨中截面的有效高度 h_{01} 按一般板取用，即 $h_{01}=h-a_s$；而长跨方向截面的有效高度应取 $h_{02}=h_{01}-d$，d 为板中受力钢筋的直径。

对于四边与梁整体连接的板，分析内力时应考虑周边支承梁对板产生水平推力的有利影响。设计时应将计算所得弯矩按下述规定予以折减。

(1) 中间区格：中间跨的跨中截面及中间支座截面，计算弯矩可减少 20%。

(2) 边区格：边跨的跨中截面及离板边缘的第二支座截面，当 $l_b/l<1.5$ 时，计算弯矩可减少 20%；当 $1.5 \leqslant l_b/l \leqslant 2$ 时，计算弯矩可减少 10%。其中，l 为垂直于板边缘方向的计算跨度，l_b 为沿板边缘方向的计算跨度。

(3) 角区格：计算弯矩不应折减。

2. 双向板的构造要求

双向板的厚度应满足刚度要求，对于单跨简支板，$h \geqslant l_1/35$；对于连续板，$h \geqslant l_1/40$（l_1 为板的短向计算跨度）。通常取 80～160mm。

双向板内受力钢筋沿纵横两个方向均匀布置，配筋形式也有弯起式和分离式两种。为方便施工，在实际工程中多采用分离式配筋，多跨连续双向板的分离式配筋如图 8.37 所示。双向板的其他构造钢筋配置要求同单向板。

双向板按弹性理论方法计算内力时，所求得的跨中弯矩是中间板带的最大弯矩，而靠近支座的边缘板带，其弯矩已减少很多，所以配筋数量在边缘板带也应减少。考虑到施工方便，当短跨跨度 $l_1 \geqslant 2500$mm 时，跨中配筋采取分带布置的方式。可将整块板按纵横两个方向各划分为三个板带，即两个宽度均为 $l_1/4$ 的边缘板带和一个中间板带(图 8.38)。中间板带均按最大计算弯矩配筋，边缘板带的配筋量为相应中间板带的一半，且每米宽度内不得少于 3 根。支座截面配筋时均按计算配置，并沿整个支座均匀布置，不能在边缘板带内减少。

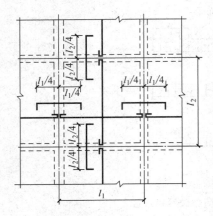

图 8.37　多跨双向板的分离式配筋　　图 8.38　双向板配筋板带的划分

3. 双向板支承梁的计算特点

当双向板承受均布荷载作用时，传给周边支承梁的荷载一般近似按下述方法处理，即从每区格板的四角分别作 45°线与平行于长边的中线相交，将每块板划分成四块面积，每一块面积上的恒荷载和活荷载即分配给相邻的支承梁。这样，传给短跨支承梁上的荷载形式是三角形，传给长跨支承梁上的荷载形式是梯形，如图 8.39 所示。

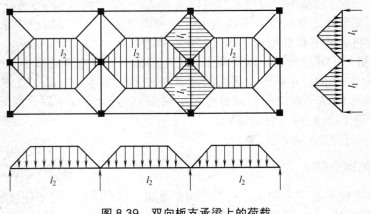

图 8.39　双向板支承梁上的荷载

梁上荷载确定后，可以求得梁控制截面的内力。当支承梁为单跨简支时，可按实际荷载分布(三角形或梯形)直接计算梁的内力。当支承梁为连续梁，且跨度差不超过 10%时，其内力可采用等效均布荷载的方法计算。首先将梁上的三角形或梯形荷载，按照支座弯矩相等的条件换算成等效均布荷载，并利用附表 B.1 查得支座弯矩系数，求出支座弯矩。然后，再按实际荷载分布(三角形或梯形)，以支座弯矩作为梁端弯矩，按单跨简支梁计算跨中弯矩。

8.3.4 双向板肋梁楼盖设计实例

【例 8.2】 某现浇钢筋混凝土楼盖平面布置如图 8.40 所示。四周为 240mm 厚砖墙，梁的截面尺寸 $b×h$ =200mm×350mm，楼面为 20mm 厚水泥砂浆抹面，天棚采用 15mm 厚混合砂浆抹灰，楼面活荷载标准值为 3kN/m²。混凝土强度等级为 C25，采用 HPB300 级钢筋。要求按弹性理论方法进行板的设计，并绘制板的配筋图。

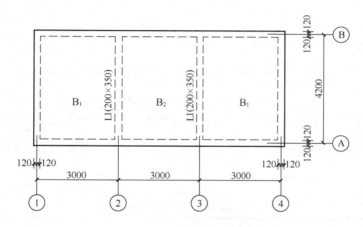

图 8.40 某楼盖结构平面布置图

【解】 四边支承板的长边与短边之比 l_2/l_1 = 4200/3000 =1.4< 2，应按双向板设计。考虑刚度要求，板厚 $h≥l_1/40$=3000/40=75mm，按最小板厚取 h=80mm。

1) 荷载计算

楼面面层	1.2×0.02×20=0.48kN/m²
板自重	1.2×0.08×25=2.4kN/m²
板底抹灰	1.2×0.015×17=0.31kN/m²

恒荷载设计值 g=3.19kN/m²

活荷载设计值 q =1.4×3=4.2kN/m²

合计 $g+q$ =3.19+4.2=7.39kN/m²

2) 内力计算

按弹性理论计算双向板各区格板的弯矩。根据板的支承条件和几何尺寸，将双向板楼盖分为 B₁、B₂ 两种区格。

(1) 荷载布置。

采用多跨连续双向板的实用计算法，当求各区格板跨内最大弯矩时，按恒荷载满布及活荷载棋盘式布置考虑，将荷载分解为两部分，即

$$g' = g + \frac{q}{2} = 3.19 + \frac{4.2}{2} = 5.29 \text{kN/m}^2$$

$$q' = \frac{q}{2} = \frac{4.2}{2} = 2.1 \text{kN/m}^2$$

在 g' 作用下，区格板 B_1 和 B_2 的内支座均视为固定支座，周边砖墙视为简支支座；在 q' 作用下，板四边支座均视为简支支座，计算各区格板跨内最大正弯矩时取上述两者跨中弯矩之和。

当求各中间支座最大负弯矩时，按恒荷载及活荷载均满布各跨计算，即

$$p = g + q = 7.39 \text{kN/m}^2$$

在 p 作用下，板 B_1 和 B_2 各内支座均可视为固定，边支座为简支。

(2) 弯矩计算。

边区格 B_1：

板的计算跨度

$$l_x = l_n + \frac{b}{2} + \frac{h}{2} = (3 - 0.1 - 0.12) + 0.1 + \frac{0.08}{2} = 2.92 \text{m}$$

$$l_y = l_n + h = (4.2 - 0.24) + 0.08 = 4.04 \text{m}$$

查附表 B.2 可得各种支承条件下对应的弯矩系数 α 值，结果见表 8.12(表中系数为泊松比 $\nu = \frac{1}{6}$)，板中跨内最大正弯矩 $M_x(M_y) = \alpha_1 g' l_x^2 + \alpha_2 q' l_x^2$，支座最大负弯矩 $M_x^0(M_y^0) = \alpha_3 (g+q) l_x^2$。

表 8.12 区格 B_1 的弯矩系数 α 值

l_x/l_y	支承条件及计算简图	跨　中		支　座	
		l_x 方向	l_y 方向	l_x 方向	l_y 方向
0.72		$\alpha_1 = 0.0543$	$\alpha_1 = 0.0248$	$\alpha_3 = -0.1071$	$\alpha_3 = 0$
		$\alpha_2 = 0.0708$	$\alpha_2 = 0.0414$	—	—

$$M_x = 0.0543 \times 5.29 \times 2.92^2 + 0.0708 \times 2.1 \times 2.92^2 = 3.72 \text{kN} \cdot \text{m}$$

$$M_y = 0.0248 \times 5.29 \times 2.92^2 + 0.0414 \times 2.1 \times 2.92^2 = 1.86 \text{kN} \cdot \text{m}$$

$$M_x^0 = -0.1071 \times 7.39 \times 2.92^2 = -6.75 \text{kN} \cdot \text{m}$$

内区格 B_2：

板的计算跨度

$$l_x = 3\text{m}，\quad l_y = 4.04\text{m}$$

查附表 B.2 得各种支承条件下对应的弯矩系数 α 值，结果见表 8.13。

$$M_x = 0.0441 \times 5.29 \times 3^2 + 0.0685 \times 2.1 \times 3^2 = 3.39 \text{kN} \cdot \text{m}$$

$$M_y = 0.0385 \times 5.29 \times 3^2 + 0.0418 \times 2.1 \times 3^2 = 2.62 \text{kN} \cdot \text{m}$$

$$M_x^0 = -0.0973 \times 7.39 \times 3^2 = -6.47 \text{kN} \cdot \text{m}$$

表 8.13　区格 B_2 的弯矩系数 α 值

l_x / l_y	支承条件及计算简图	跨　中		支　座	
		l_x 方向	l_y 方向	l_x 方向	l_y 方向
0.74		$\alpha_1 = 0.0441$	$\alpha_1 = 0.0385$	$\alpha_3 = -0.0973$	$\alpha_3 = 0$
		$\alpha_2 = 0.0685$	$\alpha_2 = 0.0418$	—	—

3)配筋计算

确定双向板截面有效高度：短跨方向跨中截面 $h_{01} = 80-25 = 55\text{mm}$，长跨方向跨中截面 $h_{02} = 80-25-10 = 45\text{mm}$，支座截面 $h_0 = 55\text{mm}$。

由于楼盖四周为砖墙支承，故 B_1、B_2 区格板跨中及支座截面的计算弯矩均不折减。为了简化计算，近似取 $\gamma_s = 0.95$，$f_y = 270\text{N/mm}^2$，按 $A_s = \dfrac{M}{0.95 h_0 f_y}$ 计算受拉钢筋面积，配筋计算结果见表 8.14。双向板的配筋图如图 8.41 所示。

表 8.14　双向板的配筋计算

截面位置			h_0 /mm	M /(kN·m)	$A_s = \dfrac{M}{0.95 h_0 f_y}$ /mm^2	实配钢筋	实配面积 /mm^2
跨中	B_1	短跨	55	3.72	264	$\Phi 8@180$	279
		长跨	45	1.86	161	$\Phi 6@160$	177
	B_2	短跨	55	3.39	240	$\Phi 8@200$	251
		长跨	45	2.62	227	$\Phi 8@200$	251
支座			55	6.75	478	$\Phi 10@160$	491

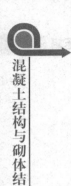

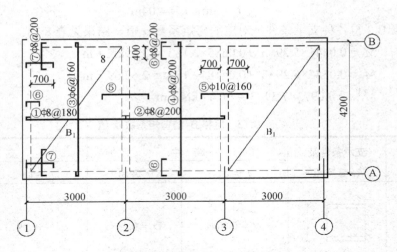

图 8.41 双向板配筋图(h=80mm)

8.4 楼　　梯

楼梯是多、高层房屋的竖向通道,一般楼梯由梯段、休息平台、栏杆(或栏板)几部分组成,其平面布置、踏步尺寸、栏杆形式等由建筑设计确定。为了满足承重及防火要求,多采用钢筋混凝土楼梯。

楼梯的类型,按施工方法的不同,可分为现浇整体式楼梯和装配式楼梯;按梯段结构形式的不同,又可分为板式楼梯、梁式楼梯、剪刀式楼梯和螺旋式楼梯等。本节主要介绍现浇板式楼梯和梁式楼梯的计算与构造。

8.4.1 现浇板式楼梯

1. 板式楼梯的组成与传力

板式楼梯由梯段板、平台板和平台梁组成(图 8.42(a))。梯段板是带有踏步的斜放齿形板,两端支撑在平台梁或楼层梁上。板式楼梯的特点是下表面平整,施工支模方便。一般当楼梯的使用荷载不大、跨度较小(梯段的水平投影长度小于 3m)时,采用板式楼梯较为经济。但梯段跨度较大时,板式楼梯的斜板较厚,材料用量较多。

板式楼梯荷载的传递途径为:

梯段上荷载 →均布荷载→ 斜梯板 →均布荷载→ 平台梁 →集中荷载→ 楼梯间侧墙(或柱)

平台板 →均布荷载→ 平台梁

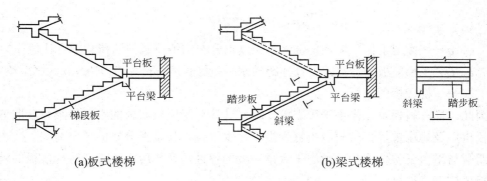

(a)板式楼梯   (b)梁式楼梯

图 8.42　楼梯的组成

2．板式楼梯的计算与构造

1）梯段板

为保证梯段板具有一定刚度，梯段板的厚度一般可取$(1/25 \sim 1/35)\, l_n$(l_n为梯段板水平投影方向的长度)，常取 80～120mm。

梯段板的荷载计算应考虑斜板自重、踏步自重、粉刷面层重等恒荷载以及楼梯使用活荷载。由于活荷载是沿水平方向分布且竖直向下作用，而斜板自重等恒荷载却是沿梯段板的倾斜方向分布。为使计算方便，一般将梯段板的斜向分布恒荷载换算成沿水平方向分布的均布荷载，然后再与活荷载叠加计算。

内力计算时，可取出 1m 宽板带或以整个梯段板作为计算单元，将两端支撑于平台梁上的斜梯板简化为两端简支的斜板，梯段板的计算简图如图 8.43 所示。

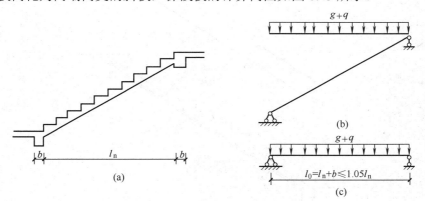

图 8.43　梯段板的计算简图

由结构力学可知，在荷载相同、水平跨度相同的情况下，简支斜梁(板)在竖向荷载作用下，与相应的简支水平梁(板)的跨中最大弯矩相等，即

$$M_{\text{斜max}} = M_{\text{水平max}} = \frac{1}{8}(g+q)l_0^2 \tag{8-10}$$

而简支斜梁(板)在竖向荷载作用下的最大剪力为：

$$V_{\text{斜max}} = V_{\text{水平max}} \cos\alpha = \frac{1}{2}(g+q)l_n \cos\alpha \qquad (8\text{-}11)$$

式中　g、q——作用于梯段板上单位水平长度上分布的恒荷载与活荷载的设计值;

　　　l_0、l_n——梯段板的计算跨度及净跨的水平投影长度,取 $l_0 = l_n + b$,b 为平台梁宽度;

　　　α——梯段板的倾角。

因此,梯段斜板可化作水平简支板计算,其计算跨度按斜板的水平投影长度取值,并且斜板自重及粉刷重等恒荷载应折算为沿斜板水平投影长度上分布的均布荷载。　由于梯段板两端与平台梁整体连接,考虑平台梁对板的弹性约束作用,故设计时梯段板的跨中最大弯矩可按下式计算:

$$M_{\max} = \frac{1}{10}(g+q)l_0^2 \qquad (8\text{-}12)$$

同普通板一样,梯段斜板不必进行斜截面受剪承载力验算。由于梯段板为斜向的受弯构件,在竖向荷载作用下除产生弯矩和剪力外,还将产生轴力,但其影响很小,设计时可不考虑。

梯段斜板中的受力钢筋按跨中最大弯矩进行计算。考虑斜板在支座处有负弯矩作用,支座截面负弯矩钢筋的用量不再计算,一般取与跨中截面配筋相同。梯段板的配筋常采用分离式,在斜板内垂直于受力钢筋方向还应按构造要求配置分布钢筋,每个踏步下至少有一根分布筋。图 8.44 为板式楼梯采用分离式配筋的构造详图。

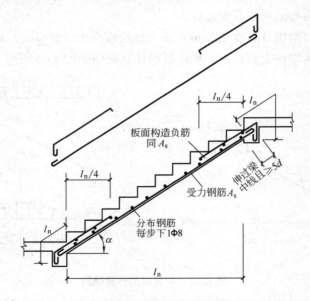

图 8.44　板式楼梯的配筋构造

2) 平台板

平台板一般情况下为单向板,板厚 $h = l_0/30$(l_0 为平台板的计算跨度),常取 $60 \sim 80\text{mm}$。当平台板一端与平台梁整体连接,另一端支承在墙体上时,板的跨中弯矩按 $M_{\max} = \frac{1}{8}(g+q)l_0^2$ 计算;当平台板两端均与梁整体连接时,考虑梁的弹性约束作用,跨中弯

矩可按 $M_{max} = \dfrac{1}{10}(g+q)l_0^2$ 计算。平台板的配筋方式及构造要求与普通板一样。

3) 平台梁

板式楼梯的平台梁，一般支承在楼梯间两侧的承重墙上，承受梯段板、平台板传来的均布荷载和平台梁自重。由于平台梁与平台板相连，配筋计算时可按简支的倒 L 形梁进行计算。一般平台梁的截面高度取 $h \geqslant l_0/12$ (l_0 为平台梁的计算跨度)，其他构造要求与一般梁相同。

4) 梯段折板的计算与构造

为了满足建筑上的要求，有时梯段板需要采用折板的形式，如图 8.45 所示。折板的内力计算与普通板式楼梯相同，一般将斜梯段上的荷载化为沿水平长度方向分布的荷载，然后再按水平简支梁计算 M_{max} 及 V_{max} 值。

由于折线形板在曲折处形成内折角，配筋时若钢筋沿内折角连续配置，则此处受拉钢筋将产生较大的向外合力，可能使该处混凝土保护层崩落，钢筋被拉出而失去作用。因此，在板的内折角处应将受力钢筋分开设置，并分别满足钢筋的锚固要求，如图 8.46 所示。

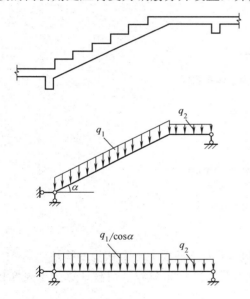

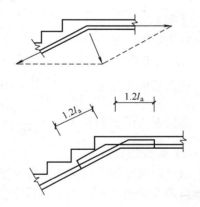

图 8.45 折线形板式楼梯的计算简图   图 8.46 折线形梯段板内折角处的配筋

3. 现浇板式楼梯设计实例

【例 8.3】 某教学楼采用现浇钢筋混凝土板式楼梯，其结构布置如图 8.47 所示。层高 3.6m，踏步尺寸为 150mm×300mm，踏步面层采用 30mm 厚水磨石(自重 0.65kN/m²)，板底为 20mm 厚混合砂浆抹灰(自重 17kN/m³)，楼梯上均布活荷载标准值 $q_k = 3.5$kN/m²。混凝土采用 C20，梁内受力钢筋采用 HRB335 级钢筋，其余采用 HPB300 级钢筋。试设计此板式楼梯。

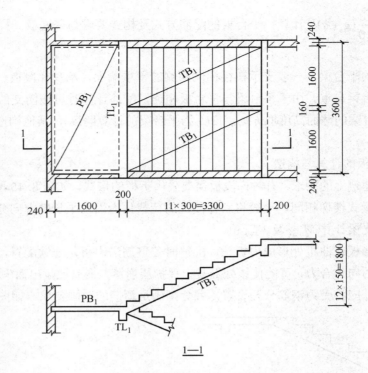

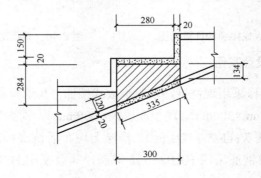

图 8.47 某楼梯结构布置图

【解】

1) 梯段板 TB$_1$ 设计

(1) 确定板厚。

梯段板的厚度 $h = \dfrac{l_n}{30} = \dfrac{3300}{30} = 110\text{mm}$，取 $h = 120\text{mm}$。

楼梯斜板的倾斜角 $\tan\alpha = \dfrac{150}{300} = 0.5$，$\cos\alpha = 0.894$。

(2) 荷载计算。

沿梯段板宽度方向取 1m 为计算单元。图 8.48 为斜梯板上一个踏步的构造示意图，将踏步自重及粉刷重折算为沿斜板水平投影长度上分布的均布荷载，荷载计算列于表 8.15。

图 8.48 踏步构造详图

表 8.15 梯段板荷载计算

荷载种类		荷载标准值/(kN/m)
恒荷载标准值	水磨石面层	$\dfrac{(0.3+0.15)\times 0.65}{0.3}\times 1.0 = 0.98$
	踏步板自重 (梯形截面)	$\dfrac{0.134+0.284}{2}\times 0.3\times 1.0\times 25\times \dfrac{1}{0.3}=5.23$
	板底抹灰	$\dfrac{0.02\times 17}{0.894}\times 1.0 =0.38$
	小计	6.6
活荷载标准值		3.5
总荷载设计值		$1.2\times 6.6+1.4\times 3.5 = 12.82$

(3) 内力计算。

梯段斜板水平计算跨度

$$l_0 = l_n +b=3.3+0.2=3.5\text{m}$$

跨中弯矩

$$M=\frac{1}{10}Pl_0^2=\frac{1}{10}\times 12.82\times 3.5^2 = 15.7\text{kN}\cdot\text{m}$$

(4) 配筋计算。

斜板的有效高度 $h_0 = h-25 = 120-25 = 95\text{mm}$。

$$\alpha_s = \frac{M}{\alpha_1 f_c bh_0^2}=\frac{15.7\times 10^6}{1.0\times 9.6\times 1000\times 95^2}=0.181$$

$$\xi = 1-\sqrt{1-2\alpha_s}=1-\sqrt{1-2\times 0.181}=0.201 < \xi_b = 0.576$$

$$A_s = \frac{\xi\alpha_1 f_c bh_0}{f_y}=\frac{0.201\times 1.0\times 9.6\times 1000\times 95}{270}=679\text{mm}^2$$

梯段斜板的受力筋选用$\Phi 10@110(A_s=714\text{mm}^2)$，分布筋选用$\Phi 6@250$。梯段板的配筋如图 8.49 所示。

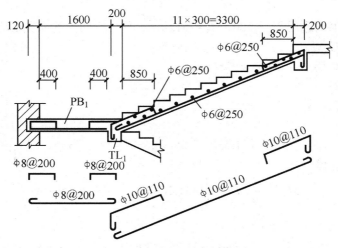

图 8.49 梯段板及平台板配筋图

2）平台板 PB_1 设计

设平台板厚 $h = 70mm$，取 1m 宽板带计算。

(1) 荷载计算。

平台板的荷载计算列于表 8.16。

表 8.16　平台板荷载计算

荷载种类		荷载标准值/(kN/m)
恒荷载标准值	水磨石面层	0.65×1=0.65
	70mm 厚混凝土板	0.07×1×25=1.75
	板底抹灰	0.02×1×17=0.34
	小计	2.74
活荷载标准值		3.5
总荷载设计值		1.2×2.74+1.4×3.5 = 8.19

(2) 内力计算。

计算跨度

$$l_0 = l_n + \frac{h}{2} = 1.6 + \frac{0.07}{2} = 1.64m$$

跨中弯矩

$$M = \frac{1}{8}Pl_0^2 = \frac{1}{8} \times 8.19 \times 1.64^2 = 2.75kN \cdot m$$

(3) 配筋计算。

取板的有效高度 $h_0 = 70-25 = 45mm$。

$$\alpha_s = \frac{M}{\alpha_1 f_c b h_0^2} = \frac{2.75 \times 10^6}{1.0 \times 9.6 \times 1000 \times 45^2} = 0.141$$

$$\xi = 1 - \sqrt{1 - 2\alpha_s} = 1 - \sqrt{1 - 2 \times 0.141} = 0.153 < \xi_b = 0.576$$

$$A_s = \frac{\xi \alpha_1 f_c b h_0}{f_y} = \frac{0.153 \times 1.0 \times 9.6 \times 1000 \times 45}{270} = 245mm^2$$

平台板受力钢筋选用 $\Phi 8$ @200，$A_s = 251mm^2$，平台板的配筋如图 8.49 所示。

3）平台梁 TL_1 设计

设平台梁截面尺寸为 200mm×350mm。

(1) 荷载计算。

平台梁的荷载计算列于表 8.17。

(2) 内力计算。

计算跨度　$l_0 = l_n + a = 3.6m > 1.05l_n = 1.05 \times (3.6-0.24) = 3.53$ m，取 $l_0 = 3.53m$。

跨中弯矩设计值

$$M_{max} = \frac{1}{8}Pl_0^2 = \frac{1}{8} \times 31.26 \times 3.53^2 = 48.69 kN \cdot m$$

支座剪力设计值

$$V_{max} = \frac{1}{2}Pl_n = \frac{1}{2} \times 31.26 \times (3.6-0.24) = 52.52kN$$

表 8.17　平台梁荷载计算

荷载种类		荷载计算值/(kN/m)
恒荷载标准值	平台板传来	$2.74 \times \left(\dfrac{1.6}{2} + 0.2 \right) = 2.74$
	梯段板传来	$6.6 \times \dfrac{3.3}{2} = 10.89$
	梁自重	$0.2 \times (0.35 - 0.07) \times 25 = 1.4$
	梁侧粉刷	$0.02 \times (0.35 - 0.07) \times 2 \times 17 = 0.19$
	小计	15.22
活荷载标准值		$3.5 \times \left(\dfrac{3.3}{2} + \dfrac{1.6}{2} + 0.2 \right) = 9.28$
总荷载设计值		$1.2 \times 15.22 + 1.4 \times 9.28 = 31.26$

(3) 配筋计算。

正截面承载力计算(按第一类倒 L 形截面计算)：

翼缘宽度

$$b_f' = \frac{l_0}{6} = \frac{3530}{6} = 588\text{mm}$$

$$b_f' = b + \frac{s_n}{2} = 200 + \frac{1600}{2} = 1000\text{mm}$$

取 $b_f' = 588$mm，梁有效高度 $h_0 = 350 - 45 = 305$mm，经判别属第一类 T 形截面。

$$\alpha_s = \frac{M}{\alpha_1 f_c b_f' h_0^2} = \frac{48.69 \times 10^6}{1.0 \times 9.6 \times 588 \times 305^2} = 0.093$$

$$\xi = 1 - \sqrt{1 - 2\alpha_s} = 1 - \sqrt{1 - 2 \times 0.093} = 0.098 < \xi_b = 0.550$$

$$A_s = \frac{\xi \alpha_1 f_c b_f' h_0}{f_y} = \frac{0.098 \times 1.0 \times 9.6 \times 588 \times 305}{300} = 562\text{mm}^2$$

梁中纵向受力钢筋选用 3Φ16，$A_s = 603\text{mm}^2$。

斜截面受剪承载力计算：

按构造要求配置Φ6@200 箍筋，则斜截面受剪承载力为

$$V_{cs} = 0.7 f_t b h_0 + f_{yv} \frac{A_{sv}}{s} h_0 = 0.7 \times 1.1 \times 200 \times 305 + 270 \times \frac{2 \times 28.3}{200} \times 305$$

$$= 70275\text{N} = 70.28\text{kN} > V_{max} = 52.52 \text{ kN}$$

满足要求。

平台梁配筋见图 8.50。

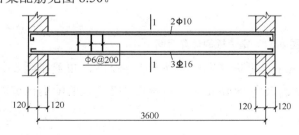

图 8.50　平台梁配筋图

8.4.2 现浇梁式楼梯

1. 梁式楼梯的组成与传力

梁式楼梯由踏步板、斜边梁、平台板和平台梁组成。踏步板支撑在梯段斜梁上,斜边梁支撑在平台梁或楼层梁上,平台梁支撑在楼梯间侧墙上,如图8.42(b)所示。

梁式楼梯荷载的传递途径为:

$$梯段上荷载 \xrightarrow{均布荷载} 踏步板 \xrightarrow{均布荷载} 斜边梁 \xrightarrow{集中荷载} 平台梁 \xrightarrow{集中荷载} 楼梯间侧墙(或柱)$$

其中平台板向平台梁传递为：平台板 ↓ 均布荷载 → 平台梁

2. 梁式楼梯的计算与构造

1) 踏步板

梁式楼梯的踏步板为两端支撑在梯段斜梁上的单向板(图8.51(a)),每个踏步的受力情况相同,计算时可取出一个踏步作为计算单元(图8.51(b))。踏步板由三角形踏步和其下的斜板组成,其截面为梯形。正截面受弯承载力计算时,踏步板可按面积相等的原则折算为同宽度的矩形截面计算。矩形截面的宽度为踏步宽 a,其折算高度取 $h_1 = \dfrac{c}{2} + \dfrac{t}{\cos\alpha}$。

作用在踏步板上的竖向荷载有恒荷载和活荷载,可按简支板计算其跨中弯矩并进行配筋计算,踏步板的计算简图如图8.51(c)所示。

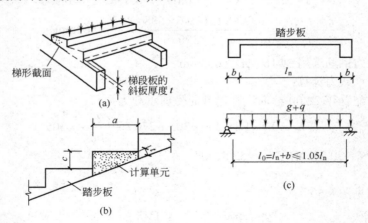

图 8.51　踏步板的计算简图

现浇踏步板的最小厚度 $t = 40\text{mm}$,每阶踏步的配筋不少于 $2\Phi 8$,布置在踏步下面斜板中,并沿整个梯段内斜向布置不少于 $\Phi 6@250\text{mm}$ 的分布钢筋,踏步板的配筋构造如图8.52所示。

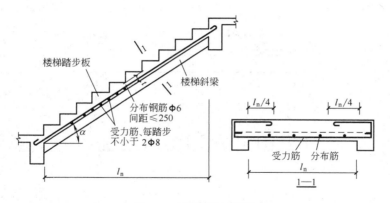

图 8.52 踏步板的配筋

2) 梯段斜梁

梁式楼梯斜梁两端支撑在平台梁和楼层梁上，承受踏步板传来的均布荷载及自重。斜边梁的内力计算与前述板式楼梯中梯段斜板的计算原理相同，可将简支的斜梁化作相应的水平梁计算，如图 8.53 所示。其内力按下式计算：

$$M_{max} = \frac{1}{8}(g + q)l_0^2 \tag{8-13}$$

$$V_{max} = \frac{1}{2}(g + q)l_n \cos\alpha \tag{8-14}$$

式中 M_{max}、V_{max}——简支斜梁在竖向均布荷载作用下的最大弯矩和最大剪力设计值；

g、q——斜梁上按单位水平长度分布的恒荷载和活荷载设计值；

l_0、l_n——梯段斜梁的计算跨度及净跨的水平投影长度；

α——梯段斜梁的倾角。

截面设计时，梯段斜梁按倒 L 形截面梁计算，踏步板下斜板为其受压翼缘。斜梁的截面高度一般取 $h \geqslant l_0/20$，斜梁的配筋构造同一般受弯梁，图 8.54 为梯段斜梁的配筋示意图。

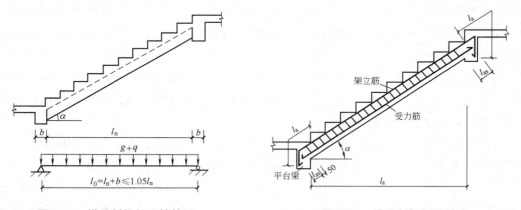

图 8.53 梯段斜梁的计算简图

图 8.54 梯段斜梁的配筋

3) 平台板与平台梁

梁式楼梯的平台板计算与板式楼梯完全相同。两种楼梯平台梁的计算主要区别在于梁上荷载的形式不同。板式楼梯中梯段板传给平台梁的荷载为均布荷载，而梁式楼梯的平台梁除承受平台板传来的均布荷载和平台梁自重外，还承受梯段斜梁传来的集中荷载。梁式楼梯平台梁的计算简图如图 8.55 所示，其他设计要求与板式楼梯相同。

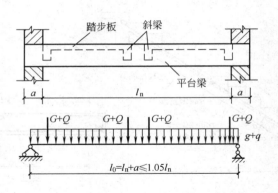

图 8.55　平台梁的计算简图

8.5　悬 挑 构 件

钢筋混凝土悬挑构件主要有挑梁、雨篷和挑檐等，其受力情况与普通楼(屋)盖结构的梁板构件有所不同。本节主要介绍雨篷和挑檐两种悬挑构件，挑梁将在砌体结构部分讲述。

8.5.1　雨篷

1. 雨篷的组成及受力特点

钢筋混凝土雨篷是房屋结构中最常见的悬挑构件，它有各种不同的结构布置方式。对悬挑长度比较大的雨篷，一般都有梁或柱支承雨篷板，可按普通梁板结构计算其内力。有时也将梁板式雨篷的支撑梁上翻，以使雨篷板底面形成平整的天棚。当雨篷沿外墙挑出长度不大时，一般采用悬臂板式雨篷。下面以常见的悬臂板式雨篷为例，介绍这类构件的受力特点。

悬臂板式雨篷由雨篷板和雨篷梁组成。雨篷梁一方面支撑雨篷板，另一方面又兼做门洞口的过梁，承受上部墙体重量及楼面梁板或楼梯平台传来的荷载。这种雨篷在荷载作用下有三种破坏形态(图 8.56)。

(1) 雨篷板在根部受弯断裂而破坏。这主要是由于雨篷板作为悬臂板的抗弯承载力不足引起的，常因板面负弯矩钢筋数量不够或施工时板面钢筋被踩下而造成。

(2) 雨篷梁受弯、剪、扭作用而破坏。雨篷梁上的墙体及可能传来的楼盖荷载使雨篷梁受弯、受剪，而雨篷板传来的荷载还使雨篷梁受扭。雨篷梁受弯、剪、扭复合作用下，承载力不足时就会产生破坏。

(3) 雨篷发生整体倾覆破坏。当雨篷板挑出过大，雨篷梁上部荷载压重不足，就会产生整个雨篷的倾覆破坏。

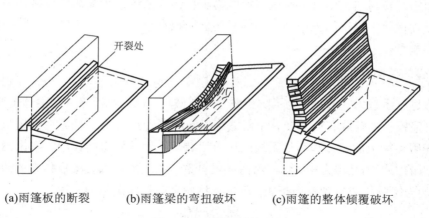

(a)雨篷板的断裂　　　(b)雨篷梁的弯扭破坏　　　(c)雨篷的整体倾覆破坏

图 8.56　雨篷的破坏形式

2. 雨篷板的设计要点

钢筋混凝土雨篷板是悬臂板，应按受弯构件进行设计。板的根部厚度 h_1 可取 $l_n/12$，当雨篷板挑出长度 $l_n = 0.6\sim1\mathrm{m}$ 时，板根部厚度 h_1 通常不小于 $70\mathrm{mm}$，端部厚度 h_2 不小于 $50\mathrm{mm}$；当挑出长度 $l_n \geqslant 1.2\mathrm{m}$ 时，板根部厚度 h_1 不小于 $100\mathrm{mm}$。

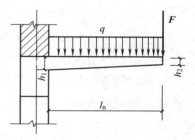

在进行抗弯承载力计算时，雨篷板上的荷载可按下面两种情况考虑。

第一种情况：恒荷载+均布活荷载($0.5\mathrm{kN/m^2}$)或雪荷载(两者不同时考虑，取较大者)。

第二种情况：恒荷载+施工或检修集中荷载(沿板宽每隔 $1\mathrm{m}$ 考虑一个 $1\mathrm{kN}$ 的集中荷载，按作用于板端计算)。

雨篷板的计算简图如图 8.57 所示，根据材料力学方法按两种情况分别计算出最大弯矩后，选其较大值进行配筋计算，计算方法与普通板相同。

3. 雨篷梁的设计要点

雨篷梁除承受雨篷板传来的荷载外，还兼有过梁的作用，并承受雨篷梁上的墙体传来的荷载。雨篷梁宽度一般与墙厚相同，梁高可参照普通简支梁的高跨比确定，通常为砖的皮数。为防止板上雨水沿墙缝渗入墙内，往往在梁顶设置高过板顶 $60\mathrm{mm}$ 的凸块(图 8.59)。

作用在雨篷梁上的荷载主要有以下几种。

(1) 雨篷梁自重、粉刷等均布恒荷载。

(2) 雨篷板传来的荷载(包括板上均布荷载及施工检修集中荷载)。

(3) 雨篷梁上的墙体重量，按砌体结构中过梁荷载的有关规定计算。

(4) 应计入的上部楼面梁板荷载，按过梁荷载的有关规定确定。

雨篷梁的荷载确定后，可按一般简支梁计算该梁的弯矩和剪力。但是由于雨篷板传来的荷载，其作用点并不在雨篷梁纵轴的竖向对称平面上，因此这些荷载除使梁产生弯曲外，还会产生扭矩，按材料力学原理可求得梁端最大扭矩。所以，雨篷梁应按弯、剪、扭复合受力构件进行设计，梁中的纵向受力钢筋和箍筋应根据弯、剪、扭构件的承载力计算，并按构造要求配置。

4．雨篷的抗倾覆验算

雨篷除进行承载力计算外，为了防止发生倾覆破坏，还应对雨篷进行整体抗倾覆验算。一方面，雨篷板上的荷载有可能使整个雨篷绕梁底的旋转点 O 转动而发生倾覆破坏；另一方面，压在雨篷梁上的墙体和其他梁板的压重又有阻止雨篷倾覆的作用。求出雨篷板上的荷载对 O 点的力矩为倾覆力矩 M_{ov}，而雨篷梁自重、梁上墙重以及梁板传来的荷载之合力 G_r 对 O 点的力矩则构成抗倾覆力矩 M_r。进行抗倾覆验算应满足的条件是

$$M_r \geqslant M_{ov} \tag{8-15}$$

M_r 为雨篷的抗倾覆力矩设计值，可按下式计算(参见图 8.58(b)，其中 $x_0 = 0.13\,l_1$)：

$$M_r = 0.8G_r(l_2 - x_0) \tag{8-16}$$

式中　G_r——雨篷的抗倾覆荷载，可取雨篷梁尾端上部 45° 扩散角范围(其水平长度为 l_3)内的墙体与楼面恒荷载标准值之和，如图 8.58(a)所示；

　　　l_2——G_r 作用点距墙外边缘的距离，$l_2 = l_1/2$，l_1 为雨篷梁上墙体厚度，$l_3 = l_n/2$；

　　　l_n——雨篷梁下洞口的净跨度。

如抗倾覆验算不满足要求，可适当增加雨篷梁两端的支承长度，以增加压在梁上的恒荷载值或采取其他拉接措施。

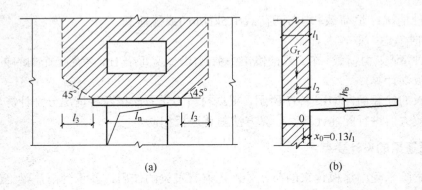

(a)　　　　　　　　　　(b)

图 8.58　雨篷抗倾覆验算受力图

5．雨篷的配筋构造

雨篷板的配筋按悬臂板设计，将受力钢筋放在板面上部且伸入到雨篷梁内，满足不小于受拉钢筋锚固长度 l_a 的要求。在垂直于受力钢筋方向应按构造要求设置分布钢筋，并放在受力钢筋的内侧。雨篷梁是按弯、剪、扭构件设计配筋的，梁中纵向受力钢筋受弯和受扭，钢筋间距不应大于 200mm 及梁截面的短边长度，伸入支座内的锚固长度为 l_a；雨篷梁内箍筋受扭和受剪，必须按抗扭钢箍要求制作，箍筋末端应做成 135° 弯钩，弯钩平直段长度不应小于 $10d$。雨篷的配筋构造要求如图 8.59 所示。

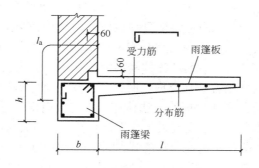

图 8.59　雨篷配筋图

8.5.2　挑檐

挑檐是一种小型悬挑构件，一般因屋顶檐口处建筑造型的需要而设计。挑檐由檐沟梁、檐沟底板与侧板组成。

檐沟底板是悬臂板，其受力特点同雨篷板。当檐沟的侧板较高时，还应考虑风荷载对底板内力的影响。底板厚度不应小于 60mm，且不宜小于侧板厚度；当挑出长度大于 500mm 时，底板厚度不宜小于挑出长度的 1/12，且不应小于 80mm。

檐沟侧板的配筋一般不必计算，可按构造要求将底板中的受力钢筋向上弯折而成。但当侧板较高时，应按受弯悬臂板计算弯矩值，荷载宜考虑积水时的水压力与风荷载的组合。檐沟侧板厚度不宜小于 60mm，当侧板高度较大时，不宜小于净高的 1/12。

檐沟梁的受力特点同雨篷梁，当抗倾覆不能满足要求时，常利用屋面圈梁做拖梁来加强檐沟梁的稳定性。挑檐的配筋构造如图 8.60 所示，板及梁的其他构造要求同雨篷。

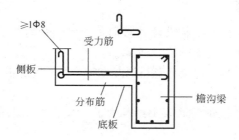

图 8.60　挑檐配筋图

本 章 小 结

(1) 钢筋混凝土楼(屋)盖为最典型的梁板结构，按施工方法可分为现浇整体式楼盖、装配式楼盖和装配整体式楼盖。现浇整体式楼盖常见的结构形式有单向板肋梁楼盖、双向板肋梁楼盖、井式楼盖、无梁楼盖等。楼梯、阳台、雨篷也属于梁板结构。

（2）现浇单向板肋梁楼盖由单向板、次梁与主梁组成。连续梁（板）的内力计算方法有两种：一种为按弹性理论将梁（板）假定为均质弹性体，用结构力学的方法计算内力；另一种为按塑性理论考虑超静定结构塑性内力重分布的计算方法。采用弹性计算法时，应考虑活荷载的最不利布置，等跨连续梁（板）在各种常用荷载作用下的内力可采用现成表格查出内力系数进行计算。按塑性理论方法计算内力时，常采用"弯矩调幅法"调整支座弯矩与跨中弯矩，取得经济的配筋。按塑性理论方法计算内力比较简便，且节省材料，但其使用阶段构件的裂缝及变形较大。一般主梁宜采用弹性计算法，连续板和次梁常采用塑性计算法。

（3）连续板的配筋方式有弯起式和分离式两种。单向板除受力钢筋外还应按构造要求设置分布钢筋及其他构造钢筋。板和次梁一般情况下可按构造规定确定纵向钢筋弯起和截断的位置。主梁中纵向钢筋的弯起与截断，应通过绘制弯矩包络图和抵抗弯矩图来确定。次梁与主梁相交处，应在主梁内设置附加箍筋或附加吊筋。

（4）对于四边支承板，当长边与短边之比不大于 2 时，应按双向板设计，在两个方向均配置受力钢筋。双向板按弹性理论方法计算内力可直接利用内力系数表。计算多跨连续双向板跨中弯矩时，活荷载的最不利布置采用棋盘式分布；计算支座弯矩时，活荷载采用满跨布置。

（5）现浇楼梯主要有板式楼梯和梁式楼梯。跨度较小时常采用板式楼梯。斜板及斜梁在竖向荷载作用下的最大弯矩等于相应简支水平梁的最大弯矩。板式楼梯和梁式楼梯的组成与传力不同，各构件的内力计算以及配筋构造也有区别。

（6）悬挑构件主要有挑梁、雨篷和挑檐等，悬挑构件除需进行承载力计算外，为了防止发生倾覆破坏，还应进行整体抗倾覆验算。雨篷梁及挑檐梁应按弯、剪、扭复合受力构件进行设计。

思考与训练

8.1 何谓单向板、双向板？结构设计时它们是如何划分的？

8.2 简述现浇单向板肋梁楼盖的设计步骤。

8.3 按弹性理论方法计算多跨连续梁（板）内力时，活荷载最不利布置的规律是什么？什么叫内力包络图？

8.4 什么叫"塑性铰"？钢筋混凝土结构中的"塑性铰"与结构力学中的"理想铰"有何异同？

8.5 什么是塑性内力重分布？为什么塑性内力重分布只适合于超静定结构？

8.6 "弯矩调幅法"的概念是什么？连续梁进行"弯矩调幅"时应遵循哪些原则？

8.7 单向板肋梁楼盖中主梁的计算简图如何确定？主梁上的荷载分布有何特点？为什么在计算主梁支座截面配筋时应取支座边缘处的弯矩？

8.8 板、次梁、主梁中各有哪些受力钢筋与构造钢筋？采用分离式配筋时各受力钢筋的切断位置和锚固有什么要求？

8.9 按弹性理论计算连续双向板的跨中最大正弯矩和支座最大负弯矩时，活荷载应如何布置？如何利用单跨双向板的弯矩系数进行连续双向板的内力计算？

8.10 板式楼梯与梁式楼梯有何区别？这两种形式楼梯中踏步板的配筋有何不同？

8.11　简述雨篷的受力特点和设计方法。

8.12　某两跨连续梁如图 8.61 所示，在跨间 $l_0/3$ 处作用集中荷载，其中恒荷载标准值 $G=25\text{kN}$，活荷载标准值 $P=50\text{kN}$，荷载分项系数分别为 $\gamma_G=1.2$ 和 $\gamma_Q=1.4$。试按弹性理论计算该梁的内力值并画出梁的弯矩包络图和剪力包络图。

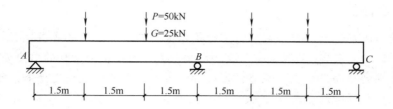

图 8.61　训练题 8.12 图

8.13　某现浇单向板肋梁楼盖为五跨连续板带，如图 8.62 所示。板跨为 2.4m，恒荷载标准值 $g_k=3\text{kN/m}^2$，荷载分项系数 $\gamma_G=1.2$，活荷载标准值 $q_k=3.5\text{kN/m}^2$，荷载分项系数 $\gamma_Q=1.4$。混凝土强度等级为 C20，采用 HPB300 级钢筋，次梁截面尺寸 $b\times h=200\text{mm}\times400\text{mm}$，板厚 $h=80\text{mm}$。按塑性理论计算方法进行板的设计，并绘出配筋草图。

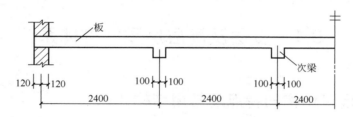

图 8.62　训练题 8.13 图

8.14　图 8.63 为从某现浇双向板肋梁楼盖中取出的一区格板，AB 边为简支支座，其他三边均为连续内支座，$l_1=4\text{m}$，$l_2=5\text{m}$，板厚 $h=100\text{mm}$，采用 C25 混凝土及 HPB300 级钢筋。楼面均布恒荷载标准值 $g_k=6\text{kN/m}^2$，活荷载标准值 $q_k=3\text{kN/m}^2$。试按弹性理论计算该区格板的配筋。

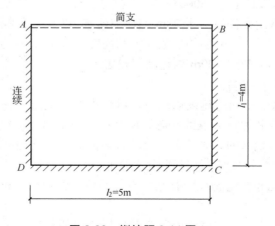

图 8.63　训练题 8.14 图

第9章 多层及高层钢筋混凝土房屋

【学习目标】

> 了解多层及高层钢筋混凝土房屋常用结构体系及其特点；熟悉多层框架房屋的结构布置原则及计算简图的确定；了解竖向荷载和水平荷载作用下框架结构的内力近似计算方法；掌握框架梁、柱的截面设计要点及非抗震设计时框架节点的一般构造要求；熟悉剪力墙结构的受力特点及配筋构造要求。

目前，多层房屋常采用混合结构和钢筋混凝土结构，对于高层建筑常采用钢筋混凝土结构、钢结构、钢-混凝土组合结构。由于钢结构造价较高，目前我国中、高层建筑多采用钢筋混凝土结构。

本章主要介绍钢筋混凝土多层与高层房屋结构。高层建筑的结构体系及其受力特性较为复杂，高层建筑的结构计算和构造设计应按照我国《高层建筑混凝土结构技术规程》(JGJ 3—2010)，(以下简称《高规》)的有关规定执行。

9.1 多层及高层房屋结构体系

9.1.1 高层建筑结构的特点及常用结构体系

1. 高层建筑结构的特点

高层建筑是随着社会生产的发展和人民生活的需要而发展起来的，是城市人口快速增长的产物，是现代城市的重要标志。

关于多层与高层建筑的界限，各国有各自不同的标准。我国《高规》与《高层民用建筑设计防火规范(2005 版)》(GB 50045—95)根据是否设电梯、建筑物的防火等级等因素，将 10 层及 10 层以上或房屋高度大于 28m 的住宅建筑，以及房屋高度大于 24m 的其他高层民用建筑定义为高层建筑，2~9 层的住宅建筑和高度不大于 24m 的其他民用建筑定义为多层建筑。一般建筑物高度超过 100m 为超高层建筑。

高层建筑结构具有以下特点。

(1) 高层建筑可以在相同的建设场地中，以较小的占地面积获得更多的建筑面积，可部分解决城市用地紧张和地价高涨的问题。但是过于密集的高层建筑也会对城市造成热岛效应或影响建筑物周边地域的采光，玻璃幕墙过多的高层建筑还可能造成光污染现象。

(2) 在建筑面积与建设场地面积相同比值的情况下，建造高层建筑可以提高更多的空闲场地，以便用作绿化和休闲场地，有利于美化环境，并带来更充足的日照、采光和通风效果。

(3) 高层建筑结构的分析和设计比一般的房屋结构要复杂得多，水平荷载是高层建筑结构设计的主要控制因素。

(4) 设计高层建筑结构时，在非地震区，必须控制风荷载作用下的结构水平位移，以保证建筑物的正常使用和结构的安全；在地震区，除了保证结构具有一定的强度和刚度外，还要求结构具有良好的抗震性能。

(5) 由于高层建筑需要满足房屋的竖向交通和防火要求，因此高层建筑的工程造价较高，运行成本较大。

2. 高层建筑常用结构体系

结构体系是指结构抵抗外部作用的结构构件的组成方式。多层及高层房屋结构体系的选择，不仅要考虑建筑使用功能的要求，更主要的是取决于建筑物的高度。目前，高层建筑最常用的结构体系有：框架结构体系、剪力墙结构体系、框架-剪力墙结构体系和筒体结构体系等。

1) 框架结构体系

框架结构是指由楼板、梁、柱及基础等承重构件组成的结构体系。一般由框架梁、柱与基础形成多个平面框架，作为主要的承重结构，各平面框架再通过连系梁加以连接而形成一个空间结构体系，如图 9.1 所示。

框架结构具有建筑平面布置灵活，易于满足建筑物较大空间的使用要求，竖向荷载作用下承载力较高、结构自重较轻的特点。因此，其广泛应用于多层及高层办公楼、住宅、商店、医院、旅馆、学校以及多层工业厂房中。

但由于框架结构在水平荷载作用下其侧向刚度小、水平位移较大，因此使用高度受到限制。框架结构的适用高度为 6～15 层，非地震区可建到 15～20 层。

2) 剪力墙结构体系

剪力墙结构是由纵向和横向的钢筋混凝土墙体作为竖向承重和抵抗侧力构件的结构体系，如图 9.2 所示。一般情况下，剪力墙结构楼盖内不设梁，采用现浇楼板直接支承在钢筋混凝土墙上，剪力墙既承受水平荷载作用，又承受全部的竖向荷载作用，同时分隔作用。

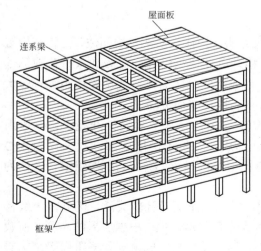

图 9.1 框架结构

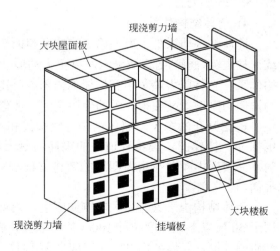

图 9.2 剪力墙结构

当高层剪力墙结构的底部需要较大空间时，可将底部一层或几层取消部分剪力墙代之以框架，即成为框支剪力墙体系。这种结构体系由于上、下层的刚度变化较大，水平荷载作用下框架与剪力墙连接部位易导致应力集中而产生过大的塑性变形，所以抗震性能较差。

剪力墙结构体系具有刚度大，空间整体性好，抗震性能好，对承受水平荷载有利等优点。但由于横墙较多、间距较密，房屋被剪力墙分割成较小的空间，因而结构自重大，建筑平面布置局限性较大。剪力墙结构的适用建筑层数为15～50层，通常适用于开间较小的高层住宅、旅馆、写字楼等建筑。

3) 框架-剪力墙结构体系

框架结构侧向刚度差，在水平荷载作用下侧移较大，但它具有平面布置灵活、立面处理易于变化等优点。而剪力墙结构抗侧力刚度大，对承受水平荷载有利，但剪力墙间距小，平面布置不灵活。把框架和剪力墙两者结合起来，即在框架结构中设置适当数量的剪力墙，就构成了框架-剪力墙结构体系，如图9.3所示。

框架-剪力墙结构的侧向刚度比框架结构大，虽然剪力墙数量不多，但它却承担了绝大部分水平荷载，而竖向荷载主要由框架结构承受。在框架-剪力墙结构中，剪力墙

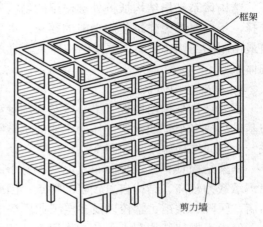

图9.3　框架-剪力墙结构

应尽可能均匀布置在房屋的四周，以增强结构抗扭转的能力。

框架-剪力墙结构中的框架和剪力墙两种结构构件通过协同工作、协调变形，既增大了结构的总体刚度，提高了结构的抗震性能，又保持了框架结构易于分割、使用方便的优点。所以，框架-剪力墙结构体系广泛应用于多高层办公楼和宾馆等公共建筑中，一般以建筑层数15～25层为宜。

4) 筒体结构体系

筒体结构体系是由剪力墙结构体系和框架-剪力墙结构体系演变发展而成，是将剪力墙或密柱框架(框筒)围合成侧向刚度更大的筒状结构，以筒体承受竖向荷载和水平荷载的结构体系。它将剪力墙集中到房屋的内部或外围，形成空间封闭筒体，使结构体系既有较大的抗侧力刚度，又获得较大的使用空间，使建筑平面设计更加灵活。

根据开孔的多少，筒体结构有空腹筒和实腹筒之分(图 9.4)。实腹筒开孔少，一般由电梯井、楼梯间、设备管道井的钢筋混凝土墙体形成，常位于房屋中部，故又称为核心筒。空腹筒由布置在房屋四周的密排立柱和高跨比很大的横梁(又称窗裙梁)组成，也称为框筒。

筒体结构由于具有更大的侧向刚度，内部空间较大且平面设计较灵活，因此，一般常用于30层以上或高度超过100m的写字楼、酒店等超高层建筑中。根据房屋的高度、荷载性质的不同，筒体结构可以布置成框架-筒体结构、筒中筒结构、成束筒和多重筒等结构类型，如图9.5所示。

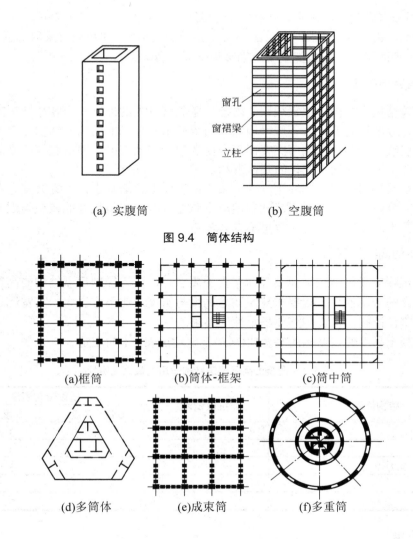

(a) 实腹筒　　　　　　(b) 空腹筒

图 9.4　筒体结构

(a)框筒　　　　(b)筒体-框架　　　　(c)筒中筒

(d)多筒体　　　　(e)成束筒　　　　(f)多重筒

图 9.5　筒体结构的类型

9.1.2　多层及高层房屋结构设计的一般原则

在多层及高层建筑中，除了要根据结构高度和使用要求选择合理的结构体系外，还应重视结构的选型和构造，择优选用抗震及抗风性能好而且经济合理的结构体系和平、立面布置方案，在构造上应加强连接。

1. 结构平面布置

在高层建筑中，水平荷载往往起着控制作用。从抗风的角度看，具有圆形、椭圆形等流线形周边的建筑物受到的风荷载较小；从抗震角度看，平面对称、结构侧向刚度均匀、平面长宽比较接近，则抗震性能较好。因而《高规》(JGJ 3—2010)中，对抗震设计的钢筋混凝土高层建筑的平面布置提出如下具体要求。

(1) 平面布置宜简单、规则、对称，减小偏心。

(2) 平面长度 L 不宜过长，突出部分长度 l 应尽可能小，凹角处宜采取加强措施。

(3) 建筑平面不宜采用角部重叠或细腰形平面布置。

2. 结构竖向布置

高层建筑结构沿竖向体型宜规则、均匀，避免有过大的外挑和内收。结构的侧向刚度宜下大上小，逐渐均匀变化，不应采用竖向布置严重不规则的结构。结构竖向布置应做到刚度均匀而连续，避免由于刚度突变而形成薄弱层。在地震区的高层建筑的立面宜采用矩形、梯形、金字塔形等均匀变化的几何形状。

高层建筑结构的竖向抗侧移刚度的分布宜从下而上逐渐减小，不宜突变。在实际工程中往往沿竖向分段改变构件截面尺寸和混凝土强度等级，截面尺寸的减小与混凝土强度等级的降低应在不同楼层，改变次数也不宜太多。

3. 房屋的高宽比限值

高层建筑除应满足结构平面及竖向布置的要求外，还应控制房屋结构的高宽比。为了保证结构设计的合理性，一般要求建筑物总高度与宽度之比不宜过大，高宽比过大的建筑物很难满足侧移控制、抗震和整体稳定性的要求。

钢筋混凝土高层建筑结构的高宽比(H/B)不宜超过表 9.1 的规定。

表 9.1　混凝土高层建筑结构适用的最大高宽比

结构体系	非抗震设计	抗震设防烈度		
		6 度、7 度	8 度	9 度
框架	5	4	3	—
板柱-力墙	6	5	4	—
框架-力墙、剪力墙	7	6	5	4
框架-心筒	8	7	6	4
筒中筒	8	8	7	5

4. 变形缝

在高层建筑中，由于变形缝的设置会给建筑设计带来一系列的困难，如屋面防水处理、地下室渗漏、立面效果处理等，因而在设计中宜通过调整平面形状和尺寸，采取相应的构造和施工措施，尽量少设缝或不设缝。当建筑物平面形状复杂而又无法调整其平面形状和结构布置使之成为较规则的结构时，宜通过变形缝将结构划分为较为简单的几个独立结构单元。

1) 伸缩缝

当高层建筑物的长度超过规定限值，又未采取可靠的构造措施或施工措施时，其伸缩缝间距不宜超过表 9.2 的限值。

表 9.2　伸缩缝的最大间距

结构类型	施工方法	最大间距/m	结构类型	施工方法	最大间距/m
框架结构	现浇	55	剪力墙结构	现浇	45

当屋面无隔热或保温措施时，或位于气候干燥地区、夏季炎热且暴雨频繁地区的结构，可适当减小伸缩缝的间距。

当采取下列构造或施工措施时，伸缩缝间距可适当增大。

(1) 在顶层、底层、山墙和纵墙端开间等温度影响较大的部位提高配筋率；

(2) 顶层加强保温隔热措施或采用架空通风屋面；

(3) 顶部楼层改为刚度较小的结构形式或顶部设局部温度缝，将结构划分为长度较短的区段；

(4) 每 30～40m 设 800～1000mm 宽的后浇带。

2) 沉降缝

当建筑物出现下列情况，可能造成较大的沉降差异时，宜设置沉降缝。①建筑物存在有较大的荷载差异、高度差异处；②地基土层的压缩性有显著变化处；③上部结构类型和结构体系不同，其相邻交接处；④基底标高相差过大，基础类型或基础处理不一致处。

由于沉降缝的设置常常使基础构造复杂，特别使地下室的防水十分困难，因此，当采取以下措施后，主楼与裙房之间可以不设沉降缝：①采用桩基，或采取减少沉降的有效措施并经计算，沉降差在允许范围内；②当主楼与裙房采用不同的基础形式，先施工主楼后施工裙房，通过调整土压力使后期沉降基本接近；③当沉降计算较为可靠时，将主楼与裙房的标高预留沉降差，使最后两者标高基本一致；④把主楼与裙房放在一个刚度很大的整体基础上，或从主楼结构基础上悬挑出裙房基础等。

3) 防震缝

当房屋平面复杂、不对称或房屋各部分刚度、高度、重量相差悬殊时，应设置防震缝。防震缝将房屋划分为简单规则的形状，使每一部分成为独立的抗震单元，使其在地震作用下互不影响。设置防震缝时，一定要留有足够的宽度，以防止地震时缝两侧的独立单元发生碰撞。防震缝的最小宽度宜满足规范的要求。

沉降缝必须从基础分开，而伸缩缝和防震缝处的基础可以连在一起。在地震区，伸缩缝和沉降缝的宽度均应符合防震缝的宽度和构造要求。

9.1.3　多层及高层房屋结构的荷载分类

多层及高层房屋结构上的荷载分为竖向荷载和水平荷载两类。随着建筑物高度的增加，在竖向荷载作用下，底层结构产生的内力中仅轴力 N 随高度呈线性关系增长，弯矩 M 和剪力 V 并不增加。而在水平荷载(风荷载及地震作用)作用下，结构中产生的弯矩 M 和剪力 V 却随着房屋高度的增加呈快速增长的趋势；此外，结构的侧向位移也将增加更快。也就是说，随着房屋高度的增加，水平荷载对结构所起的作用越来越重要。一般来说，对低层民用建筑，结构设计起控制作用的是竖向荷载；对多层建筑，水平荷载与竖向荷载共同起控制作用；而对高层建筑，竖向荷载仍对结构设计具有重要影响，但对结构设计起绝对控制作用的却是水平荷载。

1. 竖向荷载

竖向荷载包括结构构件和非结构构件的自重(恒荷载)、楼(屋)面使用活荷载、雪荷载和施工检修荷载等。

1) 恒荷载

竖向荷载中的恒荷载主要包括结构自重及各种建筑装饰材料、饰面等的自重。一般可按相应材料自重和构件几何尺寸计算。这些荷载取值可根据《荷载规范》(GB 50009—2001)或表 2.3 进行计算。

2) 楼面活荷载

一般民用建筑楼面活荷载取值按《荷载规范》或表2.4 选用,当有特殊要求时,应按实际情况考虑。简化计算时,一般不考虑活荷载的不利布置,按活荷载满布考虑。

在设计楼面梁、墙、柱及基础时,要根据梁的承荷面积以及墙、柱、基础计算截面以上的总层数,对楼面荷载乘以相应的折减系数。这是因为考虑到构件的承荷面积越大或承荷层数越多,楼面活荷载在全部承荷面积上或同时在各层均满载的可能性越小。下面仅以住宅、宿舍、旅馆、办公楼、医院等房屋为例给出折减系数,其他情况参见《荷载规范》的有关规定。

(1) 设计楼面梁时,对于楼面活荷载标准值为 2.0kN/m^2,且楼面梁从属面积超过 25m^2,取楼面活荷载折减系数为 0.9。

(2) 设计墙、柱和基础时,对于楼面活荷载标准值为 2.0kN/m^2 的建筑,根据计算截面以上的层数,活荷载楼层折减系数应按表 9.3 的规定采用。

表 9.3　活荷载按楼层的折减系数

计算截面以上的层数	1	2~3	4~5	6~8	9~20	>20
计算截面以上各楼层活荷载总和的折减系数	1.0(0.9)	0.85	0.70	0.65	0.60	0.55

注：当楼面梁的从属面积超过 25m^2 时,应采用括号内的系数。

3) 屋面活荷载

屋面活荷载主要包括屋面均布活荷载和积雪荷载。《荷载规范》规定:屋面均布活荷载不应与积雪荷载同时考虑。设计计算时,取两者中较大值。

当采用不上人屋面时,屋面均布活荷载标准值取 0.5kN/m^2,当施工或维修荷载较大时,应按实际情况采用;采用上人屋面时,屋面均布活荷载标准值取 2.0kN/m^2,当上人屋面兼作其他用途时,应按相应楼面活荷载采用。

2. 水平荷载

水平荷载主要包括风荷载和水平地震作用。

1) 风荷载

对于高层建筑结构而言,风荷载是结构承受的主要水平荷载之一,在非抗震设防区或抗震设防烈度较低的地区,风荷载常常是结构设计的控制条件。

风是具有一定速度运动的气流,将在建筑物的迎风面产生正风压(风压力),而在背风面和侧面形成负压区(风吸力),因而作用在建筑物上的风荷载与基本风压、建筑物体型、高度及地面粗糙度等有关。垂直作用于建筑物表面上的风荷载标准值应按下列公式计算:

$$w_k = \beta_z \mu_s \mu_z w_0 \tag{9-1}$$

式中　　w_k——风荷载标准值(kN/m^2);

β_z——高度 z 处的风振系数，即考虑风荷载动力效应的影响，对房屋高度不大于 30m 或高宽比小于 1.5 的建筑结构可不考虑此影响，$\beta_z = 1.0$；

μ_s——风荷载体型系数，对于矩形平面的多层房屋，迎风面为+0.8(压力)，背风面为 −0.5(吸力)，其他形状平面的 μ_s 详见《荷载规范》；

μ_z——风压高度变化系数，应根据地面粗糙度类别按表 9.4 取用。地面粗糙度可分为 A、B、C、D 四类。A 类指近海海面和海岛、海岸、湖岸及沙漠地区；B 类指田野、乡村、丛林、丘陵以及房屋比较稀疏的乡镇和城市郊区；C 类指有密集建筑群的城市市区；D 类指有密集建筑群且房屋较高的城市市区；

w_0——基本风压(kN/m²)，应按《荷载规范》给出的 50 年一遇的"全国基本风压分布图"查取，但不得小于 0.3kN/m²。

表 9.4　风压高度变化系数 μ_z

离地面或海平面高度/m	地面粗糙度类别			
	A	B	C	D
5	1.17	1.00	0.74	0.62
10	1.38	1.00	0.74	0.62
15	1.52	1.14	0.74	0.62
20	1.63	1.25	0.84	0.62
30	1.80	1.42	1.00	0.62
40	1.92	1.56	1.13	0.73
50	2.03	1.67	1.25	0.84
60	2.12	1.77	1.35	0.93

注：高度超过 60m，μ_z 取值详见《荷载规范》。

层数较低的建筑物，风荷载产生的振动一般很小，设计时可不考虑风振作用。高层建筑对风的动力作用比较敏感，建筑物越柔，自振周期就越长，风的动力作用也就越显著。为此，高层建筑风荷载计算时，通过风振系数 β_z 来考虑风的动力作用。

为方便计算，可将沿建筑物高度分布作用的风荷载简化为节点集中荷载，分别作用于各层楼面和屋面处，并且在计算简图中合并于迎风面一侧。对某一楼面，取相邻上、下各半层高度范围内分布荷载之和，同时该分布荷载按均布考虑。一般风荷载要考虑左风和右风两种可能。

2) 水平地震作用

一般在抗震设防烈度 6 度以上时需进行地震作用计算。地震时，地面上原来静止的建筑物因地面运动而产生强迫振动，结构振动的惯性力相当于增加在结构上的荷载作用。地震作用又分为竖向地震作用和水平地震作用。由于高层建筑结构的高度大，在地震设防烈度较高的地区，水平地震作用常常成为结构设计的控制条件。

由于多、高层建筑结构的楼盖部分集中了结构构件的主要质量，因此，可将结构的质量集中到各层楼盖标高处。水平地震作用计算时，一般将结构上的惯性力(等效地震荷载)简化为作用在各楼层处的水平集中力。

9.2 框架结构

9.2.1 框架结构的组成与结构布置

1. 框架结构的组成

框架结构是指钢筋混凝土梁和柱连接而形成的承重结构体系，框架既作为竖向承重结构，同时又承受水平荷载。现浇框架的梁与柱节点连接处一般为刚性连接，框架柱与基础通常为刚接。

框架梁和框架柱是框架结构的主要承重构件。为使框架结构具有良好的受力性能，框架梁宜拉通、对直，框架柱宜上下对中，梁柱轴线宜在同一竖向平面内。

框架结构的墙体一般不承重，只起分隔和围护作用，在框架主体施工完成后砌筑而成。框架填充墙通常采用较轻质的材料，以减轻房屋的重量，减少地震作用。填充墙与框架梁、柱应采取必要的连接构造，以增加墙体的整体性和抗震性。

2. 框架结构的布置

房屋结构布置是否合理，对结构的安全性、适用性、经济性影响很大。因此，应根据房屋的高度、荷载情况以及建筑的使用和造型等要求，确定合理的结构布置方案。

1) 结构布置原则

(1) 房屋的开间、进深宜尽可能统一，使房屋中构件类型、规格尽可能减少，以便于工程设计和施工。

(2) 房屋平面应力求简单、规则、对称及减少偏心，以使受力更合理。

(3) 房屋的竖向布置应使结构刚度沿高度分布比较均匀、避免结构刚度突变。同一楼面应尽量设置在同一标高处，避免结构错层和局部夹层。

(4) 为使房屋具有必要的抗侧移刚度，房屋的高宽比不宜过大，一般宜控制 $H/B \leqslant 4 \sim 5$。

(5) 当建筑物平面较长，或平面复杂、不对称，或各部分刚度、高度、重量相差悬殊时，应设置必要的变形缝。

2) 柱网布置

柱网是竖向承重构件的定位轴线在平面上所形成的网格，是框架结构平面的"脉络"。框架结构的柱网布置，既要满足建筑功能和生产工艺的要求，又要使结构受力合理，构件种类少，施工方便。柱网尺寸，即平面框架的跨度(进深)及其间距(开间)的平面尺寸。

(1) 柱网布置应满足生产工艺的要求。

多层工业厂房的柱网布置主要是根据生产工艺要求而确定的。柱网布置方式主要有内廊式和跨度组合式两类，如图9.6所示。

内廊式柱网有较好的生产环境，工艺互不干扰，一般为对称三跨，边跨跨度一般采用6m、6.6m和6.9m三种，中间走廊跨度常为2.4m、2.7m、3.0m三种，开间方向柱距为3.6～7.2m。

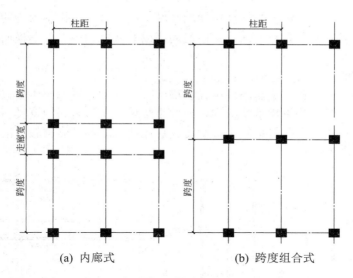

(a) 内廊式　　　　　　　　(b) 跨度组合式

图 9.6　框架结构的柱网布置

跨度组合式柱网适用于生产要求有较大空间，便于布置生产流水线，随着轻质材料的发展，内廊式有被跨度组合式所代替的趋势。跨度组合式柱网常用跨度为 6m、7.5m、9.0m 和 12.0m 四种，柱距常采用 6m。

多层厂房的层高一般为 3.6m、3.9m、4.5m、4.8m、5.4m，民用房屋的常用层高为 3.0m、3.6m、3.9m 和 4.2m。柱网和层高通常以 300mm 为模数。

(2) 柱网布置应满足建筑平面布置的要求。

在旅馆、办公楼等民用建筑中，建筑平面一般布置成两边为客房或办公用房，中间为走道的内廊式平面。因此，柱网布置应与建筑分隔墙的布置相协调。

(3) 柱网布置要使结构受力合理。

多层框架主要承受竖向荷载。柱网布置时，应考虑到结构在竖向荷载作用下内力分布均匀合理，各构件材料均能充分利用。

(4) 柱网布置应便于施工。

建筑设计及结构布置时应考虑到施工方便，以加快施工进度、降低工程造价、保证施工质量。

3) 承重框架的布置

框架结构是由若干平面框架通过连系梁连接而形成的空间结构体系，可将空间框架分解成纵、横两个方向的平面框架，楼盖的荷载可传递到纵、横两个方向的框架上。根据梁板布置方案和荷载传递路径的不同，承重框架的布置方案可分为以下三种。

(1) 横向框架承重方案。

主要承重框架由横向主梁与柱构成，楼板沿纵向布置，支承在主梁上，纵向连系梁将横向框架连成一空间结构体系，如图 9.7(a)所示。

横向框架具有较大的横向刚度，有利于抵抗横向水平荷载。而纵向连系梁截面较小，有利于房屋室内的采光和通风。因此，横向框架承重方案在实际工程中应用较多。

(2) 纵向框架承重方案。

主要承重框架由纵向主梁与柱构成，楼板沿横向布置，支承在纵向主梁上，横向连系梁将纵向框架连成一空间结构体系，如图 9.7(b)所示。

纵向框架承重方案，由于横向连系梁的高度较小，有利于设备管线的穿行，可获得较高的室内净空，且开间布置较灵活，室内空间可以有效地利用。但其横向刚度较差，故只适用于层数较少的房屋。

(3) 纵横向框架混合承重方案。

纵横向框架混合承重方案是沿房屋纵、横两个方向均布置框架主梁以承担楼面荷载，如图 9.7(c)、(d)所示。当采用现浇双向板或井字梁楼盖时，常采用这种方案。由于纵、横向框架梁均承担荷载，梁截面均较大，故可使房屋两个方向都获得较大的刚度，因此有较好的整体工作性能。

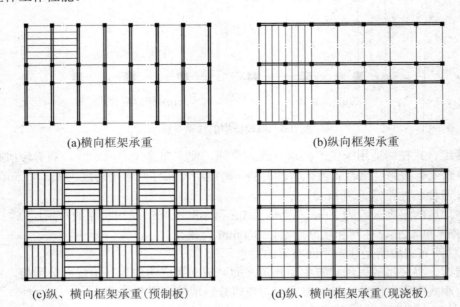

(a)横向框架承重   (b)纵向框架承重

(c)纵、横向框架承重(预制板)   (d)纵、横向框架承重(现浇板)

图 9.7　承重框架布置方案

9.2.2　框架结构的内力分析

1. 框架结构的计算简图

框架结构是由横向框架和纵向框架组成的空间受力体系。在工程设计中为简化计算，常忽略结构的空间联系，将横向框架和纵向框架分别按平面框架进行分析(图 9.8(a))。结构内力计算时，从横向(或纵向)框架中选一榀框架作为研究对象，每榀框架承受按图 9.8(b)所示计算单元范围内的水平荷载，而竖向荷载则需按楼盖结构的布置方案确定。

框架结构的计算简图是以梁、柱轴线来确定的。框架杆件用轴线表示，杆件之间的连接用节点表示，杆件长度用节点间的距离表示。框架梁的跨度取柱轴线之间的距离，框架的层高即框架柱的长度，可取相应的建筑层高，但底层的层高则应取基础顶面到一层楼盖顶面之间的距离。当基础标高未能确定时，可近似取底层的层高加 1.0m。对于现浇整体式框架，将各节点视为刚接节点，认为框架柱在基础顶面处为固定支座连接。横向框架和纵向框架的计算简图，分别如图 9.8(c)、(d)所示。

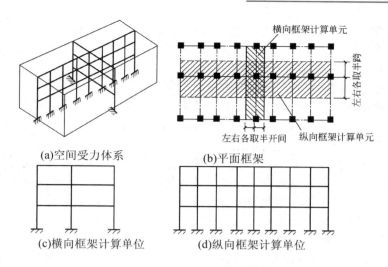

图 9.8　框架结构的计算简图

2. 框架结构的内力计算

多层及多跨框架结构的内力(M、V、N)和侧移计算，目前多采用电算求解。而手算法是设计人员的基本功，内力分析时依据力学原理和简化的计算模型，一般采用近似计算方法。竖向荷载作用下的内力计算，通常有弯矩二次分配法和分层法等；水平荷载作用下的内力计算，有反弯点法和修正反弯点法(D 值法)。这些方法采用的假设不同，计算结果有所差异，但一般都能满足工程设计要求的精度。

1) 竖向荷载作用下的内力近似计算方法——分层法

在竖向荷载作用下的多层框架，根据结构力学的精确计算结果表明，不仅框架节点的侧移值很小，而且每层横梁上的荷载对上、下各层横梁的影响也很小。为进一步简化计算，作出如下基本假定。

(1) 忽略框架在竖向荷载作用下的侧移和由它引起的侧移弯矩；

(2) 忽略每层横梁上的荷载对其他各层横梁及其他柱内力的影响。

根据上述假定，多层框架在竖向荷载作用下可以分层计算，即将各层梁及其相连的上、下柱所组成的开口框架作为一个独立的计算单元进行分层计算，如图 9.9 所示。这样，就将一个多层多跨框架分解为多个单层开口框架，并用弯矩二次分配法进行分层内力计算。分层计算所得各层横梁的弯矩即为原框架梁的最后弯矩；然后将相邻上、下两层开口框架中同层同柱号的柱端弯矩叠加后即为原框架柱的弯矩。

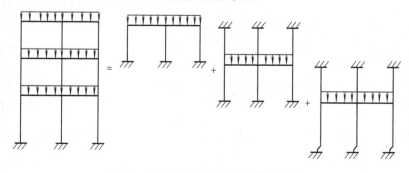

图 9.9　分层法的计算思路与计算简图

在分层计算时，均假定上、下柱的远端为固定端，而实际的框架柱除在底层基础处为固定端外，其余各柱的远端均有转角产生，介于铰支承与固定支承之间。为消除由此所引起的误差，分层法计算时应作如下修正。

(1) 将底层柱除外的所有各层柱的线刚度 i_c 均乘以 0.9 的折减系数。

(2) 弯矩传递系数除底层柱为 1/2 外，其余各层柱均为 1/3。

用分层法分析竖向荷载作用下框架内力的计算步骤如下。

(1) 画出框架的计算简图。

(2) 按规定计算梁、柱的线刚度及相对线刚度(除底层柱外，其他各层柱的线刚度应乘以系数0.9)。

(3) 计算各节点处杆件的弯矩分配系数，并计算各跨梁在竖向荷载作用下的固端弯矩。

(4) 利用弯矩二次分配法从上至下分别计算各分层开口框架的内力。

(5) 计算框架梁、柱最后内力。

(6) 绘制框架内力图(M图、V图、N图)。

如图 9.10(a)所示，为某四层框架结构在竖向均布荷载作用下的计算简图。通过力学计算，得出该框架在竖向荷载作用下的内力图，如图 9.10(b)~(d)所示。从图中可以看出，在竖向荷载作用下，框架梁跨中截面产生的正弯矩最大，支座截面产生的负弯矩及剪力均为最大；框架柱在每层柱高范围内弯矩呈线性变化，在柱的上、下端部均产生最大弯矩，同一柱中自上至下轴力(压力)逐层增大。

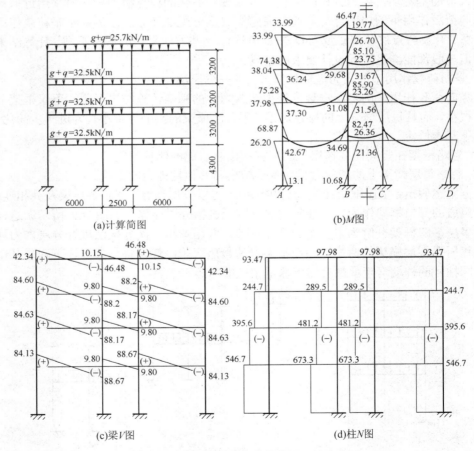

图 9.10　多层框架竖向荷载作用下的内力图

2) 水平荷载作用下的内力近似计算方法

多层框架所承受的水平荷载是风荷载或水平地震作用，这两种荷载一般均简化为在框架节点处的水平集中力。经力学分析可知，框架各杆件的弯矩图形均为直线，且第根杆件均有一个零弯矩点，即反弯点，而该点只产生剪力。

如能确定各柱反弯点处的剪力值及其反弯点的位置，则各柱柱端弯矩就可算出，进而可求出梁端弯矩及整个框架的其他内力。所以对水平荷载作用下的框架内力近似计算，需解决两个主要问题：①计算各层柱中反弯点处的剪力；②确定各层柱的反弯点位置。

(1) 反弯点法。

为便于求得反弯点位置和反弯点处的剪力，特作如下假定。

① 在确定各柱侧移刚度时，假定梁与柱的线刚度比无限大，即认为各柱端无转角，且在同一层柱中各柱端的水平位移相等。

② 在确定各柱反弯点位置时，认为框架底层柱的反弯点位置在距柱底 2/3 高度处，其他各层柱的反弯点位置均位于柱高的中点。

③ 梁端弯矩可由节点平衡条件求出，并按节点左右梁的线刚度进行分配。

根据上述假定，不难确定出反弯点高度、柱侧移刚度、反弯点处剪力以及杆端弯矩。

首先求出同层每根框架柱的抗侧移刚度 $D = \dfrac{12i_c}{h^2}$，其中 $i_c = \dfrac{EI}{h}$ 称为柱的线刚度，h 为层高。柱的抗侧移刚度 D 表示柱端产生单位水平位移时，在柱端所需施加的水平力大小。

设多层框架共有 n 层，每层有 m 个柱子，则第 i 层的楼层总剪力为 V_i，将框架沿第 i 层各柱的反弯点处切开以显示该层柱剪力，按水平力平衡条件得

$$V_i = \sum_{k=i}^{n} F_i \tag{9-2}$$

式中　F_i——作用于第 i 层节点的水平集中荷载。

由基本假定及力学计算可得，各层的楼层总剪力 V_i 是按照各柱抗侧移刚度 D_{ij} 在该层总抗侧移刚度中所占比例分配到各柱，则第 i 层各柱在反弯点处的剪力 V_{ij} 为：

$$V_{ij} = \frac{D_{ij}}{\sum\limits_{j=1}^{m} D_{ij}} V_i \tag{9-3}$$

式中　V_{ij} ——第 i 层第 j 根柱的剪力；

　　D_{ij} ——第 i 层第 j 根柱的抗侧移刚度。

求出第 i 层各柱的剪力后，根据已知各柱的反弯点位置，即可求出该层各柱的柱端弯矩。求出所有柱端弯矩后，再根据节点弯矩平衡条件即可求得各节点处的梁端弯矩。

(2) 修正反弯点法(D 值法)。

利用反弯点法计算框架在水平荷载作用下的内力固然方便，但是在基本假定上与实际情况并不完全相符，存在较大的误差。修正反弯点法是在反弯点法的基础上，考虑了框架节点转动对柱的抗侧移刚度和反弯点位置的影响。主要表现在以下两个方面。

① 框架柱的抗侧移刚度。反弯点法认为框架柱的抗侧移刚度仅与柱本身的线刚度有关，但实际上柱的抗侧移刚度还与梁的线刚度有关，应对反弯点法中框架柱的抗侧移刚度进行修正。

② 反弯点高度。反弯点法假定梁、柱的线刚度比无限大，从而得出各层柱的反弯点高度是一定。但实际上柱的反弯点高度不是定值，其位置与梁柱线刚度比、上下层梁的线刚度比、上下层的层高变化等因素有关，故还应对柱的反弯点高度进行修正。

修正反弯点法的具体计算方法，本节不再详述。当各层框架柱的抗侧移刚度和各柱的反弯点位置确定后，与反弯点法一样，就可求出各柱在反弯点处的剪力值并画出框架的弯矩图。

图 9.11(a)为某四层框架在水平集中荷载作用下的计算简图。通过力学计算，得出该框架在水平荷载作用下的内力图，如图 9.11(b)～(d)所示。从图中可看出，水平荷载作用下框架梁、柱弯矩图均呈直线分布，在框架梁、柱的支座端部截面将分别产生最大正弯矩和最大负弯矩，且在同一根柱中自上至下逐层增大；从剪力图中反映出，剪力在梁的各跨长度范围内呈均匀分布，越往下层剪力越大。从轴力图中可看出，靠近水平集中力一侧的框架柱受拉，远离水平集中力一侧的框架柱受压，在同一根柱中自上至下轴力逐层增大。

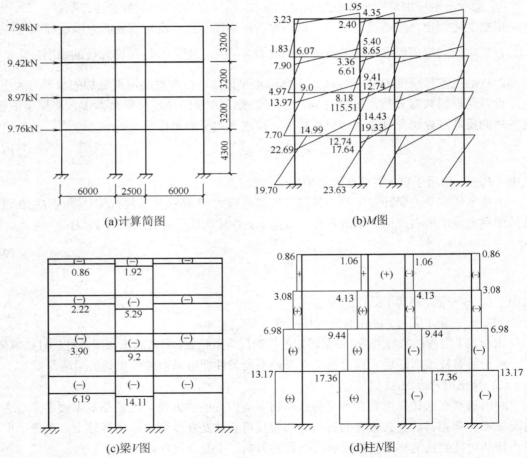

图 9.11 多层框架水平荷载作用下的内力图

9.2.3　框架结构的侧移验算

1．框架结构在水平荷载作用下的变形

框架结构在水平荷载作用下的变形特点如图 9.12 所示,框架结构的侧移由两部分组成,即总体剪切变形和总体弯曲变形。

第一部分侧移由框架梁和柱的弯曲变形所引起,梁和柱都有反弯点,形成侧向变形,因其侧移曲线与悬臂梁的剪切变形曲线相似,称为总体剪切变形(图 9.12(b))。其特点是框架下部层间侧移较大,越到上部层间侧移越小。

第二部分侧移由框架柱中的轴向变形所引起,柱的伸长和压缩导致框架变形而形成侧移,因其侧移曲线与悬臂梁的弯曲变形曲线相似,称为总体弯曲变形(图 9.12(c))。其特点是在框架上部层间侧移较大,越到底部层间侧移越小。

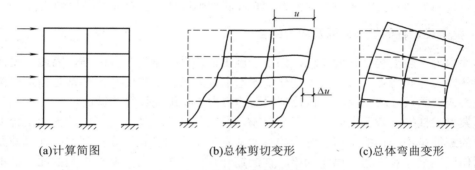

(a)计算简图　　　　　　(b)总体剪切变形　　　　　　(c)总体弯曲变形

图 9.12　框架结构在水平荷载作用下的变形

对于层数不多的框架,侧移主要是以总体剪切变形为主,柱轴向变形引起的侧移很小,可以忽略不计,故框架结构的侧移计算通常只需考虑由梁、柱的弯曲变形所引起的侧移。

2．框架结构侧移计算及限值

在正常作用条件下,框架结构基本处于弹性受力状态,应具有足够的刚度,避免产生过大的位移而影响结构的承载力、稳定性和使用要求。

(1) 层间侧移计算。

由前述内容可知,一般多层框架在水平荷载作用下的侧移主要是以梁、柱的弯曲变形所引起的侧移(即总体剪切变形),柱轴向变形引起的侧移很小,可以忽略不计,故框架结构通常只需计算层间相对位移。层间侧移是指第 i 层柱上、下节点间的相对位移,其计算公式如下:

$$\Delta_i = \frac{V_i}{\sum_{j=1}^{m} D_{ij}} \tag{9-4}$$

式中　V_i ——第 i 层的楼层剪力标准值,

$\sum D_{ij}$ ——第 i 层所有柱的抗侧移刚度 D_{ij} 值的总和。

(2) 框架结构层间侧移的限值。

结构侧移过大，会使人感觉不舒服，导致填充墙开裂、外墙饰面脱落，致使电梯轨道变形造成电梯运行困难，严重时还会引起主体结构产生裂缝，甚至引起倒塌。因此，《高规》(JGJ 3—2010)是通过限制框架结构层间最大弹性位移的方法来控制，即

$$\frac{\Delta_i}{h} \leqslant \frac{1}{550} \tag{9-5}$$

式中 Δ_i——按弹性法计算所得楼层层间最大水平位移；

       h——建筑物层高。

9.2.4 框架梁、柱的截面设计

框架结构在竖向荷载和水平风荷载作用下的内力确定以后，要对各构件进行内力组合，以便求出各构件控制截面的最不利内力，并以此作为框架梁、柱配筋计算的依据。

1. 框架梁、柱的控制截面及内力组合

构件内力一般沿构件长度变化，为便于施工，构件通常为分段配筋。因此，设计时应根据构件内力分布特点和截面尺寸变化情况选取控制截面。控制截面通常是指结构构件中内力最大或截面尺寸改变处，并按控制截面的内力进行配筋计算的截面。

框架梁、柱控制截面上的内力有弯矩 M、剪力 V 和轴力 N。在不同的内力组合下，控制截面的配筋是不一样的。内力组合的目的就是为了求出各构件在控制截面处对截面配筋起控制作用的最不利内力，以作为梁、柱配筋计算的依据。对于某一控制截面，最不利的内力组合可能有多种情况。

1) 框架梁

框架梁的内力主要是弯矩 M 和剪力 V。对于框架梁，一般在跨中和支座处弯矩较大，而且最大剪力也在支座处。因此，框架梁的控制截面是梁端支座截面和跨中截面。

在竖向荷载作用下，梁支座截面可能产生最大负弯矩和最大剪力，在水平荷载作用下还会出现正弯矩；跨中截面一般产生最大正弯矩，有时也可能出现负弯矩。故框架梁控制截面的最不利内力组合有以下两种。

(1) 梁端支座截面：$-M_{\max}$、$+M_{\max}$ 和 $V_{\max}$。

(2) 梁跨中截面：$+M_{\max}$、$-M_{\max}$(可能出现)。

框架梁端支座截面，需按 $-M_{\max}$ 确定梁端顶部的纵向受力钢筋，按 $+M_{\max}$ 确定梁端底部的纵向受力钢筋，按 $V_{\max}$ 确定梁中箍筋及弯起钢筋；对于跨中截面，则按跨中 $+M_{\max}$ 确定梁下部纵向受力钢筋，可能的情况下，需按 $-M_{\max}$ 确定梁上部纵向受力钢筋。

2) 框架柱

框架柱的内力主要是弯矩 M 和轴力 N。对于框架柱，弯矩最大值在柱的两端，轴力最大值在柱的下端。因此，框架柱的控制截面在每层柱的上、下端截面。

同一柱端截面在不同内力组合时，有可能出现正弯矩或负弯矩，考虑到框架柱一般采用对称配筋，组合时只需选择绝对值最大的弯矩。框架柱控制截面的最不利内力组合有以

下几种。

(1) $|M_{max}|$ 及相应的 N、V。

(2) N_{max} 及相应的 M、V。

(3) N_{min} 及相应的 M、V。

框架柱属偏心受压构件，既可能出现大偏心受压破坏，又可能出现小偏心受压破坏。在以上内力组合中，第(1)、(3)组是以构件可能出现大偏心受压破坏进行组合的，第(2)组则是从构件可能出现小偏心受压破坏进行组合的。考虑全部内力组合可使柱避免出现任何一种破坏，各控制截面的钢筋就是按照各种内力组合所计算出的钢筋用量最大者配置的。框架柱内纵向受力钢筋应根据弯矩 M 和轴力 N，按偏心受压构件进行计算，还应根据柱的剪力 V 以及构造要求配置相应的箍筋。

2. 框架结构的设计步骤

框架结构构件的设计一般按非抗震设计和抗震设计两种情况分别进行。非抗震设计的设计流程如图 9.13 所示。

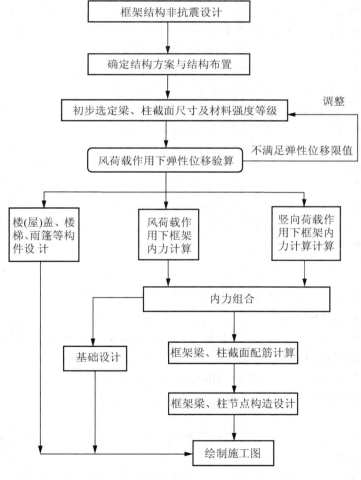

图 9.13　框架结构非抗震设计流程图

根据框架结构设计步骤，在框架内力组合并确定梁、柱控制截面的最不利内力后，就要对梁、柱进行截面设计。框架梁是受弯构件，因此其截面设计与一般受弯梁的设计基本相同，也是按受弯构件正截面受弯承载力计算所需要的纵筋数量，按斜截面受剪承载力计算所需要的箍筋数量，并采取相应的构造措施。

框架柱是偏心受压构件，一般情况下，由于柱端有正、负弯矩的作用，因此框架柱通常为对称配筋。柱中纵筋数量应按正截面受压承载力计算。一根柱上下两端的组合内力一般有很多组，应从中挑选取出最不利的一组进行配筋计算。框架柱的箍筋数量按偏压构件的斜截面受剪承载力计算。在具体计算中，轴向压力 N 应取与 V_{max} 相应的值。

9.2.5 现浇框架的构造要求

1. 框架梁、柱的截面形状及尺寸

1) 框架梁

现浇框架及楼盖中，因为楼板和梁整浇在一起，自然形成 T 形截面；在装配式框架中，框架梁可做成矩形、T 形或花篮形截面。框架梁的截面尺寸应满足框架结构强度和刚度要求。

框架梁的截面高度可根据梁的跨度、约束条件及荷载大小，按下式估算。

现浇式框架：$h_b=(1/10\sim1/12)l$　　(l 为框架梁的跨度)

装配式框架：$h_b=(1/8\sim1/10)l$

当框架梁为单跨或荷载较大时取大值，框架梁为多跨或荷载较小时取小值。为防止梁发生剪切破坏，梁高 h_b 不宜大于 $l_n/4$(l_n 为梁净跨)。

框架梁的截面宽度可取 $b_b=(1/2\sim1/3)h_b$，为了使端部节点传力可靠，梁宽 b_b 不宜小于柱宽的 1/2，且不宜小于 200mm。

2) 框架柱

框架柱一般采用矩形或正方形截面，其截面尺寸可参考同类建筑确定或由柱所承受的轴力估算，也可近似取柱截面高度 $h_c=(1/10\sim1/15)H$(H 为层高)，且不宜小于 400mm；柱截面宽度可取 $b_c=(1\sim1/1.5)h_c$，且不宜小于 300mm。为避免柱发生剪切破坏，柱净高与截面长边之比宜大于 4。

2. 现浇框架的一般构造要求

(1) 钢筋混凝土框架的混凝土强度等级不宜低于 C25，高层框架柱可提高到 C30～C50。为了保证梁、柱节点的承载力和延性，要求现浇框架节点区的混凝土强度等级应不低于同层柱的混凝土强度等级。由于施工过程中节点区的混凝土与梁同时浇筑，因此要求梁、柱混凝土强度等级相差不宜大于 5MPa。

(2) 梁、柱纵向受力钢筋宜采用 HRB335 级、HRB400 级、HRB500 级、HRBF335 级、HRBF400 级、HRBF500 级钢筋，箍筋宜采用 HPB300 级、HRB335 级、HRBF335 级、HRB400 级钢筋。

(3) 框架梁、柱应分别满足受弯构件和受压构件的一般构造要求，地震区的框架还应满足抗震设计的要求。

(4) 框架梁在跨中上部应配置不少于 2Φ12 的架立钢筋与梁支座的负弯矩钢筋搭接，搭接长度不应小于 150mm(非抗震设计)。框架梁支座截面的负弯矩钢筋自柱边缘算起的长度

不应小于 $l_n/4$。框架梁的箍筋沿梁全长范围内设置，箍筋的构造要求与一般梁相同。

(5) 框架柱宜采用对称配筋，柱中全部纵向受力钢筋的配筋率在无抗震设防要求时不应超过 5%，也不应小于 0.4%(按全截面面积计算)。

(6) 框架柱箍筋应为封闭式，箍筋最小直径和最大间距要求与一般柱相同。当柱每侧纵向钢筋多于 3 根时，应设置复合箍筋；但当柱的短边不大于 400mm，且纵筋根数不多于 4 根时，可不设复合箍筋。

3. 非抗震设计时现浇框架的节点构造

框架节点是形成框架结构整体受力体系的重要组成部分，它作为柱的一部分起到向下层传递内力的作用，同时又是梁的支座，承受本层梁传递过来的荷载，因此节点区处于复杂的受力状态。框架节点设计必须保证其连接的可靠性、经济合理性且便于施工。现浇框架的梁、柱节点应做成刚性节点，在非抗震设计时，主要通过采取适当的节点构造措施来保证框架结构的整体空间受力性能。

1) 中间层中间节点

框架梁上部纵向钢筋应贯穿中间节点，如图 9.14 所示。

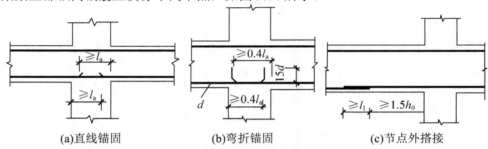

(a)直线锚固　　　　(b)弯折锚固　　　　(c)节点外搭接

图 9.14　中间层中间节点中梁纵向钢筋的锚固与搭接

框架梁下部纵向钢筋伸入中间节点范围内的锚固长度应按下列要求取用。

(1) 计算中不利用其强度时，伸入节点的锚固长度 l_{as} 不应小于 $12d$。

(2) 当计算中充分利用钢筋的抗拉强度时，应锚固在节点内。可采用直线锚固形式，钢筋的锚固长度不应小于 l_a(图 9.14(a))；当框架柱截面较小而直线锚固长度不足时，宜采用钢筋端部加锚头的机械锚固措施；也可采用将钢筋伸至柱对边向上弯折 90° 的锚固形式，其中弯前水平段的长度不应小于 $0.4l_a$，弯后垂直段长度取为 $15d$(图 9.14(b))。框架梁下部纵向钢筋也可贯穿框架节点区，在节点以外梁中弯矩较小部位设置搭接接头，搭接长度的起始点至节点或支座边缘的距离不应小于 $1.5h_0$，搭接长度 l_l 应满足受拉钢筋的搭接长度要求(图 9.14c)。

(3) 当计算中充分利用钢筋的抗压强度时，伸入节点的直线锚固长度不应小于 $0.7 l_a$。

框架柱的纵向钢筋应贯穿中间层的中间节点和中间层的端节点，柱纵向钢筋的接头应设在节点区以外、弯矩较小的区域，纵筋搭接长度应满足 $l_l \geqslant 1.2l_a$。当柱每侧纵筋不超过 4 根时，可在同一截面搭接；每侧纵筋超过 4 根时，应分批搭接。当上、下层柱中纵筋直径和根数相同时，纵筋连接构造如图 9.15 所示；当上、下层柱中纵筋直径或根数不同时，纵筋连接构造如图 9.16 所示。在搭接接头范围内，箍筋间距应不大于 $5d(d$ 为柱中较小纵筋的直径)，且不应大于 100mm。当纵向钢筋直径大于 25mm 时，不宜采用绑扎搭接接头。

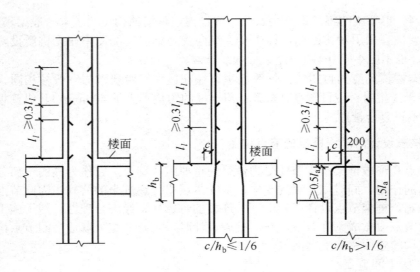

图 9.15　上、下层柱中纵筋直径和根数相同时的搭接连接

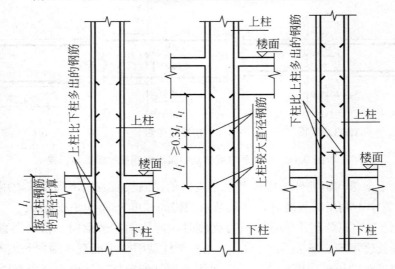

图 9.16　上、下层柱纵筋直径或根数不同时的搭接连接

2) 中间层端节点

梁上部纵向钢筋在端节点的锚固长度应满足下列要求。

(1) 采用直线锚固形式时，不应小于 l_a，且伸过柱中心线不小于 $5d$，如图 9.17(a)所示。

(2) 当柱截面尺寸不满足直线锚固要求时，可采用钢筋端部加机械锚头的锚固方式，纵筋宜伸至柱外侧纵筋内边，包括机械锚头在内的水平投影长度不应小于 $0.4l_{ab}$(图 9.17(b))。

(3) 梁上纵筋也可采用 90° 弯折锚固形式，此时梁上部纵筋应伸至柱外侧纵筋内边并向节点内弯折，其弯前的水平段长度不应小于 $0.4l_{ab}$，弯后垂直段长度不应小于 $15d$(图 9.17(c))。

梁下部纵向钢筋伸入端节点范围内的锚固要求与中间层节点相同。

3) 顶层中间节点

顶层框架梁纵向钢筋在节点内的构造要求与中间层节点相同。

柱内纵向钢筋应伸入顶层中间节点并在梁中锚固，其锚固长度应符合下列要求。

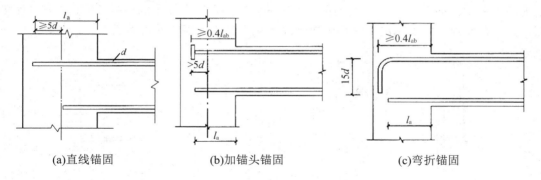

(a)直线锚固　　　　　(b)加锚头锚固　　　　　(c)弯折锚固

图 9.17　中间层端节点中梁纵向钢筋的锚固

(1) 柱纵向钢筋可采用直线方式锚固，其锚固长度不应小于 l_a，且必须伸至柱顶(图 9.18(a))。

(2) 当节点处梁截面高度较小时，可采用 90°弯折锚固措施，如图 9.18(b)所示。即将柱纵筋伸至柱顶然后水平弯折，弯折前的垂直段长度不应小于 $0.5l_{ab}$，弯折方向可分为两种形式：可向节点内弯折，弯折后的水平段长度不宜小于 $12d$；当柱顶有现浇板且板厚不小于 100mm 时，柱纵筋也可向外弯折，弯折后的水平段长度不宜小于 $12d$。

(3) 当节点处梁截面尺寸不足时，也可采用带锚头的机械锚固措施。此时，包括机械锚头在内的竖向锚固长度不应小于 $0.5l_{ab}$(图 9.18(c))。

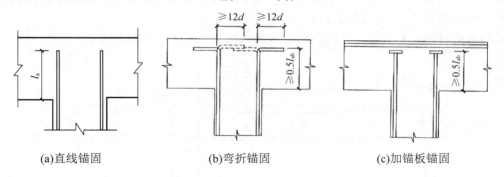

(a)直线锚固　　　　　(b)弯折锚固　　　　　(c)加锚板锚固

图 9.18　顶层中间节点中柱纵向钢筋的锚固

4) 顶层端节点

顶层端节点柱内侧纵向钢筋的锚固要求与顶层中间节点的纵向钢筋相同。

顶层柱外侧纵向钢筋与梁上部纵向钢筋在端节点内为搭接连接。其搭接方案有如下两种。

(1) 搭接接头沿顶层端节点外侧及梁端顶部布置，如图 9.19(a)所示。该方案适合梁上部和柱外侧钢筋不太多的情况下使用。此时，搭接长度不应小于 $1.5l_{ab}$，其中伸入梁内的柱外侧钢筋截面面积不宜小于其全部面积的 65%；梁宽范围以外的柱外侧钢筋宜沿节点顶部伸至柱内边锚固：当柱筋位于柱顶第一层时，伸至柱内边后宜向下弯折不小于 $8d(d$ 为柱外侧纵向钢筋的直径)后截断；当柱筋位于柱顶第二层时，可不向下弯折。当柱顶有厚度不小于 100mm 的现浇板时，梁宽范围以外的柱外侧钢筋也可伸入现浇板内，其长度与伸入梁内的柱筋相同。梁上部纵筋应伸至节点外侧并向下弯至梁下边缘高度后截断。

(2) 搭接接头沿节点柱顶外侧直线布置，如图 9.19(b)所示。该方案适合梁上部和柱外侧钢筋较多的情况下使用。此时，搭接长度自柱顶算起不应小于 $1.7l_{ab}$。当梁上部纵筋配筋率大于 1.2%时，弯入柱外侧的梁上部纵筋除应满足以上规定的搭接长度外，宜分两批截断，其截断点之间的距离不宜小于 $20d$（d 为梁上部纵向钢筋的直径）。

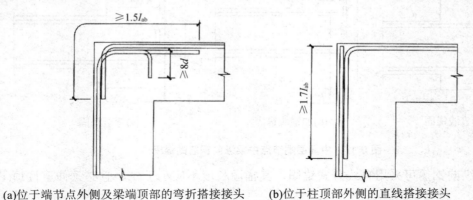

(a)位于端节点外侧及梁端顶部的弯折搭接接头　　(b)位于柱顶部外侧的直线搭接接头

图 9.19　顶层端节点梁、柱纵向钢筋在节点的锚固与搭接

5) 框架节点内的箍筋设置

在框架节点内应设置必要的水平箍筋，以约束柱的纵向钢筋和节点核芯区混凝土。对非抗震设计的框架节点，其箍筋构造应符合柱中箍筋的构造规定，但间距不宜大于 250mm。对四边均有梁与之相连的中间节点，节点内可只设置沿周边的矩形箍筋，而不设复合箍筋。当顶层端节点内设有梁上部纵向钢筋和柱外侧纵向钢筋的搭接接头时，节点内水平箍筋应符合规范对纵向受力钢筋搭接长度范围内箍筋的构造要求。

非抗震设计时，框架梁、柱纵向钢筋布置的构造要求如图 9.20 所示。

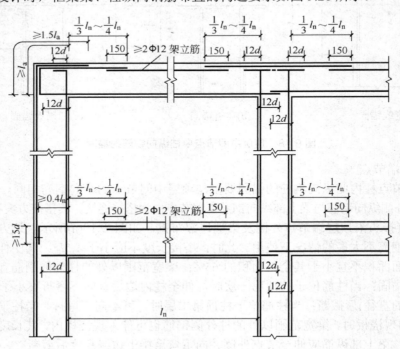

图 9.20　框架梁、柱纵向钢筋布置图

4. 填充墙的构造要求

在隔墙位置较为固定的框架结构房屋中，常采用砌块填充墙。砌块填充墙必须与框架加强连接。填充墙的上部与框架梁底之间必须用块材"塞紧"；砌块填充墙与框架柱连接时，柱与墙之间应紧密接触，在柱与填充墙的交接处，沿高度每隔若干皮块材，用2Φ6钢筋与柱拉结。拉结筋应锚入柱中，并进入填充墙内适当长度。

9.3　剪力墙结构

9.3.1　剪力墙结构的布置原则

剪力墙是宽度和高度比其厚度大得多，且以承受水平荷载为主的竖向结构。剪力墙平面内的刚度很大，而平面外的刚度很小。为了保证剪力墙的侧向稳定，各层楼盖对它的支撑作用很重要。剪力墙的下部一般固接于基础顶面，构成竖向悬臂构件，习惯上称其为落地剪力墙。剪力墙既可以承受水平荷载，也可以承受竖向荷载，而其承受平行于墙体平面的水平荷载最有利。在抗震设防区，水平荷载还包括水平地震作用，因此钢筋混凝土剪力墙也称为抗震墙。

剪力墙宜沿结构的主轴方向双向或多向布置，宜使两个方向的刚度接近，避免结构某一方向刚度很大而另一方向刚度较小。剪力墙墙肢截面宜简单、规则，剪力墙沿建筑物整个高度宜贯通对齐，上下不错层、不中断，以避免沿高度方向墙体刚度产生突变。较长的剪力墙可用楼板或弱的连梁分为若干个独立墙段，每个独立墙段的总高度与长度之比不宜小于2。

剪力墙的门窗洞口宜上下对齐、成列布置，以形成明显的墙肢和连梁，不宜采用错洞墙，洞口设置应避免墙肢刚度相差悬殊。墙肢截面长度与厚度之比不宜小于3。

多层大空间剪力墙结构的底层应设置落地剪力墙或筒体。在平面为长矩形的建筑中，落地横向剪力墙的数量不能太少，一般不宜少于全部横向剪力墙的 30%(非抗震设计)。底层落地剪力墙和筒体应加厚，并可提高混凝土强度等级以补偿底层的刚度。落地剪力墙和筒体的洞口宜布置在墙体的中部。非抗震设计时，落地剪力墙的间距应符合以下规定：

$$l_w \leqslant 3B, \qquad l_w \leqslant 36\text{m} \quad (B \text{ 为楼面宽度})$$

9.3.2　剪力墙结构的受力特点

在剪力墙的内力和位移计算中，根据墙面的开洞情况和截面应力的分布特点，可将剪力墙分为整截面剪力墙、整体小开口剪力墙、联肢剪力墙和壁式框架四类，如图 9.21 所示。这里所讨论的各类型剪力墙具有共同的特点：开洞剪力墙由成列洞口划分为若干墙肢，各列墙肢和连梁的刚度比较均匀。与框架结构一样，剪力墙结构承受的作用包括竖向荷载、水平荷载和地震作用。

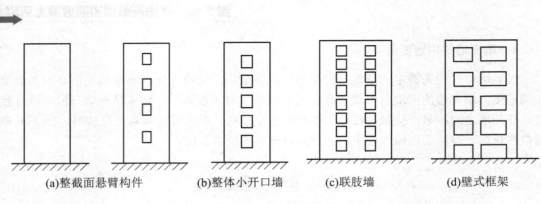

(a)整截面悬臂构件　　(b)整体小开口墙　　(c)联肢墙　　(d)壁式框架

图 9.21　剪力墙的类型

1. 整截面剪力墙

不开洞或仅有小洞口的剪力墙,当洞口面积小于整墙截面面积的 15%,且孔洞间距及洞口至墙边距离均大于洞口长边尺寸时,将这种墙体称为整截面剪力墙(图 9.22)。

整截面剪力墙在水平荷载作用下,可视为一整体悬臂弯曲构件,而忽略洞口对墙体应力的影响。整截面剪力墙沿水平截面内的正应力呈线性分布(图 9.22(a)),墙底部轴力最大(图 9.22(c)),弯矩图沿高度截面无突变、无反弯点(图 9.22(d))。

剪力墙的变形以弯曲变形为主(图 9.22(b)),其特点是在结构上部层间侧移较大,越到底部层间侧移越小。

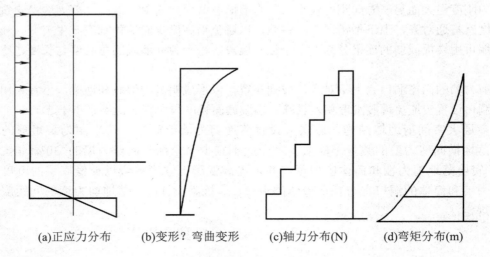

(a)正应力分布　　(b)变形?弯曲变形　　(c)轴力分布(N)　　(d)弯矩分布(m)

图 9.22　整截面剪力墙内力分析

2. 整体小开口剪力墙及联肢剪力墙

若门窗洞口沿竖向成列布置、洞口总面积虽超过了墙体总面积的 15%,但墙肢都较宽,洞口仍较小,连梁的刚度相对于墙肢刚度较大时,将这种开洞剪力墙称为整体小开口剪力墙。

当剪力墙上开洞规则(洞口上下对齐、截面高度不变)且洞口面积较大时,剪力墙已被分割成彼此联系较弱的若干墙肢，这种墙体称为联肢墙。墙面上开有一排洞口的剪力墙称为双肢剪力墙(简称双肢墙)，墙面上开有多排洞口的剪力墙称为多肢剪力墙(简称多肢墙)。

对于整体小开口剪力墙，由于开洞很小，连梁的刚度又很大，因而连梁对墙肢的约束作用很强，整个剪力墙的整体性很好。此时，其正截面中的正应力分布仍以弯曲变形为主，呈线性分布(图 9.23(a))，与整截面剪力墙的截面正应力分布相似。

在联肢剪力墙中，整个剪力墙截面中正应力已不再呈线性分布，墙肢中局部弯曲正应力的比例加大(图 9.23(b))。

整体小开口剪力墙及联肢剪力墙在水平荷载作用下，沿墙肢高度上的弯矩图在连梁处有突变、个别楼层中会出现反弯点(图 9.23(d))，但两者的变形仍以弯曲变形为主(图 9.23(c))。

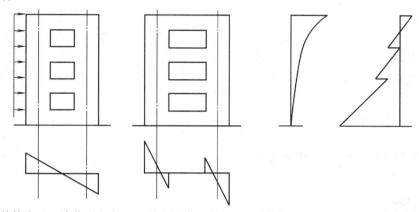

(a)整体小开口墙截面应力　(b)联肢墙截面应力　(c)剪力墙的弯曲变形　(d)墙肢弯矩分布

图 9.23　整体小开口剪力墙及联肢剪力墙内力分析

3. 壁式框架

当剪力墙有多列洞口，且洞口尺寸很大时，由于连梁的线刚度接近于墙肢的线刚度，整个剪力墙的受力性能接近于框架，故将这类剪力墙视为壁式框架(图 9.24)。

在水平荷载作用下，墙肢的弯矩图除在连梁处有突变外，几乎在所有连梁之间的墙肢都有反弯点出现(图 9.24(c))；沿水平截面的正应力已不再呈线性分布(图 9.24(a))；剪力墙的变形以剪切变形为主(图 9.24(b))，其特点是在结构上部层间相对位移较小，越到底部层间相对位移越大。整个剪力墙的受力特点与框架相似，所不同的是由于壁式框架是宽梁、宽柱，故连梁和墙肢节点的刚度很大，几乎不产生变形，节点区形成一个刚域。

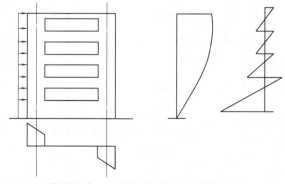

(a)截面应力　(b)剪切变形　(c)弯矩分布

图 9.24　壁式框架内力分析

4．剪力墙结构构件的受力特点

1）墙肢

在整截面剪力墙中，墙肢处于受压、受弯和受剪状态，而开洞剪力墙的墙肢可能处于受压、受弯和受剪状态，也可能处于受拉、受弯和受剪状态，后者出现的机会很少。在墙肢中，其弯矩和剪力均在墙底部达最大值，因此墙底截面是剪力墙设计的控制截面。

剪力墙墙肢为压(拉)、弯和剪共同作用下的复合受力构件，其截面配筋计算与偏心受压柱或偏心受拉杆类似，但也有不同之处。由于剪力墙截面高度大，在墙肢内除在端部集中配置竖向钢筋外，还应在剪力墙腹板中设置分布钢筋。截面端部的竖向钢筋与竖向分布钢筋共同抵抗压弯作用，水平分布钢筋承担剪力作用，竖向分布钢筋与水平分布钢筋形成网状，还可以抵抗墙面混凝土的收缩及温度应力。

2）连梁

剪力墙结构中的连梁承受弯矩、剪力、轴力的共同作用，属于受弯构件。沿房屋高度方向内力最大的连梁并不在底层，应选择内力最大的连梁进行配筋计算。

连梁通常采用对称配筋，由正截面承载力计算连梁纵向受力钢筋(上、下配筋)，由斜截面承载力计算箍筋用量。由于在剪力墙结构中连梁的跨高比都比较小，因而连梁容易出现斜裂缝，也容易出现剪切破坏。

9.3.3　剪力墙结构的构造要求

1．剪力墙的最小厚度

剪力墙的厚度不应太小，以保证墙体平面的刚度和稳定性以及浇注混凝土的质量。钢筋混凝土剪力墙的截面厚度不应小于 140mm，且不应小于楼层高度的 1/25。

2．墙肢的配筋构造

1）墙肢端部纵向钢筋

剪力墙两端和洞口两侧应按规定设置边缘构件。在墙肢两端应集中配置直径较大的竖向受力钢筋，与墙内的竖向分布钢筋共同承受墙的正截面受弯承载力。端部竖筋应置于由箍筋或水平分布钢筋和拉筋约束的边缘构件内。当墙肢端部有端柱时，其钢筋分布如图 9.25(a)所示；当墙肢端部无端柱时，应设置构造暗柱，如图 9.25(b)所示。

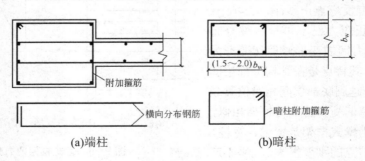

(a)端柱　　　　　　　　　　(b)暗柱

图 9.25　墙肢端部配筋构造

非抗震设计时，剪力墙端部应按构造配置不少于 4 根直径为 12mm 的竖向受力钢筋或 2 根直径为 16mm 的钢筋；沿竖向钢筋方向宜配置直径不小于 6mm、间距为 250mm 的拉筋。

端柱及暗柱内纵向钢筋的连接和锚固要求宜与框架柱相同。非抗震设计时，剪力墙纵向钢筋的最小锚固长度应取 l_a。

2) 墙身分布钢筋

剪力墙墙身分布钢筋分为水平分布钢筋和竖向分布钢筋，其作用是：使剪力墙有一定的延性，破坏前有明显的位移和征兆，防止突然脆性破坏；当混凝土受剪破坏后，钢筋仍有足够的抗剪能力，使剪力墙不会突然倒塌；减少和防止产生温度裂缝；当因施工拆模或其他原因使剪力墙产生裂缝时，能有效地控制裂缝持续发展。

剪力墙分布钢筋的配筋方式有单排及多排配筋。单排配筋施工方便，但当墙体厚度较大时，表面易出现温度收缩裂缝。因此，当高层建筑的剪力墙厚度较大时，不应采用单排分布钢筋。剪力墙中的分布钢筋应满足如下构造要求。

(1) 当剪力墙厚度大于 160mm 时，应采用双排布置；结构中重要部位的剪力墙，当其厚度不大于 160mm 时，也宜配置双排分布钢筋网。双排分布钢筋网应沿墙的两个侧面布置，且应采用拉筋连系，拉筋应与外皮钢筋钩牢。

由于施工是先立竖向钢筋，后绑水平分布钢筋，为施工方便，竖向钢筋宜在内侧，水平钢筋宜在外侧，并且多采用水平与竖向分布钢筋同直径、同间距。

(2) 剪力墙中水平和竖向分布钢筋的配筋率均不应小于 0.20%，其直径不应小于 8mm，间距不应大于 300mm；拉筋直径不宜小于 6mm，间距不宜大于 600mm。

(3) 剪力墙水平分布钢筋应伸至墙端，并向内水平弯折 $10d$（d 为水平分布钢筋直径）后截断。当剪力墙端部有翼墙或转角墙时，内墙两侧和外墙内侧的水平分布钢筋应伸至翼墙或转角墙外边，并分别向两侧水平弯折 $15d$ 后截断；在转角墙处，外墙外侧的水平分布钢筋应在墙端外角处弯入翼墙，并与翼墙外侧水平分布钢筋搭接，且搭接长度 $l_l \geq 1.2\, l_a$。剪力墙水平分布钢筋的连接构造如图 9.26 所示。

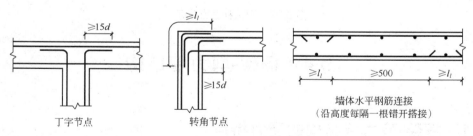

图 9.26 剪力墙水平分布钢筋的连接构造

(4) 剪力墙水平分布钢筋的搭接长度不应小于 $1.2l_a$。同排水平分布钢筋的搭接接头之间以及上、下相邻水平分布钢筋的搭接接头之间沿水平方向的净间距不宜小于 500mm。

(5) 剪力墙竖向分布钢筋可在同一截面搭接，搭接长度不应小于 $1.2l_a$，且不应小于 300mm。当分布钢筋直径大于 25mm 时，不宜采用搭接接头。

3．连梁的配筋构造

(1) 剪力墙连梁顶面、底面纵向受力钢筋两端应伸入墙内，其锚固长度不应小于 l_a。

(2) 连梁应沿全长配置箍筋，箍筋直径不宜小于 6mm，间距不宜大于 150mm。

(3) 在顶层连梁纵向钢筋伸入墙内的锚固长度范围内，应配置间距不大于 150mm 的构造箍筋，箍筋直径应与该连梁跨内的箍筋直径相同。

(4) 墙体水平分布钢筋应作为连梁的腰筋在连梁范围内拉通连续配置；当连梁截面高度大于 700mm 时，其两侧面沿梁高范围设置的纵向构造钢筋(腰筋)的直径不应小于 10mm，间距不应大于 200mm。

4．剪力墙洞口的补强措施

《高规》规定，当剪力墙墙面开有非连续小洞口(洞口各边长度小于 800mm)时，应将洞口处被截断的分布钢筋的配置量分别集中配置在洞口的上、下和左、右两边，且钢筋直径不应小于 12mm，自洞口边伸入墙内的长度应不小于 l_a(图 9.27(a))；剪力墙洞口上、下两边的水平纵向钢筋，除应满足洞口连梁正截面受弯承载力要求外，尚不应少于 2 根，且不宜小于洞口截断的水平分布钢筋总截面面积的一半。

穿过连梁的管道宜预埋套管，洞口上、下的有效高度不宜小于梁高的 1/3，且不宜小于 200mm，洞口处宜配置补强钢筋(图 9.27(b))。

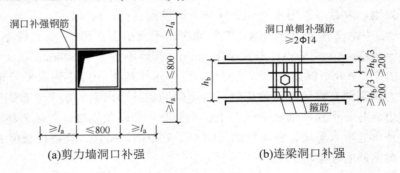

(a)剪力墙洞口补强　　　　　　　(b)连梁洞口补强

图 9.27　洞口补强配筋示意图

9.4　框架-剪力墙结构

9.4.1　框架-剪力墙结构的受力特点

框架-剪力墙结构是由框架和剪力墙两种不同的结构构件组成的受力体系。在框架-剪力墙结构中，剪力墙应沿平面的主轴方向布置，一般遵循"均匀、对称、分散、周边"的布置原则。在框架-剪力墙结构中，剪力墙布置数量的多少直接影响到结构体系的抗震性能和经济性。

横向剪力墙宜均匀对称地设置在建筑物的端部附近、楼(电)梯间、平面形状变化处以及恒荷载较大的部位。纵向剪力墙宜布置在单元的中间区段内，当房屋纵向较长时，不宜集中在房屋的两端布置纵向剪力墙。

框架-剪力墙结构由框架及剪力墙两类抗侧力单元组成，这两类抗侧力单元在水平荷载作用下受力和变形特点各异。在框架-剪力墙结构中，宜采用现浇楼盖，通过楼板把两者联系在一起，迫使框架和剪力墙在一起协同工作，形成了它独有的一些特点。

(1) 在水平荷载作用下，框架以剪切变形为主，其层间相对水平位移越到上部越小(图9.28(a))；而剪力墙以弯曲变形为主，其层间相对水平位移越往上部越大(图 9.28(b))。在框架-剪力墙结构中，结构的上部剪力墙被框架推进，框架被剪力墙拉出，使两者具有统一的侧移；而在结构的下部，则是剪力墙被框架拉出，框架被剪力墙推进，达到两者变形相互协调。在这种变形协调过程中产生的内力，由将框架和剪力墙互相联系在一起的楼板承担，使得在各层楼板标高处两者具有相同的侧移，两者的协同工作使结构的层间变形趋于均匀(图 9.28(d))。当剪力墙数量相对较少时，结构的变形将以框架结构的剪切变形为主；反之，当剪力墙数量相对较多且设置合理时，结构的变形将以剪力墙结构的弯曲变形为主。总之，从图9.28(c)所示的协同变形曲线可以看出，框架-剪力墙结构的层间变形在下部小于纯框架结构，而上部小于纯剪力墙结构，因此各层的层间变形也将趋于均匀化。

(2) 由于框架和剪力墙之间的变形协调作用，框架和剪力墙上分布的剪力沿高度也在不断调整。在框架-剪力墙结构中，由于剪力墙的刚度比框架大得多，因此剪力墙负担了大部分剪力(70%～90%)，框架只负担小部分剪力，使得框架上部和下部各层柱所受的剪力趋于均匀而受力更合理。

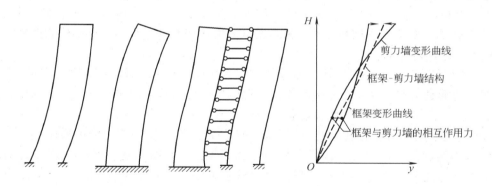

(a)框架变形　(b)剪力墙变形　(c)框架-剪力墙变形　(d)框架-剪力墙的协同工作

图 9.28　框架-剪力墙结构的变形特点

9.4.2　框架-剪力墙结构的构造要求

框架-剪力墙结构中，剪力墙是主要的抗侧力构件，承担着绝大部分剪力，因此构造上应加强。框架-剪力墙结构除应满足一般框架和剪力墙的有关构造要求外，框架、剪力墙和连梁的构造设计还应符合下列构造要求。

(1) 框架-剪力墙结构中，剪力墙的厚度不应小于160mm，且不应小于楼层高度的1/20。

(2) 框架-剪力墙结构中，剪力墙竖向和水平方向分布钢筋的配筋率均不应小于0.20%。

直径不应小于 8mm，间距不应大于 300mm，并至少采用双排布置。各排分布钢筋间应设置拉筋，拉筋直径不小于 6mm，间距不应大于 600mm。

(3) 剪力墙周边应设置梁(或暗梁)和端柱围成边框，边框梁或暗梁的上、下纵向钢筋配筋率均不应小于 0.2%，箍筋不应少于Φ6@200。

(4) 剪力墙的水平分布钢筋应全部锚入边框柱内，锚固长度不应小于 l_a。

(5) 剪力墙端部的纵向受力钢筋应配置在边框柱截面内，剪力墙底部加强部位边框柱的箍筋宜沿全高加密，当带边框剪力墙上的洞口紧邻边框柱时，边框柱的箍筋宜沿全高加密。

本 章 小 结

(1) 多层与高层房屋结构体系的选择主要取决于房屋高度。钢筋混凝土多层及高层建筑常用的结构体系有：框架结构体系、剪力墙结构体系、框架-剪力墙结构体系和筒体结构体系等。

(2) 多层及高层房屋结构上的荷载分为竖向荷载和水平荷载两类。当房屋越高时，水平荷载对结构内力的影响越来越大，对结构设计将起控制作用，所以风荷载成为高层建筑结构的主要荷载。

(3) 框架结构设计时，应首先进行结构选型和结构布置，初步选定梁、柱截面尺寸，确定结构计算简图和作用在结构上的荷载，然后再进行内力分析与计算。框架在竖向荷载作用下，其内力近似计算可采用分层法；在水平荷载作用下，其内力近似计算可采用反弯点法和 D 值法。框架梁的控制截面通常是梁端支座截面和跨中截面，框架柱的控制截面通常是柱上、下两端截面。

(4) 框架结构在水平荷载作用下的侧移由总体剪切变形和总体弯曲变形两部分组成，总体剪切变形是由梁、柱弯曲变形引起的，总体弯曲变形是由两侧框架柱的轴向变形引起的。一般多、高层框架结构的侧移以总体剪切变形为主。

(5) 现浇框架梁、柱的纵向钢筋和箍筋，除分别满足受弯构件和受压构件承载力计算要求外，尚应满足钢筋直径、间距、根数、锚固长度、搭接长度以及节点连接等构造要求。节点构造是保证框架结构整体受力性能的重要措施，现浇框架的梁、柱节点应做成刚性节点。

(6) 剪力墙是平面内刚度很大，且以承受水平荷载为主的竖向结构。根据墙面的开洞情况和截面应力的分布特点，可将剪力墙结构分为整截面剪力墙、整体小开口剪力墙、联肢剪力墙和壁式框架四类。

(7) 剪力墙墙肢为压(拉)、弯和剪共同作用下的复合受力构件，其截面配筋计算与偏心受压柱或偏心受拉杆类似。在墙肢内除在端部集中配置竖向钢筋外，还应在剪力墙腹板中设置分布钢筋。剪力墙结构中的连梁承受弯矩、剪力、轴力的共同作用，属于受弯构件。

(8) 框架-剪力墙结构由框架及剪力墙两类抗侧力单元组成，通过楼板把两者联系在一起，迫使框架和剪力墙在一起协同工作，使结构的层间变形趋于均匀。框架-剪力墙结构中，剪力墙是主要的抗侧力构件，承担着绝大部分剪力，因此构造上应加强。

思考与训练

9.1　高层建筑混凝土结构的结构体系有哪几种？其优缺点及适用范围是什么？

9.2　随着房屋高度的增加，竖向荷载与水平荷载对结构设计所起的作用是如何变化的？

9.3　在竖向荷载作用下，在框架梁、柱截面中分别产生哪些内力？其内力分布规律如何？

9.4　在水平荷载作用下，在框架梁、柱截面中主要产生哪些内力？其内力分布规律如何？

9.5　如何确定框架梁、柱的控制截面？其最不利内力是什么？

9.6　现浇框架顶层端节点梁、柱钢筋的搭接方案有哪两种？各适用于什么情况？

9.7　剪力墙可以分为哪几类？其受力特点有何不同？

9.8　剪力墙结构中，分布钢筋的作用是什么？构造要求有哪些？

9.9　试比较框架结构、剪力墙结构、框架-剪力墙结构的水平位移曲线，各类结构的变形有什么特点？

9.10　简述框架-剪力墙结构的受力特点。

第 10 章　混凝土结构抗震设计

【学习目标】

了解地震成因及常用基本术语，理解抗震设防目标与设防标准，了解建筑抗震设计的方法及基本要求；熟悉多、高层混凝土结构房屋地震震害的特点及建筑抗震设计的一般规定；掌握钢筋混凝土框架结构与抗震墙结构的抗震构造措施。

地震是一种危害性极大的自然现象。它是地壳运动的一种表现，与地质构造有密切的关系。强烈地震造成惨重的人员伤亡和巨大的财产损失，主要是由于建筑物的破坏所引起。我国是世界上多地震国家之一，地震活动分布范围广，经常发生造成严重破坏的强烈地震，因此，也是世界上地震灾害最严重的国家之一。为了最大限度地减轻地震灾害，搞好工程的抗震设计是一项重要的根本性的减灾措施。

本章主要介绍地震的成因及常用地震术语等地震基本知识，抗震设防目标与设防标准，建筑抗震设计的方法和基本要求，以及钢筋混凝土多层与高层房屋抗震设计的一般规定和抗震构造措施。

10.1　工程抗震基本知识

10.1.1　地震类型及常用术语

1. 地震类型与成因

地震按其产生的原因可以划分为诱发地震和天然地震两大类。

诱发地震主要是由于人工爆破、矿山开采及工程活动(如兴建水库)等所引发的地震。诱发地震一般都不太强烈，仅有个别情况会造成严重的地震灾害。

天然地震主要有构造地震和火山地震。后者由火山爆发所引起，前者由地壳构造运动所产生。相对而言，构造地震发生频率高(占地震发生总数约 90%)、破坏性大、影响范围广，是工程抗震的主要研究对象。

构造地震产生的根本原因主要源于地壳板块的构造运动。地球在运动过程中，构造运动使地壳积累了巨大的变形能，在地壳岩层中产生着很大的复杂内应力，地壳板块之间的相互作用力会使地壳中的岩层发生变形，当这些应力超过某处岩层的强度极限时，将使该处岩层发生突然断裂或强烈错动，从而引起振动，并以波的形式传到地面，形成地震。

2. 常用地震术语

1) 震源和震中

如图 10.1 所示，地球内部岩层发生断裂或错动的部位称为震源，震源至地面的垂直距离称为震源深度；震源在地表的垂直投影点(即震源正上方的地面位置)称为震中；地面某处到震中的水平距离称为震中距。震中附近地面振动最强烈的，也就是建筑物破坏最严重的地区称为震中区。把地面上破坏程度相近的点连成的曲线叫做等震线。

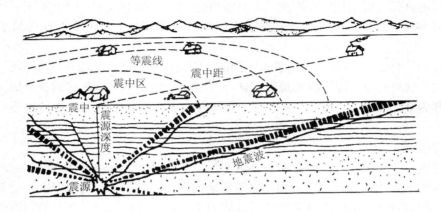

图 10.1　常用地震术语示意图

地震按震源的深浅分为：浅源地震(震源深度小于 60km)、中源地震(震源深度在 60～300km)、深源地震(震源深度大于 300km)。我国发生的绝大部分地震都属于浅源地震。一般来说，浅源地震破坏性大，深源地震破坏性小。

2) 地震波

地震时，岩层中积累的能量以波的形式从震源向外传播至地面，这就是地震波。其中，在地球内部传播的波称为体波，沿地球表面传播的波称为面波。

体波有纵波和横波两种形式。纵波是由震源向四周传播的压缩波，其质点振动的方向与波的前进方向一致，这种波周期短、振幅小、传播速度快，能引起地面上下颠簸(竖向振动)。横波是由震源向四周传播的剪切波，其质点振动的方向与波的前进方向垂直，特点是周期长、振幅大、传播速度较慢，能引起地面水平摇晃(水平振动)。

面波是体波经地层界面多次反射、折射形成的次生波。面波的特点是周期长、振幅比体波大，能引起地面建筑的水平振动。这种波的质点振动方向复杂，只在地表附近传播，衰减较体波慢，故能传播到很远的地方，其导致地面呈起伏状或蛇形扭曲状，对建筑物影响也比较大。

总之，地震波的传播以纵波最快，横波次之，面波最慢。因此，地震时一般先出现由纵波引起的上下颠簸，而后出现横波和面波造成的房屋左右摇晃和扭动。由于面波的能量比体波要大，所以造成建筑物和地表破坏是以面波为主。

3) 震级

震级是衡量一次地震本身强弱程度的指标。它是以地震时震源处释放能量的多少而引起地面产生最大水平地动位移的大小来确定的，用符号 M 表示。

1935 年里希特首先提出了震级的定义：利用标准地震仪(指固定周期为 0.8s，阻尼系数为 0.8，放大倍数为 2800 的地震仪)，在距震中 100km 处的坚硬地面上，记录到的以微米 (1μm=10^{-6}m)为单位的最大水平地面位移(振幅)A 的常用对数值，用公式表示为

$$M=\lg A \tag{10-1}$$

式中　　M——地震震级，一般称为里氏震级；

　　　　A——标准地震仪记录的最大振幅(μm)。

震级与震源释放能量的大小有关，震级每相差一级，地面振幅增大约 10 倍，而地震释放的能量就相差 32 倍。一个 6 级地震所释放出的能量相当于一枚 2 万吨的原子弹释放的能量。

一般认为，$M<2$ 的地震人们是感觉不到的，因此称为微震；$M=2\sim4$ 的地震，在震中附近地区的人就有感觉，称为有感地震；$M>5$ 的地震，会对地面上的建筑物造成不同程度的破坏，称为破坏性地震；$M=7\sim8$ 的地震称为强烈地震或大地震；$M>8$ 的地震称为特大地震。

4) 地震烈度

地震烈度是指在一次地震时对某一地区的地表和建筑物影响的强弱程度。地震烈度的大小不仅取决于每次地震发生时所释放出的能量大小，同时还受到震源深度、受震区距震中的距离、地震波传播的介质性质和受震地区的表土性质及其他地质条件等的影响。对于一次地震，只能有一个地震震级，然而同一次地震对不同地区的影响却不同，随着距离震中远近的不同会出现多种不同的地震烈度。一般来说，距震中越近，地震影响越大，地震烈度越高。

震中区的烈度 I_0 称为震中烈度。震中烈度与震级 M 之间的关系可根据下列经验公式估算：

$$M=0.58I_0+1.5 \tag{10-2}$$

为了评定地震烈度，就需要建立一个标准，这个标准称为地震烈度表。它是以描述震害宏观现象为主的，即根据地震时人的感觉、器物的反应、建筑物的损坏程度和地貌变化特征等方面的宏观现象进行判定和区分。目前，我国采用分成 12 度的《中国地震烈度表(2008)》。

10.1.2 建筑抗震设防目标与设防标准

1. 抗震设防依据

1) 基本烈度

抗震设防的首要问题是明确要设计的建筑物能抵抗多大的地震。因此，采用概率方法预测某地区在未来一定时间内可能发生的最大烈度是具有实际意义的。一个地区的基本烈度是指该地区在今后 50 年期限内，在一般场地条件下可能遭遇超越概率为 10%的地震烈度值。

国家地震局颁布的《中国地震烈度区划图》给出了全国各地地震基本烈度的分布，可供国家经济建设和国土利用规划、一般工业与民用建筑的抗震设防及制定减轻和防御地震灾害对策之用。

2) 抗震设防烈度

抗震设防烈度是作为一个地区建筑抗震设防依据的地震烈度，必须按国家规定的权限审批、颁发的文件(图件)确定。一般情况下，抗震设防烈度可采用《中国地震烈度区划图》中规定的基本烈度。《建筑抗震设计规范》(GB50011—2010)，(以下简称《抗震规范》)中的附录 A 规定了我国主要城镇抗震设防烈度。

2. 抗震设防目标

抗震设防是指对建筑物进行抗震设计，包括地震作用、抗震承载力计算和采取抗震措施，以达到在地震发生时减轻地震灾害的目的。

在现阶段，国际上抗震设防目标的总趋势是：在建筑物使用寿命期间，对不同频度和强度的地震，要求建筑具有不同的抵抗能力。即对一般小震级的地震，由于其发生的可能性大，因此要求遭遇到这种多遇地震时，结构不受损坏，这在技术上和经济上都是可行的。对于罕遇的强烈地震，由于其发生的可能性小，当遭遇到这种强烈地震时，要求做到结构完全不损坏，这在经济上是不合算的。比较合理的做法是，允许损坏但不应导致建筑物倒塌。

结合我国目前的具体情况，《抗震规范》明确提出了"小震不坏、中震可修、大震不倒"的"三水准"的抗震设防目标。

第一水准：当遭受低于本地区抗震设防烈度的多遇地震(简称"小震")影响时，建筑物一般不受损坏或不需修理仍可继续使用。

第二水准：当遭受相当于本地区抗震设防烈度的地震影响时，建筑物可能有一定损坏，经一般修理或不需修理仍可继续使用。

第三水准：当遭受高于本地区抗震设防烈度的罕遇地震(简称"大震")影响时，建筑物不致倒塌或发生危及生命安全的严重破坏。

由于地震的发生及其强度的随机性很强，从概率统计意义上说，建筑物在设计基准期50 年内，小震是出现概率最大的地震烈度，其 50 年内超越概率为 63.2%，这就是第一水准的烈度(即多遇烈度)；各地的基本烈度，即第二水准烈度，也就是全国地震烈度区划图所规定的烈度，它在 50 年内的超越概率大体为 10%；大震是罕遇的地震，作为第三水准烈度，其所对应的烈度在 50 年内的超越概率约为 2%～3%。由烈度概率分布分析可知，多遇烈度比基本烈度约低 1.55 度，而罕遇烈度比基本烈度约高出 1 度。

3. 抗震设计方法

我国《抗震规范》提出了采用简化的"二阶段"设计方法以实现上述三个水准的基本设防目标。

第一阶段设计是承载力验算，按多遇地震烈度作用时对应的地震作用效应和其他荷载效应的基本组合进行结构构件的截面承载力抗震验算，对于钢和钢筋混凝土等柔性结构尚应进行多遇地震作用下的弹性变形验算，这样既可满足第一水准下"不坏"的承载力可靠度，又可满足第二水准的"损坏可修"的设防要求。对于大多数结构，可只进行第一阶段设计，而通过概念设计和抗震构造措施来满足第三水准的设计要求。

第二阶段设计是弹塑性变形验算，对地震时易倒塌的结构、有明显薄弱层的不规则结构以及有专门要求的建筑，除进行第一阶段设计外，还要进行在罕遇地震作用下结构薄弱层的弹塑性变形验算并采取相应的抗震构造措施，以满足第三水准的"防倒塌"的设防要求。

《抗震规范》规定,抗震设防烈度为 6 度及以上地区的建筑必须进行抗震设计。一般来说,建筑抗震设计包括三个层次的内容与要求:即概念设计、抗震计算和构造措施。概念设计在总体上把握抗震设计的基本原则,抗震计算为建筑抗震设计提供定量手段,构造措施则可以在保证结构整体性、加强局部薄弱环节等意义上保证抗震计算结果的有效性。抗震设计上述三个层次内容是一个不可分割的整体,忽略任何一部分,都可能造成抗震设计的失败。

4. 建筑抗震设防分类与设防标准

1) 建筑抗需设防分类

对于不同使用性质的建筑物,地震破坏所造成后果的严重性是不一样的。对于不同用途的建筑物,其抗震设防目标是一致的,抗震设计方法也相同,但不宜采用相同的抗震设防标准,而应根据其破坏后果加以区别对待。为此,按照国家标准《建筑工程抗震设防分类标准》(GB 50223—2008)将建筑物按其使用功能的重要性分为以下四个抗震设防类别。

(1) 特殊设防类(简称甲类)指使用上有特殊设施,涉及国家公共安全的重大建筑工程和地震时可能发生严重次生灾害等特别重大灾害后果,需要进行特殊设防的建筑。此类建筑的确定须经国家规定的批准权限批准。

(2) 重点设防类(简称乙类)指地震时使用功能不能中断或需尽快恢复的生命线相关建筑,以及地震时可能导致大量人员伤亡等重大灾害后果,需要提高设防标准的建筑。例如,城市中生命线工程的核心建筑,一般包括供水、供电、交通、消防、通信、救护、供气、供热等系统,以及中小学教学楼等。

(3) 标准设防类(简称丙类)指大量的除甲、乙、丁类建筑以外按标准要求进行设防的一般工业与民用建筑。

(4) 适度设防类(简称丁类)指使用上人员稀少且震损不致产生次生灾害,允许在一定条件下适度降低要求的建筑。如一般的仓库、人员稀少的辅助建筑物等。

2) 建筑抗震设防标准

各抗震设防类别建筑的抗震设防标准,应符合下列要求。

(1) 甲类建筑,应按高于本地区抗震设防烈度提高一度的要求加强其抗震措施;但抗震设防烈度为 9 度时应按比 9 度更高的要求采取抗震措施。同时,应按批准的地震安全性评价的结果且高于本地区抗震设防烈度的要求确定其地震作用。

(2) 乙类建筑,应按高于本地区抗震设防烈度一度的要求加强其抗震措施;但抗震设防烈度为 9 度时应按比 9 度更高的要求采取抗震措施。地基基础的抗震措施,应符合有关规定。同时,应按本地区抗震设防烈度确定其地震作用。

(3) 丙类建筑,应按本地区抗震设防烈度确定其抗震措施和地震作用,达到在遭遇高于当地抗震设防烈度的预估罕遇地震影响时不致倒塌或发生危及生命安全的严重破坏的抗震设防目标。

(4) 丁类建筑,允许比本地区抗震设防烈度的要求适当降低其抗震措施,但抗震设防烈度为 6 度时不应降低。一般情况下,仍按本地区抗震设防烈度确定其地震作用。

应注意的是,对于划为重点设防类(乙类)而规模很小的工业建筑,当改用抗震性能较好的材料且符合抗震设计规范对结构体系的要求时,允许按标准设防类(丙类)设防。

10.1.3 抗震设计的基本要求

由于地震及地震效应的不确定性和复杂性，以及计算模型与实际情况的差异，对建筑物造成破坏的程度很难预测，要进行精确的抗震设计是比较困难的。因此，人们在总结地震灾害经验中提出了"概念设计"的思想。所谓概念设计是指正确地解决建筑总体方案、材料使用和细部构造的问题，以达到合理抗震设计的目的。结构抗震性能的决定因素首先取决于良好的抗震概念设计。

根据概念设计原则，在进行抗震设计时，应遵循下列基本要求。

1．场地和地基

选择建筑场地时，应根据工程需要，掌握地震活动情况、工程地质和地震地质的有关资料，对抗震有利、不利和危险地段作出综合评价。对不利地段，应提出避开要求，当无法避开时应采取有效措施；对危险地段，严禁建造甲、乙类建筑，不应建造丙类建筑。建筑抗震有利、不利和危险地段划分参见《抗震规范》有关规定。

地基和基础设计时，同一结构单元的基础不宜设置在性质截然不同的地基上，也不宜部分采用天然地基，部分采用桩基。当地基为软弱黏性土、液化土、新近填土或严重不均匀土时，应根据地震时地基不均匀沉降和其他不利影响，采取相应的措施。

2．建筑设计和建筑结构的规则性

建筑设计应重视其平面、立面和竖向剖面的规则性对抗震性能及经济合理性的影响，宜择优选用规则的形体，其抗侧力构件的平面布置宜规则、对称，并应具有良好的整体性；建筑的立面和竖向剖面宜规则，结构的侧向刚度宜均匀变化，竖向抗侧力构件的截面尺寸和材料强度宜自下而上逐渐减小，避免抗侧力结构的侧向刚度和承载力突变。

对不规则的建筑结构，应按《抗震规范》要求进行水平地震作用计算和内力调整，并对薄弱部位采取有效的抗震构造加强措施。对体型复杂、平立面特别不规则的建筑结构，应进行专门研究和论证，采取特别的加强措施；严重不规则的建筑不应采用。

3．结构体系

结构体系应根据建筑的抗震设防类别、抗震设防烈度、建筑高度、场地条件、地基、结构材料和施工等因素，经技术、经济和使用条件综合比较确定。

在选择结构体系时，应符合下列各项要求。

(1) 具有明确的计算简图和合理的地震作用传递途径。

(2) 应避免因部分结构或构件破坏而导致整个结构丧失抗震能力或对重力荷载的承载能力。

(3) 应具备必要的抗震承载力，良好的变形能力和消耗地震能量的能力。

(4) 对可能出现的薄弱部位，应采取措施提高其抗震能力。

(5) 宜有多道抗震防线。

(6) 宜具有合理的刚度和承载力分布，避免因局部削弱或突变形成薄弱部位，产生过大的应力集中或塑性变形集中。

(7) 结构在两个主轴方向的动力特性宜相近。

4．结构构件

对砌体结构，应按规定设置钢筋混凝土圈梁和构造柱、芯柱，或采用约束砌体、配筋砌体等；对混凝土结构构件，应控制截面尺寸和受力钢筋、箍筋的设置，防止剪切破坏先于弯曲破坏、混凝土的压溃先于钢筋的屈服、钢筋的锚固黏结破坏先于钢筋破坏；对预应力混凝土结构构件，应配有足够的非预应力钢筋。

多、高层的混凝土楼、屋盖宜有限采用现浇混凝土板。当采用预制装配式混凝土楼、屋盖时，应从楼盖体系和构造上采取措施确保各预制板之间连接的整体性。加强结构各构件之间的连接，使连接节点的破坏不应先于其连接的构件破坏，以保证结构的整体性。

5．非结构构件

在抗震设计中，处理好非承重结构构件与主体结构之间的关系，可防止附加灾害，减少损失。例如，附着于楼、屋面结构上的非结构构件，以及楼梯间的非承重墙体，应与主体结构有可靠的连接或锚固；框架结构的围护墙和隔墙，应避免不合理设置而导致主体结构的破坏；幕墙、装饰贴面等与主体结构要有可靠连接；建筑附属机电设备等，其自身及其与主体结构的连接，应进行抗震设计。

6．结构材料与施工

1) 混凝土强度等级

抗震等级为一级的框架梁、柱和节点核芯区，混凝土强度等级不应低于 C30，其他各类构件以及抗震等级为二、三级的框架不应低于 C20；抗震墙不宜超过 C60，其他构件，9 度时不宜超过 C60，8 度时不宜超过 C70。

2) 钢筋种类及性能要求

普通钢筋宜优先采用延性好、韧性和焊接性较好的钢筋。普通钢筋的强度等级，纵向受力钢筋宜选用符合抗震性能指标的不低于 HRB400 级的热轧钢筋，也可采用 HRB335 级热轧钢筋；箍筋宜选用符合抗震性能指标的不低于 HRB335 级的热轧钢筋，也可采用 HPB300 级热轧钢筋。

除上述一般要求外，抗震等级为一、二、三级的框架结构和斜撑构件(含梯段)，其纵向受力钢筋采用普通钢筋时，应满足下列要求。

(1) 钢筋的抗拉强度实测值与屈服强度实测值的比值(强屈比)不应小于 1.25。

(2) 钢筋的屈服强度实测值与屈服强度标准值的比值不应大于 1.3。

(3) 钢筋在最大拉力下的总伸长率实测值不应小于 9%。

10.2　多层及高层钢筋混凝土房屋的抗震措施

10.2.1　震害特点

1. 框架结构的震害

震害调查表明，框架结构的震害多发生在节点附近的柱上、下端和梁端处，以及框架节点内。一般来说，柱的震害重于梁，且柱顶震害重于柱底，角柱震害重于内柱，短柱震害重于一般柱。框架的震害主要表现为如下几方面。

1) 框架整体

框架结构的整体破坏形式一般可分为延性破坏和脆性破坏。当塑性铰出现在梁端，形成梁铰机制(强柱弱梁)，此时结构仍能承受较大整体变形，结构发生延性破坏。当塑性铰出现在柱端，形成柱铰机制(强梁弱柱)，此时结构的变形往往集中在某一薄弱层，整体变形较小，结构发生脆性破坏。

2) 框架梁

框架梁的震害一般发生在梁端。在地震的往复作用下，梁端纵向钢筋屈服，出现上下贯通的垂直裂缝和交叉斜裂缝。当抗剪钢筋配置不足时发生脆性剪切破坏，当抗弯钢筋配置不足时发生弯曲破坏。此外，当梁纵筋在节点内锚固不足时发生锚固失效(拔出)。

3) 框架柱

框架柱的破坏主要发生在柱上、下两端，以上端的破坏更为常见。其表现形式为柱顶周围有水平裂缝或交叉裂缝，严重时混凝土压碎，箍筋拉断或崩开，纵筋受压屈曲呈灯笼状。框架的角柱，由于是双向偏心受压构件，再加上扭转的作用，而其所受的约束又比其他柱少，强震作用时更容易破坏。

当有错层、夹层或有半高的填充墙，或不适当地设置某些连系梁时，容易形成 $H/b<4$(H 为柱高，b 为柱截面短边边长)的短柱。由于短柱的抗侧移刚度很大，所以能吸收的地震剪力也大，易导致剪切破坏，形成交叉裂缝乃至脆断。

4) 框架梁、柱节点

在强震作用下，框架节点的破坏机理很复杂。梁、柱节点的震害主要是节点核芯区抗剪强度不足引起的破坏，会出现斜向的 X 形裂缝，此类破坏后果往往较严重。当节点区剪压比较大时，箍筋可能尚未屈服，混凝土就被剪压破坏。当节点区箍筋过少或由于节点区钢筋过密而影响混凝土浇注质量时，都会引起节点区的破坏。

5) 填充墙

框架结构中的砌体填充墙与框架共同工作，可增加结构的刚度。但填充墙本身的抗剪强度低、变形能力小，如果墙体与框架柱缺乏有效的拉结会产生竖向裂缝，在强震作用下易发生剪切破坏，出现交叉斜裂缝甚至外倾或倒塌。

2. 抗震墙的震害

在《抗震规范》中，"抗震墙"就是指结构抗侧力体系中的钢筋混凝土剪力墙，不包括只承担重力荷载的混凝土墙。

相对于框架结构而言，抗震墙结构和框架-抗震墙结构房屋的抗震性能较好，震害一般较轻。高层结构抗震墙的震害主要表现为：墙肢之间的连梁产生剪切破坏，墙肢之间是抗震墙结构的变形集中处，由于连梁跨度小、高度大而形成深梁，其剪跨比小因而剪切效应十分明显，在地震反复作用下形成 X 形剪切裂缝，其破坏为脆性破坏；狭而高的墙肢其工作性能与悬臂梁类似，地震破坏常出现在墙的底部。

10.2.2 抗震设计的一般规定

1. 房屋最大适用高度

根据大量震害调查和工程设计经验，为了达到既安全又经济合理的要求，现浇钢筋混凝土结构房屋高度不宜建得太高。房屋适用的最大高度与房屋的结构类型、设防烈度、场地类别等因素有关。《抗震规范》规定，较规则的多、高层现浇钢筋混凝土房屋的最大适用高度应不超过表 10.1 的规定。

表 10.1　现浇钢筋混凝土房屋适用的最大高度

结构类型		设防烈度				
		6	7	8		9
				0.20g	0.30g	
框架/m		60	50	40	35	24
框架-抗震墙/m		130	120	100	80	50
抗震墙/m		140	120	100	80	60
部分框支抗震墙/m		120	100	80	50	不应采用
筒体	框架-核芯筒/m	150	130	100	90	70
	筒中筒/m	180	150	120	100	80

注：1. 房屋高度指室外地面到主要屋面板板顶的高度(不包括局部突出屋顶部分的高度)；

　　2. 乙类建筑可按本地区抗震设防烈度确定其适用的最大高度；

　　3. 超过表内高度的房屋，应专门进行研究和论证，采取有效的加强措施。

2. 抗震等级

抗震等级的划分，是为了体现对不同抗震设防类别、不同结构类型、不同场地条件、不同烈度或同一烈度但不同高度的钢筋混凝土房屋结构采取不同的延性设计要求以及采取不同的抗震构造措施，以利于做到经济而有效的设计。《抗震规范》根据设防类别、设防烈度、结构类型和房屋高度等因素，将现浇钢筋混凝土房屋结构划分为四个抗震等级，它是确定结构和构件抗震计算与采取抗震措施的标准。丙类建筑的抗震等级应按表10.2 确定。

表 10.2　现浇钢筋混凝土房屋的抗震等级

结构类型		设防烈度							
		6		7		8			9
框架结构	高度/m	≤24	>24	≤24	>24	≤24	>24		≤24
	框架	四	三	三	二	二	一		一
	大跨度框架	三		二		一			一
框架-抗震墙结构	高度/m	≤60	>60	≤24	25~60	>60	≤24	25～60	>60	≤24	25～50
	框架	四	三	四	三	二	三	二	一	二	一
	抗震墙	三		三	二		二	一		一
抗震墙结构	高度/m	≤80	>80	≤24	25～80	>80	≤24	25～80	>80	≤24	25～60
	抗震墙	四	三	四	三	二	三	二	一	二	一
部分框支抗震墙结构	高度/m	≤80	>80	≤24	25～80	>80	≤24	25～80		
	抗震墙 一般部位	四	三	四	三	二	三	二		
	抗震墙 加强部位	三	二	三	二	一	二	一		
	框支层框架	二		二		一			

注：1. 建筑场地为Ⅰ类时，除 6 度外应允许按表内降低一度所对应的抗震等级采取抗震构造措施，但相应的计算要求不应降低；

　　2. 大跨度框架指跨度不小于 18m 的框架。

3. 钢筋的锚固和接头

纵向受拉钢筋的抗震锚固长度 l_{aE} 应按下式计算：

$$l_{aE}=\zeta_{aE}l_a \tag{10-3}$$

式中　ζl_{aE}——抗震锚固长度修正系数，一、二级抗震等级取 1.15，三级取 1.05，四级取 1.0；

　　　l_a——受拉钢筋的锚固长度，按 3.3 节的规定采用。

现浇钢筋混凝土框架梁、柱的纵向受力钢筋的连接方法，一、二级框架柱的各部位及三级框架柱的底层宜采用机械连接接头，也可采用绑扎搭接或焊接接头；三级框架柱的其他部位和四级框架柱可采用绑扎搭接或焊接接头。一级框架梁宜采用机械连接接头，二、三、四级框架梁可采用绑扎搭接或焊接接头。

焊接或绑扎接头均不宜位于构件最大弯矩处，且宜避开梁端、柱端的箍筋加密区。当无法避免时，应采用机械连接接头，且钢筋接头面积百分率不应超过 50%。

当采用绑扎搭接接头时，其搭接长度不应小于下式的计算值：

$$l_{lE}=\zeta_l l_{aE} \tag{10-4}$$

式中　l_{lE}——抗震设计时受拉钢筋的搭接长度；

　　　ζ_l——受拉钢筋搭接长度修正系数，按表 3.7 取用。

10.2.3　框架结构的抗震构造措施

1．设计原则

根据"小震不坏、中震可修、大震不倒"的抗震设防目标，当遭受到设防烈度的地震影响时，允许结构某些杆件截面的钢筋屈服，出现塑性铰，使结构刚度降低，塑性变形加大。当塑性铰达到一定数量时，结构就进入塑性状态，出现"屈服"现象，即承受的地震作用不再增加或增加很少，而结构变形迅速增加。如果结构能维持承载能力而又具有较大的塑性变形能力，就称为延性结构。

在地震作用下，延性结构通过塑性铰区域的变形，能够有效地吸收和耗散地震能量。因此，延性结构具有较强的抗震能力。为了防止钢筋混凝土房屋当遭受到高于本地区设防烈度的罕遇地震影响时，不致倒塌或发生危及生命的严重破坏，应设计成延性框架结构。

要求结构具有一定的延性就必须保证梁、柱有足够大的延性。而梁、柱的延性是以其截面塑性铰的转动能力来度量的。根据震害分析，以及近年来国内外试验研究资料，框架梁、柱塑性铰设计应遵循下述原则。

(1) 强柱弱梁。要控制梁、柱的相对强度，使塑性铰首先在梁中出现，尽量避免或减少塑性铰在柱中出现。因为塑性铰在柱中出现，很容易形成几何可变体系而倒塌。

(2) 强剪弱弯。对于梁、柱构件而言，要保证构件出现塑性铰，而不过早地发生剪切破坏，要求构件的抗剪承载力大于塑性铰的抗弯承载力，形成"强剪弱弯"结构。

(3) 强节点、强锚固。为了确保结构为延性结构，在梁的塑性铰充分发挥作用前，框架节点及钢筋的锚固不应过早破坏。

2．抗震构造措施

1) 框架梁

(1) 梁的截面尺寸。

梁的截面宽度不宜小于 200mm，截面高宽比不宜大于 4，净跨与截面高度之比不宜小于 4。

(2) 梁内纵向钢筋。

梁内纵向钢筋的配置应符合下列要求。

① 框架梁端计入受压钢筋的混凝土受压区高度和有效高度之比，一级不应大于 0.25，二、三级不应大于 0.35；梁端截面的底面和顶面纵向钢筋配筋量的比值，一级不应小于 0.5，二、三级不应小于 0.3。

② 梁端纵向受拉钢筋的配筋率不宜大于 2.5%。沿梁全长顶面、底面至少应配置 2 根通长纵筋，一、二级框架不应少于 2Φ14，且分别不应少于梁两端顶面和底面纵筋中较大截面面积的 1/4；三、四级框架不应少于 2Φ12。

③ 一、二、三级框架贯通中柱的梁内纵向钢筋，其直径不应大于柱在该方向截面尺寸的 1/20。

(3) 梁的箍筋。

① 在地震作用下，梁端塑性铰区纵向钢筋屈服的范围一般可达 1.5 倍梁高左右。因此，框架梁两端需加密设置封闭式箍筋，以加强对节点核芯区混凝土的约束作用，保证框架梁有足够的延性。《抗震规范》对梁端箍筋加密区的长度、箍筋最大间距和最小直径等构造作出强制性规定，见表 10.3。当梁端纵筋配筋率大于 2%时，表中箍筋最小直径应相应增大 2mm。

② 梁端加密区的箍筋肢距，一级不宜大于 200mm 和 20d(d 为箍筋直径较大值)，二、三级不宜大于 250mm 和 20d，四级不宜大于 300mm。

③ 非加密区的箍筋最大间距不宜大于加密区箍筋间距的 2 倍。

④ 箍筋必须为封闭箍，应有 135° 弯钩，弯钩平直段的长度不小于箍筋直径的 10 倍和 75mm 的较大者。

表 10.3　梁端箍筋加密区的长度、箍筋的最大间距和最小直径

抗震等级	加密区长度/mm (采用较大者)	箍筋最大间距/mm (采用最小值)	箍筋最小直径 /mm
一	$2h_b$，500	$h_b/4$，$6d$，100	10
二	$1.5h_b$，500	$h_b/4$，$8d$，100	8
三	$1.5h_b$，500	$h_b/4$，$8d$，150	8
四	$1.5h_b$，500	$h_b/4$，$8d$，150	6

注：d 为纵筋直径，h_b 为梁截面高度。

2) 框架柱

(1) 柱的截面尺寸。

柱的截面宽度和高度，四级或不超过 2 层时不宜小于 300mm，一、二、三级且超过 2 层时不宜小于 400mm；剪跨比宜大于 2，截面长边与短边之比不宜大于 3。

(2) 柱内纵向钢筋。

柱内纵向钢筋的配置应符合下列要求。

① 柱中纵向钢筋宜对称配置。

② 当截面尺寸大于 400mm 的柱，纵筋间距不宜大于 200mm。

③ 柱中全部纵筋的最小配筋率应满足表 10.4 的规定，同时每一侧配筋率不应小于 0.2%。

④ 柱中纵筋总配筋率不应大于 5%；一级框架且剪跨比不大于 2 的柱，每侧纵筋配筋率不宜大于 1.2%。

⑤ 边柱、角柱在小偏心受拉时，柱内纵筋总面积应比计算值增加 25%。

⑥ 柱内纵向钢筋不应在中间各层节点内截断，纵筋的连接接头应避开柱端箍筋加密区。

表 10.4　框架柱全部纵向钢筋最小配筋百分率/%

类　别	抗　震　等　级			
	一	二	三	四
中柱、边柱	1.0	0.8	0.7	0.6
角柱、框支柱	1.1	0.9	0.8	0.7

注：钢筋强度标准值小于 400MPa 时，表中数值应增加 0.1，钢筋强度标准值为 400MPa 时，表中数值应增加 0.05；混凝土强度等级高于 C60 时，上述数值相应增加 0.1。

(3) 柱的箍筋。

① 框架柱内箍筋常用形式如图 10.2 所示。

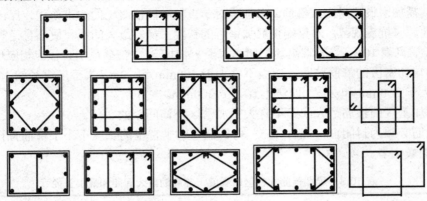

图 10.2　柱的箍筋形式

② 框架柱的上、下两端需设置箍筋加密区。一般情况下，柱箍筋加密区的范围、加密区的箍筋最大间距和最小直径应按表 10.5 采用。

表 10.5　柱箍筋加密区长度、箍筋最大间距和最小直径

抗震等级	箍筋最大间距/mm （采用较小值）	箍筋最小直径 /mm	箍筋加密区范围/mm （采用较大值）
一	$6d$，100	10	
二	$8d$，100	8	$h(D)$
三	$8d$，150(柱根 100)	8	$H_n/6$(柱根 $H_n/3$)
四	$8d$，150(柱根 100)	6(柱根 8)	500

注：1. d 为柱纵筋最小直径，h 为矩形截面长边尺寸，D 为圆柱直径，H_n 为柱净高；

2. 柱根指框架底层柱下端箍筋加密区；

3. 在刚性地面上、下各 500mm 的高度范围内应加密箍筋。

剪跨比不大于 2 的柱、柱净高与柱截面高度之比不大于 4 的柱、框支柱以及一、二级框架的角柱，应沿柱全高加密箍筋。

③ 柱箍筋加密区的箍筋肢距，一级不宜大于 200mm，二、三级不宜大于 250mm，四级不宜大于 300mm。至少每隔一根纵筋宜在两个方向有箍筋或拉筋约束；采用拉筋复合箍时，拉筋宜紧靠纵筋并钩住封闭箍筋。

3) 框架节点

框架梁、柱钢筋在节点内的锚固构造参见第 9 章，但纵向受拉钢筋的锚固长度应采用抗震锚固长度 l_{aE}。

为保证框架节点核芯区的抗剪承载力，使框架梁、柱纵向钢筋有可靠的锚固条件，对节点核芯区混凝土应进行有效约束。框架节点核芯区箍筋的最大间距和最小直径宜按柱箍筋加密区要求采用，一、二、三级框架节点核芯区配箍特征值分别不宜小于 0.12、0.10、0.08，且箍筋体积配箍率分别不宜小于 0.6%、0.5%、0.4%。

10.2.4　抗震墙结构的抗震构造措施

1. 抗震墙的厚度

抗震墙的厚度，一、二级不应小于 160mm，且不宜小于层高或无支长度的 1/20，三、四级不应小于 140mm，且不宜小于层高或无支长度的 1/25；无端柱或翼墙时，一、二级不宜小于层高或无支长度的 1/16，三、四级不宜小于层高或无支长度的 1/20。

底部加强部位的墙厚，一、二级不应小于 200mm，且不宜小于层高或无支长度的 1/16，三、四级不应小于 160mm，且不宜小于层高或无支长度的 1/20；无端柱或翼墙时，一、二级不宜小于层高或无支长度的 1/12，三、四级不宜小于层高或无支长度的 1/16。

2. 抗震墙的边缘构件

《抗震规范》规定，抗震墙墙肢两端和洞口两侧应设置边缘构件。抗震墙的边缘构件分为约束边缘构件和构造边缘构件两类。约束边缘构件是指用箍筋约束的暗柱、端柱和翼墙，其特点是约束范围大、箍筋较多、对混凝土的约束较强；而构造边缘构件的箍筋数量和约束范围都小于约束边缘构件，对混凝土的约束程度较弱。暗柱及端柱内纵筋的连接和锚固要求宜与框架柱相同，抗震墙纵筋的最小锚固长度应取 l_{aE}。

1) 构造边缘构件的设置与配筋构造

影响压弯构件的延性或屈服后变形能力的因素有截面尺寸、混凝土强度等级、纵向配筋、轴压比、箍筋量等，其主要因素是轴压比和配箍特征值。抗震墙墙肢的试验研究表明，轴压比超过一定值时，很难成为延性抗震墙。

对于抗震墙结构，底层墙肢底截面的轴压比不大于表 10.6 规定的一、二、三级抗震墙及四级抗震墙，墙肢两端可设置构造边缘构件。

表 10.6　抗震墙设置构造边缘构件的最大轴压比

抗震等级或烈度	一级(9 度)	一级(7、8 度)	二、三级
轴压比	0.1	0.2	0.3

注：墙肢轴压比是指墙的轴压力设计值与墙的全截面面积和混凝土轴心抗压强度设计值乘积之比值。

构造边缘构件的设置范围，可按图 10.3 采用。构造边缘构件范围内纵向钢筋的配筋量除应满足受弯承载力要求外，并宜符合表 10.7 的要求。

表 10.7　抗震墙构造边缘构件的配筋要求

抗震等级	底部加强部位			其他部位		
	纵向钢筋最小量（取较大值）	箍筋		纵向钢筋最小量（取较大值）	拉筋	
		最小直径/mm	最大间距/mm		最小直径/mm	最大间距/mm
一级	$0.010A_c$，6Φ16	8	100	$0.008A_c$，6Φ14	8	150
二级	$0.008A_c$，6Φ14	8	150	$0.006A_c$，6Φ12	8	200
三级	$0.006A_c$，6Φ12	6	150	$0.005A_c$，4Φ12	6	200
四级	$0.005A_c$，4Φ12	6	200	$0.004A_c$，4Φ12	6	250

注：1. A_c 为构造边缘构件的截面面积，即图 10-3 中的阴影面积；

　　2. 对其他部位，拉筋的水平间距不应大于纵筋间距的 2 倍，转角处宜用箍筋；

　　3. 当端柱承受集中荷载时，其纵向钢筋、箍筋直径和间距应满足柱的相应要求。

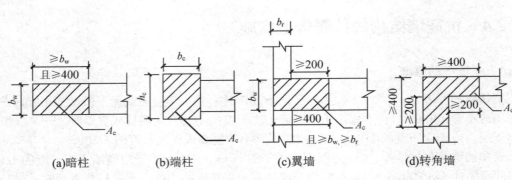

(a)暗柱　　　(b)端柱　　　(c)翼墙　　　(d)转角墙

图 10.3　抗震墙的构造边缘构件

2) 约束边缘构件的设置与配筋构造

底层墙肢底截面的轴压比大于表 10.6 规定的一、二、三级抗震墙，以及部分框支抗震墙结构的抗震墙，应在底部加强部位及相邻的上一层设置约束边缘构件，在以上的其他部位可设置构造边缘构件。

约束边缘构件的形式可以是暗柱(矩形端)、端柱和翼墙。约束边缘构件纵筋的配筋范围不应小于图 10.4 中的阴影面积，一、二级抗震墙在其范围内的纵筋截面面积，分别不应小于图中阴影面积的 1.2%和 1.0%，并分别不应小于 6 根直径 16mm 和 6 根直径 14mm 的钢筋；纵筋宜采用 HRB335 级或 HRB400 级钢筋。

约束边缘构件沿墙肢方向的长度 l_c 和配箍特征值 λ_v 宜符合表 10.8 的要求，箍筋的配筋范围如图 10.4 中的阴影面积所示。

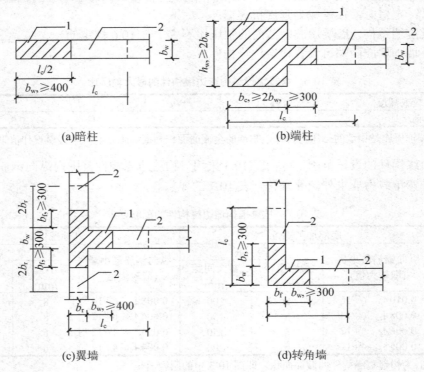

(a)暗柱　　　　　　　　　　　(b)端柱

(c)翼墙　　　　　　　　　　　(d)转角墙

图 10.4　抗震墙的约束边缘构件

1—配箍特征值为 λ_v 的区域；2—配箍特征值为 $\lambda_v/2$ 的区域

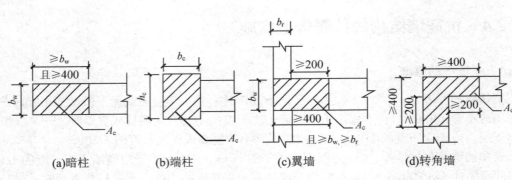

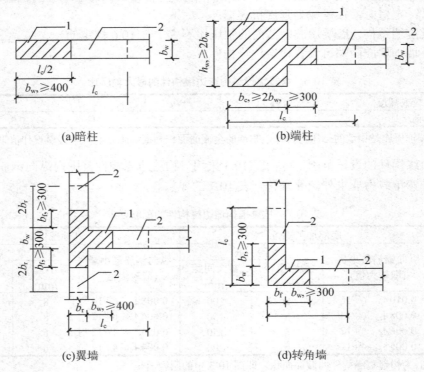

表 10.8　抗震墙约束边缘构件的范围及配筋要求

项　目	一级(9 度)		一级(7、8 度)		二、三级	
	$\lambda \leqslant 0.2$	$\lambda > 0.2$	$\lambda \leqslant 0.3$	$\lambda > 0.3$	$\lambda \leqslant 0.4$	$\lambda > 0.4$
λ_v	0.12	0.20	0.12	0.20	0.12	0.20
l_c(暗柱)	$0.20h_w$	$0.25h_w$	$0.15h_w$	$0.20h_w$	$0.15h_w$	$0.20h_w$
l_c(翼墙或端柱)	$0.15h_w$	$0.20h_w$	$0.10h_w$	$0.15h_w$	$0.10h_w$	$0.15h_w$
纵向钢筋 (取较大值)	$0.012A_c$，$8\Phi16$		$0.012A_c$，$8\Phi16$		$0.010A_c$，$6\Phi16$ (三级 $6\Phi14$)	
箍筋或拉筋 沿竖向间距	100mm		100mm		150mm	

注：1. λ_v 为约束边缘构件配箍特征值；
　　2. l_c 为约束边缘构件沿墙肢长度，h_w 为抗震墙墙肢长度；
　　3. 当翼墙长度<$3b_w$ 或端柱边长<$2h_w$ 时，视为无翼墙、无端柱；
　　4. λ 为墙肢轴压比，A_c 为图 10.4 中约束边缘构件阴影部分的截面面积。

3. 抗震墙的分布钢筋

1) 分布钢筋的布置

抗震墙分布钢筋的配筋方式有单排及多排配筋。剪力墙厚度大于 140mm 时，其竖向和水平方向分布钢筋应双排布置；当剪力墙厚度大于 400mm，但不大于 700mm 时，宜采用三排配筋；当厚度大于 700mm 时，宜采用四排配筋。为固定各排分布钢筋网的位置，应采用拉筋连系，拉筋应与外皮钢筋钩牢，墙身拉筋布置有矩形和梅花形两种，一般多采用梅花形排布。

2) 分布钢筋的配筋构造

抗震墙中竖向和水平方向分布钢筋的最小配筋率均不应小于 0.25%(一、二、三级)和 0.20%(四级)；部分框支抗震墙结构的落地抗震墙底部加强部位，竖向和水平方向分布钢筋配筋率均不应小于 0.3%。

抗震墙在边缘构件之外的第一道竖向分布钢筋距边缘构件的距离为竖向分布钢筋间距的 1/2。竖向和水平分布钢筋的间距不宜大于 300mm，直径不宜大于墙厚的 1/10，且不应小于 8mm；为保证施工时钢筋网的刚度，竖向分布钢筋直径不宜小于 10mm。拉筋直径不应小于 6mm，间距不应大于 600mm，拉筋应与外皮钢筋钩牢。在底部加强部位，约束边缘构件以外的拉筋间距应适当加密。

3) 分布钢筋的锚固

抗震墙水平分布钢筋应伸至墙端。当抗震墙端部无翼墙、无端柱时，分布钢筋应伸至墙端并向内弯折 $10d$ 后截断(图 10.5(a))，其中 d 为水平分布钢筋直径；当墙厚度较小时，也可采用在墙端附近搭接的做法(图 10.5(b))；当剪力墙端部有暗柱时，分布钢筋应伸至墙端暗柱竖向钢筋的外侧(图 10.5(c))。

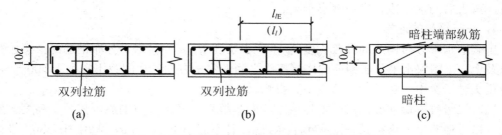

图 10.5　抗震墙端部无翼墙、无端柱时水平分布筋构造

当抗震墙端部有翼墙或转角墙时，内墙两侧的水平分布钢筋和外墙内侧的水平分布钢筋应伸至翼墙或转角墙外边，并分别向两侧水平弯折不小于 15d 后截断，如图 10.6 所示。在转角墙部位，沿剪力墙外侧的水平分布钢筋应沿外墙边在翼墙内连续通过转弯。当需要在纵、横墙转角处设置搭接接头时，沿外墙的水平分布钢筋应在墙端外角处弯入翼墙，并与翼墙外侧水平分布钢筋搭接，搭接长度不应小于 $1.2l_{aE}$(图 10.6(a))。

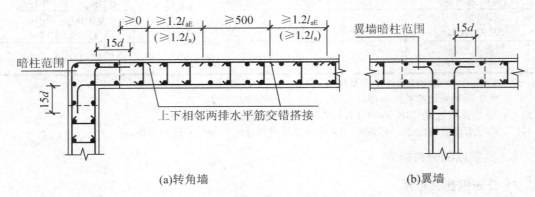

(a)转角墙   (b)翼墙

图 10.6   转角墙和翼墙的水平分布筋构造

当抗震墙有端柱时，内墙两侧水平分布钢筋和外墙内侧水平分布钢筋应贯穿端柱并锚固在端柱内，其锚固长度不应小于 l_{aE}，且必须伸至端柱对边；当伸至端柱对边的长度不满足 l_{aE} 时，应伸至端柱对边后分别向两侧水平弯折不小于 15d，其中柱内弯前平直段长度不应小于 $0.6l_{aE}$，如图 10.7 所示。

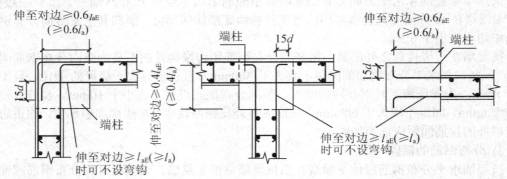

图 10.7   抗震墙有端柱时水平分布筋锚固构造

抗震墙身竖向分布钢筋应伸至墙顶，在楼(屋)面板或边框梁内进行锚固，可向节点内弯折，弯折后的水平段长度不宜小于 12d。

4) 分布钢筋的连接

抗震墙水平分布钢筋的搭接长度 l_{lE} 不应小于 $1.2l_{aE}$。同排水平分布钢筋的搭接接头之间以及上、下相邻水平分布钢筋的搭接接头之间沿水平方向的净间距不宜小于 500mm，以避免接头过于集中，对承载力造成不利影响。

一、二级抗震墙非底部加强部位或三、四级抗震墙竖向分布钢筋可在同一高度上全部搭接，以方便施工，搭接长度不应小于 $1.2l_{aE}$，且不应小于 300mm，采用 HPB300 级钢筋端头加 5d 直钩。

4．连梁的配筋构造

抗震墙洞口连梁应沿全长配置箍筋，其构造应按框架梁梁端加密区箍筋的构造采用；在顶层连梁纵向钢筋伸入墙内的锚固长度范围内，应配置间距不大于 150mm 的构造箍筋，箍筋直径应与该连梁跨内的箍筋直径相同，如图 10.8 所示。

抗震墙连梁上、下边缘单侧纵向钢筋的最小配筋率不应小于 0.15%，且配筋不宜少于 2Φ12，两端锚入墙内的锚固长度不应小于 l_{aE}，且均不应小于 600mm(图 10.8(a))。当位于墙端部洞口的连梁顶面、底面纵筋伸入墙端部长度不满足 l_{aE} 时，应伸至墙端部后分别向上、下弯折 15d，且弯前长度不应小于 0.4l_{aE}(图 10.8(b))。

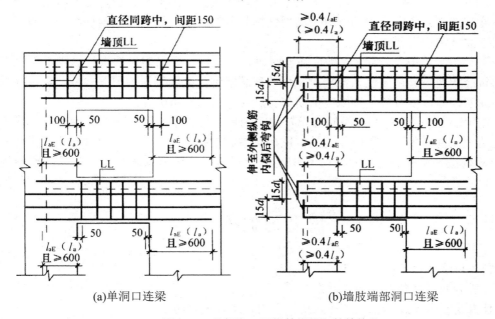

(a)单洞口连梁　　　　　　　　　　(b)墙肢端部洞口连梁

图 10.8　连梁上、下纵筋锚固和箍筋构造

墙体水平分布钢筋应作为连梁的腰筋在连梁范围内拉通连续配置；当连梁腹板高度 h_w 不小于 450mm 时，其两侧面沿梁高范围设置的纵向构造钢筋的直径不应小于 10mm，间距不应大于 200mm。对跨高比不大于 2.5 的连梁，梁两侧的纵向构造钢筋的面积配筋率尚不应小于 0.3%。一、二级抗震墙底部加强部位跨高比不大于 2 且墙厚不小于 200mm 的连梁，宜采用斜交叉构造钢筋。

本 章 小 结

(1) 地震是一种危害性极大的自然现象。构造地震发生频率高、破坏性大、影响范围广，是工程抗震的主要研究对象。地震烈度是指在一次地震时对某一地区的地表和建筑物影响的强弱程度。对应于一次地震，震级只有一个，而烈度在不同的地点却是不同的。

(2) 抗震设防目标是要求建筑物在使用期间对不同频率和强度的地震，应具有不同的抵御能力，即"小震不坏、中震可修、大震不倒"。 为了实现三个烈度水准的抗震设防目标，我国《抗震规范》提出了"二阶段"设计法。

(3) 建筑物的抗震设防类别主要根据其使用功能的重要性分为以下四类：特殊设防类(甲类)、重点设防类(乙类)、标准设防类(丙类)、适度设防类(丁类)。建筑物的抗震设防类别不同，对其采取的抗震设防标准也不相同。

(4) 一般来说，建筑抗震设计包括三个层次的内容与要求：即概念设计、抗震计算和构造措施。所谓概念设计是指正确地解决建筑总体方案、材料使用和细部构造的问题，以达到合理抗震设计的目的。

(5) 多层及高层钢筋混凝土房屋的震害主要包括结构布置不当引起的震害，场地影响产生的震害，框架梁、柱与节点的震害，填充墙的震害，以及抗震墙的震害。《抗震规范》规定了现浇钢筋混凝土结构房屋的最大适用高度，并根据设防类别、设防烈度、结构类型和房屋高度等因素，将现浇钢筋混凝土房屋结构划分为四个抗震等级，钢筋的锚固和连接应满足相应的抗震构造要求。

(6) 框架结构应遵循"强柱弱梁、强剪弱弯、强节点、强锚固"的设计原则，现浇框架结构的抗震构造措施主要包括框架梁、柱的截面限制，纵向钢筋的配置构造，梁、柱端部箍筋的加密构造，以及梁、柱纵向钢筋在节点内的锚固和搭接等。

(7) 抗震墙墙肢两端和洞口两侧应设置边缘构件。抗震墙的边缘构件分为约束边缘构件和构造边缘构件两类。抗震墙结构的抗震构造措施包括抗震墙的厚度要求、边缘构件的设置与配筋构造、墙中竖向和水平分布钢筋的布置与配筋构造要求，以及连梁的配筋构造等。

思考与训练

9.1 简述地震波的形式及特点。

9.2 震级和烈度有什么区别与联系？

9.3 什么是基本烈度和抗震设防烈度？它们是怎样确定的？

9.4 根据建筑物的重要性不同，建筑抗震设防分为哪几类？分类的作用是什么？

9.5 什么是"三水准、两阶段"设计？

9.6 多、高层钢筋混凝土房屋的震害主要表现在哪些方面？

9.7 现浇钢筋混凝土房屋结构抗震等级划分的依据是什么？有何意义？

9.8 纵向受拉钢筋的抗震锚固长度和绑扎搭接接头的搭接长度如何确定？

9.9 抗震设计与非抗震设计时框架梁、柱箍筋的构造要求有何不同？梁、柱箍筋加密区的范围如何确定？

9.10 抗震墙结构的抗震构造措施有哪些方面的要求？

第三篇　砌体结构

第 11 章　砌体材料及其力学性能

【学习目标】

熟悉砌体结构所用块材和砂浆的种类及其力学性能；掌握砌体的受压性能，理解影响砌体抗压强度的主要因素；能合理选用砌体的各种强度设计指标。

砌体是由块材和砂浆黏结而成的复合体。组成砌体的块材和砂浆的种类不同，砌体的受力性能也不尽相同。了解砌体材料及其力学性能是掌握砌体结构选型和设计的基础。

11.1　砌体材料及种类

11.1.1　砌体材料

1. 块材

块材是砌体的主要部分，目前我国常用的块材可以分为砖、砌块和石材三大类。

1）砖

目前我国用于砌体结构的砖主要有三类：烧结砖、非烧结硅酸盐砖和混凝土砖。

(1) 烧结砖。

用于承重部位的烧结砖有烧结普通砖和烧结多孔砖。烧结普通砖是由黏土、页岩、煤矸石或粉煤灰为主要原料，经过焙烧而成的实心或孔洞率不大于 15% 的砖。烧结普通砖的规格为 240mm×115mm×53mm，重度为 18～19kN/m³。

烧结普通砖又分为烧结黏土砖、烧结页岩砖、烧结煤矸石砖、烧结粉煤灰砖等。为了保护土地资源，国家已禁止使用黏土实心砖。烧结煤矸石砖、烧结粉煤灰砖的生产可以利用煤炭生产和燃烧过程产生的废料，是节能利废的新型墙体材料。

烧结多孔砖简称多孔砖，是用与烧结普通砖相同的原材料制成砖坯后经焙烧而成。其孔洞率不小于 25%，孔的尺寸小而数量多。与烧结普通砖相比，烧结多孔砖可减轻墙体自重，能耗小，热工性能好，是目前广泛应用的砌体块材。常用的多孔砖有 KM1、KP1、KP2 三种规格，如图 11.1 所示。

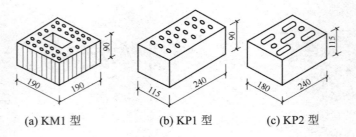

(a) KM1 型　　　　(b) KP1 型　　　　(c) KP2 型

图 11.1　常用多孔砖的规格

　　烧结普通砖和烧结多孔砖的强度等级按抗压强度划分为 MU30、MU25、MU20、MU15、MU10 五级。由于多孔砖的抗压强度是按毛面积计算的，故设计时不必考虑孔洞的影响。

　　(2) 非烧结硅酸盐砖。

　　非烧结硅酸盐砖是以石英砂、石灰、粉煤灰等为主要原料制成砖坯后，经高压蒸养结硬而形成的砖。主要有蒸压灰砂普通砖、蒸压粉煤灰普通砖等，其规格与烧结普通砖相同。与烧结普通砖相比，非烧结硅酸盐砖的耐久性及抗腐蚀性较差，不宜砌筑处于高温环境或有酸性介质侵蚀的建筑部位。非烧结硅酸盐砖划分为三个强度等级：MU25、MU20、MU15。

　　(3) 混凝土砖。

　　混凝土普通砖(标准砖)和多孔砖是采用砂、石、工业废渣为骨料，以水泥、超细粉煤灰等为胶结材料，加水搅拌成干硬性混凝土，以专业设备成型，经蒸汽养护而制成的。其生产能耗低、节土利废、生产过程无"三废"排放，施工方便，具有体量轻、强度高、保温效果好、收缩变形小、吸水率低、抗冻融能力强、外观整齐等特点，是一种彻底替代传统烧结黏土砖的理想墙体材料。

　　混凝土多孔砖的主规格尺寸为 240mm×115mm×90mm、240mm×190mm×90mm、190mm×190mm×90mm 等，混凝土普通砖的规格尺寸与烧结普通砖相同。混凝土普通砖和混凝土多孔砖的强度等级分为 MU30、MU25、MU20、MU15 共四级。

　　2) 砌块

　　目前我国广泛应用的是混凝土小型砌块、轻骨料混凝土砌块。砌块由普通混凝土或轻骨料混凝土制成，主要规格尺寸为 390mm×190mm×190mm，空心率为 25%～50%(图 11.2)。用于砌块的轻骨料可采用煤渣、水淬的冶金矿渣、多孔的自然石等。用砌块砌筑墙体可以减少劳动量，加快施工进度，而且其保温、隔热及隔声性能较好。

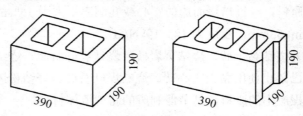

图 11.2　混凝土小型砌块

　　砌块的强度等级根据按毛截面计算的抗压强度值划分，共分为五级：MU20、MU15、MU10、MU7.5 和 MU5。

3) 石材

建筑结构采用的石材一般有花岗岩、石灰岩和凝灰岩等。按其外形规则程度分为毛石和料石两种。毛石形状不规则，而料石要求为比较规则的六面体。毛石一般用于房屋的基础部位和挡土墙中。在石山地区，可用料石砌筑房屋墙体，但由于石材的传热性高，所以用于采暖房屋的外墙时需要较大的厚度。

石材的强度等级以抗压强度作为划分依据，共有 MU100、MU80、MU60、MU50、MU40、MU30 和 MU20 七个等级。

2. 砂浆

砂浆是由胶结材料、细骨料、掺合料加水拌和而成的黏结材料。砂浆在砌体中把块材黏结成整体，并在块材之间起均匀传递压力的作用。用砂浆填满块材之间的缝隙还能减少砌体的透气性，从而提高砌体的隔热性和抗冻性。

砂浆应具有足够的强度和耐久性，并具有一定的保水性和流动性。保水性和流动性好的砂浆，在砌筑过程中容易铺摊均匀，水分不易被块材吸收，使胶凝材料正常硬化，砂浆与砖的黏结性能好。

砂浆按其组成成分可分为纯水泥砂浆、混合砂浆和非水泥砂浆三类。

1) 纯水泥砂浆

纯水泥砂浆由水泥、砂和水拌和而成，具有较高的强度和耐久性，但水泥砂浆的保水性、流动性差，水泥用量大，适用于对砂浆强度要求较高的砌体和潮湿环境中的砌体。计算砌体承载力时应考虑水泥砂浆保水性、流动性对砌体强度的影响。

2) 混合砂浆

混合砂浆是在水泥砂浆中加入适量塑性掺合材料(石灰膏、黏土膏)拌制而成的砂浆，如水泥石灰砂浆。这种砂浆掺加了石灰后，大大改善了砂浆的保水性、流动性，因而砌体质量较好。与同等条件的水泥砂浆相比，混合砂浆砌筑的砌体强度可提高 10%～15%，因而广泛应用于一般墙、柱砌体，但不宜用于潮湿环境中的砌体。

3) 非水泥砂浆

非水泥砂浆是指不用水泥作胶结材料的砂浆，如石灰砂浆、黏土砂浆等。这类砂浆强度低、耐久性差，只适用于干燥环境下受力较小的砌体，以及临时性房屋的墙体。

砂浆的强度等级是根据边长为 70.7mm 的立方体标准试块，以标准养护 28 天龄期的抗压强度平均值划分的。烧结普通砖、烧结多孔砖、蒸压灰砂普通砖和蒸压粉煤灰普通砖砌体采用的普通砂浆强度等级分为 M15、M10、M7.5、M5 和 M2.5 五个等级；蒸压灰砂普通砖、蒸压粉煤灰普通砖砌体采用专用砌筑砂浆的强度等级用 Ms 表示，分为 Ms15、Ms10、Ms7.5 和 Ms5.0 四个等级；毛料石、毛石砌体采用的砂浆强度等级为 M7.5、M5 和 M2.5 三个等级。

近年来由于混凝土砌块的使用日渐增多，出现了专门用于砌筑混凝土小型空心砌块的砌筑砂浆，简称砌块专用砂浆，其强度等级用 Mb 表示。它是由水泥、砂、水以及根据需要按一定比例掺入的掺合料和外加剂组成，采用机械拌和制成。与一般砂浆相比，砌块专用砂浆的和易性与黏结性能好，用于砌筑混凝土砌块(砖)可减少墙体的开裂和渗漏。混凝土普通砖、混凝土多孔砖、单排孔混凝土砌块和煤矸石混凝土砌块砌体采用的砂浆强度等级分为 Mb20、Mb15、Mb10、Mb7.5 和 Mb5 五个等级。

3. 砌体材料的选用原则

砌体材料的选用应本着因地制宜、就地取材、充分利用工业废料的原则，在考虑使用功能的前提下，做到满足强度和耐久性两个方面的要求。选用时，应按照建筑物使用要求、重要性、使用年限、房屋层数与层高、砌体构件的受力特点、使用环境以及施工条件等各方面综合考虑。

(1) 对于五层及五层以上房屋的墙体，以及受振动或层高大于 6m 的墙、柱所用材料的最低强度等级，应符合下列要求：①砖 MU10；②砌块 MU7.5；③石材 MU30；④砂浆 M5。

(2) 砌体结构所选用的材料，除满足承载力要求外，尚应考虑耐久性要求。耐久性不足时，会出现因风化、冻融引起面部剥蚀、内部钢筋锈蚀等情况，严重时将直接影响砌体建筑物的承载力。砌体结构的耐久性应根据表 11.1 所示的环境类别和设计使用年限进行设计。

(3) 在室内地面以下至室外散水坡顶面的砌体内，应铺设防潮层。防潮层材料一般情况下宜采用防水水泥砂浆，勒脚部位应采用水泥砂浆粉刷。地面以下或防潮层以下的砌体，潮湿房间的墙或环境类别 2 的砌体，所用材料的最低强度等级应符合表 11.2 的规定。

表 11.1　砌体结构的环境类别

环境类别	条　件
1	正常居住及办公建筑的内部干燥环境
2	潮湿的室内或室外环境，包括与无侵蚀性土和水接触的环境
3	严寒和使用化冰盐的潮湿环境(室内或室外)
4	与海水直接接触的环境，或处于滨海地区的盐饱和的气体环境
5	有化学侵蚀的气体、液体或固态形式的环境，包括有侵蚀性土壤的环境

表 11.2　地面以下或防潮层以下的砌体、潮湿房间的墙所用材料的最低强度等级

潮湿程度	烧结普通砖	混凝土普通砖、蒸压普通砖	混凝土砌块	石　材	水泥砂浆
稍潮湿的	MU15	MU20	MU7.5	MU30	M5
很潮湿的	MU20	MU20	MU10	MU30	M7.5
含水饱和的	MU20	MU25	MU15	MU40	M10

注：1. 在冻胀地区，地面以下或防潮层以下的砌体，不宜采用多孔砖，如采用时，其孔洞应用不低于 M10 的水泥砂浆预先灌实。当采用混凝土空心砌块时，其孔洞应采用强度等级不低于 Cb20 的混凝土预先灌实；

2. 对安全等级为一级或设计使用年限大于 50 年的房屋，表中材料强度等级应至少提高一级。

(4) 处于环境类别 3～5 等有侵蚀性介质的砌体材料应符合下列规定。

① 不应采用蒸压灰砂普通砖、蒸压粉煤灰普通砖；

② 应采用实心砖，砖的强度等级不应低于 MU20，水泥砂浆的强度等级不应低于 M10；

③ 混凝土砌块的强度等级不应低于 MU15，灌孔混凝土的强度等级不应低于 Cb30，砂浆的强度等级不应低于 Mb10；

④ 应根据环境条件对砌体材料的抗冻指标和耐酸、碱性能提出要求，或符合有关规范的规定。

11.1.2　砌体的种类

1．砖砌体

在房屋建筑中，砖砌体被大量用于建筑物的承重墙、隔墙或砖柱。承重墙的厚度是根据承载力要求和稳定性要求确定的，但外墙还应满足隔热和保温的要求；隔墙的厚度一般由刚度和稳定性控制。

一般砖墙均砌成实心，其厚度为 90mm、120mm、180mm、240mm、370mm、490mm，其中 240mm 厚以上砖墙常用的组砌方法是一顺一丁、三顺一丁，有时也可采用梅花丁砌法，如图 11.3 所示。

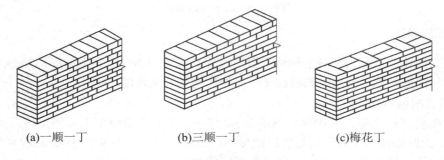

(a)一顺一丁　　　　　　(b)三顺一丁　　　　　　(c)梅花丁

图 11.3　砖墙组砌形式

为了提高砌体的隔热和保温性能，也可做成由砖砌外叶墙、内叶墙和中间连续空腔组成的空心砌体，在空心部位填充隔热保温材料，墙内叶和外叶之间用防锈金属拉结件连接，称为"夹心墙"，如图 11.4 所示。

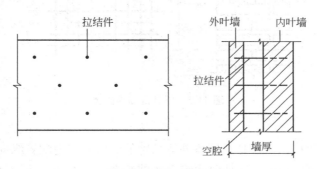

图 11.4　夹心墙结构

2．砌块砌体

目前常用的砌块砌体是混凝土中、小型空心砌块砌体。由于砌块孔洞率大，故墙体自重较轻。砌块砌体常用于住宅、办公楼、学校等建筑物的承重墙和框架等骨架结构房屋的围护墙及隔墙。

3．石砌体

石砌体一般分为料石砌体、毛石砌体和毛石混凝土砌体，如图 11.5 所示。料石砌体除用于山区建造房屋外，有时也用于砌筑拱桥、石坝等。毛石砌体和毛石混凝土砌体一般用于砌筑房屋的基础或挡土墙。与料石和毛石砌体不同，毛石混凝土砌体不是用砂浆砌筑，而是先铺垫 120～150mm 厚混凝土，再铺砌一层毛石，然后在毛石上又铺一层混凝土，经充分振捣，把石块盖没，这样逐层铺砌毛石和浇捣混凝土。石材价格低廉，可就地取材，但自重大，隔热性能差，做外墙时厚度一般较大，在产石的山区应用较为广泛。

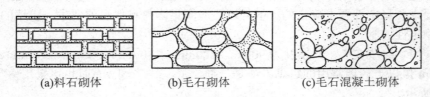

(a)料石砌体　　　　　(b)毛石砌体　　　　　(c)毛石混凝土砌体

图 11.5　石砌体的类型

4．配筋砌体

为提高砌体的承载力和减小构件的截面尺寸，可在砌体内配置适量的钢筋形成配筋砌体。常用的配筋砌体有网状配筋砖砌体、组合砖砌体和配筋砌块砌体。

1) 网状配筋砖砌体

网状配筋砖砌体是在砖砌体中每隔 3～5 皮砖，在水平灰缝中放置钢筋网片而形成的(图 11.6)。此时砌体水平灰缝的厚度应能使钢筋网片上下均有不少于 2mm 的砂浆覆盖。网状配筋砖砌体主要用于轴心受压或偏心距较小的偏心受压砌体中。

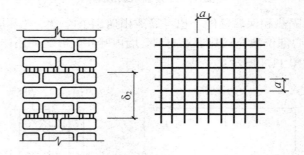

图 11.6　网状配筋砖砌体

2) 组合砖砌体

组合砖砌体有两种：一种是在砌体外侧预留的竖向凹槽内配置纵向钢筋，再浇注混凝土面层或配筋砂浆面层构成，属外包式组合砖砌体(图 11.7(a)～(c))；另一种是砖砌体和钢筋混凝土构造柱组合墙，是在砖砌体中每隔一定距离设置钢筋混凝土构造柱，并在各层楼盖处设置钢筋混凝土圈梁，使砖砌体墙与钢筋混凝土构造柱及圈梁组成一个复合构件共同受力，属内嵌式组合砖砌体(图 11.7(d))。

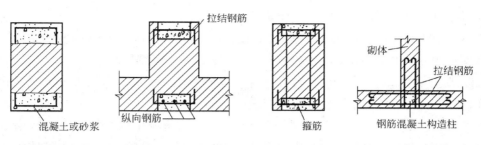

(a)外包式组合砖砌体　(b)外包式组合砖砌体　(c)外包式组合砖砌体　(d)内嵌式组合砖砌体

图 11.7　组合砖砌体

3) 配筋砌块砌体

配筋砌块砌体是在混凝土空心砌块砌体的孔洞内配置纵向钢筋，并用混凝土灌芯，同时在砌块水平灰缝中配置横向钢筋而形成的组合构件。图 11.8 为配筋混凝土砌块砌体柱的截面配筋示意图。配筋混凝土空心砌块墙体除了能显著提高墙体受压的承载力外，还能抵抗由地震作用和风荷载引起的水平力，其作用类似于钢筋混凝土剪力墙。在国外，配筋砌块砌体已用于建造 20 层左右的高层建筑。我国近年来对配筋砌块砌体的研究取得了一定成果，已逐步用于建造高层建筑。

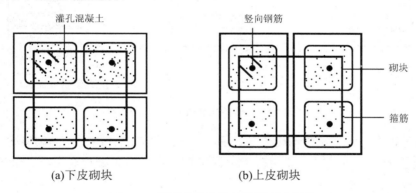

(a)下皮砌块　　　　　　(b)上皮砌块

图 11.8　配筋砌块砌体柱的截面示意图

11.2　砌体的受压性能

11.2.1　砖砌体的受压性能

1. 砖砌体的受压破坏过程

砌体是由两种性质不同的材料(块材和砂浆)复合而成，它的受压破坏特征不同于单一材料组成的构件。砖砌体在建筑物中主要用作受压构件，因此，了解其受压破坏过程就显得十分重要。根据国内外对砖砌体进行的大量试验研究表明，轴心受压砖砌体在短期荷载作用下的破坏过程大致经历了以下三个阶段,如图 11.9 所示。

第一阶段:从加荷至单砖开裂(图 11.9(a))。此时所加荷载约为极限荷载的 50%~70%,砌体中某些单块砖开裂后,若荷载维持不变,则裂缝不会继续扩展。

第二阶段:从单砖裂缝发展为贯穿若干皮砖的连续裂缝,并有新的单砖裂缝出现(图 11.9(b))。此阶段所加荷载约为极限荷载的 80%~90%。

第三阶段:破坏阶段。在裂缝贯穿若干皮砖后,若再继续增加荷载,将使裂缝急剧扩展而上下贯通,把砌体分割成若干半砖小柱体(图 11.9(c))。最后,小柱体失稳破坏或压碎,导致整个砌体破坏。

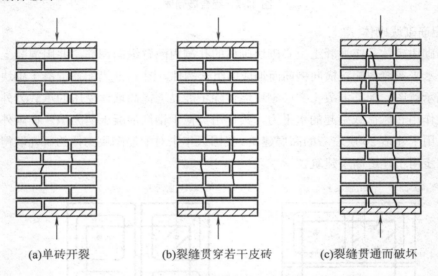

(a)单砖开裂   (b)裂缝贯穿若干皮砖   (c)裂缝贯通而破坏

图 11.9　砖砌体受压的三个阶段

在实际工程中,砌体承受的压力是长期的。在长期荷载作用下,当砌体承受的压力达到极限荷载的 80%~90%时,即使荷载不再增加,砌体的裂缝也会发展,最终可能导致破坏。

2. 单块砖在砌体中的受力分析

试验表明,砌体的抗压强度远小于单块砖的抗压强度,其原因主要有以下几个方面。

(1) 砖面不平整,水平灰缝不均匀,导致砖在砌体中处于受弯、受剪、局部受压的复杂应力状态(图 11.10)。砖虽然有较高的抗压强度,但其抗弯、抗剪强度均很低,由此导致非均匀受压的砖因抗弯、抗剪强度不足而出现裂缝。

(2) 砖和砂浆受压后横向变形的不协调导致砖在砌体中横向受拉。砌体是由弹性模量和横向变形系数不同的砖和砂浆两种材料组成的,受压后砖的横向变形小,砂浆的横向变形大,而砖和砂浆之间存在着黏结力和摩擦力,故砖对砂浆的横向变形起阻碍作用,这样在纵向受压的同时,砌体中的砖横向受拉,砂浆则横向受压。由于砖的抗拉强度很低,所以砖内产生的附加横向拉力使砖过早开裂。若砂浆的强度等级越高,砖与砂浆的横向变形差异将越小,这种变形不协调的现象可得到缓解。

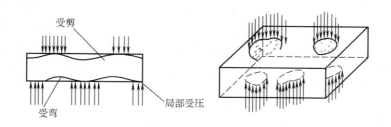

图 11.10　砖在砌体中的复杂受力状态

(3) 竖向灰缝的应力集中。砌体的竖向灰缝很难用砂浆填满，这就影响了砌体的连续性和整体性，在有竖缝砂浆处，砖存在着应力集中现象，导致砌体抗压强度的降低。

11.2.2　影响砌体抗压强度的因素

1．块材和砂浆的强度等级

砌体的抗压强度随着块材和砂浆强度等级的提高而提高，其中块材的强度是影响砌体抗压强度的主要因素。由于砌体的开裂乃至破坏是由块材裂缝引起的，所以，当块材强度等级高，其抵抗复杂受力和应力集中的能力就强，从而使砌体抗压强度提高。较高强度等级砂浆的横向变形小，从而减小砌体中块材的横向拉应力，也使砌体抗压强度得到提高。当砌体抗压强度不足时，增大块材的强度等级比增大砂浆强度等级的效果好。

2．块材的形状和尺寸

块材的形状规则程度明显影响砌体的抗压强度。块材表面不平整，几何形状不规则或块材厚薄不匀导致砂浆厚薄不匀，增加了块材在砌体中受弯、受剪、局部受压的几率而过早开裂，使砌体抗压强度降低；当块材厚度增加，其抗弯、抗剪、横向抗拉能力提高，相应地会使砌体抗压强度提高。

3．砌筑时砂浆的保水性、流动性以及灰缝的厚度

砌筑时砂浆的保水性好，砂浆的水分不易被块材吸收，保证了砂浆硬化的水分条件。因而砂浆的强度高，黏结性好，从而提高砌体抗压强度；而铺砌时砂浆的流动性好，则易于摊铺均匀，减少了由于砂浆不均匀而导致的砖内受弯、受剪应力，也使砌体抗压强度提高。但需注意流动性过高的砂浆硬化后的变形大，砌体强度反而会降低，所以不主张为了提高流动性而增加用水量或塑化剂用量。

灰缝越厚，越容易铺砌均匀，但同时也增加了砂浆受力后的横向变形，使块材横向受拉的应力加大。故水平灰缝的厚度不宜过大，也不宜过小。砖砌体的灰缝一般以 8～12mm 为宜。

4．砌筑质量

砌筑质量对砌体抗压强度有显著影响。砌筑质量好的砌体，其组砌方式合理，砂浆厚度均匀，饱满度高，砌体整体性好，因而砌体抗压强度高。所以，现行《砌体结构设计规范》(GB 50003—2011)(以下简称《砌体规范》)把砌体强度指标与砌筑施工质量直接挂钩。

《砌体结构工程施工质量验收规范》(GB 50203—2011)根据施工现场质量管理、砌筑工人技术等级等综合水平，将砌体工程施工质量控制等级分为 A、B、C 三级。《砌体规范》中的砌体强度指标对应于施工质量控制等级 B 级给出。当砌体质量控制等级为 A 级和 C 级时，应对砌体强度指标进行相应调整。我国《砌体规范》规定，不允许配筋砌体质量控制等级为 C 级。

11.2.3 砌体抗压强度的设计指标

龄期为 28 天的以毛截面计算的各类砌体抗压强度设计值，当施工质量控制等级为 B 级时，应根据块材和砂浆的强度等级分别按表 11.3～表 11.9 采用。施工阶段砂浆尚未硬化的新砌砌体的强度和稳定性，可按砂浆强度为零进行验算。

表 11.3 烧结普通砖和烧结多孔砖砌体的抗压强度设计值/MPa

砖强度等级	砂浆强度等级					砂浆强度
	M15	M10	M7.5	M5	M2.5	0
MU30	3.94	3.27	2.93	2.59	2.26	1.15
MU25	3.60	2.98	2.68	2.37	2.06	1.05
MU20	3.22	2.67	2.39	2.12	1.84	0.94
MU15	2.79	2.31	2.07	1.83	1.60	0.82
MU10	—	1.89	1.69	1.50	1.30	0.67

注：当烧结多孔砖的孔洞率大于 30%时，表中数值乘以 0.9。

表 11.4 混凝土普通砖和混凝土多孔砖砌体的抗压强度设计值/MPa

砌块强度等级	砂浆强度等级					砂浆强度
	Mb20	Mb15	Mb10	Mb7.5	Mb5	0
MU30	4.61	3.94	3.27	2.93	2.59	1.15
MU25	4.21	3.60	3.98	2.68	2.37	1.05
MU20	3.77	3.22	2.67	2.39	2.12	0.94
MU15	—	2.79	2.31	2.07	1.83	0.82

表 11.5 蒸压灰砂普通砖和蒸压粉煤灰普通砖砌体的抗压强度设计值/MPa

砖强度等级	砂浆强度等级				砂浆强度
	Ms15	Ms10	Ms7.5	Ms5	0
MU25	3.60	2.98	2.68	2.37	1.05
MU20	3.22	2.67	2.39	2.12	0.94
MU15	2.79	2.31	2.07	1.83	0.82

表 11.6 单排孔混凝土砌块和轻骨料混凝土砌块对孔砌筑砌体的抗压强度设计值/MPa

砌块强度等级	砂浆强度等级					砂浆强度
	Mb20	Mb15	Mb10	Mb7.5	Mb5	0
MU20	6.30	5.68	4.95	4.44	3.94	2.33

续表

砌块强度	砂浆强度等级				砂浆强度
等级	Mb20	Mb15	Mb10	Mb7.5	Mb5	0
MU10	—	—	2.79	2.50	2.22	1.31
MU7.5	—	—		1.93	1.71	1.01
MU5	—	—			1.19	0.70

注：1. 对独立柱或厚度为双排组砌的砌块砌体，应按表中数值乘以 0.7；

　　2. 对 T 形截面砌体、柱，应按表中数值乘以 0.85。

表 11.7　双排孔或多排孔轻骨料混凝土砌块砌体的抗压强度设计值/MPa

砌块强度等级	砂浆强度等级			砂浆强度
	Mb10	Mb7.5	Mb5	0
MU10	3.08	2.76	2.45	1.44
MU7.5	—	2.13	1.88	1.12
MU5	—	—	1.31	0.78
MU3.5	—	—	0.95	0.56

注：1. 表中砌块为火山渣、浮石和陶料轻骨料混凝土砌块；

　　2. 对厚度方向为双排组砌的轻骨料混凝土砌块砌体的抗压强度设计值，应按表中数值乘以 0.8。

表 11.8　毛料石砌体的抗压强度设计值/MPa

毛料石强度等级	砂浆强度等级			砂浆强度
	M7.5	M5	M2.5	0
MU100	5.42	4.80	4.18	2.13
MU80	4.85	4.29	3.73	1.91
MU60	4.20	3.71	3.23	1.65
MU50	3.83	3.39	2.95	1.51
MU40	3.43	3.04	2.64	1.35
MU30	2.97	2.63	2.29	1.17
MU20	2.42	2.15	1.87	0.95

注：对细料石砌体、粗料石砌体和干砌勾缝石砌体，表中数值分别乘以调整系数 1.4、1.2 和 0.8。

表 11.9　毛石砌体的抗压强度设计值/MPa

毛石强度等级	砂浆强度等级			砂浆强度
	M7.5	M5	M2.5	0
MU100	1.27	1.12	0.98	0.34
MU80	1.13	1.00	0.87	0.30
MU60	0.98	0.87	0.76	0.26
MU50	0.90	0.80	0.69	0.23
MU40	0.80	0.71	0.62	0.21
MU30	0.69	0.61	0.53	0.18
MU20	0.56	0.51	0.44	0.15

表 11.3～表 11.9 给出的砌体强度设计值是进行砌体结构计算的依据。当实际情况较特殊时，尚应对表中的砌体强度设计值予以调整。《砌体规范》规定，对于表 11.10 所列的各种使用情况，砌体强度设计值还应乘以相应的调整系数γ_a。当砌体同时具备表中几种情况时，则取表中几种情况的γ_a连乘后，再对砌体强度设计值进行调整。

表 11.10　砌体强度设计值的调整系数γ_a

使用情况		γ_a
构件截面面积 $A < 0.3m^2$ 的无筋砌体		$0.7+A$
构件截面面积 $A < 0.2m^2$ 的配筋砌体		$0.8+A$
采用水泥砂浆砌筑的砌体(若为配筋砌体，仅对其强度设计值调整)	对表 11.3～表 11.9 中的数值	0.9
	对表 11.11 中的数值	0.8
验算施工中房屋的构件时		1.1

11.3　砌体的受拉、受弯和受剪性能

砌体的抗压强度比抗拉、抗弯、抗剪强度高得多，因此砌体大多用于受压构件。但实际工程中砌体有时还承受轴心拉力、弯矩和剪力的作用。当砌体承受轴心拉力和弯矩的作用时，均有可能产生沿齿缝截面的破坏和沿通缝截面的破坏(图 11.11)。

(a)轴心受拉沿齿缝截面破坏　　(b)弯曲受拉沿齿缝截面破坏　　(c)弯曲受拉沿通缝截面破坏

图 11.11　砌体沿齿缝和通缝破坏

当砌体中块材强度较高、砂浆强度较低时，轴心拉力或弯矩引起的弯曲拉应力使砂浆的黏结力破坏，所以产生了沿齿缝截面的破坏(图 11.11(a)、(b))。

轴心受拉构件中，当拉力垂直于水平灰缝时，破坏发生在水平灰缝与块材的界面上，造成了砌体沿通缝的破坏。由于砂浆与块材的黏结强度很低，故在工程中不允许采用此类受拉构件；砌体受弯出现沿通缝截面破坏的情况多见于悬臂式挡土墙或扶壁式挡土墙的扶壁等悬臂构件(图 11.11(c))。

砌体受剪时可能产生沿砌体通缝的破坏或沿阶梯形截面破坏(图 11.12)。但根据试验结果，两种破坏情况可取一致的强度值。

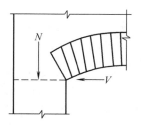

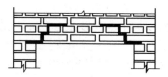

(a)拱支座的水平截面受剪　　　　(b)砌体沿阶梯形截面受剪

图 11.12　砌体受剪破坏

各类砌体的轴心抗拉、弯曲抗拉和抗剪强度设计值可按表 11.11 取用。

表 11.11　沿砌体灰缝截面破坏时砌体的轴心抗拉强度设计值、
弯曲抗拉强度设计值和抗剪强度设计值/MPa

强度类别	破坏特征及砌体种类		砂浆强度等级			
			≥M10	M7.5	M5	M2.5
轴心抗拉	 沿齿缝	烧结普通砖、烧结多孔砖	0.19	0.16	0.13	0.09
		混凝土普通砖、混凝土多孔砖	0.19	0.16	0.13	—
		蒸压灰砂砖、蒸压粉煤灰砖	0.12	0.10	0.08	—
		混凝土和轻骨料混凝土砌块	0.09	0.08	0.07	—
		毛石	—	0.07	0.06	0.04
弯曲抗拉	沿齿缝	烧结普通砖、烧结多孔砖	0.33	0.29	0.23	0.17
		混凝土普通砖、混凝土多孔砖	0.33	0.29	0.23	—
		蒸压灰砂砖、蒸压粉煤灰砖	0.24	0.20	0.16	—
		混凝土和轻骨料混凝土砌块	0.11	0.09	0.08	—
		毛石	—	0.11	0.09	0.07
	沿通缝	烧结普通砖、烧结多孔砖	0.17	0.14	0.11	0.08
		混凝土普通砖、混凝土多孔砖	0.17	0.14	0.11	—
		蒸压灰砂砖、蒸压粉煤灰砖	0.12	0.10	0.08	—
		混凝土和轻骨料混凝土砌块	0.08	0.06	0.05	—
抗剪	烧结普通砖、烧结多孔砖		0.17	0.14	0.11	0.08
	混凝土普通砖、混凝土多孔砖		0.17	0.14	0.11	—
	蒸压灰砂砖、蒸压粉煤灰砖		0.12	0.10	0.08	—
	混凝土和轻骨料混凝土砌块		0.09	0.08	0.06	—
	毛石		—	0.19	0.16	0.11

注：1. 对于用形状规则的块体砌筑的砌体，当搭接长度与块体高度的比值小于 1 时，其轴心抗拉强度设计值 f_t 和弯曲抗拉强度设计值 f_{tm} 应按表中数值乘以搭接长度与块体高度比值后采用；

2. 表中数值是依据普通砂浆砌筑的砌体确定，采用经研究性试验且通过技术鉴定的专用砂浆砌筑的对蒸压灰砂普通砖、蒸压粉煤灰普通砖砌体，其抗剪强度设计值按相应普通砂浆强度等级砌筑的烧结普通砖砌体采用；

3. 对于混凝土普通砖、混凝土多孔砖、混凝土和轻骨料混凝土砌块砌体，表中的砂浆强度等级分别为：≥Mb10、Mb7.5 及 Mb5。

本 章 小 结

(1) 砌体结构是由块材通过砂浆黏结而成的复合体。块材是砌体的主要部分,目前我国常用的块材可以分为砖、砌块和石材三大类。砂浆应具有足够的强度和耐久性,并具有一定的保水性和流动性。砂浆按其组成成分可分为纯水泥砂浆、混合砂浆和非水泥砂浆三类。与同等条件的水泥砂浆相比,混合砂浆砌筑的砌体强度可提高 10%~15%。

(2) 组成砌体的块材和砂浆的种类不同,砌体的性能有所差异。选用时,应按照建筑物使用要求、重要性、使用年限、房屋层数与层高、砌体构件的受力特点、使用环境以及施工条件等各方面综合考虑,合理地选用砌体材料。

(3) 砌体的抗压强度远小于组成它的砖和砂浆的抗压强度。这是由于受力后砖在砌体中处于受弯、受剪和横向受拉的复杂应力状态,降低了砌体的抗压强度。影响砌体抗压强度的主要因素是:块材和砂浆的强度、块材的形状和尺寸、砂浆的流动性和保水性以及砌筑质量。

(4) 砌体的轴心抗拉、弯曲抗拉和抗剪强度远小于其抗压强度。所以,砌体主要用于受压墙柱,有时也用于受拉、受弯和受剪构件。砌体的强度设计值是进行砌体结构计算的依据。当实际情况较特殊时,尚应对规范给定的砌体强度设计值予以调整。

思考与训练

11.1 块材和砂浆在砌体中有何作用?常用的块材和砂浆是如何分类的?

11.2 配筋砌体有哪些种类?各有何特点?

11.3 砌体的抗压强度为什么远低于块材和砂浆的抗压强度?

11.4 影响砌体抗压强度的主要因素有哪些?

11.5 用水泥砂浆砌筑的砌体强度为什么低于同等条件下用混合砂浆砌筑的砌体强度?

11.6 砌体轴心受拉、弯曲受拉和受剪有哪些破坏形态?

11.7 请分析下面三个应用实例,正确选择相应的砌体抗压强度设计值 f。

(1) 采用 MU10 烧结普通砖、M7.5 混合砂浆砌筑成的砖柱,截面尺寸 $b \times h$ 为 360mm×240mm,其抗压强度设计值为(　　)。

　　① $f=1.196$N/mm^2　　　　② $f=1.33$N/mm^2

　　③ $f=1.69$N/mm^2　　　　④ $f=1.183$N/mm^2

(2) 采用 MU10 烧结普通砖、M7.5 水泥砂浆砌筑成的砖柱,截面尺寸 $b \times h$ 为 360mm×240mm,其抗压强度设计值为(　　)。

　　① $f=1.196$N/mm^2　　　　② $f=1.33$N/mm^2

　　③ $f=1.69$N/mm^2　　　　④ $f=1.183$N/mm^2

(3) 采用 MU20 烧结多孔砖、M10 混合砂浆砌筑成的砖墙,墙厚为 240mm,当其施工质量控制等级为 C 级时,其抗压强度设计值应采用(　　)。

　　① $f=2.64$N/mm^2　　　　② $f=2.67$N/mm^2

　　③ $f=2.38$N/mm^2　　　　④ $f=2.77$N/mm^2

第 12 章　砌体结构的墙体体系与计算方案

【学习目标】

　　了解砌体结构房屋的结构布置原则及承重体系的布置方案；理解砌体房屋空间整体工作的概念，掌握划分房屋静力计算方案的依据及其计算简图；掌握多层刚性方案房屋承重墙体的计算方案。

　　砌体结构房屋一般由基础、墙、柱和楼(屋)盖组成。通常以砌体材料作为竖向承重构件(墙、柱)，而用钢筋混凝土、木材或钢材作为水平承重构件(楼、屋盖)的砌体房屋，又称为"混合结构房屋"。它具有施工简便、节省钢材、造价较低等特点，因此广泛应用于一般工业与民用建筑中。

　　混合结构房屋设计的一个重要任务，就是解决墙体的设计和计算问题，主要包括承重墙体的布置、房屋静力计算方案的确定、墙体高厚比验算、墙柱内力计算及其截面承载力验算等方面。本章主要讲述混合结构房屋承重体系的布置方案和房屋静力计算方案，以及单层及多层刚性方案房屋承重墙体的计算方案。

12.1　砌体结构的承重体系

　　混合结构房屋的设计，应按照安全可靠、技术先进、经济合理的原则，选择较合理的结构布置方案。墙体是混合结构的主要构件，同时墙体对建筑物又起围护和隔断作用。主要起围护和分隔作用且只承受自重的墙体称为"自承重墙"或"非承重墙"；在承受自重的同时，还承受楼(屋)盖传来荷载的墙体，称为"承重墙"。通常把沿房屋短向布置的墙称为横墙，沿房屋长向布置的墙称为纵墙。

　　混合结构房屋中承重墙体的布置，决定着房屋平面的划分、荷载传递的路线、墙体的稳定性和房屋空间刚度以及结构方案的经济合理性。因此，确定承重墙体的结构布置方案是十分重要的设计环节。一般混合结构房屋的承重体系布置方案有以下五种：纵墙承重体系、横墙承重体系、纵横墙承重体系、内框架承重体系和底层框架承重体系。

1. 纵墙承重体系

　　纵墙承重体系是指由纵墙直接承受楼(屋)面荷载的结构布置方案。这种结构方案中，楼(屋)盖布置一般有两种方式。一种是楼(屋)面板直接搁置在纵向承重墙上(图 12.1(a))；另一种方式是将楼(屋)面板搁置在大梁(或屋架)上，板的荷载通过大梁(或屋架)传给纵墙(图12.1(b))。纵墙承重体系房屋，其荷载的主要传递路线为：

　　楼(屋)面荷载→楼(屋)面板→楼(屋)面梁(或屋架)→纵墙→基础→地基

　　纵墙承重体系的特点如下。

　　(1) 纵墙是主要承重墙，横墙的设置主要是满足房间的使用要求，保证纵墙的侧向稳定和房屋的整体刚度，因而房屋的划分比较灵活，可布置大开间用房。

(2) 由于纵墙承受的荷载较大，在纵墙上设置门窗洞口的大小和位置都受到一定的限制。

(3) 纵墙间距一般较大，横墙数量相对较少，因而房屋空间刚度较小，整体性较差。

(4) 与横墙承重体系相比，楼盖结构的材料用量较多，墙体的材料用量较少。

纵墙承重体系适用于教学楼、图书馆等较大空间的房屋，以及食堂、俱乐部、中小型工业厂房等单层和多层空旷房屋。

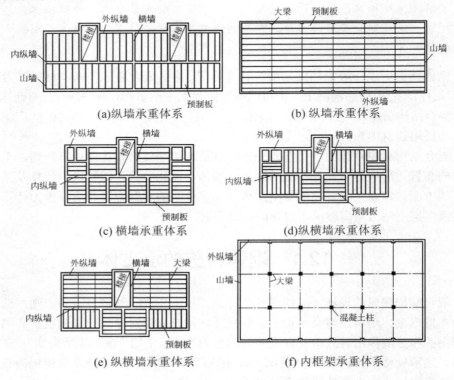

图 12.1 混合结构房屋墙体承重体系

2．横墙承重体系

横墙承重体系是将楼(屋)盖板搁置在横墙上形成的结构布置方案 (图 12.1(c))。该方案适用于房屋开间较小、进深较大的情况，如住宅、宿舍、医院病房、旅馆等建筑物。

横墙承重体系房屋的荷载传递路线为：

楼(屋)盖荷载→楼(屋)面板→横墙→基础→地基

横墙承重体系的特点如下。

(1) 横墙是主要的承重构件，纵墙的作用主要是围护、隔断以及与横墙连接在一起，保证横墙的侧向稳定。由于纵墙不承重，因而对纵墙上设置门窗洞口的限制较少，外纵墙的立面处理比较灵活。

(2) 横墙数量多、间距较小，一般为 2.7～4.5m，纵、横墙及楼(屋)盖一起形成横向刚度较大的空间受力体系，整体性好，具有良好的抗风、抗震性能及调整地基不均匀沉降的性能。

3. 纵横墙承重体系

纵横墙承重体系是根据房屋开间和进深要求的不同，使纵、横墙都承重的布置方案(图 12.1(d)、(e))。纵横墙承重体系房屋的荷载传递路线为：

纵横墙承重体系的特点介于前述两种方案之间，其平面布置较灵活，房屋空间刚度较好。教学楼、实验楼、办公楼等开间、进深均较大的房屋，常采用该布置方案。

4. 内框架承重体系

内框架砌体结构是房屋内部由钢筋混凝土柱和楼(屋)盖梁组成内框架，外部由砌体墙、柱承重的混合承重体系(图 12.1(f))。内框架承重体系房屋的荷载传路线径为：

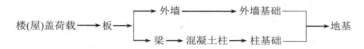

这种布置方案房屋内部使用空间大，平面布置灵活，但房屋空间刚度较差；此外，竖向承重构件由两种不同的材料制成，外墙和内柱刚度差异较大，不利于结构抗震。内框架承重体系一般适用于层数不多的工业厂房、仓库和商店等需要有较大空间的房屋。

5. 底层框架承重体系

由于房屋底部需要设置大空间，采用在底层由框架结构承重，而上部各层仍由砌体承重的混合承重体系，就构成底层框架承重体系。这种体系的特点是"上刚下柔"。由于承重材料的不同，房屋结构的竖向刚度在底层与二层之间发生突变，在底层结构中易产生应力集中现象，对抗震显然不利。因此，底层结构的两个方向上都必须设置抗震墙。在非抗震设防区或抗震烈度较低的地区，墙体可以采用砌体或配筋砌体，在高烈度区则必须采用钢筋混凝土剪力墙。

城市规划往往要求在临街住宅、办公楼等建筑的底层设置大空间用作商店，一些旅馆也因使用要求，往往在底层设立餐厅、会议室等大空间，此时，就可以采用底层框架承重体系。

12.2　房屋的静力计算方案

12.2.1　房屋的空间工作性能

混合结构房屋是由纵墙、横墙、屋盖或楼盖、基础等构件相互联系组成的空间受力体系。在外荷载作用下，不仅直接承受荷载的构件起着抵抗荷载的作用，而且与其相连的其他构件也不同程度地参与工作，这些构件参与工作的程度体现了房屋的空间刚度。

砌体结构房屋中的结构构件一方面承受着作用在房屋上的各种竖向荷载，包括墙体自重、楼(屋)盖传来的荷载等；在竖向荷载作用下，墙体主要受压。另一方面还承受墙面和屋面传来的水平风荷载或水平地震作用；在水平荷载作用下，墙体受弯，房屋产生水平位移。而水平位移的大小与房屋横墙的多少以及楼(屋)盖的刚度有关。在荷载作用下，空间受力体系与平面受力体系的变形及荷载传递的途径是不同的。

图 12.2(a)是一单层砖混结构厂房，外纵墙承重，两端没有山墙，屋盖支承于两侧纵墙上。在水平荷载作用下，屋盖仅起到联系两侧纵墙的作用，水平荷载均由两侧纵墙承担。房屋各个计算单元将会产生相同的水平位移，可简化为一平面排架，如图 12.2(b)所示。其水平荷载的传递路线为：

水平荷载→纵墙→纵墙基础→地基。

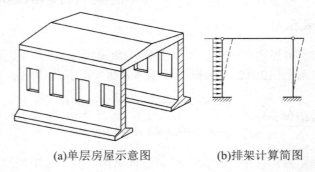

(a)单层房屋示意图   (b)排架计算简图

图 12.2　两端无山墙的单层房屋计算简图

上述受力体系称为平面受力体系。在平面受力体系中，由于无山墙，房屋的空间刚度较小，水平荷载只能沿纵墙传递，房屋的水平位移仅与纵墙的抗弯刚度有关，因而房屋的水平位移较大。

然而一般混合结构房屋是由纵墙、横墙和楼(屋)盖组成的空间受力体系。当纵墙受水平荷载作用时，整个结构体系处于空间工作状态，纵墙、横墙、楼(屋)盖协同工作，共同抵抗由水平荷载引起的水平位移，这一协同工作性能称为房屋的空间工作性能。对于单层房屋空间受力体系，水平荷载的传递路线为：

由于在空间受力体系中横墙(山墙)的协同工作，因此对抵抗水平位移起了重要的作用。显然，房屋的横墙间距越密、楼(屋)盖刚度越大，其空间工作性能越好，房屋的水平位移也越小。因此，在确定房屋的静力计算简图时，应考虑房屋空间工作性能的影响。

12.2.2　房屋的静力计算方案

试验研究表明，房屋空间工作性能的主要影响因素为楼(屋)盖的水平刚度和横墙间距。工程实践中，根据房屋空间刚度的大小，把混合结构房屋的静力计算方案划分为以下三种。

1. 刚性方案

当房屋的横墙间距较小，楼(屋)盖的水平刚度较大时，房屋的空间刚度大，空间工作性能好，在荷载作用下，房屋的水平位移很小，可忽略不计。

如图 12.3(a)所示，单层房屋墙体计算时，把楼(屋)盖当作墙体的不动铰支承，墙、柱按上端有不动铰支承，下端嵌固于基础顶面的竖向构件计算。按这种方法进行静力计算的方案称为刚性方案。单层刚性方案房屋墙、柱的计算简图如图 12.3(b)所示。

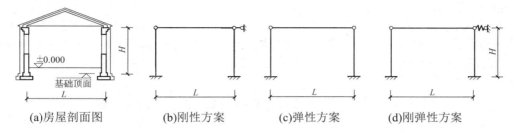

(a)房屋剖面图　　　(b)刚性方案　　　(c)弹性方案　　　(d)刚弹性方案

图 12.3　单层房屋的静力计算方案

2．弹性方案

当房屋的横墙间距较大，楼(屋)盖的水平刚度较小时，房屋的空间刚度小，空间工作性能差。在荷载作用下，房屋的水平位移接近无山墙房屋(即平面受力体系)的水平位移。计算时不考虑房屋空间工作性能，把楼(屋)盖作为连系两侧纵墙的连杆，按平面排架进行墙体的内力计算，这种静力计算方案称为弹性方案。单层弹性方案房屋的墙、柱计算简图如图 12.3(c)所示。

3．刚弹性方案

房屋的空间刚度介于刚性方案和弹性方案房屋之间，荷载作用下房屋的水平位移比弹性方案房屋的小，但又不能忽略不计。计算时把楼(屋)盖当作墙、柱的弹性支承，按墙、柱顶端有弹性支承的平面排架计算内力。单层刚弹性方案房屋的墙柱计算简图如图 12.3(d)所示。

为便于进行设计，《砌体规范》规定，可根据屋盖或楼盖的类别和横墙间距，按表 12.1确定房屋的静力计算方案。

表 12.1　房屋的静力计算方案

	屋盖或楼盖类别	刚性方案	刚弹性方案	弹性方案
1	整体式、装配整体式和装配式无檩体系钢筋混凝土屋盖或钢筋混凝土楼盖	$s<32$	$32{\leqslant}s{\leqslant}72$	$s>72$
2	装配式有檩体系钢筋混凝土屋盖、轻钢屋盖和有密铺望板的木屋盖或木楼盖	$s<20$	$20{\leqslant}s{\leqslant}48$	$s>48$
3	瓦材屋面的木屋盖和轻钢屋盖	$s<16$	$16{\leqslant}s{\leqslant}36$	$s>36$

注：1. 表中 s 为房屋横墙间距，其长度单位为 m；

　　2. 当屋盖、楼盖类别不同或横墙间距不同时，可按《砌体规范》第 4.2.7 条的规定确定房屋的静力计算方案；

　　3. 对无山墙或伸缩缝处无横墙的房屋，应按弹性方案考虑。

从表 12.1 中可以看出，一般混合结构的住宅、宿舍、办公楼、医院、旅馆等多层砌体房屋均属于刚性方案房屋。由于弹性方案房屋的空间刚度小，水平荷载作用下房屋的水平位移大，一般不宜用于多层房屋。

在刚性、刚弹性方案房屋中,参与空间工作的重要构件之一就是横墙。横墙参与空间工作的程度,除与其间距有关外,横墙自身的刚度也是一个主要因素。《砌体规范》规定,刚性、刚弹性方案房屋的横墙,应满足下列要求:

(1) 横墙中开有洞口时,洞口的水平截面面积不应超过横墙截面面积的50%。

(2) 横墙的厚度不宜小于180mm。

(3) 单层房屋的横墙长度不宜小于其高度,多层房屋的横墙长度不宜小于横墙总高度的1/2。

当横墙不能同时满足上述要求时,应对横墙的刚度进行验算。若其最大水平位移不超过横墙总高度的1/4000时,仍可视作刚性或刚弹性方案房屋的横墙。

12.3 刚性方案房屋墙体的静力计算

12.3.1 单层刚性方案房屋

1. 计算单元和计算简图

单层刚性方案房屋多见于山墙间距不大的食堂、仓库以及临街单层房屋等。计算单层房屋承重纵墙时,一般选择有代表性的一个区段或荷载较大及截面较弱的部位作为计算单元。对有门窗洞口的外纵墙,取一个开间为计算单元(图 12.4)。对无门窗洞口且承受均布荷载的纵墙,取 1m 长的墙体为计算单元。

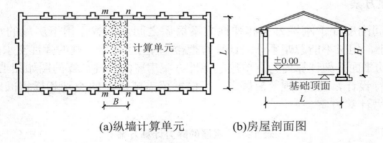

(a)纵墙计算单元　　　　(b)房屋剖面图

图 12.4　单层刚性方案房屋纵墙的计算单元

刚性方案的单层房屋,由于结构空间作用,纵墙顶端的水平位移很小,内力分析时可认为水平位移为零。计算时采用下列基本假定。

(1) 纵墙、柱下端与基础固结,上端与屋盖大梁(屋架)铰接。

(2) 屋盖刚度无限大,可视为墙、柱的水平方向不动铰支座。

内力计算时,把计算单元内的结构简化为一个无侧移的平面排架,其计算简图如图12.5所示。

2. 承重纵墙(柱)的内力计算

1) 竖向荷载作用下的内力计算

单层房屋墙体所承受的竖向荷载主要为屋盖传来的荷载。屋面荷载包括屋盖构件自重、屋面活荷载或雪荷载,它们以集中力 N_l 的形式通过屋架和屋面梁作用于墙(柱)顶。对于屋架,N_l 的作用点一般距墙体定位轴线150mm(图 12.6(a));对于屋面梁,N_l 距墙体内边缘的距离为 $0.4 a_0$ (图 12.6(b)),其中 a_0 为梁端有效支承长度。因此,作用于墙顶的屋面荷载通常由轴向力(N_l)和弯矩($M_l = N_l e_l$)组成。

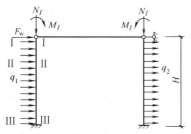

图 12.5　单层刚性方案房屋的计算简图

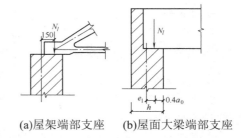

(a)屋架端部支座　　　(b)屋面大梁端部支座

图 12.6　墙顶压力的作用位置

根据结构力学分析，计算简图中的每侧纵墙可作为上端不动铰支承、下端固定的竖向构件计算。在屋盖荷载作用下，每侧墙、柱内力可按一次超静定结构进行计算(图 12.7(a))，其计算结果为：

$$
\left.
\begin{array}{l}
R_{AH} = -R_{BH} - \dfrac{3M_l}{2H}, \quad R_{BV} = -N_l \\[2mm]
M_A = M_l = N_l e_l, \quad M_B = -\dfrac{M_l}{2} \\[2mm]
M_y = \dfrac{M_l}{2}\left(2 - \dfrac{3y}{H}\right)
\end{array}
\right\}
\tag{12-1}
$$

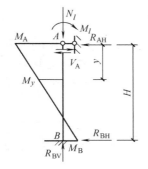

(a)竖向荷载作用下的内力　　　　(b)风荷载作用下的内力

图 12.7　单层刚性方案房屋墙、柱的内力分析

2) 风荷载作用下的内力计算

风荷载作用于屋面和墙面。作用于屋面的风荷载可简化为作用于墙(柱)顶的集中力 F_w，作用于迎(背)风墙面的风荷载简化为沿高度均匀分布的线荷载 q_1 (q_2) (图 12.5)。对于屋面风荷载作用下产生的墙顶集中力 F_w，将由屋盖传给山墙再传给基础，因此计算时不予考虑。对于墙面均布风荷载作用下的每侧纵墙，可按结构力学的方法进行内力分析(图 12.7(b))，其计算结果为：

$$
\left.
\begin{array}{l}
R_{AH} = \dfrac{3}{8}qH, \quad R_{BH} = \dfrac{5}{8}qH \\[2mm]
M_B = \dfrac{1}{8}qH^2 \\[2mm]
M_y = -\dfrac{1}{8}qHy\left(3 - \dfrac{4y}{H}\right)
\end{array}
\right\}
\tag{12-2}
$$

且当 $y=\dfrac{3}{8}H$ 时，有 $M_{max}=-\dfrac{9}{128}qH^2$ 。计算时，迎风面 $q=q_1$，背风面 $q=q_2$。

3. 控制截面与承载力验算

对于单层刚性方案房屋，在进行承载力验算时的控制截面取墙、柱的顶端截面Ⅰ—Ⅰ，墙、柱的底截面(基础顶面)Ⅲ—Ⅲ，以及在水平均布荷载作用下的最大弯矩截面Ⅱ—Ⅱ，如图 12.5 所示。

墙顶截面Ⅰ—Ⅰ既要验算偏心受压承载力，又要验算梁端支承处砌体的局部受压承载力。墙底截面Ⅲ—Ⅲ，承受最大的轴向力和相应的弯矩，需按偏心受压进行承载力验算。截面Ⅱ—Ⅱ也需根据相应的 M 和 N 按偏心受压进行承载力验算。

设计时，应先求出各种荷载单独作用下的内力，然后将可能同时作用的荷载产生的内力进行组合，求出上述控制截面中的最大内力，作为选择墙截面尺寸和进行承载力验算的依据。

12.3.2　多层刚性方案房屋

1. 承重纵墙的计算

1) 计算单元和计算简图

多层房屋计算单元的选取与单层房屋相同。图 12.8 为某多层刚性方案房屋承重纵墙的计算单元，其受荷范围宽度取 $s=(l_1+l_2)/2$ ，其中 l_1、l_2 为两相邻开间的距离。当墙上无门窗洞口且承受板传来的均布荷载时，可取 1m 长纵墙作为计算单元。

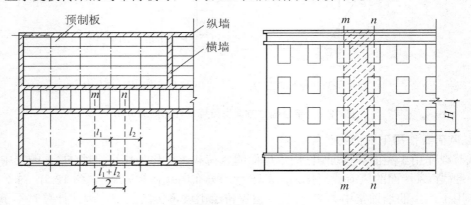

图 12.8　多层刚性方案房屋承重纵墙的计算单元

纵墙承受计算单元范围内楼(屋)盖传来的荷载及墙体自重。如图 12.9 所示，在竖向荷载作用下，纵墙的计算简图可视为每层墙高范围内两端铰支的竖向构件(图 12.9)。这是因为在每层楼盖处，楼盖梁(板)伸入墙体内，削弱了纵墙的连续性，而且在墙体被削弱的截面上所传递的弯矩是较小的，故在各层楼(屋)盖处按不连续的铰支承考虑；对于底层墙体，由于轴向压力很大，而按墙与基础刚接所引起的弯矩相对较小，为简化计算，也近似按底层墙与基础为铰支考虑。

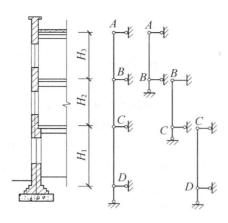

图 12.9　竖向荷载作用下多层刚性方案房屋承重纵墙的计算简图

2) 竖向荷载作用下的内力计算

在计算单元内,每层墙体承受的竖向荷载有:上层墙传来的竖向压力 N_u,本层墙顶楼盖梁(板)传来的支承压力 N_l,本层墙体自重 N_G,如图 12.10 所示。

当上、下层墙厚相同时,由上面楼层传来的荷载 N_u 及本层墙体自重 N_G 均作用于墙体的截面重心处,而本层墙顶支承压力 N_l 的作用点距墙内侧 $0.4a_0$,因此,N_l 对计算层墙体有偏心距 e_l(图 12.10(a))。

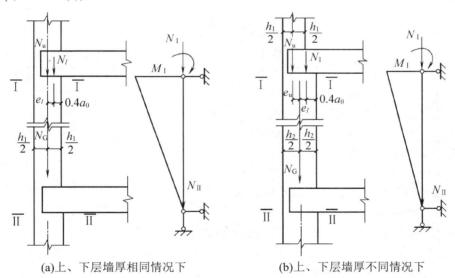

(a)上、下层墙厚相同情况下　　　　　(b)上、下层墙厚不同情况下

图 12.10　纵墙在竖向荷载作用下的内力分析

图 12.10 中 a_0 为梁端有效支承长度。《砌体规范》给出 a_0 的简化计算公式为:

$$a_0=10\sqrt{\frac{h_c}{f}} \tag{12-3}$$

式中　a_0——梁端有效支承长度(mm),当 $a_0>a$ 时,应取 $a_0=a$(a 为梁端实际支承长度);

　　　h_c——梁的截面高度(mm);

　　　f——砌体的抗压强度设计值(MPa)。

此时，墙顶 Ⅰ—Ⅰ 截面的内力为：

$$N_{\mathrm{I}} = N_{\mathrm{u}} + N_l \qquad (12\text{-}4)$$

$$M_{\mathrm{I}} = N_l e_l \qquad (12\text{-}5)$$

墙底 Ⅱ—Ⅱ 截面的内力为：

$$N_{\mathrm{II}} = N_{\mathrm{I}} + N_{\mathrm{G}} = N_{\mathrm{u}} + N_l + N_{\mathrm{G}} \qquad (12\text{-}6)$$

$$M_{\mathrm{II}} = 0 \quad (\text{铰支点弯矩为零}) \qquad (12\text{-}7)$$

当上、下层墙厚不同时，上层墙体传来的轴向力 N_{u} 对下面计算层墙体有偏心距 e_{u}，本层墙顶支承压力 N_l 对计算层墙体有偏心距 e_l(图 12.10(b))，此时 Ⅰ—Ⅰ 截面的内力为：

$$N_{\mathrm{I}} = N_{\mathrm{u}} + N_l \qquad (12\text{-}8)$$

$$M_{\mathrm{I}} = N_l e_l - N_{\mathrm{u}} e_{\mathrm{u}} \qquad (12\text{-}9)$$

式中　e_l——N_l 对计算层墙体截面形心轴的偏心距，无壁柱墙取 $e_l = \dfrac{h}{2} - 0.4\,a_0$($h$ 为墙厚)；

$\quad\ e_{\mathrm{u}}$——N_{u} 对计算层墙体截面形心轴的偏心距，取上、下层墙体形心轴之间的距离。

Ⅱ—Ⅱ 截面的内力分别按式(12-6)、式(12-7)计算。

3) 水平风荷载作用下的内力计算

当纵墙为外墙时，在规定的条件下尚应考虑风荷载的作用。如图 12.11 所示，在水平风荷载作用下，纵墙的计算简图为支承于各层楼(屋)盖及基础顶面的竖向连续梁。为简化计算，纵墙的支座弯矩及跨中弯矩，可近似按下式计算：

$$M = \pm \frac{qH_i^2}{12} \qquad (12\text{-}10)$$

式中　q——计算单元内沿墙高的均布风荷载设
　　　　　计值；

$\quad\ H_i$——第 i 层墙体的高度。

设计时，应把按风荷载计算的内力与竖向荷载求得的内力进行组合。计算表明，多层刚性方案房屋的风荷载所引起的内力往往不足全部内力的 5%，所以对墙体承载力的影响不大。故《砌体规范》规定，当多层刚性方案房屋的外墙符合下列要求时，静力计算可不考虑风荷载的影响。

(1) 洞口水平截面面积不超过全截面面积的 2/3；

(2) 层高和总高不超过表 12.2 的规定；

(3) 屋面自重不小于 $0.8\ \mathrm{kN/m^2}$。

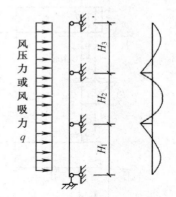

图 12.11　风荷载作用下纵墙的弯矩图

表 12.2　外墙不考虑风荷载影响时的最大高度

基本风压值 /(kN/m²)	层 高 /m	总 高 /m	基本风压值 /(kN/m²)	层 高 /m	总 高 /m
0.4	4.0	28	0.6	4.0	18
0.5	4.0	24	0.7	3.5	18

注：对于多层混凝土砌块房屋，当外墙厚度不小于 190mm、层高不大于 2.8m，总高不大于 19.6m、基本风压不大于 $0.7\mathrm{kN/m^2}$ 时，可不考虑风荷载的影响。

4) 控制截面与承载力验算

当不需考虑风荷载影响时，若墙厚、材料强度等级均不变，承重纵墙的控制截面位于底层墙的墙顶Ⅰ—Ⅰ截面和墙底(基础顶面)Ⅱ—Ⅱ截面；若墙厚或材料强度等级有变化时，除底层墙的墙顶和基础顶面是控制截面外，墙厚或材料强度等级开始变化层的墙顶和墙底也是控制截面。

Ⅰ—Ⅰ截面位于墙顶部大梁底面，承受大梁传来的支座反力，此截面弯矩最大，应按偏心受压构件验算承载力，并验算梁端下砌体的局部受压承载力。截面Ⅱ—Ⅱ位于墙底面，此截面 $M=0$，但轴向力 N 相对最大，应按轴心受压构件验算承载力。

2. 承重横墙的计算

刚性方案房屋中，横墙一般承受楼(屋)盖荷载传来的均布荷载，而且很少开设洞口。计算时，通常取 1m 长墙体作为计算单元，承受其两侧板传来的荷载和墙体自重，每层横墙视为两端铰支的竖向构件，构件高度为层高，其计算简图如图 12.12 所示。顶层若为坡屋顶，则顶层层高算至山墙尖高的 1/2，而底层应算至基础顶面或室外地面以下 500mm 处。

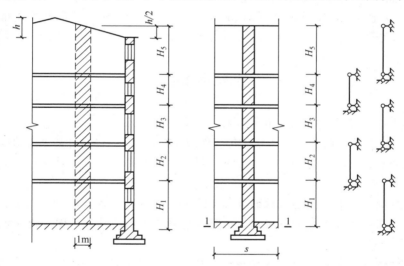

图 12.12　多层刚性方案房屋承重横墙的计算简图

对于一般的住宅、宿舍、教学楼、办公楼等活荷载较小的民用建筑，当横墙两侧的开间相差不是很大时，均可不考虑楼(屋)盖荷载产生的偏心影响，按横墙为轴心受压构件计算。此时，横墙的控制截面是基础顶面以及墙厚或材料强度等级改变层的墙底截面。

本 章 小 结

(1) 混合结构房屋中承重墙体的布置，决定着房屋平面的划分、荷载传递的路线、墙体的稳定性和房屋空间刚度以及结构方案的经济合理性。因此，确定承重墙体的结构布置方案是十分重要的设计环节。一般混合结构房屋的承重体系布置方案有以下五种：纵墙承重体系、横墙承重体系、纵横墙承重体系、内框架承重体系和底层框架承重体系。

(2) 砌体结构房屋是由纵墙、横墙、屋(楼)盖、基础等构件相互联系组成的空间受力体系。根据房屋空间刚度的大小，把混合结构房屋的静力计算方案划分为刚性方案、弹性方案和刚弹性方案三种。《砌体规范》依据屋盖和楼盖的类别、横墙的间距及横墙本身的刚度来确定房屋的静力计算方案。

(3) 单层刚性方案房屋的计算简图为墙、柱下端与基础固接，上端与屋面梁为不动水平支承的无侧移的平面排架。根据结构力学分析，在屋盖荷载和水平风荷载作用下，每侧墙、柱内力可按一次超静定结构进行计算。在进行承载力验算时的控制截面取墙、柱的顶端截面Ⅰ—Ⅰ，墙、柱的底截面Ⅲ—Ⅲ，以及在水平均布荷载作用下的最大弯矩截面Ⅱ—Ⅱ。

(4) 进行多层刚性方案房屋的墙体计算时，对于承重纵墙，一般取一个开间作为计算单元。在竖向荷载作用下，每层墙体按铰支于楼层或屋盖的竖向简支构件进行计算；在水平风荷载作用下，外墙按支承于楼层和屋盖的多跨竖向连续梁计算。刚性方案房屋符合《砌体规范》有关规定条件的外墙，可不考虑风荷载的影响。

(5) 若墙厚、材料强度等级均不变，多层刚性方案房屋承重纵墙的控制截面位于底层墙的墙顶Ⅰ—Ⅰ截面和墙底(基础顶面)Ⅱ—Ⅱ截面；Ⅰ—Ⅰ截面承受大梁传来的支座反力，此截面弯矩最大，应按偏心受压构件验算承载力，并验算梁端下砌体的局部受压承载力。截面Ⅱ—Ⅱ位于墙底面，此截面$M=0$，但轴向力N相对最大，应按轴心受压构件验算承载力。

思考与训练

12.1 砌体结构房屋有哪几种承重体系？各有何优缺点？

12.2 混合结构房屋的静力计算方案有哪几种？确定房屋的静力计算方案的依据是什么？

12.3 试分别作出单层房屋按刚性方案、弹性方案和刚弹性方案计算时，墙、柱的计算简图。

12.4 单层刚性方案房屋墙、柱的计算单元如何选取？计算简图如何确定？

12.5 多层刚性方案房屋承重纵墙，在竖向荷载作用下的计算简图如何确定？其承载力验算的控制截面如何确定？

12.6 何种情况下多层刚性方案房屋外墙可不考虑风荷载的影响？

第 13 章　砌体结构构件的承载力计算

【学习目标】

　　了解无筋砌体受压构件的受力性能，熟练掌握无筋砌体受压构件承载力的计算方法及墙(柱)高厚比的验算方法；理解砌体局部受压的受力特点，掌握砌体局部受压承载力的验算方法及处理措施；熟悉过梁、挑梁的受力特点及构造要求；了解配筋砌体的适用范围与一般构造要求。

　　砌体结构是由块体(砖、石材、砌块)和砂浆砌筑的墙、柱作为建筑物主要受力构件的结构。混合结构房屋的墙、柱主要用作受压构件。对受压构件，除满足承载力要求外，还应满足稳定性和刚度的要求。本章主要介绍常见的无筋砌体基本构件的受力特点及其承载力、稳定性的计算方法，以及砌体结构中的过梁、挑梁的计算与构造等内容。

13.1　无筋砌体墙、柱受压计算

13.1.1　受压构件承载力计算

1. 受压构件的受力性能

　　在实际工程中，无筋砌体大多被用作受压构件。受压砌体可以分为轴心受压和偏心受压两种情况。下面分析无筋砌体受压墙、柱的受力特点。

　　(1) 偏心距的影响。试验表明，当构件的高厚比 β 不大于 3(将 $\beta \leqslant 3$ 的墙、柱划分为矮墙短柱)时，轴心受压墙、柱中，截面应力分布均匀，构件达到的极限承载力 $N_u = fA$，f 为砌体抗压强度设计值，A 为构件的截面面积。当墙、柱承受偏心压力时，截面压力呈曲线分布，偏心距 e 较小时，墙、柱全截面受压；随着偏心距 e 的增大，远离纵向力一侧边缘的压应力减小，并逐渐过渡到受拉，当拉应力超过砌体的通缝弯曲抗拉强度时，将出现水平裂缝。随着裂缝的开展，受压区面积不断减少，应力分布更加不均匀。因此，砌体受压短柱的承载力将随构件偏心距 e 的增大而明显降低。

　　(2) 高厚比的影响。高厚比 β 是指墙、柱的计算高度 H_0 与墙厚(或柱截面边长)h 的比值。若高厚比 $\beta > 3$ 时，墙、柱在轴心压力的作用下，由于砌体材料的不均匀性及施工误差等原因使轴心受压构件产生附加弯矩和侧向挠曲变形。尤其是在砌体结构中，水平灰缝数量多，削弱了砌体的整体性，故纵向弯曲现象更加明显，从而受压承载力进一步降低。当构件高厚比再大时，还可能产生失稳破坏。

2. 受压构件承载力计算

　　规范在试验研究的基础上，确定把轴向力的偏心距 e 和构件的高厚比 β 对受压构件承载力的影响采用同一系数 φ 来考虑。此时，轴心受压构件可视为偏心受压构件的特例(即偏心距 $e=0$ 的偏心受压构件)。因此，对无筋砌体轴心受压、偏心受压构件的承载力均按下式计算：

$$N \leqslant \varphi f A \tag{13-1}$$

式中　N ——轴向力设计值；

φ ——高厚比 β 和轴向力的偏心距 e 对受压构件承载力的影响系数，可按表 13.1 和表 13.2 查取；

f ——砌体抗压强度设计值，按表 11.3～表 11.9 取用，注意是否需按规定乘以调整系数 γ_a；

A ——构件的截面面积，各类砌体均按毛截面计算，对带壁柱墙，其翼缘宽度 b_f 的取值按 13.1.2 小节中的规定采用。

表 13.1　影响系数 φ (砂浆强度等级 ≥M5)

β	$\dfrac{e}{h}$ 或 $\dfrac{e}{h_T}$						
	0	0.025	0.05	0.075	0.1	0.125	0.15
≤3	1	0.99	0.97	0.94	0.89	0.84	0.79
4	0.98	0.95	0.90	0.85	0.80	0.74	0.69
6	0.95	0.91	0.86	0.81	0.75	0.69	0.64
8	0.91	0.86	0.81	0.76	0.70	0.64	0.59
10	0.87	0.82	0.76	0.71	0.65	0.60	0.55
12	0.82	0.77	0.71	0.66	0.60	0.55	0.51
14	0.77	0.72	0.66	0.61	0.56	0.51	0.47
16	0.72	0.67	0.61	0.56	0.52	0.47	0.44
18	0.67	0.62	0.57	0.52	0.48	0.44	0.40
20	0.62	0.57	0.53	0.48	0.44	0.40	0.37
22	0.58	0.53	0.49	0.45	0.41	0.38	0.35
24	0.54	0.49	0.45	0.41	0.38	0.35	0.32
26	0.50	0.46	0.42	0.38	0.35	0.33	0.30
28	0.46	0.42	0.39	0.36	0.33	0.30	0.28
30	0.42	0.39	0.36	0.33	0.31	0.28	0.26

β	$\dfrac{e}{h}$ 或 $\dfrac{e}{h_T}$					
	0.175	0.2	0.225	0.25	0.275	0.3
≤3	0.73	0.68	0.62	0.57	0.52	0.48
4	0.64	0.58	0.53	0.49	0.45	0.41
6	0.59	0.54	0.49	0.45	0.42	0.38
8	0.54	0.50	0.46	0.42	0.39	0.36
10	0.50	0.46	0.42	0.39	0.36	0.33
12	0.47	0.43	0.39	0.36	0.33	0.31
14	0.43	0.40	0.36	0.34	0.31	0.29
16	0.40	0.37	0.34	0.31	0.29	0.27
18	0.37	0.34	0.31	0.29	0.27	0.25

续表

β	$\dfrac{e}{h}$ 或 $\dfrac{e}{h_{\text{T}}}$					
	0.175	0.2	0.225	0.25	0.275	0.3
20	0.34	0.32	0.29	0.27	0.25	0.23
22	0.32	0.30	0.27	0.25	0.24	0.22
24	0.30	0.28	0.26	0.24	0.22	0.21
26	0.28	0.26	0.24	0.22	0.21	0.19
28	0.26	0.24	0.22	0.21	0.19	0.18
30	0.24	0.21	0.21	0.20	0.18	0.17

表 13.2　影响系数 φ（砂浆强度等级 ≥M2.5）

β	$\dfrac{e}{h}$ 或 $\dfrac{e}{h_{\text{T}}}$					
	0	0.025	0.05	0.075	0.1	0.125	0.15
≤3	1	0.99	0.97	0.94	0.89	0.84	0.79
4	0.97	0.94	0.89	0.84	0.78	0.73	0.67
6	0.93	0.89	0.84	0.78	0.73	0.67	0.62
8	0.89	0.84	0.78	0.72	0.67	0.62	0.57
10	0.83	0.78	0.72	0.67	0.61	0.56	0.52
12	0.78	0.72	0.67	0.61	0.56	0.52	0.47
14	0.72	0.66	0.61	0.56	0.51	0.47	0.43
16	0.66	0.61	0.56	0.51	0.47	0.43	0.40
18	0.61	0.56	0.51	0.47	0.43	0.40	0.36
20	0.56	0.51	0.47	0.43	0.39	0.36	0.33
22	0.51	0.47	0.43	0.39	0.36	0.33	0.31
24	0.46	0.43	0.39	0.36	0.33	0.31	0.28
26	0.42	0.39	0.36	0.33	0.30	0.28	0.26
28	0.39	0.36	0.33	0.30	0.28	0.26	0.24
30	0.36	0.33	0.30	0.28	0.26	0.24	0.22

β	$\dfrac{e}{h}$ 或 $\dfrac{e}{h_{\text{T}}}$					
	0.175	0.2	0.225	0.25	0.275	0.3
≤3	0.73	0.68	0.62	0.57	0.52	0.48
4	0.62	0.57	0.52	0.48	0.44	0.40
6	0.57	0.52	0.48	0.44	0.40	0.37
8	0.52	0.48	0.44	0.40	0.37	0.34
10	0.47	0.43	0.40	0.37	0.34	0.31
12	0.43	0.40	0.37	0.34	0.31	0.29
14	0.40	0.36	0.34	0.31	0.29	0.27
16	0.36	0.33	0.31	0.29	0.26	0.25
18	0.33	0.31	0.29	0.26	0.24	0.23
20	0.31	0.28	0.26	0.24	0.23	0.21
22	0.28	0.26	0.24	0.23	0.21	0.20
24	0.26	0.24	0.23	0.21	0.20	0.18
26	0.24	0.22	0.21	0.20	0.18	0.17
28	0.22	0.21	0.20	0.18	0.17	0.16
30	0.21	0.20	0.18	0.17	0.16	0.15

在确定影响系数 φ 时，构件的偏心距 e 和高厚比 β 分别按下列公式计算：

$$e = \frac{M}{N} \tag{13-2}$$

对矩形截面

$$\beta = \gamma_\beta \frac{H_0}{h} \tag{13-3a}$$

对 T 形截面

$$\beta = \gamma_\beta \frac{H_0}{h_T} \tag{13-3b}$$

式中 M ——弯矩设计值；

N ——轴向力设计值；

H_0 ——受压构件的计算高度，按表 13.5 确定；

h ——墙厚或矩形柱的截面边长，对偏心受压构件，h 取偏心方向的截面边长；对轴心受压构件，h 取对应于 H_0 的截面边长，当两个方向的 H_0 相同时，取截面短边边长；

h_T ——T 形截面的折算厚度，$h_T = 3.5i = 3.5\sqrt{\dfrac{I}{A}}$（$i$ 和 I 分别为构件截面的回转半径和截面惯性矩）；

γ_β ——不同材料砌体构件的高厚比修正系数，按表 13.3 采用。

表 13.3   高厚比修正系数 γ_β

砌体材料类别	γ_β
烧结普通砖、烧结多孔砖	1.0
混凝土普通砖、混凝土多孔砖、混凝土及轻骨料混凝土砌块	1.1
蒸压灰砂普通砖、蒸压粉煤灰普通砖、细料石	1.2
粗料石、毛石	1.5

注：对灌孔混凝土砌块砌体，γ_β 取 1.0。

高厚比 β 和轴向力的偏心距 e 对受压构件承载力的影响系数 φ 也可按下列公式计算：

当为轴心受压($e = 0$)，且 $\beta > 3$ 时

$$\varphi = \varphi_0 = \frac{1}{1 + \alpha\beta^2} \tag{13-4a}$$

当为偏心受压，且 $\beta \leqslant 3$ 时

$$\varphi = \frac{1}{1 + 12\left(\dfrac{e}{h}\right)^2} \tag{13-4b}$$

当为偏心受压，且 $\beta > 3$ 时

$$\varphi = \frac{1}{1 + 12\left[\dfrac{e}{h} + \sqrt{\dfrac{1}{12}\left(\dfrac{1}{\varphi_0} - 1\right)}\right]^2} \tag{13-4c}$$

式中 φ_0 ——轴心受压构件的稳定系数，$\beta \leqslant 3$ 时，取 $\varphi_0 = 1.0$；

α——与砂浆强度等级有关的系数,当砂浆强度等级大于或等于 M5 时, α =0.0015;当砂浆强度等级为 M2.5 时, α =0.002;当验算施工中的砌体,即砂浆强度为零时, α =0.009。

其余符号与查表求 φ 时的用法相同。当为 T 形截面时,用 h_t 代替公式中的 h 即可。

3. 受压构件承载力计算时应注意的问题

(1) 对于偏心受压矩形柱,当轴向力偏心方向的截面边长大于另一方向的截面边长时,除了按偏心受压进行承载力验算外,还应对较小边长方向按轴心受压进行验算(图 13.1)。

由 $\beta_1 = \dfrac{H_0}{h}$ 以及 $\dfrac{e}{h}$,求出 φ_1 ,应满足 $N \leqslant \varphi_1 fA$;

由 $\beta_2 = \dfrac{H_0}{b}$,按轴心受压求出 φ_2 ,应满足 $N \leqslant$ $\varphi_2 fA$ 。

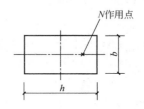

图 13.1　偏心受压矩形柱截面示意图

(2) 关于轴向力偏心距 e 的限值。对于偏心受压构件,当偏心距 e 过大时,受拉边将会出现水平裂缝,使承受压力的有效截面面积减小,构件刚度降低,纵向弯曲的不利影响增大,因而构件的承载能力显著降低。为此,《砌体规范》规定,应用公式(13-2)计算的轴向力偏心距应满足:

$$e \leqslant 0.6y \tag{13-5}$$

式中　y ——截面重心到轴向力所在偏心方向截面边缘的距离, y 的取值如图 13.2 所示。

当偏心距超过限值时,应采取措施减小偏心距 e ,如采用缺角垫块(图 13.3)、修改截面尺寸、改变结构布置等方法调整偏心距。当偏心距仍不能满足要求时,可改用钢筋混凝土面层或砂浆面层的组合砖砌体构件或改用钢筋混凝土柱。

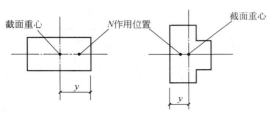

图 13.2　y 的取值　　　　　　　图 13.3　设置垫块减小偏心距

【例 13.1】　一轴心受压砖柱,两端铰接,柱计算高度 $H_0=H=3.6$m,截面尺寸为 370mm×490mm,柱顶荷载引起的轴向压力标准值 $N_k=145$kN(其中永久荷载标准值引起的压力为 105kN),采用 MU10 烧结普通砖及 M5 混合砂浆砌筑,砌体施工质量控制等级为 B 级。试验算该柱的受压承载力。

【解】砖的重度取 19kN/m³,砖柱自重标准值

$$G_k =0.37×0.49×19×3.6=12.4\text{kN}$$

柱底截面的压力最大。当按可变荷载效应控制的组合计算时,柱底轴向压力设计值

$$N=1.2×(105+12.4) +1.4×40=196.9\text{kN}$$

当按永久荷载效应控制的组合计算时，柱底轴向压力设计值

$$N=1.35\times(105+12.4)+1.4\times0.7\times40=197.7\text{kN}>196.9\text{kN}$$

取 $N=197.7\text{kN}$。

由 $\beta=\gamma_\beta\dfrac{H_0}{h}=1.0\times\dfrac{3600}{370}=9.73$，M5 砂浆 $\alpha=0.0015$，得

$$\varphi=\frac{1}{1+\alpha\beta^2}=\frac{1}{1+0.0015\times9.37^2}=0.884$$

φ 值也可查表 13.1 得出。

由于截面面积 $A=0.37\times0.49=0.1813\text{m}^2<0.3\text{m}^2$，故应考虑砌体强度设计值的调整系数 γ_a。

$$\gamma_\text{a}=0.7+A=0.7+0.1813=0.8813$$

查表 11.3，砌体抗压强度设计值 $f=1.5\text{N/mm}^2$，则柱底截面的承载力为

$$\varphi\gamma_\text{a}fA=0.884\times0.8813\times1.5\times0.1813\times10^6=211.9\times10^3\text{N}=211.9\text{kN}>N=197.7\text{kN}$$

该柱承载力满足要求。

【例 13.2】 某截面为 490mm×620mm 的砖柱，计算高度 $H_0=4.2\text{m}$，采用 MU10 烧结多孔砖及 M5 混合砂浆砌筑，砌体施工质量控制等级为 B 级。截面承受轴向压力设计值(包括柱自重) $N=200\text{kN}$，弯矩设计值 $M=25\text{kN}\cdot\text{m}$(弯矩作用方向为截面长边方向)，试验算该柱截面是否安全。

【解】 (1) 偏心方向的受压承载力计算。

$$e=\frac{M}{N}=\frac{25}{200}=0.125\text{m}=125\text{mm}<0.6y=0.6\times310=186\text{mm}$$

偏心距未超限值。

由 $\beta=\gamma_\beta\dfrac{H_0}{h}=1.0\times\dfrac{4200}{620}=6.77$，M5 砂浆 $\alpha=0.0015$，得

$$\varphi_0=\frac{1}{1+\alpha\beta^2}=\frac{1}{1+0.0015\times6.77^2}=0.936$$

$$\varphi=\frac{1}{1+12\left[\dfrac{e}{h}+\sqrt{\dfrac{1}{12}\left(\dfrac{1}{\varphi_0}-1\right)}\right]^2}=\frac{1}{1+12\left[\dfrac{125}{620}+\sqrt{\dfrac{1}{12}\left(\dfrac{1}{0.936}-1\right)}\right]^2}=0.52$$

φ 值也可查表 13.1 得出。

由 MU10 烧结多孔砖，M5 混合砂浆，查表 11.3 得 $f=1.5\text{N/mm}^2$。

$A=0.49\times0.62=0.3038\text{m}^2>0.3\text{m}^2$，不需考虑 γ_a。

由公式(13-1)得

$$\varphi fA=0.52\times1.5\times0.3038\times10^6=23\,6964\text{N}=236.96\text{kN}>N=200\text{kN}$$

该柱截面偏心受压承载力满足要求。

(2) 垂直于偏心方向的承载力验算。

由 $\beta=\gamma_\beta\dfrac{H_0}{b}=1.0\times\dfrac{4200}{490}=8.57$，得

$$\varphi=\varphi_0=\frac{1}{1+\alpha\beta^2}=\frac{1}{1+0.0015\times8.57^2}=0.9$$

对短边方向，按轴心受压构件验算，得

$$\varphi fA = 0.9 \times 1.5 \times 0.3038 \times 10^6 = 410\ 130\text{N} = 410.13\ \text{kN} > N = 200\text{kN}$$

该柱截面垂直于偏心方向的受压承载力也满足要求。

【例 13.3】　某单层仓库带壁柱窗间墙的截面如图 13.4 所示，计算高度 H_0=6m，采用 MU10 普通砖及 M5 水泥砂浆砌筑，砌体施工质量控制等级为 B 级。墙顶承受轴向压力设计值 N=300kN，弯矩设计值 M=34.8kN·m(轴向压力作用点偏向翼缘一侧)。试验算墙顶截面的承载力。

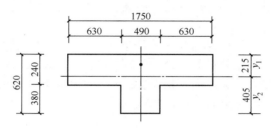

图 13.4　例 13.3 附图

【解】(1) 截面几何参数计算。

截面面积 A=1750×240+490×380=606200mm^2

截面形心位置位于竖向对称轴上，距上部边缘为 y_1，距下部最远边缘为 y_2，由面积矩公式可得

$$y_1 = \frac{1750 \times 240 \times 120 + 490 \times 380 \times \left(240 + \dfrac{380}{2}\right)}{606200} = 215\text{mm}$$

$$y_2 = 620 - 215 = 405\text{mm}$$

截面对形心轴的惯性矩

$$I = \frac{1}{12} \times 1750 \times 240^3 + 1750 \times 240 \times (215-120)^2 + \frac{1}{12} \times 490 \times 380^3 + 490 \times 380 \times \left(405 - \frac{380}{2}\right)^2$$

$$= 1.665 \times 10^{10}\text{mm}^4$$

回转半径 $i = \sqrt{\dfrac{I}{A}} = \sqrt{\dfrac{1.665 \times 10^{10}}{606200}} = 166\text{mm}$

T 形截面折算厚度 $h_{\text{T}} = 3.5i = 3.5 \times 166 = 581\text{mm}$

(2) 偏心受压承载力验算。

$$\beta = \gamma_\beta \frac{H_0}{h_{\text{T}}} = 1.0 \times \frac{6000}{581} = 10.33$$

$$e = \frac{M}{N} = \frac{34.8}{300} = 0.116\text{m} = 116\text{mm} < 0.6y_1 = 0.6 \times 215 = 129\text{mm}$$

偏心距未超限值。

由 $\dfrac{e}{h_{\text{T}}} = \dfrac{116}{581} = 0.2$，查表 13.1 得 φ=0.455。

查表 11.3 得砌体抗压强度设计值 f=1.5N/mm^2，由于采用水泥砂浆，因此砌体抗压强度设计值应乘调整系数 γ_a=0.9；A=606 200mm^2=0.6062m^2>0.3m^2。

该墙的承载力为

$$\varphi\gamma_a fA = 0.455 \times 0.9 \times 1.5 \times 606\,200 = 372\,358\ \text{N} = 372.4\text{kN} > N = 300\text{kN}$$

满足要求。

13.1.2　墙、柱高厚比验算

混合结构房屋的墙、柱主要用作受压构件。对受压构件，除满足承载力要求外，还应满足稳定性和刚度的要求。墙、柱的高厚比验算，是保证砌体房屋在施工和使用过程中稳定性和刚度的重要构造措施。

墙、柱的高厚比越大，即构件越高，其稳定性也越差。《砌体规范》采用允许高厚比 $[\beta]$ 来限制墙、柱的高厚比。影响墙、柱允许高厚比 $[\beta]$ 值的因素很多，很难用理论推导的方法加以确定，它与承载力无关，而是根据实践经验和现阶段的材料质量及施工技术水平综合确定的。《砌体规范》规定的墙、柱允许高厚比 $[\beta]$ 值按表 13.4 采用。

表 13.4　墙、柱的允许高厚比 $[\beta]$ 值

砌体类型	砂浆强度等级	墙	柱
无筋砌体	M2.5	22	15
	M5.0 或 Mb5.0、Ms5.0	24	16
	≥M7.5 或 Mb7.5、Ms7.5	26	17
配筋砌块砌体	—	30	21

注：1. 毛石墙、柱允许高厚比应比表中数值降低 20%；

2. 带有混凝土或砂浆面层的组合砖砌体构件的允许高厚比，可按表中数值提高 20%，但不得大于 28；

3. 验算施工阶段砂浆尚未硬化的新砌砌体高厚比时，允许高厚比对墙取 14，对柱取 11。

1. 墙、柱的计算高度

墙、柱的计算高度 H_0 是指对墙、柱进行承载力计算或高厚比验算时所采用的高度，它是由构件实际高度 H 并根据房屋类别和构件两端的支承条件按表 13.5 确定的。

表 13.5　受压构件的计算高度 H_0

房屋类别			柱		带壁柱墙或周边拉结的墙		
			排架方向	垂直排架方向	$S > 2H$	$2H \geqslant s > H$	$s \leqslant H$
有吊车的单层房屋	变截面柱上段	弹性方案	$2.5H_u$	$1.25H_u$	2.5H_u		
		刚性、刚弹性方案	$2.0H_u$	$1.25H_u$	2.0H_u		
	变截面柱下段		$1.0H_l$	$0.8H_l$	1.0H_l		
无吊车的单层和多层房屋	单跨	弹性方案	$1.5H$	$1.0H$	1.5H		
		刚弹性方案	$1.2H$	$1.0H$	1.2H		
	多跨	弹性方案	$1.25H$	$1.0H$	1.25H		
		刚弹性方案	$1.10H$	$1.0H$	1.1H		
	刚性方案		$1.0H$	$1.0H$	$1.0H$	$0.4s + 0.2H$	$0.6s$

注：1. 表中 H_u 为变截面柱的上段高度，H_l 为变截面柱的下段高度；

2. 对于上端为自由端的构件，$H_0 = 2H$；

3. 独立砖柱，当无柱间支撑时，柱在垂直排架方向的 H_0 应按表中数值乘以 1.25 后采用；

4. s 为房屋横墙间距；

5. 非承重墙的计算高度应根据周边支承或拉接条件确定。

表 13.5 中的构件高度 H，应按下列规定取用。

(1) 在房屋底层，H 为楼板顶面到墙柱下端支点的距离。下端支点的位置，可取在基础顶面处。当基础埋置较深且有刚性地坪时，可取室外地面下 500mm 处。

(2) 在房屋其余楼层，H 为楼板或其他水平支点间的距离。

(3) 对于无壁柱的坡屋面房屋山墙，H 可取层高加山墙尖高度的 1/2；对于带壁柱的山墙，可取壁柱处的山墙高度。

2. 矩形截面墙、柱的高厚比验算

矩形截面墙、柱的高厚比应按下式验算：

$$\beta = \frac{H_0}{h} \leqslant \mu_1 \mu_2 [\beta] \tag{13-6}$$

式中　$[\beta]$——墙、柱的允许高厚比，应按表 13.4 采用；

H_0——墙柱的计算高度，按表 13.5 确定；

h——墙厚或矩形柱与 H_0 相对应的截面边长；

μ_1——自承重墙允许高厚比的修正系数，对厚度 $h \leqslant 240mm$ 的自承重墙，当 $h=240mm$ 时，$\mu_1 = 1.2$；当 $h=90mm$ 时，$\mu_1 = 1.5$；当 $90mm < h < 240\,mm$ 时，μ_1 可按内插法取值；

μ_2——有门窗洞口墙允许高厚比的修正系数，应按下式计算：

$$\mu_2 = 1 - 0.4 \frac{b_s}{s} \tag{13-7}$$

式中　s——相邻窗间墙、壁柱或构造柱之间的距离；

b_s——在宽度 s 范围内的门窗洞口总宽度

(图 13.5)。

当按式(13-7)算得的 μ_2 值小于 0.7 时，取 $\mu_2 = 0.7$。当洞口高度小于或等于墙高的 1/5 时，洞口削弱对墙体稳定性和刚度的影响很小，取 $\mu_2 = 1.0$；当洞口高度大于或等于墙高的 4/5 时，可按独立墙段验算高厚比。

《砌体规范》还规定，当与墙连接的相邻两横墙间的距离 $s \leqslant \mu_1 \mu_2 [\beta] h$ 时，墙的高度可不受高厚比的限制。对于变截面柱的高厚比可按上、下截面

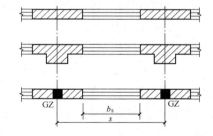

图 13.5　门窗洞口宽度示意图

分别验算，验算上柱的高厚比时，允许高厚比可按表 13.4 的数值乘以 1.3 后取用。

3. 带壁柱墙的高厚比验算

对于带壁柱墙，除应保证整片墙的刚度和稳定性外，还应保证壁柱间墙体的局部稳定性。所以带壁柱墙的高厚比验算包括两部分内容：整片墙的高厚比验算和壁柱间墙的高厚比验算。

1) 整片墙的高厚比验算

进行整片墙的高厚比验算时，视壁柱为墙体的一部分，整片墙的计算截面为 T 形，将

T 形截面按惯性矩和面积相等的原则换算成矩形截面，换算后墙体的折算厚度为 $h_T = 3.5i$，此时，整片墙的高厚比按下式验算：

$$\beta = \frac{H_0}{h_T} \leqslant \mu_1 \mu_2 [\beta] \tag{13-8}$$

式中　H_0——带壁柱墙的计算高度，此时 s 取该墙两端与之相交拉结墙的间距(图 13.6)，按
　　　　　　表 13.5 查取；

　　　　h_T——带壁柱墙截面的折算厚度，$h_T = 3.5i$；

　　　　i——带壁柱墙截面的回转半径，$i = \sqrt{\dfrac{I}{A}}$；

　　　　A——带壁柱墙计算截面的面积；

　　　　I——带壁柱墙计算截面的惯性矩。

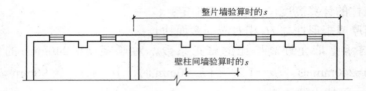

图 13.6　带壁柱墙高厚比验算时 s 的取法

在确定带壁柱墙的计算截面时，其翼缘宽度 b_f 应按下列规定采用。

(1) 多层房屋，当有门窗洞口时，可取窗间墙宽度；当无门窗洞口时，每侧翼墙宽度可取壁柱高度(层高)的 1/3，但不应大于相邻壁柱间的距离。

(2) 单层房屋，可取壁柱宽加 2/3 墙高，但不大于窗间墙的宽度和相邻壁柱间的距离。

2) 壁柱间墙的高厚比验算

在验算壁柱间墙的高厚比时，仍按公式(13-6)验算。计算时，壁柱间墙以壁柱作为墙体的侧向支承点，求计算高度 H_0 时，应按刚性方案查表，此时 s 取相邻壁柱间的距离，如图 13.6 所示，H 为壁柱间墙上、下支承点的距离。

设有钢筋混凝土圈梁的带壁柱墙，当圈梁宽度 b 与 s 之比 $b/s \geqslant 1/30$ 时，可把圈梁当作壁柱间墙的不动支承点，这样墙高就可取为基础顶面(或楼面)到圈梁底面的高度。若圈梁的宽度不足，而实际条件又不允许增加圈梁宽度时，可按墙体平面外等刚度的原则增加圈梁高度，以满足壁柱间墙不动铰支点的要求。

4. 带构造柱墙的高厚比验算

在墙中设置钢筋混凝土构造柱后，墙体的刚度和稳定性均有提高，在验算高厚比时，应考虑构造柱的有利影响。

1) 整片墙的高厚比验算

对于带构造柱墙，当构造柱截面宽度不小于墙厚时，整片墙的高厚比按下式验算(图 13.7)：

$$\beta = \frac{H_0}{h} \leqslant \mu_1 \mu_2 \mu_c [\beta] \tag{13-9}$$

式中　μ_c——带构造柱墙允许高厚比的修正系数，可按下式计算：

$$\mu_c = 1 + \gamma \frac{b_c}{l} \tag{13-10}$$

式中　γ——系数，对细料石砌体，$\gamma = 0$；对混凝土砌块、混凝土多孔砖、粗料石、毛料石及毛石砌体，$\gamma = 1.0$；其他砌体，$\gamma = 1.5$；

$\quad\quad b_c$——构造柱沿墙长方向的宽度；

$\quad\quad l$——构造柱的间距。

当 $b_c / l > 0.25$ 时，取 $b_c / l = 0.25$；当 $b_c / l < 0.05$ 时，取 $b_c / l = 0$。

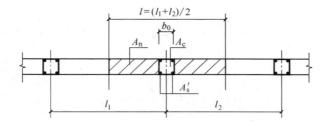

图 13.7　砖砌体和构造柱组合墙截面

在确定整片墙的计算高度 H_0 时，应按该墙两端拉结墙的间距 s 查表 13.5 选用。需要注意的是，由于施工中多采用先砌墙后浇注构造柱的顺序，因此，考虑构造柱有利作用的高厚比验算不适于施工阶段。

2) 构造柱间墙的高厚比验算

构造柱间墙与壁柱间墙的工作性能类似，因此验算方法也相同。此时，仍视构造柱为柱间墙的不动铰支点，只需用构造柱间距 s 代替壁柱间距即可。

【例 13.4】　某办公楼底层局部平面如图 13.8 所示。采用钢筋混凝土空心板楼面，除自承重隔墙厚 120mm 外，其余墙体厚均为 240mm。采用 MU10 烧结多孔砖及 M5 混合砂浆砌筑。底层层高 4m，隔墙高 3.6m。试验算各墙的高厚比是否满足要求。

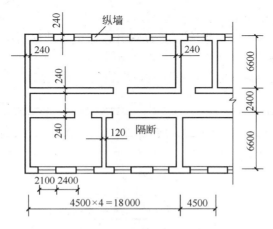

图 13.8　例 13.4 附图

【解】房屋横墙的最大间距 $s = 18$m，查表 12.1 为刚性方案房屋。采用 M5 砂浆，由表

13.4 查得$[\beta]$=24。

(1) 纵墙的高厚比验算。

由于内、外纵墙厚度相同，而内纵墙比外纵墙开洞少，当外纵墙满足高厚比要求时，内纵墙高厚比必定满足，故仅需验算外纵墙的高厚比。

H=4+0.5=4.5m (底层墙高算至室外地面下 500mm 处)

由 s=18m>2H=2×4.5m=9m，得 H_0=1.0H= 4.5m。

h =240mm，为承重墙，μ_1=1.0。

窗间墙距离 s= 4.5m，窗洞宽 b_s =2.1m，得

$$\mu_2=1-0.4\frac{b_s}{s}=1-0.4\times\frac{2.1}{4.5}=0.81>0.7$$

外纵墙高厚比验算：

$$\beta=\frac{H_0}{h}=\frac{4500}{240}=18.75<\mu_1\mu_2[\beta]=1\times0.81\times24=19.44$$

满足要求。

(2) 横墙的高厚比验算。

s=6.6m，2H>s>H，则 H_0= 0.4s+ 0.2H=0.4×6.6+0.24×4.5=3.54m

横墙高厚比验算：

$$\beta=\frac{H_0}{h}=\frac{3.54}{0.24}=14.75<\mu_1\mu_2[\beta]=1.0\times1.0\times24=24$$

满足要求。

(3) 自承重隔墙的高厚比验算。

因自承重隔墙上端砌筑时，一般用斜放立砖顶住大梁，故应按上端为不动铰支承考虑，两侧与纵墙拉结不好保证，按两侧无拉结考虑。

取 H_0=H=3.6m，自承重墙 μ_1=1.44，μ_2=1.0。

隔墙高厚比验算：

$$\beta=\frac{H_0}{h}=\frac{3600}{120}=30<\mu_1\mu_2[\beta]=1.44\times1.0\times24=34.56$$

满足要求。

【例 13.5】 某仓库外纵墙如图 13.9 所示，砖柱截面尺寸为 490mm×490mm，已知仓库长 36m，为刚弹性方案房屋，纵墙高度 H=5.1m (算至基础顶面)，采用 M5.0 混合砂浆砌筑。试验算外纵墙的高厚比。

【解】计算带壁柱墙整片墙的高厚比时，取窗间墙截面如图 13.9 所示。

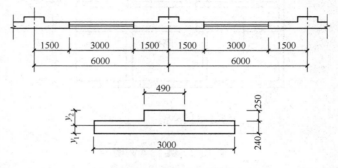

图 13.9 例 13.5 附图

(1) 带壁柱墙截面几何特征。

$A=240×3000+250×490=842500mm^2$

$$y_1=\frac{240×3000×\dfrac{240}{2}+250×490×\left(\dfrac{250}{2}+240\right)}{842\ 500}=155.6mm$$

$y_2=490-y_1=490-155.6=334.4mm$

$$I=\frac{3000}{12}×240^3+240×3000×\left(155.6-\frac{240}{2}\right)^2+\frac{490}{12}×250^3+250×490×\left(334.4-\frac{250}{2}\right)^2$$

$=10\ 377.9×10^6\ mm^4$

$$h_T=3.5\sqrt{\frac{I}{A}}=3.5\sqrt{\frac{10\ 377.9×10^6}{842\ 500}}=388.5mm$$

(2) 整片墙的高厚比验算。

由刚弹性方案房屋查表 13.5 得

$$H_0=1.2H=1.2×5.1=6.12m$$

采用 M5 砂浆，由表 13.4 查得$[\beta]=24$，承重墙$\mu_1=1.0$。

$$\mu_2=1-0.4\frac{b_s}{s}=1-0.4×\frac{3000}{6000}=0.8$$

$$\beta=\frac{H_0}{h_T}=\frac{6120}{388.5}=15.8<\mu_1\mu_2[\beta]=1.0×0.8×24=19.2$$

满足要求。

(3) 壁柱间墙的高厚比验算

由 $2H=10.2m>s=6.0m>H=5.1m$，由表 13.5 得：

$$H_0=0.4s+0.2H=0.4×6+0.2×5.1=3.42m$$

$$\beta=\frac{H_0}{h}=\frac{3420}{240}=14.25<\mu_1\mu_2[\beta]=1.0×0.8×24=19.2$$

满足要求。

13.2　砌体局部受压计算

当竖向压力仅作用在砌体的局部面积上时，称为砌体局部受压。房屋建筑的砌体经常遇到局部受压的情况，如独立柱支承于基础顶面，屋架或大梁支承于砖墙上等。在这种情况下，砌体承受的压力先作用于砌体局部面积上，产生的局部压应力很大，然后通过应力扩散，逐渐分布到整个砌体截面上。在实际工程中，往往出现按全截面验算砌体受压承载力满足要求，但局部受压承载力不满足的情况。因此，在砌体结构设计中，除了验算砌体受压承载力外，还应验算砌体局部受压承载力。

根据实际工程中可能出现的情况，砌体的局部受压可分为砌体局部均匀受压和局部非均匀受压两种情况，如图 13.10 所示。

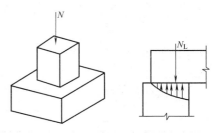

(a) 局部均匀受压　(b) 局部非均匀受压

图 13.10　砌体的局部受压

13.2.1 砌体局部均匀受压

砌体局部均匀受压就是在局部受压面上，压应力为均匀分布，如轴心受压砖柱对毛石基础顶面的作用就是局部均匀受压(图 13.10(a))。

1. 砌体局部抗压强度提高系数 γ

试验表明，砌体局部受压时的强度高于一般受压的强度。这是由于周围未直接受荷部分的砌体对局部受压砌体的横向变形起约束作用，使局部受压砌体处于三向受压的应力状态，从而提高了砌体局部抗压强度。另外，局部受压面上的压应力得以向周围迅速扩散也是砌体局部抗压强度提高的另一原因。

由于砌体局部抗压强度的提高与周围未直接受力的砌体面积有关，《砌体规范》用局部抗压强度提高系数 γ 来反映砌体局部抗压强度的提高程度。砌体局部抗压强度提高系数 γ 按下式计算：

$$\gamma = 1 + 0.35 \sqrt{\frac{A_0}{A_l} - 1} \tag{13-11}$$

式中 A_0——影响砌体局部抗压强度的计算面积，按表 13.6 的规定取用；

       A_l——局部受压面积。

表 13.6 A_0 的计算公式及 γ_{max} 的限值

项 次	简 图	A_0	γ_{max}
1		$(a + c + h)h$	2.5
2		$(b + 2h)h$	2.0
3		$(a + h)h + (b + h_1 - h)h_1$	1.5
4		$(a + h)h$	1.25

从式(13-11)中可以看出，砌体局部抗压强度随着 A_0/A_l 的增大而提高，当 $A_0 = A_l$ 时，$\gamma = 1.0$，即为砌体一般受压。

由试验分析可知，当 A_0/A_l 过大时，局部受压会使砌体发生突然的劈裂破坏。为了避免这一破坏的发生，《砌体规范》规定由式(13-11)所求出的砌体局部抗压强度提高系数 γ 值不得超过允许的最大值 $\gamma_{\max}$ (表 13.6)。

2. 砌体局部均匀受压承载力计算

砌体截面中局部均匀受压时，其承载力按下式计算：

$$N_l \leqslant \gamma f A_l \qquad (13\text{-}12)$$

式中　N_l ——局部受压面积上的轴向压力设计值；

γ ——砌体局部抗压强度提高系数，按式(13-11)计算，对砖砌体，不应超过表 13.6 中 $\gamma_{\max}$ 的规定限值；对按构造要求灌孔的混凝土砌块砌体，在项次 1、2 的情况下，尚应符合 $\gamma_{\max} \leqslant 1.5$；对未灌孔的混凝土砌块砌体及难以灌实的多孔砖砌体，取 $\gamma = 1.0$。

13.2.2　梁端支承处砌体局部受压

1. 受力特点

在混合结构房屋中，楼(屋)盖大梁支承于砌体墙或砌体柱上，是砌体局部非均匀受压的常见情况。梁端支承处砌体局部受压时，由于梁的弯曲变形，使梁端产生翘曲变形，造成梁端下砌体的局部压应力呈不均匀的曲线分布。《砌体规范》用梁端底面压应力图形完整系数 η 考虑其影响；同时，梁端的有效支承长度 a_0 有可能小于实际支承长度 a。若梁的跨度较小，梁高较大，则梁端翘曲就越小，因而有效支承长度 a_0 就越接近实际支承长度 a(图 13.11)。梁端有效支承长度 a_0 的计算公式见式(12-3)。

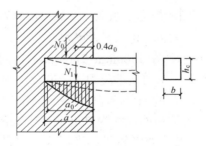

图 13.11　梁端支承处砌体局部受压

2. 上部荷载对局部受压承载力的影响

在通常情况下，梁端下砌体局部受压面积上除了承受梁传来的支承压力 N_l 外，还会有上部砌体传来的压力 N_0。N_0 是当梁端与砌体紧密接触传力时，由上部砌体传来的平均压应力 σ_0 在局部受压面积 A_l 上的合力。

而实际工程中，由于梁的挠曲变形，造成梁端下砌体在梁端支承压力 N_l 作用下产生压缩变形，随着压缩变形逐渐增大，使梁顶部可能与砌体局部脱开，如图 13.12 所示。此时上部砌体的平均压应力 σ_0 会部分或全部改为由梁上砌体通过内拱作用传给梁端周围的砌体，从而使局部受压面积上承受的上部砌体传来的压力减小。这对砌体局部受压是有利的，其影响随着 A_0/A_l 的增加而加大。《砌体规范》用上部荷载的折减系数 ψ 来考虑这一有利影响，并规定当 $A_0/A_l \geqslant 3$ 时，不考虑上部荷载的影响。

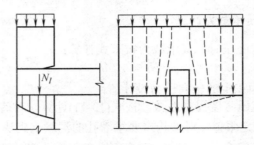

图 13.12　梁端上部砌体的内拱作用

3. 梁端支承处砌体局部受压承载力计算

梁端支承处砌体的局部受压承载力按下列公式计算：

$$\psi N_0 + N_l \leqslant \eta \gamma f A_l \tag{13-13}$$

$$\psi = 1.5 - 0.5 \frac{A_0}{A_l} \tag{13-14}$$

式中　ψ——上部荷载的折减系数，当 $\dfrac{A_0}{A_l} \geqslant 3$ 时，取 $\psi = 0$；

N_0——局部受压面积内上部轴向力设计值，$N_0 = \sigma_0 A_l$；

N_l——梁端支承压力设计值；

σ_0——上部平均压应力设计值；

η——梁端底面压应力图形的完整系数，一般可取 0.7，对于过梁和墙梁应取 1.0；

A_l——局部受压面积，$A_l = a_0 b$，其中 b 为梁宽。

【例 13.6】　如图 13.13 所示，在 1500mm×240mm 的窗间墙中部支承一钢筋混凝土大梁，大梁传来的支承反力 $N_l = 70$ kN，窗间墙范围内上层墙体传来的荷载设计值 $N_u = 180$kN，砖墙采用 MU10 烧结多孔砖和 M5 混合砂浆砌筑。梁的截面尺寸为 200mm×550mm，支承长度为 240mm。试验算梁端支承处砌体局部受压承载力是否满足要求。

【解】　查表 11.3 得 $f = 1.5$N/mm^2。

梁端有效支承长度

$$a_0 = 10 \sqrt{\frac{h_c}{f}} = 10 \times \sqrt{\frac{550}{1.5}} = 191.5\text{mm} < a = 240\text{mm}$$

取 $a_0 = 191.5$mm。

梁端局部受压面积

$$A_l = a_0 b = 191.5 \times 200 = 38\,300\text{mm}^2$$

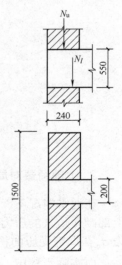

图 13.13　例 13.6 附图

影响砌体局部抗压强度的计算面积

$$A_0=(b+2h)h=(200+2\times240)\times240=163\ 200\text{mm}^2$$

由 $\dfrac{A_0}{A_l}=\dfrac{163\ 200}{38\ 300}=4.26>3$，不需考虑上部荷载影响，取 $\psi=0$。

砌体局部抗压强度提高系数

$$\gamma=1+0.35\sqrt{\dfrac{A_0}{A_l}-1}=1+0.35\times\sqrt{4.26-1}=1.63<\gamma_{\max}=2.0$$

取 $\eta=0.7$，按公式(13-14)得

$$\eta\gamma fA_l=0.7\times1.63\times1.5\times38\ 300=65.6\times10^3\text{N}=65.6\text{kN}<\psi N_0+N_l=70\text{kN}$$

故该窗间墙梁端下砌体局部受压承载力不满足要求。

13.2.3　提高梁端下砌体局部受压承载力的措施

1. 梁端下设刚性垫块的砌体局部受压

当梁端下砌体局部受压承载力不能满足要求时，可以在梁端下设置混凝土预制刚性垫块或现浇刚性垫块来提高砌体的局部受压承载力。

刚性垫块的构造应满足以下要求：刚性垫块的高度 t_b 不应小于 180mm；自梁边算起的垫块挑出长度不应大于垫块高度 t_b；在带壁柱墙的壁柱内设置刚性垫块时，其计算面积应取壁柱范围内的面积，不应计入翼缘部分，同时壁柱上垫块伸入翼墙内的长度不应小于 120mm，如图 13.14 所示。

梁端下设置预制刚性垫块时，由于垫块水平面积比梁端支承面积大，使经垫块传至砌体的局部压应力减小。但是，垫块下砌体的压应力仍比垫块以外砌体的压应力大，仍具有局部受压的特点；同时，由于垫块的应力扩散作用，梁端支承压力 N_l 的作用位置在垫块上、下表面有所不同，使垫块下的砌体又具有偏心受压的受力特点。

梁端处的现浇刚性垫块一般与梁同时浇注成整体，其底面与梁底持平，垫块的厚度可取与梁截面高度相同，也可小于梁截面高度(图 13.15)。《砌体规范》为了简化计算，无论是预制刚性垫块或现浇刚性垫块，垫块下砌体的局部受压承载力计算均取统一的计算公式。

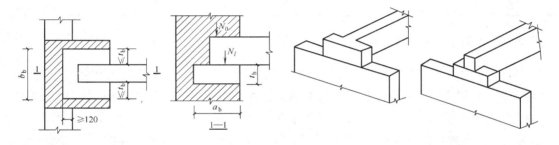

图 13.14　梁端下设置预制刚性垫块时的局部受压　　　　图 13.15　梁端现浇成整体的垫块

梁端设置刚性垫块时，垫块下砌体局部受压承载力应按下式计算：

$$N_0 + N_l \leq \varphi \gamma_1 f A_b \tag{13-15}$$

式中　N_0——垫块面积 A_b 内上部轴向力设计值，$N_0 = \sigma_0 A_b$；

　　　　A_b——垫块面积(mm^2)，$A_b = a_b b_b$；

　　　　a_b——垫块伸入墙内的长度(mm)；

　　　　b_b——垫块的宽度(mm)；

　　　　φ——垫块上 N_0 与 N_l 合力的影响系数，按 $\beta \leq 3$ 查表 13.1 和表 13.2 确定，查表时用 a_b 代替表中的 h 即可；

　　　　γ_1——垫块外砌体面积的有利影响系数，$\gamma_1 = 0.8\gamma$，但不小于 1.0；

　　　　γ——砌体局部抗压强度提高系数，按式(13-11)计算，但计算时应以 A_b 代替 A_l。

公式(13-16)中，影响系数 φ 也可按下式计算：

$$\varphi = \cfrac{1}{1 + 12\left(\cfrac{e}{a_b}\right)^2} \tag{13-16}$$

参照图 13.16 所示，N_0 与 N_l 合力对垫块形心的偏心距 e 按下式计算：

$$e = \cfrac{N_l\left(\cfrac{a_b}{2} - 0.4a_0\right)}{N_0 + N_l} \tag{13-17}$$

从式(13-17)不难看出，垫块上 N_l 作用点到墙内边缘的距离取为 $0.4a_0$，其中 a_0 为梁端设置刚性垫块时，垫块表面梁端有效支承长度，应按下式计算：

$$a_0 = \delta_1 \sqrt{\cfrac{h_c}{f}} \tag{13-18}$$

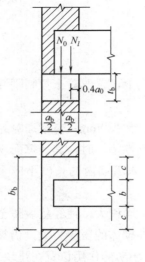

图 13.16　垫块上压力的作用位置

式中　δ_1——刚性垫块的影响系数，按表 13.7 用。

表 13.7　刚性垫块的影响系数 δ_1

$\dfrac{\sigma_0}{f}$	0	0.2	0.4	0.6	0.8
δ_1	5.4	5.7	6.0	6.9	7.8

2. 垫梁下的砌体局部受压

当在楼(屋)盖支承处的墙体上设有与楼(屋)盖梁整体浇注、互相连接的圈梁，或在楼(屋)盖大梁下设有圈梁时，圈梁能起到扩散梁端支承处砌体局部压应力的作用，称为"垫梁"。当垫梁的长度大于 πh_0 时(h_0 为垫梁的折算厚度)，梁下应力分布如图 13.17 所示。垫梁承受上部荷载 N_0 和集中局部荷载 N_l 的作用，为保证其局部受压承载力，应按照《砌体规范》的有关规定进行垫梁下砌体的局部受压承载力验算。

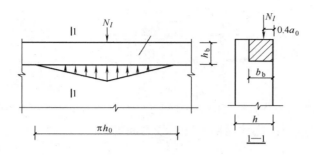

图 13.17　垫梁下的砌体局部受压

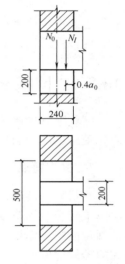

图 13.18　例 13.7 附图

【**例 13.7**】　已知条件同例 13.6，试在梁端下设置预制刚性垫块并进行验算。

【**解**】根据例 13.6 中的计算结果，梁端下砌体局部受压承载力不满足要求，采取梁端下设置混凝土预制刚性垫块的措施，垫块尺寸为 $a_b \times b_b \times t_b = 240mm \times 500mm \times 200mm$，垫块自梁边两侧各挑出 $150mm < t_b = 200mm$，如图 13.18 所示，满足刚性垫块要求。

刚性垫块面积

$A_b = a_b \times b_b = 240 \times 500 = 120\ 000mm^2$

影响砌体局部抗压强度的计算面积

$$A_0 = (b_b + 2h)h = (500 + 2 \times 240) \times 240 = 235\ 200mm^2$$

砌体局部抗压强度提高系数

$$\gamma = 1 + 0.35\sqrt{\frac{A_0}{A_b} - 1} = 1 + 0.35\sqrt{\frac{235\ 200}{120\ 000} - 1} = 1.34 < \gamma_{max} = 2.0$$

垫块外砌体面积的有利影响系数

$$\gamma_1 = 0.8\gamma = 0.8 \times 1.34 = 1.07$$

上部砌体的平均压应力

$$\sigma_0 = \frac{N_u}{A_u} = \frac{180 \times 10^3}{1500 \times 240} = 0.5\ N/mm^2$$

垫块面积内上部轴向力设计值

$$N_0 = \sigma_0 A_b = 0.5 \times 120\ 000 \times 10^{-3} = 60kN$$

设置垫块后梁端有效支承长度按公式(13.18)计算

由 $\dfrac{\sigma_0}{f} = \dfrac{0.5}{1.5} = 0.33$，查表 13.7 得 $\delta_1 = 5.9$。

$$a_0 = \delta_1\sqrt{\frac{h_c}{f}} = 5.9\sqrt{\frac{550}{1.5}} = 113mm$$

N_0 与 N_l 的合力对垫块形心的偏心距为

$$e = \frac{N_l\left(\dfrac{a_b}{2} - 0.4a_0\right)}{N_0 + N_l} = \frac{70 \times 10^3\left(\dfrac{240}{2} - 0.4 \times 113\right)}{60 \times 10^3 + 70 \times 10^3} = 40.3mm$$

由公式(13-17)得

$$\varphi = \frac{1}{1 + 12\left(\dfrac{e}{a_b}\right)^2} = \frac{1}{1 + 12 \times \left(\dfrac{40.3}{240}\right)^2} = 0.747$$

由公式(13-16)得

$\varphi\gamma_1 f A_b = 0.747 \times 1.07 \times 1.5 \times 120\,000 = 143\,872$ N=143.87kN>$N_0 + N_l = 60 + 70 = 130$kN

设置垫块后,梁端下的砌体局部受压承载力满足要求。

13.3 配筋砌体简介

当无筋砌体受压构件的抗压承载力不足时,可以采用配筋砌体来提高砌体结构的承载力。用作受压构件的配筋砖砌体主要有网状配筋砖砌体和组合砖砌体。

13.3.1 网状配筋砖砌体

网状配筋砖砌体是在砖砌体的水平灰缝内按一定要求放置方格钢筋网片,以达到提高砌体受压承载力的目的。

1. 受力特点

网状配筋砖砌体在受力后也跟无筋砌体一样,经历三个受力阶段。所不同的是,第一阶段单砖开裂的荷载提高了,当达到极限荷载 60%～75%时才出现单砖开裂现象;由于钢筋网片的阻隔作用,第二阶段的裂缝不像无筋砌体那样贯穿很多皮砖,而是在钢筋网片之间的砖块内发展,此阶段的砖裂缝细而多,但发展缓慢;在第三阶段破坏时,也不至于像无筋砌体那样,形成贯通裂缝且分隔成若干小柱失稳而破坏,网状配筋砖砌体是由于网片之间的部分砖严重开裂直至压碎,最后导致砌体破坏。由于钢筋网片约束了砌体的横向变形,从而间接提高了砌体的抗压强度,故网状配筋砖砌体的抗压承载力明显高于无筋砌体。

由于网状配筋砖砌体是靠钢筋网片的约束作用而提高砌体承载力的,当轴向压力的偏心距过大,构件截面应力不均匀,或高厚比过大的砌体受到纵向弯曲的影响,都会削弱钢筋网片的作用。所以《砌体规范》规定,在下列情况下不宜采用网状配筋砖砌体。

(1) 偏心距 e 超过截面核心范围,如对矩形截面,即为 $e/h>0.17$。

(2) 偏心距虽未超出截面核心范围,但构件的高厚比$\beta>16$ 的砌体。

2. 构造要求

为使网状配筋砖砌体能安全可靠地工作,除了应按受压承载力计算外,尚应满足下列构造要求(图 13.19)。

(1) 钢筋的体积配筋率不应小于 0.1%,并

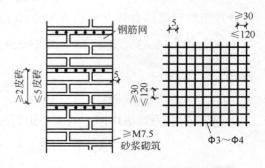

图 13.19 网状配筋砖砌体的构造要求

不应大于 1%。因为配筋率过小，钢筋网片的作用太小，而配筋率过大使钢筋的强度不能充分发挥作用。

(2) 采用方格钢筋网片时，由于存在着两个方向钢筋相叠的现象，若直径过粗，会使灰缝过厚，但过细的钢筋则由于锈蚀使耐久性降低，所以钢筋的直径宜用 3～4mm。

(3) 钢筋网片中钢筋的间距不应大于 120mm，并不应小于 30mm，这主要是考虑钢筋过疏对砌体的约束作用太弱，而方格过密，则砂浆难以密实。

(4) 钢筋网的竖向间距不应大于五皮砖，并不应大于 400mm。

(5) 网状配筋砖砌体所用的砂浆强度等级不应低于 M7.5，钢筋网片处水平灰缝的厚度应保证钢筋上、下至少各有 2mm 的砂浆层。另外，为了检查砌体中钢筋是否漏放，每一网片中的钢筋应有一根露在砌体外面 5mm。

13.3.2　组合砖砌体

当无筋砌体受压构件的截面尺寸受到限制或设计不经济，或轴向力偏心距过大($e>0.6y$)时，可采用砖砌体和钢筋混凝土面层或钢筋砂浆面层组成的组合砖砌体(图 13.20)。

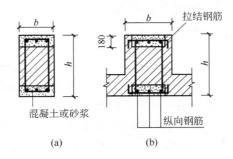

图 13.20　组合砖砌体构件截面

1．受力特点

由于混凝土面层或砂浆面层以及面层内配置的钢筋均直接参与受压工作，所以构件的受压承载力比无筋砌体有明显提高，而且能显著提高构件的抗弯能力和延性。

在组合砖砌体构件中，由于两侧混凝土面层或砂浆面层的约束，砖砌体的受压变形能力较大，当构件达到极限承载力时，砖砌体的强度未能充分利用。对于钢筋砂浆面层的组合砖砌体，由于砂浆的极限应变小于钢筋的受压屈服应变，破坏时钢筋的强度也未能充分利用。

2．构造要求

(1) 面层混凝土强度等级宜采用 C20，面层水泥砂浆强度等级不宜低于 M10。为了使砖砌体的强度不至于过低，砌筑砂浆强度等级不宜低于 M7.5。

(2) 砂浆面层的厚度可采用 30～45mm，当面层厚度大于 45mm 时，宜改用混凝土面层。

(3) 竖向受力钢筋宜采用 HPB300 级钢筋，对于混凝土面层，也可采用 HRB335 级钢筋。受压钢筋一侧的配筋率，对砂浆面层不宜小于 0.1%，对混凝土面层不宜小于 0.2%。受拉钢筋的配筋率，不应小于 0.1%。竖向受力钢筋的直径不应小于 8mm，钢筋的净间距不应小于 30mm。

(4) 箍筋的直径不宜小于 4mm 及 0.2 倍的受压钢筋直径，并不宜大于 6mm。箍筋的间距不应大于 20 倍受压钢筋的直径及 500mm，并不应小于 120mm。

(5) 当组合砖砌体构件一侧的竖向受力钢筋多于 4 根时，应设置附加箍筋或拉结钢筋。

(6) 对于截面长短边相差较大的构件，如墙体等，应采用穿通墙体的拉结钢筋作为箍筋，同时设置水平分布钢筋。水平分布钢筋的竖向间距及拉结钢筋的水平间距，均不应大于 500mm(图 13.21)。

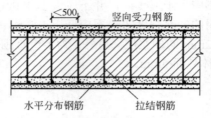

图 13.21　混凝土或砂浆面层组合墙构造

(7) 组合砖砌体构件的顶部和底部，以及牛腿部位，必须设置钢筋混凝土垫块。竖向受力钢筋伸入垫块的长度，必须满足锚固要求。

3. 砌体中钢筋的保护层厚度

《砌体规范》规定，设计使用年限为 50 年时，砌体中钢筋的保护层厚度应符合下列规定。

(1) 配筋砌体中钢筋的最小混凝土保护层厚度应符合表 13.8 的规定。

(2) 灰缝中钢筋外露砂浆保护层的厚度不应小于 15mm。

(3) 所有钢筋端部均应有与对应钢筋的环境类别条件相同的保护层厚度。

(4) 对填实的夹心墙或特别的墙体构造，钢筋的最小保护层厚度，尚应符合相关规定。

表 13.8　钢筋的最小保护层厚度/mm

环境类别	混凝土强度等级			
	C20	C25	C30	C35
	最低水泥含量/(kg/m³)			
	260	280	300	320
1	20	20	20	20
2	—	25	25	25
3	—	40	40	30
4	—	—	40	40
5	—	—	—	40

注：1. 材料中最大氯离子含量和最大碱含量应符合现行国家标准《混凝土规范》(GB 50010—2010)的规定；

2. 当采用防渗砌体块体和防渗砂浆时，可以考虑部分砌体(含抹灰层)的厚度作为保护层，但对环境类别 1、2、3，其混凝土保护层的厚度相应不应小于 10mm、15mm 和 20mm；

3. 钢筋砂浆面层的组合砌体构件的钢筋保护层厚度宜比表 13.8 规定的混凝土保护层厚度数值增加 5~10mm；

4 对安全等级为一级或设计使用年限为 50 年以上的砌体结构，钢筋保护层的厚度应至少增加 10mm。

13.4　砌体结构中的过梁及挑梁设计

13.4.1　过梁的计算与构造

1．过梁的类型及构造

过梁是设在门窗洞口上方的横梁。它的作用是承受门窗洞口上方的墙重及楼(屋)盖传来的荷载。常见的过梁有砖砌平拱过梁、钢筋砖过梁等砖砌过梁(图 13.22)以及钢筋混凝土过梁。

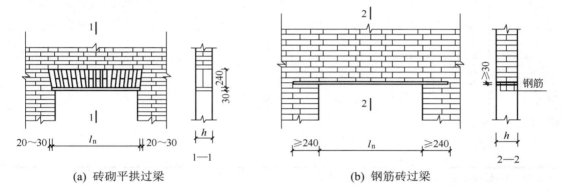

（a）砖砌平拱过梁　　　　　　　　　　　　（b）钢筋砖过梁

图 13.22　砖砌过梁

砖砌平拱过梁是将砖竖立侧砌而成。过梁宽度与墙厚相同，竖立砌筑部分的高度不小于 240mm，过梁跨度不应超过 1.2m。

钢筋砖过梁是在过梁底面设置不小于 30mm 厚 1∶3 水泥砂浆层，砂浆层内设置过梁受拉钢筋，钢筋直径不小于 5mm，间距不大于 120mm，钢筋伸入洞边砌体内的长度不小于 240mm，且端部做直钩。砂浆层以上砌体的砌筑方法与普通砌体相同，钢筋砖过梁的跨度不应超过 1.5m。

砖砌过梁在截面计算高度范围内的砂浆强度等级不宜低于 M5。砖砌过梁虽然造价低，但其跨度受到限制并且对变形很敏感。对于有较大振动荷载或可能产生地基不均匀沉降的房屋，或跨度较大、荷载较大的情况应采用钢筋混凝土过梁。

2．过梁上的荷载

过梁承受的荷载包括两部分，一部分为墙体及过梁本身自重，另一部分为过梁上部的梁、板传来的荷载。试验表明，过梁上的砌体达到一定高度后，墙体形成的"内拱"产生卸荷作用，把过梁上的一部分墙重及梁、板荷载直接传给支座，从而减少了直接作用于过梁上的荷载。为简化计算并偏于安全考虑，过梁上的墙体和梁、板荷载应按表 13.9 的规定采用。

表 13.9　过梁上的荷载取值表

荷载类型	简　图	砌体种类		荷载取值
墙体荷载	 h_w l_n 注：h_w 为过梁上墙体高度	砖砌体	$h_w < \dfrac{l_n}{3}$	应按墙体的均布自重采用
			$h_w \geq \dfrac{l_n}{3}$	应按高度为 $\dfrac{l_n}{3}$ 墙体的均布自重采用
		混凝土砌块砌体	$h_w < \dfrac{l_n}{2}$	应按墙体的均布自重采用
			$h_w \geq \dfrac{l_n}{2}$	应按高度为 $\dfrac{l_n}{2}$ 的墙体的均布自重采用
梁板荷载	 P h_w l_n 注：h_w 为梁、板下墙体高度	砖砌体 混凝土 砌块砌体	$h_w < l_n$	应计入梁、板传来的荷载
			$h_w \geq l_n$	可不考虑梁、板荷载

　　注：1. 墙体荷载的取值与梁、板的位置无关；
　　　　2. l_n 为过梁的净跨。

3. 砖砌过梁的计算

　　砖砌过梁在荷载作用下，与普通受弯构件一样，上部受压，下部受拉。随着荷载的增加可能引起过梁跨中正截面的受弯承载力不足而破坏，也可能在支座附近因受剪承载力不足沿灰缝产生阶梯形裂缝导致破坏。因此，应对砖砌过梁进行受弯、受剪承载力验算。此外，对砖砌平拱过梁，还应进行房屋端部窗间墙支座水平受剪承载力验算。

　　过梁的内力按简支梁计算，计算跨度取过梁的净跨，即洞口宽度 l_n，过梁宽度 b 取与墙厚相同。砖砌过梁截面计算高度 h 的取值：当不考虑梁、板荷载时，取过梁底面以上的墙体高度，但不超过 $l_n/3$；当考虑梁、板荷载时，取过梁底面到梁、板底面的墙体高度。

　　1）砖砌平拱过梁的计算

　　对砖砌平拱过梁，其受弯承载力应按下式计算：

$$M \leqslant f_{tm} W \tag{13-19}$$

　　受剪承载力应按下式计算：

$$V \leqslant f_v bz \tag{13-20}$$

式中　M ——过梁承受的弯矩设计值；

　　　　V ——过梁承受的剪力设计值；

　　　　f_{tm}——砌体沿齿缝截面的弯曲抗拉强度设计值，应按表 11.11 采用；

　　　　f_v ——砌体的抗剪强度设计值，应按表 11.11 采用；

　　　　b ——过梁的截面宽度，即墙厚；

W ——过梁截面的弹性抵抗矩，$W = \dfrac{1}{6}bh^2$；

z ——内力臂，$z = \dfrac{2}{3}h$；

h ——过梁截面的计算高度。

2) 钢筋砖过梁的计算

钢筋砖过梁的跨中正截面承载力应按下式计算：

$$M \leqslant 0.85h_0 f_y A_s \tag{13-21}$$

式中　h_0 ——过梁截面的有效高度，$h_0 = h - a_s$；

a_s ——受拉钢筋重心到过梁底面的距离，一般取 15～20mm；

f_y ——钢筋的抗拉强度设计值；

A_s ——受拉钢筋的截面面积。

钢筋砖过梁支座的受剪承载力计算与砖砌平拱过梁相同。

4. 钢筋混凝土过梁的计算

钢筋混凝土过梁的荷载取值方法与砖砌过梁相同，其截面设计与一般钢筋混凝土简支梁相同。过梁端部在墙中的支承长度不应小于 240mm，其他配筋构造要求同一般钢筋混凝土梁。

【例 13.8】　某房屋顶层纵墙窗过梁，已知在距窗顶 0.7m 处屋面板传来的荷载设计值 $q_{板}$=12kN/m，纵墙厚 240mm，窗过梁上墙高为 1.5m(包括女儿墙)。双面粉刷的墙体自重为 5.24kN/m^2，采用 MU10 烧结普通砖及 M5 混合砂浆砌筑。要求：

(1) 当窗洞口宽度 l_n=1.2m 时，验算窗顶砖砌平拱过梁的承载力。

(2) 当窗洞口宽度 l_n=1.5m 时，采用钢筋砖过梁，选用 HPB300 级钢筋，f_y =270N/mm^2，试求钢筋砖过梁的钢筋用量，并验算过梁的抗剪承载力。

【解】M5 混合砂浆砌筑时，由表 11.11 查得 f_{tm}=0.23N/mm^2，f_v =0.11N/mm^2。

1) 采用砖砌平拱过梁

(1) 荷载及内力计算。

过梁上墙高 h_w=1.5m$> \dfrac{1}{3}l_n = \dfrac{1.2}{3}$=0.4m，墙体荷载按 0.4m 高的墙体均布自重计算。取永久荷载分项系数 γ_G=1.2，则

$$q_{墙} = 1.2 \times 0.4 \times 5.24 = 2.52 \text{ kN/m}$$

屋面板底至过梁底墙高为 0.7m $<l_n$=1.2m，需考虑屋面板传来的荷载 $q_{板}$。

$$q = q_{墙} + q_{板} = 2.52 + 12 = 14.52 \text{ kN/m}$$

$$M = \frac{1}{8}ql_n^2 = \frac{1}{8} \times 14.52 \times 1.2^2 = 2.61 \text{ kN} \cdot \text{m}$$

$$V = \frac{1}{2}ql_n = \frac{1}{2} \times 14.52 \times 1.2 = 8.71 \text{ kN}$$

(2) 截面承载力验算。

截面宽度 b=240mm，考虑板荷载，故取 h=700mm。

抗弯验算：

$$W = \frac{1}{6} bh^2 = \frac{1}{6} \times 240 \times 700^2 = 196 \times 10^5 \text{ mm}^3$$

$$f_{tm}W = 0.23 \times 196 \times 10^5 = 4.5 \times 10^6 \text{ N} \cdot \text{mm} = 4.5 \text{ kN} \cdot \text{m} > M = 2.61 \text{ kN} \cdot \text{m}$$

满足要求。

抗剪验算：

$$f_v bz = \frac{2}{3} f_v bh = \frac{2}{3} \times 0.11 \times 240 \times 700 = 12\,320 \text{ N} = 12.32 \text{ kN} > V = 8.71 \text{ kN}$$

满足要求。

2) 采用钢筋砖过梁

(1) 荷载及内力计算。

洞口上墙高 $h_w = 1.5\text{m} > \dfrac{l_n}{3} = \dfrac{1.5}{3} = 0.5\text{m}$，墙体荷载按高为 0.5m 的墙体均布自重计算。

$$q_{墙} = 1.2 \times 0.5 \times 5.24 = 3.14 \text{ kN/m}$$

屋面板底到过梁底高 $0.7\text{m} < l_n = 1.5\text{m}$，需考虑屋面板传来的荷载 $q_{板}$。

$$q = q_{墙} + q_{板} = 3.14 + 12 = 15.14 \text{ kN/m}$$

$$M = \frac{1}{8} q l_n{}^2 = \frac{1}{8} \times 15.14 \times 1.5^2 = 4.26 \text{ kN} \cdot \text{m}$$

$$V = \frac{1}{2} q l_n = \frac{1}{2} \times 15.14 \times 1.5 = 11.36 \text{ kN}$$

(2) 截面承载力计算。

取 $h = 700\text{mm}$，$h_0 = h - a_s = 700 - 20 = 680\text{mm}$。

抗弯计算：

由式(13-22)得

$$A_s \geqslant \frac{M}{0.85 h_0 f_y} = \frac{4.26 \times 10^6}{0.85 \times 680 \times 270} = 27.3 \text{mm}^2$$

取 3Φ6，$A_s = 84.9\text{mm}^2 > 27.3\text{mm}^2$，且满足钢筋间距要求。

抗剪验算：

$$V = 11.39 \text{ kN} < V_u = 12.32\text{kN} \ (\text{同砖砌平拱过梁})$$

满足要求。

13.4.2　挑梁的计算与构造

挑梁是指一端嵌固在砌体墙内，另一端悬挑出墙外的钢筋混凝土悬挑构件。在混合结构房屋中，由于使用功能和建筑艺术的要求，挑梁多用作房屋的阳台、雨篷、悬挑外廊和悬挑楼梯中。

1. 挑梁的受力特点

挑梁在外伸端的荷载作用下，悬挑根部处梁下砌体产生压缩变形，梁上界面产生水平裂缝与上部砌体脱开。继续加荷，在挑梁入墙部分的尾部梁底也产生水平裂缝，并有与下部砌体脱开、梁尾翘起的趋势。随着荷载的不断增加，挑梁可能出现以下三种破坏形态。

1) 挑梁受弯或受剪破坏

在外挑部分的荷载作用下，挑梁根部的抗弯或抗剪承载力不足而导致挑梁自身破坏(图

13.23(a))。

2) 挑梁倾覆破坏

当挑梁入墙部分的长度不足，其上部墙体对它的嵌固作用不足以抵抗外挑部分荷载引起的倾覆力矩时，挑梁会发生倾覆破坏(图 13.23(b))。

3) 挑梁下砌体局部受压破坏

在外挑部分的荷载作用下，挑梁入墙部分的尾部梁底逐渐与砌体分离，使挑梁入墙部分砌体的有效受压面积减小，最后在悬挑部分根部处梁下砌体局部压碎而产生局部受压破坏(图 13.23(c))。

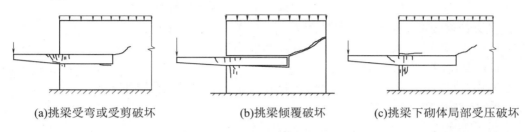

(a)挑梁受弯或受剪破坏   (b)挑梁倾覆破坏   (c)挑梁下砌体局部受压破坏

图 13.23 挑梁的破坏形态

2. 挑梁的计算

1) 挑梁的抗倾覆验算

在挑梁达到倾覆极限状态时，其入墙部分的尾部上部 45° 扩散角范围内的墙体自重及楼(屋)盖自重能发挥抗倾覆作用。试验表明，当挑梁倾覆破坏时，挑梁的倾覆点(挑梁倾覆时绕该点旋转)不在墙边，而在距墙边 x_0 处。挑梁的抗倾覆应按下式进行验算：

$$M_{ov} \leqslant M_r \tag{13-22}$$

$$M_r = 0.8 G_r (l_2 - x_0) \tag{13-23}$$

式中　M_{ov}——挑梁悬挑端的荷载设计值对计算倾覆点产生的倾覆力矩；

　　　M_r——挑梁的抗倾覆力矩设计值；

　　　G_r——挑梁的抗倾覆荷载，为挑梁尾端上部 45° 扩散角的阴影范围(其水平长度为 l_3)内本层的砌体与楼面恒荷载标准值之和。对无洞口砌体，按图 13.24(a)计算；当 $l_3 > l_1$ 时按图 13.24(b)计算；对于有洞口砌体，则根据洞口的位置按图 13.24(c)或图 13.24(d)计算。此处 l_1 为挑梁埋入墙内的长度；

　　　l_2——G_r 作用点至墙外边缘的距离；

　　　x_0——计算倾覆点至墙外边缘的距离。

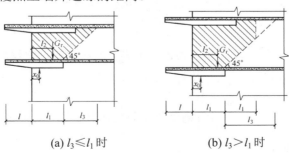

(a) $l_3 \leqslant l_1$ 时   (b) $l_3 > l_1$ 时

图 13.24 挑梁的抗倾覆荷载示意图

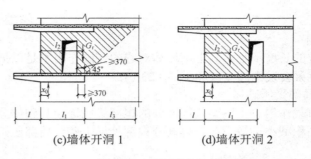

(c)墙体开洞 1 　　　　　(d)墙体开洞 2

图 13.24　挑梁的抗倾覆荷载示意图(续)

挑梁计算倾覆点至墙外边缘的距离 x_0，可按下列规定采用：

(1) 当 $l_1 \geqslant 2.2 h_b$ 时，$x_0 = 0.3 h_b$，且 $x_0 \leqslant 0.13 l_1$；

(2) 当 $l_1 < 2.2 h_b$ 时，$x_0 = 0.13 l_1$。

其中，l_1 为挑梁埋入墙体中的长度(mm)，h_b 为挑梁的截面高度(mm)。

2) 挑梁下砌体的局部受压承载力验算

挑梁下砌体局部受压承载力可按下式验算：

$$N_l \leqslant \eta \gamma f A_l \tag{13-24}$$

式中　N_l ——挑梁下的支承压力，可取 $N_l = 2R$，R 为挑梁的倾覆荷载设计值；

　　　　η ——梁端底面压应力图形的完整系数，可取 $\eta = 0.7$；

　　　　γ ——砌体局部抗压强度提高系数，当挑梁支承在一字墙上时(图 13.25(a))，取 $\gamma = 1.25$，当挑梁支承在丁字墙(图 13.25(b))时，取 $\gamma = 1.5$；

　　　　A_l ——挑梁下砌体局部受压面积，可取 $A_l = 1.2 b h_b$，b 为挑梁的截面宽度。

当挑梁下砌体局部受压承载力不满足要求时，可设置垫块，也可在悬挑根部处设置钢筋混凝土构造柱。

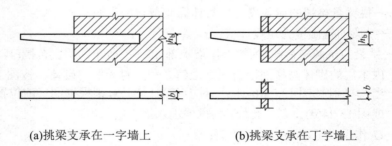

(a)挑梁支承在一字墙上　　　　　(b)挑梁支承在丁字墙上

图 13.25　挑梁下砌体局部受压

3) 挑梁截面承载力计算

取挑梁最大弯矩设计值 $M_{\max}$ 和剪力设计值 $V_{\max}$，按一般钢筋混凝土梁计算正截面受弯承载力和斜截面受剪承载力，$M_{\max}$ 及 $V_{\max}$ 按下式取值：

$$M_{\max} = M_{ov}$$
$$V_{\max} = V_0 （挑梁在墙外边缘处截面产生的剪力设计值）$$

3. 挑梁的构造要求

挑梁的构造除应符合《混凝土规范》的有关规定外，尚应满足下列要求。

(1) 纵向受力钢筋至少应有 1/2 的钢筋面积伸入梁尾端，且不少于 2Φ12。其余钢筋伸入支座的长度不应小于 $2l_1/3$。

(2) 挑梁埋入砌体的长度 l_1 与挑梁挑出长度 l 之比宜大于 1.2；当挑梁上无砌体时，l_1 与 l 之比宜大于 2。

【例 13.9】某住宅阳台平面布置如图 13.26(a)所示。已知楼面恒荷载标准值为 3.5kN/m^2，阳台活荷载标准值为 2.5kN/m^2，室内活荷载标准值为 2.0kN/m^2。墙体采用 MU10 烧结多孔砖及 M5 混合砂浆砌筑，墙厚为 240 mm，双面抹灰的墙体自重标准值为 5.24kN/m^2。挑梁截面尺寸为 240 mm ×400 mm，自重标准值为 2.5kN/m，阳台封口梁及栏杆自重标准值为 5kN/m。阳台挑梁的剖面示意图如图 13.26(b)所示。试对该阳台的中间挑梁进行设计。

【解】

1) 荷载计算

楼板传至挑梁的均布恒荷载标准值
$$g_k =3.5\times3.3=11.55 \text{ kN/m}$$

阳台板及室内楼板传至挑梁的均布活荷载标准值分别为
$$q_{1k} = 2.5\times3.3 = 8.25 \text{ kN/m}$$
$$q_{2k} = 2\times3.3 = 6.6 \text{ kN/m}$$

封口梁传来的集中恒荷载标准值
$$F_k =5\times3.3=16.5 \text{ kN}$$

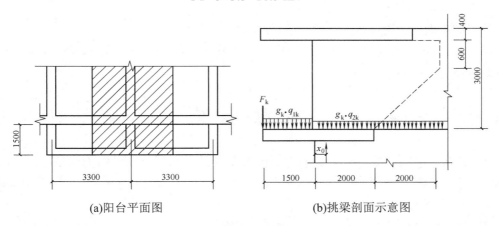

(a)阳台平面图　　　　(b)挑梁剖面示意图

图 13.26　例 13.9 附图

2) 挑梁抗倾覆验算

(1) 计算倾覆点位置。

因 l_1=2.0m>2.2 h_b =2.2 × 0.4=0.88m

取 x_0=0.3 h_b =0.3 × 0.4=0.12m<0.13l_1 =0.13 × 2=0.26m

(2) 倾覆力矩。
$$M_{ov}=\frac{1}{2}[1.2\times(11.55+2.5)+1.4\times 8.25]\times(1.5+0.12)^2+1.2\times16.5\times(1.5+0.12)=69.36\text{kN}\cdot\text{m}$$

(3) 抗倾覆力。

楼盖恒荷载产生的抗倾覆力矩：

$$M_{r1} = 0.8 \times \left[(11.55 + 2.5) \times \frac{1}{2}(2.0 - 0.12) \right] = 19.86 \text{kN} \cdot \text{m}$$

墙体自重产生的抗倾覆力矩：

$$M_{r2} = 0.8 \times \left[4 \times 2.6 \times (2 - 0.12) - \frac{1}{2} \times 2 \times 2 \times \left(2 + \frac{2}{3} \times 2 - 0.12 \right) \right] \times 5.24 = 55.02 \text{kN}$$

$$M_r = M_{r1} + M_{r2} = 19.86 + 55.02 = 74.88 \text{kN} \cdot \text{m} > M_{ov} = 69.36 \text{kN} \cdot \text{m}$$

抗倾覆验算满足要求。

3）挑梁下砌体局部受压承载力验算

已知 $\eta = 0.7$，$\gamma = 1.5$，$f = 1.5 \text{N/mm}^2$。

$$A_l = 1.2bh_b = 1.2 \times 240 \times 400 = 115\ 200 \text{mm}^2$$

$$R = 1.2 \times 16.5 + [1.2 \times (11.55 + 2.5) + 1.4 \times 8.25] \times (1.5 + 0.12) = 65.82 \text{kN}$$

$$N_l = 2R = 2 \times 65.82 = 131.65 \text{kN}$$

$$\eta \gamma f A_l = 0.7 \times 1.5 \times 1.5 \times 115\ 200 = 181\ 440 \text{N} = 181.44 \text{kN} > N_l = 131.65 \text{kN}$$

挑梁下砌体局部受压承载力满足要求。

4）挑梁承载力计算

挑梁的最大弯矩设计值为：

$$M_{max} = M_{ov} = 69.36 \text{kN} \cdot \text{m}$$

挑梁的最大剪力设计值为挑梁在墙外边缘处的剪力：

$$V_{max} = 1.2 \times 16.5 + [1.2 \times (11.55 + 2.5) + 1.4 \times 8.25] \times 1.5 = 62.42 \text{kN}$$

阳台挑梁的截面配筋计算从略。

本 章 小 结

（1）影响无筋砌体受压承载力的主要因素是构件的高厚比和轴向力的偏心距。《砌体规范》用影响系数 φ 来考虑高厚比和偏心距对砌体受压承载力的影响。同时，应用砌体受压承载力计算公式时，限制偏心距 e 不应超过 $0.6y$。

（2）高厚比验算是保证砌体墙(柱)在施工和使用过程中稳定性和刚度的一项重要的构造措施。对高厚比验算的要求是指墙(柱)的实际高厚比 β 不应超过《砌体规范》规定的允许高厚比 $[\beta]$。

（3）砌体局部受压包括局部均匀受压和局部非均匀受压。在局部压应力作用下，砌体局部抗压强度高于全截面抗压强度，《砌体规范》引入了局部抗压强度提高系数 γ。当梁端下砌体局部受压承载力不满足要求时，可设置垫块及垫梁等提高砌体局部受压承载力。

（4）砌体局部受压包括局部均匀受压和局部非均匀受压。在局部压应力作用下，砌体局部抗压强度高于全截面抗压强度，《砌体规范》引入了局部抗压强度提高系数 γ。当梁端下砌体局部受压承载力不满足要求时，可设置垫块及垫梁等提高砌体局部受压承载力。

（5）当无筋砌体的受压承载力不满足要求时，可采用网状配筋砖砌体和组合砖砌体。

网状配筋砖砌体适用于高厚比不大的轴心或偏心距较小的受压构件。其余配筋砌体则无此限制。

(6) 常见的过梁有砖砌平拱过梁、钢筋砖过梁等砖砌过梁以及钢筋混凝土过梁。过梁承受的荷载包括两部分，一部分为墙体及过梁本身自重，另一部分为过梁上部的梁、板传来的荷载。过梁上的墙体和梁、板荷载应按有关规定取值。砖砌过梁应按简支受弯构件进行抗弯、抗剪承载力计算。钢筋混凝土过梁计算同一般钢筋混凝土受弯构件。

(7) 挑梁是混合结构房屋中常见的钢筋混凝土悬挑构件。挑梁除了进行抗弯、抗剪承载力计算外，尚应进行挑梁的抗倾覆验算和挑梁下砌体的局部受压承载力验算。

思考与训练

13.1　受压构件的高厚比和轴向力的偏心距对砌体受压承载力有何影响？

13.2　进行受压构件计算时，为什么要对偏心距加以限制？当轴向力偏心距超过规定的限值时，应采取哪些措施？

13.3　墙、柱高厚比验算的目的是什么？如何验算？

13.4　砌体局部受压强度高于砌体受压强度的原因是什么？《砌体规范》如何考虑砌体局部受压强度的提高？

13.5　网状配筋砖砌体的适用范围是什么？有哪些构造要求？

13.6　常见的过梁有哪几种？过梁上的墙体荷载和梁板荷载如何取值？

13.7　挑梁有哪几种破坏形式？如何进行挑梁的抗倾覆验算和挑梁下砌体的局部受压承载力验算？

13.8　某砖柱两端铰接，计算高度 H_0=4.8m，截面尺寸为 490mm×620mm，柱顶承受以永久荷载效应控制的组合求得的轴心压力设计值 N=350kN，采用 MU10 烧结普通砖，M5.0 混合砂浆砌筑，砌体重度为 19kN/m³，砌体施工质量控制等级为 B 级。试验算该柱受压承载力。

13.9　截面尺寸为 370mm×490mm 的砖柱，计算高度 H_0=3m，采用 MU10 烧结多孔砖，M5 混合砂浆砌筑，砌体施工质量控制等级为 B 级。截面承受弯矩设计值 M=7.5kN·m，轴向压力设计值 N=150kN，弯矩作用方向为截面长边方向。试验算该柱承载力。

13.10　某单层房屋窗间墙截面如图 13.27 所示。计算高度 H_0= 6.32m，采用 MU10 烧结多孔砖及 M5 混合砂浆砌筑，砌体施工质量控制等级为 B 级。墙顶承受压力设计值 N=350kN，弯矩设计值 M=20.72kN·m(压力作用点偏向壁柱一侧)。试验算墙顶截面的承载力。

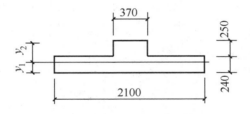

图 13.27　训练题 13.10 附图

13.11 某办公楼局部平面如图 13.28 所示。采用钢筋混凝土空心板楼面,除非承重隔墙厚为 120mm、外墙厚为 370mm 外,其余墙厚均为 240mm。采用 MU10 烧结多孔砖及 M5 混合砂浆砌筑。底层墙高 4.8m,非承重隔墙高 3.9m。试验算纵、横承重墙及非承重隔墙的高厚比。

13.12 已知某单层砖砌体房屋长 42m(内无隔墙),采用整体式钢筋混凝土屋盖,纵墙高度 H=5.1m(算至基础顶面),用 M5 混合砂浆砌筑,窗洞宽度及窗间墙尺寸如图 13.29 所示。试验算带避柱纵墙的高厚比。

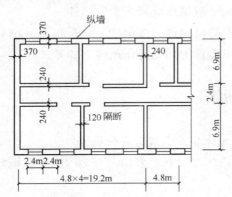

图 13.28 训练题 13.11 附图

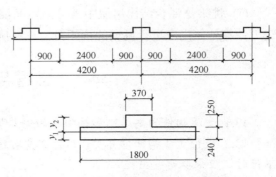

图 13.29 训练题 13.12 附图

13.13 如图 13.30 所示,在 1600mm×370mm 的窗间墙中部支承一钢筋混凝土大梁。大梁传来的支承压力 N_l=120kN,上层砌体传来的全部荷载 N_u=300kN,墙体采用 MU10 烧结多孔砖及 M5 混合砂浆砌筑。梁的支承长度为 240mm,梁的截面尺寸为 250mm×600mm。试验算梁端支承处砌体局部受压承载力(若不满足要求,可加设垫块再进行验算)。

13.14 某住宅阳台雨篷盖板如图 13.31 所示。已知屋面恒荷载标准值为 6.5kN/m²,活荷载标准值为 2.0kN/m²,阳台盖板恒荷载标准值为 4.5kN/m²,活荷载标准值为 2.5kN/m²。墙体采用 MU10 烧结多孔砖及 M5 混合砂浆砌筑,墙厚为 240mm。挑梁截面尺寸为 240mm×400mm,梁自重标准值为 2.5kN/m,阳台板封口梁及栏杆自重标准值为 4kN/m。试验算该阳台板中间挑梁的抗倾覆及挑梁下砌体的局部受压承载力。

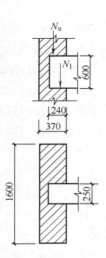

图 13.30 训练题 13.13 附图

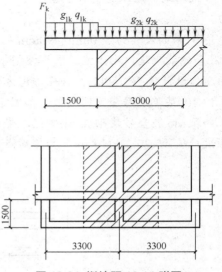

图 13.31 训练题 13.14 附图

第 14 章　砌体结构房屋的构造措施

【学习目标】

掌握砌体墙体的一般构造要求；了解墙体开裂的原因及防止墙体开裂的主要措施；熟悉多层砌体房屋的震害特点及抗震设计的一般规定；掌握多层砖砌体房屋设置构造柱和圈梁的作用及其抗震构造要求；了解多层砖砌体房屋的其他抗震构造措施。

砌体结构房屋中，除应进行墙、柱的承载力计算和高厚比验算外，为了保证房屋有足够的耐久性和良好的整体工作性能，还必须满足砌体结构的一般构造要求，采取防止或减少墙体开裂的措施。对于有抗震设防要求的砌体结构房屋，还应进行抗震设计，同时采取合理的抗震构造措施。

14.1　墙体的构造措施

14.1.1　墙体的一般构造要求

1. 砌体材料和截面尺寸的构造要求

(1) 地面以下或防潮层以下的砌体，潮湿房间的墙，所用材料的最低强度等级应符合表 11.2 的要求。

(2) 承重的独立砖柱截面尺寸不应小于 240mm×370mm，毛石墙的厚度不宜小于350mm，毛料石柱较小边长不宜小于 400mm。当有振动荷载时，墙、柱不宜采用毛石砌体。

(3) 在砌体中留槽洞及埋设管道时，应遵守下列规定。

① 不应在截面长边小于 500mm 的承重墙体、独立柱内埋设管线。

② 不宜在墙体中穿行暗线或预留、开凿沟槽，当无法避免时应采取必要的措施或按削弱后的截面验算墙体的承载力。对受力较小或未灌孔的砌块砌体，允许在墙体的竖向孔洞中设置管线。

2. 墙、柱与其他构件的连接构造

(1) 预制钢筋混凝土板在混凝土圈梁上的支承长度不应小于 80mm，板端伸出的钢筋应与圈梁可靠连接，且同时浇注；预制钢筋混凝土梁在墙上的支承长度不宜小于 240mm；预制钢筋混凝土板在墙上的支承长度不应小于 100mm，并应按下列方法进行连接。

① 板支承于内墙时，板端钢筋伸出长度不应小于 70mm，且与支座处沿墙配置的纵筋绑扎，用强度等级不应低于 C25 的混凝土浇注成板带。

② 板支承于外墙时，板端钢筋伸出长度不应小于 100mm，且与支座处沿墙配置的纵筋绑扎，并用强度等级不应低于 C25 的混凝土浇注成板带。

③ 预制钢筋混凝土板与现浇板对接时，预制板端钢筋应伸入现浇板中进行连接后，再

浇注现浇板。

(2) 跨度大于 6m 的屋架和跨度大于下列数值的梁,应在支承处砌体上设置混凝土或钢筋混凝土垫块,当墙中设有圈梁时,垫块与圈梁宜浇成整体:①对砖砌体为 4.8m;②对砌块砌体和料石砌体为 4.2m;③对毛石砌体为 3.9m。

(3) 支承在墙、柱上的吊车梁、屋架,以及支承在砖砌体上跨度≥9m 和支承在砌块、料石砌体上跨度≥7.2m 的预制梁的端部,应采用锚固件与墙、柱上的垫块锚固。

(4) 当梁跨度大于或等于下列数值时,其支承处宜加设壁柱或采取其他加强措施(如加设构造柱等):①对 240mm 厚的砖墙为 6m;②对 180mm 厚的砖墙为 4.8m;③对砌块、料石墙为 4.8m。

(5) 墙体转角处和纵横墙交接处应沿竖向每隔 400～500mm 设拉结钢筋,其数量为每 120mm 墙厚不少于 1 根直径 6mm 的钢筋;或采用焊接钢筋网片,埋入长度从墙的转角或交接处算起,对实心砖墙每边不小于 500mm,对多孔砖墙和砌块墙不小于 700mm。

(6) 填充墙、隔墙应分别采取措施与周边主体结构构件可靠连接,连接构造和嵌缝材料应能满足传力、变形、耐久和防护要求。

(7) 山墙处的壁柱或构造柱宜砌至山墙顶部,且屋面构件应与山墙可靠拉结。

3. 砌块砌体的其他构造

(1) 砌块砌体应分皮错缝搭砌,上下皮搭砌长度不应小于 90mm。当搭砌长度不满足上述要求时,应在水平灰缝内设置不小于 2 根直径不小于 4mm 的焊接钢筋网片(横向钢筋的间距不应大于 200mm,网片每端应伸出该垂直缝不小于 300mm)。

(2) 砌块墙与后砌隔墙交接处,应沿墙高每 400mm 在水平灰缝内设置不少于 2 根直径不小于 4mm、横筋间距不应大于 200mm 的焊接钢筋网片(图 14.1)。

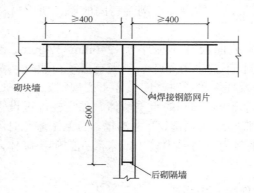

图 14.1 砌块墙与后砌隔墙交接处钢筋网片

(3) 混凝土砌块房屋,宜将纵横墙交接处,距墙中心线每边不小于 300mm 范围内的孔洞,采用不低于 Cb20 混凝土沿全墙高灌实。

(4) 混凝土砌块墙体的下列部位,如未设圈梁或混凝土垫块,应采用不低于 Cb20 混凝土将孔洞灌实。

① 格栅、檩条和钢筋混凝土楼板的支承面下,高度不应小于 200mm 的砌体。

② 屋架、梁等构件的支承面下,长度不应小于 600mm,高度不应小于 600mm 的砌体。

③ 挑梁支承面下,距墙中心线每边不应小于 300mm,高度不应小于 600mm 的砌体。

14.1.2　防止墙体开裂的主要措施

1．墙体裂缝的特征及产生原因

引起砌体房屋墙体开裂的因素有很多，其中荷载作用、温度变化、砌体收缩和地基不均匀沉降、地基土的冻胀以及地震是主要的影响因素。关于地震作用引起的墙体开裂将在下一节进行分析。

(1) 砌体的受力裂缝是由于在外荷载作用下，墙体截面承载力不足而引起的。例如，墙体受压引起的裂缝多数出现在梁端下部墙体中以及受力较大的窗间墙等部位(图 14.2)，裂缝一般是竖向分布且数量较多。一旦出现这种裂缝需及时采取措施对墙体进行加固，否则裂缝的发展可能会导致房屋倒塌。

(2) 由温度变化引起的墙体裂缝一般出现在采用钢筋混凝土屋盖的房屋顶层墙体中。由于混凝土的温度线膨胀系数为 $1.0 \times 10^{-5}/℃$，砖墙的温度线膨胀系数为 $0.5 \times 10^{-5}/℃$，相差两倍。在屋顶温度升高后，屋面板受热膨胀与砌体产生变形差，导致顶层墙体开裂。这类裂缝的主要形式有顶层窗口处的八字形裂缝，以及檐口下或顶层圈梁下外墙的水平裂缝和包角裂缝(图 14.3)。

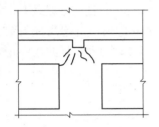
图 14.2　墙体的受力裂缝

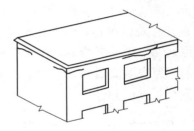
图 14.3　因温度变化引起的外墙水平裂缝和包角裂缝

(3) 当房屋较长时，砌体收缩而引起与钢筋混凝土楼(屋)盖的变形差也导致墙体开裂。这类裂缝往往是竖向分布，位于房屋中部(图 14.4)。也有的出现于顶层的竖缝，尤其是混凝土砌块的干缩较大，而其抗剪强度较低，故砌块砌体往往开裂严重。

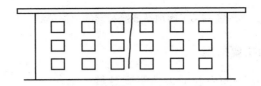
图 14.4　砌体收缩引起的竖向裂缝

(4) 由地基不均匀沉降引起的墙体裂缝往往出现在地基压缩性差异较大，或地基均匀、但荷载差异较大的情况。当房屋中部沉降较大时，易在房屋底部窗洞处出现八字形裂缝(图 14.5(a))；当房屋两端沉降较大时，易在房屋两端底部窗洞处出现倒八字形裂缝(图 14.5(b))；而房屋高度或荷载变化较大的错层处，则出现倾斜于沉降较大一侧的斜向裂缝(图 14.5(c))。

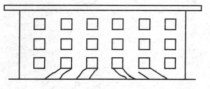

(a)正八字形裂缝

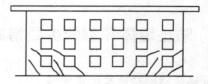

(b)倒八字形裂缝

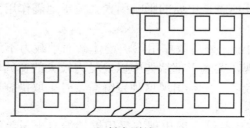

(c)斜向裂缝

图 14.5　地基不均匀沉降引起的墙体裂缝

(5) 由于地基土的冻胀而产生的墙体裂缝。地基土层温度降到 0℃ 以下时，冻胀性土中的上部水开始冻结，下部水由于毛细管作用不断上升在冻结层中形成水晶，体积膨胀，向上隆起可达几毫米至几十毫米，其折算冻胀力可达 2×10^6 MPa，而且往往是不均匀的。建筑物的自重往往难以抗拒，因而建筑物的某一局部就被顶了起来，引起房屋开裂。当房屋两端冻胀较多、中间较少时，在房屋两端的门窗洞口角部产生形状为正八字形斜裂缝(图 14.6(a))；当房屋两端冻胀较少、中间较多时，在房屋两端门窗洞口角部产生形状为倒八字形斜裂缝(图 14.6(b))。

(a)正八字形裂缝

(b)倒八字形裂缝

图 14.6　因地基冻胀引起的墙体裂缝

2. 防止墙体开裂的主要措施

1) 防止因温差和砌体干缩引起的墙体竖向裂缝的措施

当房屋较长时，应在温度和收缩变形较大、砌体产生裂缝可能性最大的部位设置伸缩缝。伸缩缝的宽度宜取 30～70mm，伸缩缝间距不宜超过表 14.1 的规定。

表 14.1　砌体房屋伸缩缝的最大间距/m

屋盖或楼盖类别		间　距
整体式或装配整体式钢筋混凝土结构	有保温层或隔热层的屋盖、楼盖	50
	无保温层或隔热层的屋盖	40

续表

屋盖或楼盖类别		间　距
装配式无檩体系钢筋混凝土结构	有保温层或隔热层的屋盖、楼盖	60
	无保温层或隔热层的屋盖	50
装配式有檩体系钢筋混凝土结构	有保温层或隔热层的屋盖	75
	无保温层或隔热层的屋盖	60
瓦材屋盖、木屋盖或楼盖、　轻钢屋盖		100

注：对烧结普通砖、烧结多孔砖、配筋砌块砌体房屋，取表中数值；对石砌体、蒸压灰砂普通砖、蒸压粉煤灰普通砖、混凝土砌块、混凝土普通砖和混凝土多孔砖房屋，取表中数值乘以 0.8 的系数，当墙体有可靠外保温措施时，其间距可取表中数值。

2) 为防止或减轻房屋顶层墙体的裂缝，可根据情况采取下列措施。

(1) 屋面应设置保温层、隔热层。

(2) 屋面保温 (隔热)层或屋面刚性面层及砂浆找平层应设置分隔缝，分隔缝间距不宜大于 6m，其缝宽不小于 30mm，并与女儿墙隔开。

(3) 采用装配式有檩体系钢筋混凝土屋盖和瓦材屋盖。

(4) 顶层屋面板下设置现浇钢筋混凝土圈梁，并沿内、外墙拉通，房屋两端圈梁下的墙体内宜设置水平钢筋。

(5) 顶层墙体有门窗等洞口时，在过梁上的水平灰缝内设置 2 或 3 道焊接钢筋网片或 2 根直径 6mm 钢筋，焊接钢筋网片或钢筋应伸入洞口两端墙内不小于 600mm。

(6) 顶层及女儿墙砂浆强度等级不低于 M7.5(Mb7.5、Ms7.5)。

(7) 女儿墙应设置构造柱，构造柱间距不宜大于 4m，构造柱应伸至女儿墙顶并与现浇钢筋混凝土压顶整浇在一起。

3) 为防止或减轻房屋底层墙体的裂缝，可根据情况采取下列措施。

(1) 增大基础圈梁的刚度。

(2) 在底层的窗台下墙体灰缝内设置 3 道焊接钢筋网片或 2 根直径 6mm 钢筋，并应伸入两边窗间墙内不小于 600mm。

4) 防止地基不均匀沉降引起裂缝的措施

防止地基不均匀沉降引起墙体开裂的重要措施之一是在房屋中设置沉降缝。沉降缝把墙和基础全部断开，分成若干个整体刚度较好的独立结构单元，使各单元能独立沉降，避免墙体开裂。一般在建筑物的下列部位宜设置沉降缝。

(1) 形状复杂的建筑平面的转折部位。

(2) 房屋高度或荷载差异较大的交界部位。

(3) 长高比过大房屋的适当部位。

(4) 地基土的压缩性有显著差异处。

(5) 建筑物上部结构或基础类型不同的交界处。

(6) 分期建造房屋的交界处。

砌体结构设计时，建筑体型力求简单，合理布置墙体和圈梁，正确选择地基也是防止地基不均匀沉降避免墙体开裂的重要手段。

5) 防止地基冻胀引起裂缝的措施

(1) 一定要将基础的埋置深度放至冰冻线以下。有时设计人员对室内隔墙基础因有采暖而未置于冰冻线以下，从而引起事故。

(2) 在某些情况下，当基础不能做到冰冻线以下时，应采取换成非冻胀土等措施消除土的冻胀影响。

(3) 墙体采用单独基础。用基础梁承担墙体重量，其两端支于单独基础上，基础梁下面应留有一定孔隙，防止土的冻胀顶裂基础梁和砖墙。

14.2 多层砌体房屋的抗震措施

由于砌体结构材料的脆性性质，其抗剪、抗拉和抗弯强度很低，所以砌体房屋的抗震性能较差。我国近年来发生的一些破坏性地震，特别是 2008 年的四川汶川大地震中，砖石结构的破坏率和倒塌率是相当高的。历次地震震害表明，未经抗震设防的多层砌体结构房屋，其破坏是相当严重的。但是，国内外大量试验研究表明，如果对砌体结构房屋进行抗震设计，采取合理的抗震构造措施，确保施工质量，那么多层砌体房屋是可以取得良好的抗震性能的。

14.2.1 多层砌体房屋的震害及其分析

1. 房屋整体或局部倒塌

在高烈度区，房屋倒塌占有相当比例。当房屋墙体特别是底层墙体抗震强度不足时，易发生房屋整体倒塌；当房屋局部或上层墙体抗震强度不足时，易发生局部倒塌；另外，当构件间连接强度不足时，个别构件因失去稳定也会倒塌。

2. 墙体的破坏

在地震作用下，房屋墙体出现斜裂缝、交叉裂缝、水平裂缝，严重者则产生倾斜、错动和倒塌现象。墙体出现斜裂缝的主要原因是在水平地震作用下，砌体内产生的主拉应力强度不足而引起的。由于水平地震的反复作用，两个方向的斜裂缝组成交叉的 X 形裂缝(图14.7)。因多层房屋墙体下部地震剪力较大，故这种裂缝一般是下重上轻。墙体水平裂缝大都发生在外纵墙窗口上、下截面处，一般是房屋中段较重，两端较轻。其原因是横墙间距过大或楼板水平刚度不足，导致纵墙产生了过大的出平面外变形，使得墙体因抗弯强度不足而产生水平裂缝(图14.8)。

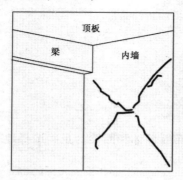
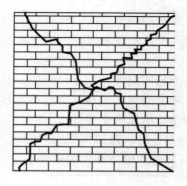

图 14.7 地震引起的墙体 X 形裂缝

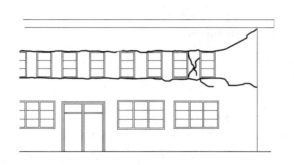

图 14.8　地震引起的墙体水平裂缝

3．墙体转角处的破坏

房屋四角以及突出部分阳角的墙面上出现纵、横两个方向的 V 形斜裂缝，严重时块材被压碎、拉脱或墙角脱落。墙角为纵、横墙的交会点，地震作用下其截面应力状态极其复杂，而且由于墙角位于房屋尽端，房屋整体对角部纵、横两个方向的约束作用都减弱，使该处抗震能力有所降低，尤其是当房屋在地震中发生扭转时，墙角处位移反应最大，这些都是造成转角破坏的主要原因。

4．纵横墙连接处的破坏

地震时纵横墙连接处要承受两个方向的地震作用，受力复杂，易产生应力集中，如果施工时纵横墙没有很好地咬槎砌筑，且未设拉结筋，使墙体间连接差，或虽同时砌筑，但砌筑质量不好，都可导致墙体间拉结强度低，将使纵、横墙连接处产生较大的拉应力，出现竖向裂缝、拉脱、纵墙外闪，严重者可造成整片纵墙外闪甚至倒塌。

5．楼梯间墙体的破坏

楼梯间顶层墙体高而空旷，缺少各层楼板的侧向支承，有时还因为楼梯踏步入墙而削弱墙体。由于楼梯间开间较小，故其横墙水平抗剪刚度比其他部位要大，因而分担较大的水平地震剪力，且墙体高厚比较大，所以楼梯间墙体容易产生斜裂缝或交叉裂缝。特别是当楼梯间处于房屋尽端和转角处时，由于地震作用下的墙体应力集中，就更容易造成这些薄弱部位的破坏。

6．楼盖与屋盖的破坏

地震中楼、屋盖很少因其本身承载力或刚度不足而造成破坏。整体现浇楼、屋盖常因墙体倒塌而破坏；整体性较差的装配式楼、屋盖往往因预制板端部搁置长度过短或板与板之间及板与墙之间缺乏可靠的拉结措施，而造成地震时板缝拉裂、墙体开裂、错位乃至倒塌。

7．附属构件的破坏

房屋中突出屋面的附属构件，如女儿墙、烟囱、屋顶间(电梯机房、水箱间)、附墙烟囱等，地震时由于受到"鞭端效应"的影响，地震反应强烈，其破坏较下部主体结构明显加重。在低烈度区，地震时的人员伤亡主要是由于房屋附属构件倒塌而引起的。

14.2.2　抗震设计的一般规定

1. 结构材料性能指标

(1) 砌体材料应符合下列规定。

① 普通砖和多孔砖的强度等级不应低于 MU10，其砌筑砂浆强度等级不应低于 M5；蒸压灰砂普通砖、蒸压粉煤灰普通砖及混凝土砖的强度等级不应低于 MU15，其砌筑砂浆强度等级不应低于 Ms5(Mb5)。

② 混凝土砌块的强度等级不应低于 MU7.5，其砌筑砂浆强度等级不应低于 Mb7.5。

③ 顶层楼梯间墙体，普通砖和多孔砖的强度等级不应低于 MU10，蒸压灰砂普通砖、蒸压粉煤灰普通砖及混凝土砖的强度等级不应低于 MU15；砂浆强度等级不应低于 M7.5，且不低于同层墙体的砂浆强度等级。

④ 配筋砌块砌体抗震墙，其混凝土空心砌块的强度等级不应低于 MU10，其砌筑砂浆强度等级不应低于 Mb10。

(2) 混凝土材料应符合下列规定。

构造柱、圈梁、水平现浇钢筋混凝土带及其他各类构件的混凝土强度等级不应低于 C20，砌块砌体芯柱和配筋砌块砌体抗震墙的灌孔混凝土强度等级不应低于 Cb20。

(3) 钢筋材料应符合下列规定。

钢筋宜选用 HRB400 级钢筋和 HRB335 级钢筋，也可采用 HPB300 级钢筋。

2. 房屋的层数和总高度限制

大量震害结果表明，地震时多层砌体房屋的破坏程度随层数的增加而加重，倒塌百分率与房屋的层数成正比，四、五层砌体房屋的震害明显比二、三层砌体房屋要重，六层及以上的砌体房屋的破坏程度就更严重。因此，为保证砌体房屋具有一定的抗震能力，对房屋的层数和总高度必须加以限制。《抗震规范》规定，一般情况下，砌体房屋的层数和总高度不应超过表 14.2 的规定。

表 14.2　房屋的层数和总高度限值/m

房屋类别		最小墙厚度 /mm	设防烈度和设计基本地震加速度										
			6		7				8				9	
			0.05g		0.10g		0.15g		0.20g		0.30g		0.40g	
			高度	层数	高度	层数	高度	层数	高度	层数	高度	层数	高度	层数
多层砌体房屋	普通砖	240	21	7	21	7	21	7	18	6	15	5	12	4
	多孔砖	240	21	7	21	7	18	6	18	6	15	5	9	3
	多孔砖	190	21	7	18	6	15	5	15	5	12	4	—	—
	混凝土砌块	190	21	7	21	7	18	6	18	6	15	5	9	3

房屋类别		最小墙厚度 /mm	设防烈度和设计基本地震加速度											
			6		7				8				9	
			0.05g		0.10g		0.15g		0.20g		0.05g		0.10g	
			高度	层数	高度	层数	高度	层数	高度	层数	高度	层数	高度	层数
底部框架-震墙砌体房屋	普通砖多孔砖	240	22	7	22	7	19	6	16	5	—	—	—	—
	多孔砖	190	22	7	19	6	16	5	13	4	—	—	—	—
	混凝土砌块	190	22	7	22	7	19	6	16	5	—	—	—	—

注：1. 房屋的总高度指室外地面到主要屋面板板顶或檐口的高度，半地下室从地下室室内地面算起，全地下室和嵌固条件好的半地下室应允许从室外地面算起；对带阁楼的坡屋面应算到山尖墙的 1/2 高度处；

　　2. 室内外高差大于 0.6 m 时，房屋总高度允许比表中数据适当增加，但不应多于 1m；

　　3. 乙类的多层砌体房屋仍按本地区设防烈度查表，其层数应减少一层且总高度应降低 3m；不应采用底部框架-抗震墙砌体房屋。

对医院、教学楼等横墙较少的多层砌体房屋，总高度应比表 14.2 的规定降低 3m，层数相应减少一层；各层横墙很少的多层砌体房屋，还应再减少一层。

抗震设防烈度为 6、7 度时，横墙较少的丙类多层砌体房屋，当按规定采取加强措施并满足抗震承载力要求时，其高度和层数应允许仍按表 14.2 的规定采用。

采用蒸压灰砂砖和蒸压粉煤灰砖的砌体房屋，当砌体的抗剪强度仅达到普通黏土砖砌体的 70%时，房屋的层数应比普通砖房减少一层，总高度应减少 3m；当砌体的抗剪强度达到普通黏土砖砌体的取值时，房屋层数和总高度的要求同普通砖房屋。

3. 房屋的层高和最大高宽比限制

1) 房屋的层高限制

多层砌体结构承重房屋的层高，不应超过 3.6m；底部框架-抗震墙砌体房屋的底部，层高不应超过 4.5m。

2) 房屋的最大高宽比限制

《抗震规范》对多层砌体房屋不要求作整体弯曲的承载力验算，但多层砌体房屋整体弯曲破坏的震害是存在的。为了使多层砌体房屋有足够的稳定性和整体抗弯能力，房屋总高度与总宽度的最大比值应满足表 14.3 的要求。

表 14.3　房屋最大高宽比

地震烈度	6	7	8	9
最大高宽比	2.5	2.5	2.0	1.5

注：1. 单面走廊房屋总宽度不包括走廊宽度；

　　2. 建筑平面接近正方形时，其高宽比宜适当减小。

在计算房屋高宽比时，房屋宽度是就房屋的总体宽度而言，局部突出或凹进、横墙部分不连续或不对齐不受影响。具有外走廊或单面走廊的房屋宽度不包括走廊宽度，但有时因此而不能满足高宽比限值的情况可适当放宽。

4．抗震横墙的间距限制

抗震横墙的多少直接影响房屋的空间刚度。横墙数量少，横墙间距大，纵墙的侧向支撑就少，房屋的整体抗震性能就差；反之，房屋的整体抗震性能就好。另外，横墙间距过大，楼盖在侧向力作用下支承点的间距就大，楼盖就可能发生过大的平面内变形，从而不能有效地将水平地震作用均匀地传送至各抗侧力构件，特别是纵墙有可能发生较大的出平面弯曲而导致破坏。因此，为了保证结构的空间整体刚度，保证楼盖具有足够的平面内刚度以传递水平地震作用，多层砌体房屋抗震横墙的间距，不应超过表14.4中的规定要求。

表 14.4　房屋抗震横墙的间距/m

房屋类别		地震烈度			
		6	7	8	9
多层砌体房屋	现浇或装配整体式钢筋混凝土楼、屋盖	15	15	11	7
	装配式钢筋混凝土楼、屋盖	11	11	9	4
	木屋盖	9	9	4	—
底部框架-抗震墙砌体房屋	上部各层	同多层砌体房屋			—
	底层或底部两层	18	15	11	—

注：1. 多层砌体房屋的顶层，除木屋盖外的最大横墙间距应允许适当放宽，但应采取相应加强措施；
　　2. 多孔砖抗震横墙厚度为 190mm 时，最大横墙间距应比表中数值减少 3m。

5．房屋的局部尺寸限制

当房屋局部某些墙体的尺寸过小，地震时很容易开裂，或局部倒塌。为避免因一些房屋局部薄弱部位的破坏而发展成为整栋房屋破坏，《抗震规范》规定砌体房屋墙段的局部尺寸限值应符合表14.5的要求。

表 14.5　房屋的局部尺寸限值/m

部　　位	6 度	7 度	8 度	9 度
承重窗间墙最小宽度	1.0	1.0	1.2	1.5
承重外墙尽端至门窗洞边的最小距离	1.0	1.0	1.2	1.5
非承重外墙尽端至门窗洞边的最小距离	1.0	1.0	1.0	1.0
内墙阳角至门窗洞边的最小距离	1.0	1.0	1.5	2.0
无锚固女儿墙(非出入口处)的最大高度	0.5	0.5	0.5	0.0

注：1. 局部尺寸不足时应采取局部加强措施弥补，且最小宽度不宜小于 1/4 层高和表列数据的 80%；
　　2. 出入口处的女儿墙应有锚固。

6．房屋结构体系的布置

砌体房屋建筑平、立面的布置对房屋的抗震性能影响极大，如果建筑的平、立面布置不合理，想试图通过提高墙体抗震强度或加强构造措施来提高其抗震能力，将是困难且不经济的。

多层砌体房屋的建筑布置和结构体系，应符合下列要求。

(1) 应优先采用横墙承重或纵横墙共同承重的结构体系。不应采用砌体墙和混凝土墙混合承重的结构体系。

(2) 纵、横向砌体抗震墙的布置应符合下列要求。

① 宜均匀对称，沿平面内宜对齐，沿竖向应上下连续；且纵、横向墙体的数量不宜相差过大。

② 平面轮廓凹凸尺寸，不应超过典型尺寸的 50%；当超过典型尺寸的 25%时，房屋转角处应采取加强措施。

③ 楼板局部大洞口的尺寸不宜超过楼板宽度的 30%，且不应在墙体两侧同时开洞。

④ 房屋错层的楼板高差超过 500mm 时，应按两层计算；错层部位的墙体应采取加强措施。

⑤ 同一轴线上的窗间墙宽度宜均匀；墙面洞口的面积，6、7 度时不宜大于墙面总面积的 55%，8、9 度时不宜大于 50%。

⑥ 在房屋宽度方向的中部应设置内纵墙，其累计长度不宜小于房屋总长度的 60%(高宽比大于 4 的墙段不计入)。

(3) 其他要求。

楼梯间在多层砌体房中，一般震害较其他部位重。《抗震规范》规定楼梯间不宜设置在房屋尽端和转角处，否则应采取特殊措施；不应在房屋转角处设置转角窗；横墙较少、跨度较大的房屋，宜采用现浇钢筋混凝土楼、屋盖。

墙体内设置烟道、风道、垃圾道等通道时不应削弱墙体，当墙体削弱时，应采取加强措施；不宜采用无竖向配筋的附墙烟囱或出屋面的烟囱；不应采用无锚固的钢筋混凝土预制挑檐。

7. 防震缝的设置

当房屋平面复杂、不对称或房屋各部分刚度、高度或重量相差悬殊时，在地震力作用下，会产生扭转及复杂的振动状态，在连续薄弱部位将造成震害。为此，《抗震规范》规定房屋有下列情况之一时宜设置防震缝，缝两侧均应设置墙体，缝宽应根据烈度和房屋高度确定，可采用 70～100mm。

(1) 房屋立面高差在 6m 以上。

(2) 房屋有错层，且楼板高差大于层高的 1/4。

(3) 各部分结构刚度、质量截然不同。

14.2.3　多层砖砌体房屋的抗震构造措施

1. 钢筋混凝土构造柱的设置

在多层砌体房屋墙体的规定部位，按构造要求配筋，并按先砌墙后浇注混凝土柱的施工顺序制成的混凝土柱，通常称为钢筋混凝土构造柱，简称构造柱(GZ)。

1) 构造柱的作用

构造柱是提高多层砖房抗震性能的一项有效措施。试验表明，钢筋混凝土构造柱虽然对于提高砖墙的受剪承载力作用有限(大体提高 10%～30%)，但是对墙体的约束和防止墙体开裂后砖的散落起到非常显著的作用。

地震时，在多层砌体房屋的墙体中，某些房屋构造比较薄弱以及易于应力集中的部位，其震害比较严重。因此，通常在这些部位按抗震设计要求设置钢筋混凝土构造柱，其主要作用在于加强房屋结构的整体性，提高墙体抵抗地震剪力的能力，减轻地震应力集中所造成的破坏；增加结构延性，提高房屋抵抗变形的能力。更重要的是，通过钢筋混凝土构造柱与各层圈梁一起配合，使砌体成为封闭框的"约束砌体"，能限制开裂后砌体裂缝的延伸和砌体的错位，增强房屋的抗变形能力，并吸收地震能量，避免墙体倒塌，有效地减轻震害。

2) 构造柱的设置部位

各类多层砖砌体房屋，应按下列要求设置现浇钢筋混凝土构造柱。

(1) 构造柱设置部位，一般情况下应符合表 14.6 的要求。

(2) 外廊式和单面走廊式的多层房屋，应根据房屋增加一层的层数，按表 14.6 的要求设置构造柱，且单面走廊两侧的纵墙均应按外墙处理。

(3) 横墙较少的房屋，应根据房屋增加一层的层数，按表 14.6 的要求设置构造柱。当横墙较少的房屋为外廊式或单面走廊式时，应按上述第(2)条要求设置构造柱；但 6 度不超过四层、7 度不超过三层和 8 度不超过二层时，应按增加二层的层数对待。

(4) 各层横墙很少的房屋，应按增加二层的层数设置构造柱。

(5) 采用蒸压灰砂普通砖和蒸压粉煤灰普通砖的砌体房屋，当砌体的抗剪强度仅达到普通黏土砖砌体的 70%时，应根据增加一层的层数并按上述要求设置构造柱。但 6 度不超过四层、7 度不超过三层和 8 度不超过二层时，应按增加二层的层数对待。

表 14.6　多层砖砌体房屋构造柱设置要求

房屋层数				设　置　部　位	
6 度	7 度	8 度	9 度		
四、五	三、四	二、三	一	楼、电梯间四角，楼梯斜梯段上下端对应的墙体处；外墙四角和对应转角；错层部位横墙与外纵墙交接处；大房间内外墙交接处；较大洞口两侧	隔 12m 或单元横墙与外纵墙交接处；楼梯间对应的另一侧内横墙与外纵墙交接处
六	五	四	二		隔开间横墙(轴线)与外墙交接处；山墙与内纵墙交接处
七	≥六	≥五	≥三		内墙(轴线)与外墙交接处；内墙的局部较小墙垛处；内纵墙与横墙(轴线)交接处

注：较大洞口，内墙指不小于 2.1m 的洞口；外墙在内外墙交接处已设置构造柱时应允许适当放宽，但洞侧墙体应加强。

3) 构造柱的构造要求

多层砖砌体房屋构造柱的一般做法如图 14.9 所示，并应符合下列构造要求。

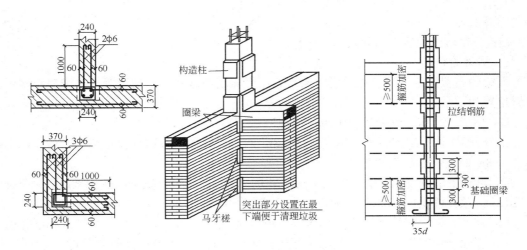

图 14.9　构造柱的构造示意图

(1) 构造柱最小截面可采用 180mm×240mm(墙厚 190mm 时为 180mm×190mm)，纵向钢筋宜采用 4Φ12，箍筋间距不宜大于 250mm，且在柱上、下端应适当加密；6、7 度时超过六层、8 度时超过五层和 9 度时，构造柱纵向钢筋宜采用 4Φ14，箍筋间距不应大于 200mm；房屋四角的构造柱应适当加大截面及配筋。

(2) 构造柱与墙连接处应砌成马牙槎，沿墙高每隔 500mm 设 2Φ6 水平钢筋和Φ4 分布短筋平面内点焊组成的拉结网片或Φ4 点焊钢筋网片，每边伸入墙内不宜小于 1m。6、7 度时底部 1/3 楼层，8 度时底部 1/2 楼层，9 度时全部楼层，上述拉结钢筋网片应沿墙体水平通长设置。

(3) 构造柱与圈梁连接处，构造柱的纵筋应在圈梁纵筋内侧穿过，保证构造柱纵筋上下贯通。

(4) 构造柱可不单独设置基础，但应伸入室外地面下 500mm，或与埋深小于 500mm 的基础圈梁相连。

(5) 房屋高度和层数接近表 14.2 的限值时，纵、横墙内构造柱间距尚应符合下列要求。

① 横墙内的构造柱间距不宜大于层高的二倍；下部 1/3 楼层的构造柱间距适当减小。

② 当外纵墙开间大于 3.9m 时，应另设加强措施。内纵墙的构造柱间距不宜大于 4.2m。

2. 钢筋混凝土圈梁的设置

圈梁是沿砌体房屋外墙四周、内纵墙以及主要内横墙设置的水平方向连续封闭的钢筋混凝土梁。

1) 圈梁的作用

(1) 增强房屋的整体性。由于圈梁的约束，预制板散开以及砖墙出平面倒塌的危险性大大减小，使纵、横墙能够保持一个整体的箱形结构，提高房屋的空间刚度和整体性。

(2) 加强楼盖的水平刚度。作为楼(屋)盖的边缘构件，使楼盖能够在各道墙体间传递水平地震作用，也减轻了大房间纵、横墙平面外破坏的危险性。

(3) 限制墙体斜裂缝的开展和延伸。砖墙裂缝仅在两道圈梁之间的墙段内发生，斜裂缝的水平夹角减小，砖墙抗剪承载力得以充分地发挥和提高。

(4) 减轻地基不均匀沉降对房屋的影响。各层圈梁，能提高房屋的竖向刚度和抗御不均匀沉降的能力。

(5) 跨越门窗洞口的圈梁兼起过梁作用。

2) 圈梁的布置

圈梁的布置通常根据房屋类型、层数、所受振动荷载及地基情况等条件来决定圈梁的设置位置和数量。

(1) 厂房、仓库、食堂等空旷单层房屋应按下列规定设置圈梁。

① 砖砌体结构房屋，檐口标高为 5～8m 时，应在檐口标高处设置圈梁一道；檐口标高大于 8m 时，应增加设置数量。

② 对有吊车或较大振动设备的单层工业房屋，当未采取有效的隔振措施时，除在檐口或窗顶标高处设置现浇混凝土圈梁外，尚应增加设置数量。

(2) 住宅、办公楼等多层砖砌体结构民用房屋，且层数为 3～4 层时，应在底层和檐口标高处各设置一道圈梁。当层数超过 4 层时，除应在底层和檐口标高处各设置一道圈梁外，至少应在所有纵、横墙上隔层设置。多层砌体工业房屋，应每层设置现浇混凝土圈梁。

(3) 采用现浇混凝土楼(屋)盖的多层砌体结构房屋，当层数超过 5 层时，除应在檐口标高处设置一道圈梁外，可隔层设置圈梁，并应与楼(屋)面板一起现浇。未设置圈梁的楼面板嵌入墙内的长度不应小于 120mm，并沿墙长配置不少于 2 根直径为 10mm 的纵向钢筋。

(4) 建筑在软弱地基或不均匀地基上的砌体结构房屋，宜在基础和顶层处各设置一道圈梁，其他各层可隔层设置，必要时也可逐层设置。单层工业厂房、仓库，可结合基础梁、连系梁、过梁等酌情设置。

(5) 在地震设防地区，多层砖砌体房屋的现浇钢筋混凝土圈梁的设置应符合下列要求。

① 装配式钢筋混凝土楼(屋)盖或木屋盖的砖房，应按表 14.7 的要求设置圈梁；纵墙承重时，抗震横墙上的圈梁间距应比表内要求适当加密。

② 现浇或装配整体式钢筋混凝土楼(屋)盖与墙体有可靠连接的房屋，应允许不另设圈梁，但楼板沿抗震墙体周边均应加强配筋并应与相应的构造柱钢筋可靠连接。

表 14.7　钢筋混凝土圈梁设置部位

墙　类	烈　　度		
	6、7	8	9
外墙和内纵墙	屋盖处及每层楼盖处	屋盖处及每层楼盖处	屋盖处及每层楼盖处
内横墙	同上；屋盖处间距不应大于 4.5m；楼盖处间距不应大于 7.2m；构造柱对应部位	同上；各层所有横墙，且间距不应大于 4.5m；构造柱对应部位	同上；各层所有横墙

3) 圈梁的构造要求

多层砖砌体房屋现浇混凝土圈梁的构造应符合下列要求。

(1) 圈梁宜连续地设在同一水平面上，并形成封闭状；当圈梁被门窗洞口截断时，应在洞口上部增设相同截面的附加圈梁。附加圈梁与圈梁的搭接长度不应小于其中到中垂直间距的 2 倍，且不得小于 1m，如图 14.10 所示。

(2) 钢筋混凝土圈梁的宽度宜与墙厚相同，当墙厚 $h \geqslant 240mm$ 时，其宽度不宜小于墙厚的 2/3。圈梁的截面高度不应小于 120mm。按抗震设防要求，其配筋应符合表 14.8 的规定；按《抗震规范》要求增设的基础圈梁，截面高度不应小于 180mm，配筋不应小于 4Φ12。

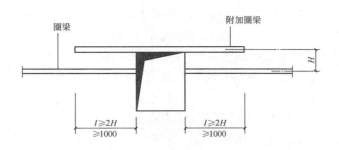

图 14.10　圈梁被门窗洞口截断时的构造

(3) 纵、横墙交接处的圈梁应可靠连接，连接处的配筋构造如图 14.11 所示。刚弹性和弹性方案房屋，圈梁应与屋架、大梁等构件可靠连接。

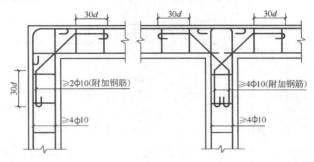

图 14.11　圈梁在转角处的连接构造

(4) 圈梁兼作过梁时，过梁部分的钢筋应按计算面积另行增配。

(5) 圈梁在《抗震规范》中要求的间距内无横墙时，应利用梁或板缝中配筋替代圈梁。

表 14.8　多层砖砌体房屋圈梁配筋要求

配　筋	烈　度		
	6、7	8	9
最小纵筋	4Φ10	4Φ12	4Φ14
箍筋最大间距/mm	Φ6@250	Φ6@200	Φ6@150

3. 构件间的连接

1) 墙体之间的连接

(1) 抗震设防烈度为 6、7 度时长度大于 7.2m 的大房间，以及 8、9 度时外墙转角及内外墙交接处，应沿墙高每隔 500mm 配置 2Φ6 的通长钢筋和Φ4 分布短筋平面内点焊组成的拉结网片或Φ4 点焊钢筋网片，并每边深入墙内不宜小于 1m。

(2) 后砌的非承重砌体隔墙应沿墙高每隔 500~600mm 配置 2Φ6 拉结钢筋与承重墙或柱拉结，每边深入墙内不应少于 500mm；8 度和 9 度时，长度大于 5m 的后砌隔墙，墙顶尚应与楼板或梁拉结，独立墙肢端部及大门洞边宜设钢筋混凝土构造柱。

2) 楼(屋)盖与墙体的连接

(1) 现浇钢筋混凝土楼板或屋面板伸进纵、横墙内的长度，均不应小于 120mm。

(2) 装配式钢筋混凝土楼板或屋面板，当圈梁未设在板的同一标高时，板端伸进外墙的长度不应小于 120mm，伸进内墙的长度不应小于 100mm 或采用硬架支模连接，在梁上不应小于 80mm 或采用硬架支模连接。

(3) 当板的跨度大于 4.8m 并与外墙平行时，靠外墙的预制板侧边应与墙或圈梁拉结(图 14.12(a))。

(4) 房屋端部大房间的楼盖，6 度时房屋的屋盖和 7～9 度时房屋的楼(屋)盖，当圈梁设在板底时，钢筋混凝土预制板应相互拉结，并应与梁、墙或圈梁拉结(图 14.12(b))。

(5) 楼(屋)盖的钢筋混凝土梁或屋架应与墙、柱(包括构造柱)或圈梁可靠连接；不得采用独立砖柱，跨度不小于 6m 大梁的支承构件应采用组合砌体等加强措施，并满足承载力要求。

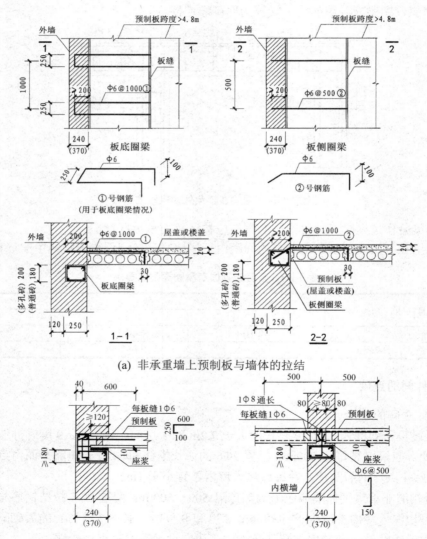

(a) 非承重墙上预制板与墙体的拉结

(b) 承重墙上预制板与墙体的拉结

图 14.12　楼(屋)盖与墙、圈梁的拉结构造

4. 楼梯间的构造

多层砌体房屋楼梯间的刚度一般较大，受到的地震作用也比其他部位大。尤其是顶层外纵墙常为一层半高，自由高度加大，而竖向压力较小。所以，楼梯间的震害往往比较严重。为了加强楼梯间的整体性，楼梯间的构造应符合下列要求。

(1) 顶层楼梯间墙体应沿墙高每隔 500mm 设 2Φ6 通长钢筋和Φ4 分布短钢筋平面内点焊组成的拉结网片或Φ4 点焊网片；7～9 度时其他各层楼梯间墙体应在休息平台或楼层半高处设置 60mm 厚、纵向钢筋不应少于 2Φ10 的钢筋混凝土带或配筋砖带，配筋砖带不少于 3 皮，每皮的配筋不少于 2Φ6，砂浆强度等级不应低于 M7.5 且不低于同层墙体的砂浆强度等级，如图 14.13 所示。

(2) 楼梯间及门厅内墙阳角处的大梁支承长度不应小于 500mm，并应与圈梁连接。

(3) 装配式楼梯段应与平台板的梁可靠连接，8、9 度时不应采用装配式楼梯段；不应采用墙中悬挑式踏步或踏步竖肋插入墙体的楼梯，不应采用无筋砖砌栏板。

(4) 突出屋顶的楼、电梯间，构造柱应伸到顶部并与顶部圈梁连接，所有墙体应沿墙高每隔 500mm 设 2Φ6 通长钢筋和Φ4 分布短筋平面内点焊组成的拉结网片或Φ4 点焊网片。

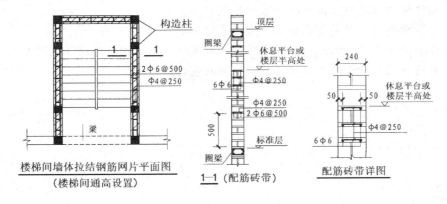

图 14.13　楼梯间横墙和外墙的拉结构造

本 章 小 结

(1) 砌体结构房屋中，除应进行墙、柱的承载力计算和高厚比验算外，为了保证房屋有足够的耐久性和良好的整体工作性能，还必须满足砌体结构的一般构造要求。墙、柱的构造要求，要符合《砌体规范》的有关规定。

(2) 混合结构房屋的墙体开裂是常见的工程质量通病之一。引起砌体房屋墙体开裂的因素有很多，其中荷载作用、温度变化、砌体收缩和地基不均匀沉降、地基土的冻胀以及地震是主要的影响因素。根据墙体开裂产生的原因不同，应分别采取相应的构造措施防止或减轻砌体房屋的墙体裂缝。

(3) 由于砌体结构材料的脆性性质，其抗剪、抗拉和抗弯强度很低，所以砌体房屋的抗震性能较差。历次震害的宏观现象表明，多层砌体房屋的破坏主要发生在墙体、墙体转角处、内外墙连接处、楼梯间墙体、预制楼盖处以及突出屋面的附属结构(如电梯机房、水箱间、小烟囱、女儿墙)等部位。

(4) 多层砌体结构房屋抗震设计的一般规定包括：结构材料性能指标，房屋的层数和总高度的规定限值，房屋的层高和最大高宽比限制，抗震横墙的间距限制，房屋的局部尺寸限制，房屋结构体系的合理布置以及防震缝的设置等方面。

(5) 为了保证砌体结构在地震作用下的安全，在进行抗震设计时，应按《抗震规范》要求采取相应的抗震构造措施，包括钢筋混凝土构造柱的设置与构造、圈梁的设置与构造、墙体之间以及楼(屋)盖与墙体之间的连接构造、楼梯间的构造等。

思考与训练

14.1 砌体结构房屋墙、柱的一般构造要求有哪些？

14.2 墙体开裂的原因有几大类？各有何特征？防止墙体开裂的主要措施有哪些？

14.3 砌体结构房屋的震害有哪些特点？

14.4 砌体结构房屋抗震设计的一般规定包括哪些内容？

14.5 为什么要对房屋的总高度及最大高宽比加以限制？

14.6 分别简述圈梁和构造柱对多层砖房的抗震作用及其相应的设置构造要求。

14.7 简述多层砖砌体房屋楼梯间应采取的抗震构造措施。

附录 A 各种钢筋的公称直径、公称截面面积及理论重量

附表 A.1 钢筋的公称直径、公称截面面积及理论重量

公称直径/mm	不同根数钢筋的公称截面面积/mm²									单根钢筋理论重量/(kg/m)
	1	2	3	4	5	6	7	8	9	
6	28.3	57	85	113	142	170	198	226	255	0.222
8	50.3	101	151	201	252	302	352	402	453	0.395
10	78.5	157	236	314	393	471	550	628	707	0.617
12	113.1	226	339	452	565	678	791	904	1017	0.888
14	153.9	308	461	615	769	923	1077	1231	1385	1.21
16	201.1	402	603	804	1005	1206	1407	1608	1809	1.58
18	254.5	509	763	1017	1272	1527	1781	2036	2290	2.00 (2.11)
20	314.2	628	942	1256	1570	1884	2199	2513	2827	2.47
22	380.1	760	1140	1520	1900	2281	2661	3041	3421	2.98
25	490.9	982	1473	1964	2454	2945	3436	3927	4418	3.85 (4.10)
28	615.8	1232	1847	2463	3079	3695	4310	4926	5542	4.83
32	804.2	1609	2413	3217	4021	4826	5630	6434	7238	6.31 (6.65)
36	1017.9	2036	3054	4072	5089	6107	7125	8143	9161	7.99
40	1256.6	2513	3770	5027	6283	7540	8796	10053	11310	9.87 (10.34)
50	1963.5	3928	5892	7856	9820	11784	13748	15712	17676	15.42 (16.28)

注：括号内为预应力螺纹钢筋的数值。

附表 A.2 每米板宽各种钢筋间距的钢筋截面面积/mm²

钢筋间距/mm	钢筋直径/mm												
	3	4	5	6	6/8	8	8/10	10	10/12	12	12/14	14
70	101	180	280	404	561	719	920	1121	1369	1616	1907	2199
75	94.2	168	262	377	524	671	899	1047	1277	1508	1780	2052
80	88.4	157	245	354	491	629	805	981	1198	1414	1669	1924
85	83.2	148	231	333	462	592	758	924	1127	1331	1571	1811
90	78.5	140	218	314	437	559	716	872	1064	1257	1438	1710
95	74.5	132	207	298	414	529	678	826	1008	1190	1405	1620
100	70.6	126	196	283	393	503	644	785	958	1131	1335	1539
110	64.2	114	178	257	357	457	585	714	871	1028	1214	1399
120	58.9	105	163	236	327	419	537	654	798	942	1113	1283
125	56.5	101	157	226	314	402	515	628	766	905	1068	1231
130	54.4	96.6	151	218	302	387	495	604	737	870	1027	1184
140	50.5	89.7	140	202	281	359	460	561	684	808	954	1099
150	47.1	83.8	131	189	262	335	429	523	639	754	890	1026
160	44.1	78.5	123	177	246	314	403	491	599	707	834	962
170	41.5	73.9	115	166	231	296	379	462	564	665	785	905
180	39.2	69.8	109	157	218	279	358	436	532	628	742	855
190	37.2	66.1	103	149	207	265	339	413	504	595	703	810
200	35.3	62.8	98.2	141	196	251	322	393	479	565	668	770
220	32.1	57.1	89.2	129	176	229	293	357	436	514	607	700
240	29.4	52.4	81.8	118	164	210	268	327	399	471	556	641
250	28.3	50.3	78.5	113	157	201	258	314	383	452	534	616
260	27.2	48.3	75.5	109	151	193	248	302	268	435	514	592
280	25.2	44.9	70.1	101	140	180	230	281	342	404	477	550
300	23.6	41.9	66.5	94	131	168	215	262	320	377	445	513
320	22.1	39.2	61.4	88	123	157	201	245	299	353	417	481

附表 A.3 钢绞线、钢丝的公称直径、公称截面面积及理论重量

种	类	公称直径/mm	公称截面面积/mm²	理论质量/(kg/m)
钢绞线	1×3	8.6	37.7	0.296
		10.8	58.9	0.462
		12.9	84.8	0.666
	1×7 标准型	9.5	54.8	0.430
		12.7	98.7	0.775
		15.2	140	1.101
		17.8	191	1.500
		21.6	285	2.237
钢丝		5.0	19.63	0.154
		7.0	38.48	0.302
		9.0	63.62	0.499

附录 B 建筑结构设计静力计算常用表

附表 B.1 均布荷载和集中荷载作用下等跨连续梁的内力系数表

均布荷载：

$$M = K_1 g l_0{}^2 + K_2 q l_0{}^2 \qquad\qquad V = K_3 g l_0 + K_4 q l_0$$

集中荷载：

$$M = K_1 G l_0 + K_2 Q l_0 \qquad\qquad V = K_3 G + K_4 Q$$

式中　g、q——单位长度上的均布恒荷载与活荷载；

　　　G、q——集中恒荷载与活荷载；

　　　K_1、K_2、K_3、K_4——内力系数，由表中相应栏内查得；

　　　l_0——梁的计算跨度。

(1) 二跨梁

序　号	荷载简图	跨内最大弯矩		支座弯矩	横向剪力			
		M_1	M_2	M_B	V_A	$V_{B左}$	$V_{B右}$	V_C
1		0.070	0.070	−0.125	0.375	−0.625	0.625	−0.375
2		0.096	−0.025	−0.063	0.437	−0.563	0.063	0.063
3		0.156	0.156	−0.188	0.312	−0.688	0.688	−0.312
4		0.203	−0.047	−0.094	0.406	−0.594	0.094	0.094
5		0.222	0.222	−0.333	0.667	−1.334	1.334	−0.667
6		0.278	−0.056	−0.167	0.833	−1.167	0.167	0.167

(2) 三跨梁

序　号	荷载简图	跨内最大弯矩		支座弯矩		横向剪力					
		M_1	M_2	M_B	M_C	V_A	$V_{B左}$	$V_{B右}$	$V_{C左}$	$V_{C右}$	V_D
1		0.080	0.025	−0.100	−0.100	0.400	−0.600	0.500	−0.500	0.600	−0.400
2		0.101	−0.050	−0.050	−0.050	0.450	−0.550	0.000	0.000	0.550	−0.450
3		−0.025	0.075	−0.050	−0.050	−0.050	−0.050	0.500	−0.500	0.050	0.050
4		0.073	0.054	−0.117	−0.033	0.383	−0.617	0.583	−0.417	0.033	0.033
5		0.094	—	−0.067	0.017	0.433	−0.567	0.083	0.083	−0.017	−0.017
6		0.175	0.100	−0.150	−0.150	0.350	−0.650	0.500	−0.500	0.650	−0.350
7		0.213	−0.075	−0.075	−0.075	0.425	−0.575	0.000	0.000	0.575	−0.425
8		−0.038	0.175	−0.075	−0.075	−0.075	−0.075	0.500	−0.500	0.075	0.075
9		0.162	0.137	−0.175	−0.050	0.325	−0.675	0.625	−0.375	0.050	0.050
10		0.200	—	−0.100	0.025	0.400	−0.600	0.125	0.125	−0.025	−0.025
11		0.244	0.067	−0.267	−0.267	0.733	−1.267	1.000	−1.000	1.267	−0.733
12		0.289	−0.133	−0.133	−0.133	0.866	−1.134	0.000	0.000	1.134	−0.866
13		−0.044	0.200	−0.133	−0.133	−0.133	−0.133	1.000	−1.000	0.133	0.133
14		0.229	0.170	−0.311	−0.089	0.689	−1.311	1.222	−0.778	0.089	0.089
15		0.274	—	−0.178	0.044	0.822	−1.178	0.222	0.222	−0.044	−0.044

(3) 四跨梁

序号	荷载简图	跨内最大弯矩				支座弯矩			横向剪力							
		M_1	M_2	M_3	M_4	M_B	M_C	M_D	V_A	$V_{B左}$	$V_{B右}$	$V_{C左}$	$V_{C右}$	$V_{D左}$	$V_{D右}$	V_E
1		0.077	0.036	0.036	0.077	−0.107	−0.071	−0.107	0.393	−0.607	0.536	−0.464	0.464	−0.536	0.607	−0.393
2		0.100	−0.045	0.081	−0.023	−0.054	−0.036	−0.054	0.446	−0.554	0.018	0.018	0.482	−0.518	0.054	0.054
3		0.072	0.061	—	0.098	−0.121	−0.018	−0.058	0.380	−0.620	0.603	−0.397	−0.040	−0.040	0.558	−0.442
4		—	0.056	0.056	—	−0.036	−0.107	−0.036	−0.036	−0.036	0.429	−0.571	0.571	−0.429	0.036	0.036
5		0.094	—	—	—	−0.067	0.018	−0.004	0.433	−0.567	0.085	0.085	0.067	0.067	0.004	0.004
6		—	0.056	—	—	−0.049	−0.054	0.013	−0.049	−0.049	0.496	−0.504	−0.022	−0.022	−0.013	−0.013
7		0.169	0.116	0.116	0.169	−0.161	−0.107	−0.161	0.339	−0.661	0.554	−0.446	0.446	−0.554	0.661	−0.339
8		0.210	−0.067	0.183	−0.040	−0.080	−0.054	−0.080	0.420	−0.580	0.027	0.027	0.473	−0.527	0.080	0.080
9		0.159	0.146	—	0.206	−0.181	−0.027	−0.087	0.319	−0.681	0.654	−0.346	−0.060	−0.060	0.587	−0.413

续表

序号	荷载简图	跨内最大弯矩				支座弯矩			横向剪力							
		M_1	M_2	M_3	M_4	M_B	M_C	M_D	V_A	$V_{B左}$	$V_{B右}$	$V_{C左}$	$V_{C右}$	$V_{D左}$	$V_{D右}$	V_E
10		—	0.142	0.142	—	−0.054	−0.161	−0.054	0.054	−0.054	0.393	−0.607	0.607	−0.393	0.054	0.054
11		0.200	—	—	—	−0.100	0.027	−0.007	0.400	−0.600	0.127	0.127	−0.033	−0.033	0.007	0.007
12		—	0.173	—	—	−0.074	−0.080	0.020	−0.074	−0.074	0.493	−0.507	0.100	0.100	−0.020	−0.020
13		0.238	0.111	0.111	0.238	−0.286	−0.191	−0.286	0.714	−1.286	1.095	−0.905	0.905	−1.095	1.286	−0.714
14		0.286	−0.111	0.222	−0.048	−0.143	−0.095	−0.143	0.857	−1.143	0.048	0.048	0.952	−1.048	0.143	0.143
15		0.226	0.194	—	0.282	−0.321	−0.048	−0.155	0.679	−1.321	1.274	−0.726	−0.107	−0.107	1.155	−0.845
16		—	0.175	0.175	—	−0.095	−0.286	−0.095	−0.095	−0.095	0.810	−1.190	1.190	−0.810	0.095	0.095
17		0.274	—	—	—	−0.178	0.048	−0.012	0.822	−1.178	0.226	0.226	−0.060	−0.060	0.012	0.012
18		—	0.198	—	—	−0.131	−0.143	0.036	−0.131	−0.131	0.988	−1.012	0.178	0.178	−0.036	−0.036

(4) 五跨梁

序号	荷载简图	跨内最大弯矩 M_1	M_2	M_3	支座弯矩 M_B	M_C	M_D	M_E	横向剪力 V_A	$V_{B左}$	$V_{B右}$	$V_{C左}$	$V_{C右}$	$V_{D左}$	$V_{D右}$	$V_{E左}$	$V_{E右}$	V_F
1	(均布荷载 q，A B C D E F，各跨 l_0)	0.078	0.033	0.046	-0.105	-0.079	-0.079	-0.105	0.394	-0.606	0.526	-0.474	0.500	-0.500	0.474	-0.526	0.606	-0.394
2	(均布荷载 q)	0.100	—	0.085	-0.053	-0.040	-0.040	-0.053	0.447	-0.553	0.513	-0.487	0.500	-0.500	0.487	-0.513	0.553	-0.447
3	(均布荷载 q)	—	0.079	—	-0.053	-0.040	-0.040	-0.053	-0.053	-0.053	0.013	0.013	0.000	0.000	-0.013	-0.013	0.053	0.053
4	(均布荷载 q)	0.073	②0.059 / 0.078	—	-0.119	-0.022	-0.044	-0.051	0.380	-0.620	0.598	-0.402	-0.023	-0.023	0.493	-0.507	0.557	-0.443
5	(均布荷载 q)	①0.098	0.055	0.064	-0.035	-0.111	-0.020	-0.057	-0.035	-0.035	0.424	-0.576	0.591	-0.049	-0.037	-0.037	0.052	0.052
6	(均布荷载 q)	0.094	—	—	-0.067	0.018	-0.005	0.001	0.433	-0.567	0.085	0.085	0.068	0.068	0.006	0.006	-0.001	-0.001
7	(均布荷载 q)	—	0.074	0.072	-0.049	-0.054	0.014	-0.004	-0.049	-0.049	0.495	-0.505	-0.023	-0.023	-0.018	-0.018	0.004	0.004
8	(均布荷载 q)	—	—	—	0.013	-0.053	-0.053	0.013	0.013	0.013	-0.066	-0.066	0.500	-0.500	0.066	0.066	-0.013	-0.013
9	(集中荷载 F)	0.171	0.112	0.132	-0.158	-0.118	-0.118	-0.158	0.342	-0.658	0.540	-0.460	0.500	-0.500	0.460	-0.540	0.658	-0.342
10	(集中荷载 F)	0.211	-0.069	0.191	-0.079	-0.059	-0.059	-0.079	0.421	-0.579	0.020	0.020	0.500	-0.500	-0.020	-0.020	0.579	-0.421
11	(集中荷载 F)	0.039	0.181	-0.059	-0.079	-0.059	-0.059	-0.079	-0.079	-0.079	0.520	-0.480	0.000	0.000	0.480	-0.520	0.079	0.079
12	(集中荷载 F)	0.160	②0.144 / 0.178	—	-0.179	-0.032	-0.066	-0.077	0.321	-0.679	0.647	-0.353	-0.034	-0.034	0.489	-0.511	0.077	0.077

续表

序号	荷载简图	跨内最大弯矩			支座弯矩				横向剪力									
		M_1	M_2	M	M_B	M_C	M_D	M_E	V_A	$V_{B左}$	$V_{B右}$	$V_{C左}$	$V_{C右}$	$V_{D左}$	$V_{D右}$	$V_{E左}$	$V_{E右}$	V_F
13	（图）	①/0.207	0.140	0.151	-0.052	-0.167	-0.031	-0.086	-0.052	-0.052	0.385	-0.615	0.637	-0.363	-0.056	-0.056	0.586	-0.414
14	（图）	0.200	—	—	-0.100	0.027	-0.007	0.002	0.400	-0.600	0.127	0.127	-0.034	-0.034	0.009	0.009	-0.002	-0.002
15	（图）	—	0.173	0.171	-0.073	-0.081	0.022	-0.005	-0.073	-0.073	0.493	-0.507	0.102	0.102	-0.027	-0.027	0.005	0.005
16	（图）	—	—	0.122	0.020	-0.079	-0.079	0.020	0.020	0.020	-0.099	-0.099	0.500	-0.500	0.099	0.099	-0.020	-0.020
17	（图）	0.240	0.100	0.228	-0.281	-0.211	-0.211	-0.281	0.719	-1.281	1.070	-0.930	1.000	-1.000	0.930	-1.070	1.281	-0.719
18	（图）	0.287	-0.117	-0.105	-0.140	-0.105	-0.105	-0.140	0.860	-1.140	0.035	0.035	1.000	-1.000	-0.035	-0.035	1.140	-0.860
19	（图）	-0.047	-0.216	—	-0.140	-0.105	-0.105	-0.140	-0.140	-0.140	1.035	-0.965	0.000	0.000	0.965	-0.035	0.140	0.140
20	（图）	0.227	②0.189/0.209	0.198	-0.319	-0.057	-0.118	-0.137	0.681	-1.319	1.262	-0.738	-0.061	-0.061	0.981	-0.099	0.137	0.137
21	（图）	①/0.282	0.172	—	-0.093	-0.297	-0.054	-0.153	-0.093	-0.093	0.796	-1.204	1.243	-0.757	-0.099	-1.019	1.153	-0.847
22	（图）	0.274	—	—	-0.179	0.048	-0.013	0.003	0.821	-1.179	0.227	0.227	-0.061	-0.061	0.016	0.016	-0.003	-0.003
23	（图）	—	0.198	—	-0.131	-0.144	0.038	-0.010	-0.131	-0.131	0.987	-1.013	0.182	0.182	-0.048	-0.048	0.010	0.010
24	（图）	—	—	0.193	0.035	-0.140	-0.140	0.035	0.035	0.035	-0.175	-0.175	1.000	-1.000	0.175	0.175	-0.035	-0.035

附表 B.2 按弹性理论计算矩形双向板在均布荷载作用下的弯矩系数表

1. 符号说明

M_x, $M_{x,\max}$ ——平行于 l_x 方向板中心点的弯矩和板跨内的最大弯矩;

M_y, $M_{y,\max}$ ——平行于 l_y 方向板中心点的弯矩和板跨内的最大弯矩;

M_{0x} ——平行于 l_x 方向自由边的中点弯矩;

M_x^0 ——固定边中点沿 l_x 方向的弯矩;

M_y^0 ——固定边中点沿 l_y 方向的弯矩;

M_{0x}^0 ——平行于 l_x 方向自由边上固定端的支座弯矩。

代表固定边　　　　代表简支边　　　　代表自由边

2. 计算公式

$$弯矩 = 表中系数 \times ql_x^2$$

式中　q——作用在双向板上的均布荷载;

　　　l_x——板跨,见表中插图所示。

表中弯矩系数均为单位板宽的弯矩系数。表中系数为泊松比 $\nu = 1/6$ 时求得的,适用于钢筋混凝土板。表中系数是根据 1998 年《建筑结构静力计算手册》(第 2 版)中 $\nu = 0$ 的弯矩系数表,通过换算公式 $M_x^{(\nu)} = M_x^{(0)} + \nu M_y^{(0)}$ 及 $M_y^{(\nu)} = M_y^{(0)} + \nu M_x^{(0)}$ 得出的。表中 $M_{x,\max}$ 及 $M_{y,\max}$ 也按上列换算公式求得,但由于板内两个方向的跨内最大弯矩一般并不在同一点,因此,由上式求得的 $M_{x,\max}$ 及 $M_{y,\max}$ 仅为比实际弯矩偏大的近似值。

(1)

边界条件	四边简支		三边简支、一边固定									
l_x/l_y	M_x	M_y	M_x	$M_{x,\max}$	M_y	$M_{y,\max}$	M_y^0	M_x	$M_{x,\max}$	M_y	$M_{y,\max}$	M_x^0
0.50	0.099	0.0335	0.0914	0.0930	0.0352	0.0397	−0.1215	0.0593	0.0657	0.0157	0.0171	−0.1212
0.55	0.0927	0.0359	0.0832	0.0846	0.0371	0.0405	−0.1193	0.0577	0.0633	0.0175	0.0190	−0.1187
0.60	0.0860	0.0379	0.0752	0.0765	0.0386	0.0409	−0.1160	0.0556	0.0608	0.0194	0.0209	−0.1158
0.65	0.0795	0.0396	0.0676	0.0688	0.0396	0.0412	−0.1133	0.0534	0.0581	0.0212	0.0226	−0.1124
0.70	0.0732	0.0410	0.0604	0.0616	0.0400	0.0417	−0.1096	0.0510	0.0555	0.0229	0.0242	−0.1087
0.75	0.0673	0.0420	0.0538	0.0519	0.0400	0.0417	−0.1056	0.0485	0.0525	0.0244	0.0257	−0.1048
0.80	0.0617	0.0428	0.0478	0.0490	0.0397	0.0415	−0.1014	0.0459	0.0495	0.0258	0.0270	−0.1007
0.85	0.0564	0.0432	0.0425	0.0436	0.0391	0.0410	−0.0970	0.0434	0.0466	0.0271	0.0283	−0.0965
0.90	0.0516	0.0434	0.0377	0.0388	0.0382	0.0402	−0.0926	0.0409	0.0438	0.0281	0.0293	−0.0922
0.95	0.0471	0.0432	0.0334	0.0345	0.0371	0.0393	−0.0882	0.0384	0.0409	0.0290	0.0301	−0.0880
1.00	0.0429	0.0429	0.0296	0.0306	0.0360	0.0388	−0.0839	0.0360	0.0388	0.0296	0.0306	−0.0839

(2)

边界条件	两对边简支、两对边固定						两邻边简支、两邻边固定					
l_x/l_y	M_x	M_y	M_x^0	M_x	M_y	M_y^0	M_x	$M_{x,max}$	M_y	$M_{y,max}$	M_x^0	M_y^0
0.50	0.0837	0.0367	−0.1191	0.0419	0.0086	−0.0843	0.0572	0.0584	0.0172	0.0229	−0.1179	−0.0786
0.55	0.0743	0.0383	−0.1156	0.0415	0.0096	−0.0846	0.0546	0.0556	0.0192	0.0241	−0.1140	−0.0785
0.60	0.0653	0.0393	−0.1114	0.0409	0.0109	−0.0834	0.0518	0.0526	0.0212	0.0252	−0.1095	−0.0782
0.65	0.0569	0.0394	−0.1066	0.0402	0.0122	−0.0826	0.0486	0.0496	0.0228	0.0261	0.1045	−0.0787
0.70	0.0494	0.0392	−0.1031	0.0391	0.0135	−0.0814	0.0455	0.0465	0.0243	0.0267	−0.0992	−0.0770
0.75	0.0428	0.0383	−0.0959	0.0381	0.0149	−0.0799	0.0422	0.0430	0.0254	0.0272	−0.0938	−0.0760
0.80	0.0369	0.0362	−0.0904	0.0368	0.0162	−0.0782	0.0390	0.0397	0.0263	0.0278	−0.0883	−0.0748
0.85	0.0318	0.0358	−0.0850	0.0355	0.0174	−0.0763	0.0358	0.0366	0.0269	0.0284	−0.0829	−0.0733
0.90	0.0275	0.0343	−0.0767	0.0341	0.0186	−0.0743	0.0328	0.0337	0.0273	0.0288	−0.0776	−0.0716
0.95	0.0238	0.0328	−0.0746	0.0326	0.0196	−0.0721	0.0299	0.0308	0.0273	0.0289	−0.0726	−0.0698
1.00	0.0206	0.0311	−0.0698	0.0311	0.0206	−0.0698	0.0273	0.0281	0.0273	0.0289	−0.0677	−0.0677

(3)

边界条件	一边简支、三边固定					
l_x/l_y	M_x	$M_{x,max}$	M_y	$M_{y,max}$	M_x^0	M_y^0
0.50	0.0413	0.0424	0.0096	0.0157	−0.0836	−0.0569
0.55	0.0405	0.0415	0.0108	0.0160	−0.0827	−0.0570
0.60	0.0394	0.0404	0.0123	0.0169	−0.0814	−0.0571
0.65	0.0381	0.0390	0.0137	0.0178	−0.0796	−0.0572
0.70	0.0366	0.0375	0.0151	0.0186	−0.0774	−0.0572
0.75	0.0349	0.0358	0.0164	0.0193	−0.0750	−0.0572
0.80	0.0331	0.0339	0.0176	0.0199	−0.0722	−0.0570
0.85	0.0312	0.0319	0.0186	0.0204	−0.0693	−0.0567
0.90	0.0295	0.0300	0.0201	0.0209	−0.0663	−0.0563
0.95	0.0274	0.0281	0.0204	0.0214	−0.0631	−0.0558
1.00	0.0255	0.0261	0.0206	0.0219	−0.0600	−0.0500

(4)

边界条件	一边简支、三边固定						四边固定			
l_x/l_y	M_x	$M_{x,max}$	M_y	$M_{x,max}$	M_y^0	M_x^0	M_x	M_y	M_x^0	M_y^0
0.50	0.0551	0.0605	0.0188	0.0201	−0.0784	−0.1146	0.0406	0.0105	−0.0829	−0.0570
0.55	0.0517	0.0563	0.0210	0.0223	−0.0780	−0.1093	0.0394	0.0120	−0.0814	−0.0571
0.60	0.0480	0.0520	0.0229	0.0242	−0.0773	−0.1033	0.0380	0.0137	−0.0793	−0.0571
0.65	0.0441	0.0476	0.0244	0.0256	−0.0762	−0.0970	0.0361	0.0152	−0.0766	−0.0571
0.70	0.0402	0.0433	0.0256	0.0267	−0.0748	−0.0903	0.0340	0.0167	−0.0735	−0.0569
0.75	0.0364	0.0390	0.0263	0.0273	−0.0729	−0.0837	0.0318	0.0179	−0.0701	−0.0565
0.80	0.0327	0.0348	0.0267	0.0267	−0.0707	−0.0772	0.0295	0.0189	−0.0664	−0.0559
0.85	0.0293	0.0312	0.0268	0.0277	−0.0683	−0.0711	0.0272	0.0197	−0.0626	−0.0551
0.90	0.0261	0.0277	0.0265	0.0273	−0.0656	−0.0653	0.0279	0.0202	−0.0588	−0.0541
0.95	0.0232	0.0246	0.0261	0.0269	−0.0629	−0.0599	0.0227	0.0205	−0.0550	−0.0528
1.00	0.0206	0.0219	0.0255	0.0261	−0.0600	−0.0550	0.0205	0.0205	−0.0513	−0.0513

(5)

边界条件	三边固定、一边自由											
l_y/l_x	M_x	M_y	M_x^0	M_y^0	M_{0x}	M_{0x}^0	l_y/l_x	M_x	M_y	M_x^0	M_y^0	M_{0x}	M_{0x}^0
0.30	0.0018	−0.0039	−0.0135	−0.0344	0.0068	−0.0345	0.85	0.0262	0.0125	−0.558	−0.0562	0.0409	−0.0651
0.35	0.0039	−0.0026	−0.0179	−0.0406	0.0112	−0.0432	0.90	0.0277	0.0129	−0.0615	0.0563	0.0417	−0.0644
0.40	0.0063	0.0008	−0.0227	−0.0454	0.0160	−0.0506	0.95	0.0291	0.0132	−0.0639	0.0564	0.0422	−0.0638
0.45	0.0090	0.0014	−0.0275	−0.0489	0.0207	−0.0564	1.00	0.0304	0.0133	−0.0662	−0.0565	0.0427	−0.0632
0.50	0.0166	0.0034	−0.0322	−0.0513	0.0250	−0.0607	1.10	0.0327	0.0133	−0.0701	−0.0566	0.0431	−0.0623
0.55	0.0142	0.0054	−0.0368	−0.0530	0.0288	−0.0635	1.20	0.0345	0.0130	−0.0732	−0.0567	0.0433	−0.0617
0.60	0.0166	0.0072	−0.0412	−0.0541	0.0320	−0.0652	1.30	0.0368	0.0125	−0.0758	−0.0568	0.0434	−0.0614
0.65	0.0188	0.0087	−0.0453	−0.0548	0.0347	−0.0661	1.40	0.0380	0.0119	−0.0778	−0.0568	0.0433	−0.0614
0.70	0.0209	0.0100	−0.0490	−0.0553	0.0368	−0.0663	1.50	0.0390	0.0113	−0.0794	0.0569	0.0433	−0.0616
0.75	0.0228	0.0111	−0.0526	−0.0557	0.0385	−0.0661	1.75	0.0405	0.0099	−0.0819	−0.0569	0.0431	−0.0615
0.80	0.0246	0.0119	−0.0558	−0.0560	0.0399	−0.0656	2.00	0.0413	0.0087	−0.0832	−0.0569	0.0431	−0.0637

参 考 文 献

[1] 中华人民共和国国家标准．混凝土结构设计规范(GB 50010—2010) [S]．北京：中国建筑工业出版社，2011．

[2] 中华人民共和国国家标准．砌体结构设计规范(GB 50003—2011) [S]．北京：中国建筑工业出版社，2012．

[3] 中华人民共和国国家标准．建筑抗震设计规范(GB 50011—2010) [S]．北京：中国建筑工业出版社，2010．

[4] 中华人民共和国国家标准．建筑结构荷载规范 (GB 50009—2001) [S]．北京：中国建筑工业出版社，2006．

[5] 中华人民共和国国家标准．建筑结构可靠度设计统一标准(GB 50068—2001) [S]．北京：中国建筑工业出版社，2001．

[6] 中华人民共和国行业标准．高层建筑混凝土结构技术规程(JGJ 3—2010) [S]．北京：中国建筑工业出版社，2011．

[7] 中华人民共和国国家标准．砌体结构工程施工质量验收规范(GB 50203—2011) [S]．北京：中国建筑工业出版社，2011．

[8] 叶锦秋，孙惠镐．混凝土结构与砌体结构[M]．北京：中国建材工业出版社，2004．

[9] 赵顺波．混凝土结构设计原理[M]．上海：同济大学出版社，2004．

[10] 尹维新．混凝土结构与砌体结构[M]．北京：中国电力出版社，2004．

[11] 蓝宗建，朱万福．混凝土结构与砌体结构[M]．南京：东南大学出版社，2003．

[12] 胡兴福．建筑结构[M]．北京：高等教育出版社，2005．

[13] 侯志国．混凝土结构[M]．2 版．武汉：武汉理工大学出版社，2002．

[14] 罗向荣．混凝土结构[M]．2 版．北京：高等教育出版社，2007．

[15] 王振东．混凝土及砌体结构(上册) [M]．北京：中国建筑工业出版社，2002．

[16] 杨太生．建筑结构基础与识图[M]．北京：中国建筑工业出版社，2004．

[17] 吴培明．混凝土结构(上册)[M]．2 版．武汉：武汉理工大学出版社，2004．

[18] 叶列平．混凝土结构[M]．北京：清华大学出版社，2002．

[19] 张学宏．建筑结构[M]．2 版．北京：中国建筑工业出版社，2002．

[20] 王文睿．混凝土结构与砌体结构[M]．北京：中国建筑工业出版社，2011．

[21] 施楚贤．砌体结构理论与设计[M]．2 版．北京：中国建筑工业出版社，2003．

[22] 苑振芳．砌体结构设计手册[M]．3 版．北京：中国建筑工业出版社，2002．

[23] 张建勋．砌体结构[M]．3 版．武汉：武汉理工大学出版社，2009．

[24] 何培玲，尹维新．砌体结构[M]．北京：北京大学出版社，2006．

[25] 沈帆．混凝土及砌体结构(下册) [M]．重庆：重庆大学出版社，2005．

[26] 郭继武．建筑抗震设计[M]．北京：中国建筑工业出版社，2002．